物联网工程研究丛书

事件驱动的物联网服务理论和方法

章 洋 毛艳芳 著

科学出版社
北 京

内 容 简 介

随着智慧城市、智能电网和工业4.0的发展，感知设备日益多样、感知数据日益丰富、用户需求日益个性化，而物联网服务生成与运行理论和方法的系统性滞后阻碍了物联网应用的发展。

本书首先引入资源模型，将物理系统表现在信息世界中，使物联网资源模型成为连接物理世界和信息世界的桥梁，而事件就是行驶在这些桥梁上的“交通流”。在物联网资源模型基础上，将异构物联网资源通过适配的方式自动接入信息系统。本书采用统一消息空间作为服务总线统一接纳路由服务与感知事件。对基于统一消息空间的单个服务，本书采用事件驱动的方式将其组织在一起，并解决其中集成和扩展的理论问题。在既有事件和服务的基础上，本书阐述基于知识推理和混合学习的方法，从孤立事件中提取复合知识，用其改进服务提供质量，包括自动服务生成和服务可适性调整。同时对物联网服务安全的独特性进行阐述。

本书适合于物联网专业研究生和从事该行业的科研与工程人员阅读。

图书在版编目(CIP)数据

事件驱动的物联网服务理论和方法 / 章洋，毛艳芳著. —北京：科学出版社，2016

(物联网工程研究丛书)

ISBN 978-7-03-050611-5

Ⅰ. ①事… Ⅱ. ①章… ②毛… Ⅲ. ①互联网络—应用 ②智能技术—应用 Ⅳ. ①TP393.4 ②TP18

中国版本图书馆CIP数据核字(2016)第271144号

责任编辑：陈 静 董素芹 / 责任校对：郭瑞芝

责任印制：徐晓晨 / 封面设计：迷底书装

科学出版社出版

北京东黄城根北街16号

邮政编码：100717

http://www.sciencep.com

北京京华虎彩印刷有限公司 印刷

科学出版社发行 各地新华书店经销

*

2016年12月第 一 版 开本：720×1 000 1/16

2018年 3 月第二次印刷 印张：21 1/4

字数：418 000

定价：98.00元

(如有印装质量问题，我社负责调换)

前　言

物联网系统最关键的特点与要求是“联”。虽然有很多物联网系统部署在实际环境中，但它们基本都是专门领域的系统，未重点关注“联”的问题。在人类不长的计算机技术发展历史上，跨行业领域的系统互联一体化，还未有成熟的经验可以借鉴，也缺乏完备的理论。本书对物联网系统的“联”中两个关键问题：“集成”与“扩展性”，进行了探讨，阐述了我们的技术尝试与思考，希望能够抛砖引玉。

在本书中，首先引入资源模型，将物理世界表现在信息世界中，使物联网资源模型成为连接物理世界和信息世界的桥梁，而事件就是行驶在这些桥梁上的“交通流”。事件将现实物理世界的真实状况带到信息世界，并将信息世界的控制指令返回到物理世界中，完成对物理世界的监视与控制。为了方便信息世界的事件处理和信息共享，对物联网资源模型进行了计算机可理解的标准化表示，从而构建物联网资源与事件的知识基础。

在此知识基础上，将异构物联网资源通过适配的方式自动接入信息系统，当物联网资源与事件进入信息世界后，需要将它们在合适的时间、合适的地点交付给合适的服务和人员，为此本书采用统一消息空间模型完成此任务。对基于统一消息空间的单个服务，本书采用事件驱动的方式将其组织在一起，并解决其中集成和扩展的理论问题。在既有事件和服务的基础上，本书阐述了基于知识推理和混合学习的方法，从孤立事件中提取复合知识，用其改进服务提供质量，包括自动服务生成和服务可适性调整。同时对物联网服务安全的独特性进行了阐述。

总之，本书试图回答物联网服务构建的技术挑战：异构感知设备和异构感知数据的集成和共享的问题；社会规模感知系统互联集成时的扩展性和实时性的问题；感知数据充分利用满足人们个性化需求的问题；社会关键基础设施开放互联后的安全性和可靠性保障的问题。

虽然市面上已有不少关于物联网技术的书籍，但是缺少专门针对物联网应用的相关理论与技术的归纳。本书首先讨论将物理世界与信息世界联系起来，并由计算机自动完成识别和连接的方法。其次，本书探讨物联网系统事件驱动的本质，物理世界发生的动态变化现象表现为新的监测事件，而信息世界对物理系统的调整则表现为控制事件的发生，为这两类不同事件提供其获取、传输、处理、分析的算法、系统与支撑平台是研究的根本目标。最后，探讨事件驱动的物联网服务生成与运行的理论和方法，同时，对如何保障这类系统安全的问题进行探索。因此，本书的特色，是紧扣物联网服务系统的基本特征，从物联网服务系统构建的关键技术问题出发，理论与实际相结合开展研究与开发。

基于事件的大规模物联网服务系统的构建理论和方法等关键技术的探索，有助于夯实物联网现代服务业的发展基础。由于该方向的研究尚处于起步阶段，尚无体系化的理论方法，本书的研究内容正是对这个全新研究领域进行理论探索和尝试，这对于提高现代服务业的价值生存空间将产生重要的影响，也可进一步推动物联网服务业向更深层次的发展。在社会工程实践方面，智慧城市、智能电网等物联网应用蓬勃发展，在这些应用中会出现大量的感知事件流，并且这些行业应用都是包含大量基于事件进行服务协作的大规模复杂服务系统，它们都是本书的实际领域对象与应用领域。

本书的适用范围既包括单个物联网服务系统的构建领域，也包括多个服务系统互联领域，但是本书的重点是试图解决“联”的问题，即如何让不同的物联网系统自动互联、互通、互操作，并在互联过程中解决扩展性和自治性的问题。本书在物联网的“联”方面进行了探索，并尝试给出我们的答案，希望能够抛砖引玉。本书可作为物联网技术领域的研究人员与学生的参考书，在每章节中，都对相应技术的相关工作进行了综述，可以作为该领域研究者的文献查找阅读的信息来源。

本书第 1 章对物联网服务系统的发展背景与技术趋势进行探讨和描述。第 2 章对事件驱动的物联网服务系统相关技术进行综述性的介绍。第 3 章着重介绍物联网资源建模、接入、复杂事件处理等方面的内容。第 4 章介绍统一消息空间，这也是本书的重点内容，即如何为物联网服务提供一个基本的运行与生成环境。第 5 章介绍如何构建大型的物联网服务系统，并提供系统生成柔性化保证，以适应不同的运行场景。第 6 章则讲述如何保障物联网服务系统的安全，描述其独特需求、安全设计方法、运行时安全保障的实现路径等内容。

本书是北京邮电大学网络技术研究院网络服务基础理论研究中心整个团队研究开发结果的汇总与理论总结，在此对项目组所有成员的辛勤工作表示感谢。相关研发工作得到了国家自然科学基金面上项目（项目编号：61372115，61132001）的资助。首先要感谢网络服务基础理论研究中心的首席科学家陈俊亮院士，陈院士对项目组的工作给予了极大的关怀与指导，在此表示真挚的谢意。另外，程渤、乔秀全、刘传仓、吴步丹、黄霁葳、赵帅都参与了深入讨论，并为本书提供了宝贵意见，在此一并致谢！

本书第 3 章的代码实现与测试由吴思齐与左文峰完成；本书第 4 章的代码实现与测试由王双锦、温鹏和肖丹完成；本书第 5 章的代码实现与测试由林垚和张丽欣完成；本书第 6 章的代码实现与测试由周海静、华强和王兴完成。在此一并致谢！

本书不足之处在所难免，欢迎各位专家、读者批评指正。

章　洋　毛艳芳

2016 年 8 月

目　　录

前言

第 1 章　绪论……1

1.1　物联网服务系统中事件驱动技术发展现状与趋势……1

1.2　事件驱动的物联网服务提供技术现状与发展趋势……4

1.3　本书的研究内容组成……6

参考文献……7

第 2 章　事件驱动服务相关工作基础……11

2.1　概述……11

2.1.1　电信业务支撑平台……12

2.1.2　智能网业务生成平台……12

2.1.3　下一代网络业务交付平台 SDP……14

2.1.4　下一代服务层叠网协同平台……16

2.2　服务平台实现模型及其体系结构基础……18

2.2.1　SOA 的体系结构基础……19

2.2.2　SOA 服务支撑平台模型……24

2.2.3　服务总线模型……27

2.3　服务支撑平台实现技术……33

2.3.1　服务支撑平台的功能性视图……36

2.3.2　服务支撑平台的性能与服务质量……40

2.3.3　服务安全……45

2.4　物联网相关技术……47

2.4.1　物联网相关项目……47

2.4.2　事件驱动物联网服务……50

2.4.3　一阶逻辑……52

2.4.4　Event-B……54

参考文献……55

第 3 章　物联网资源……58

3.1　引言……58

3.2 物联网资源建模 …… 58
3.3 物联网资源知识表示及其扩展 …… 64
3.4 基于物联网资源的复杂事件处理 …… 68
3.4.1 复杂事件处理相关工作 …… 69
3.4.2 基于物联网资源的复杂事件处理问题概述 …… 70
3.4.3 举例及复杂事件处理问题展示 …… 71
3.4.4 为到达事件选择相关资源实例 …… 74
3.4.5 物联网资源中复杂函数的表示与估计 …… 75
3.4.6 复合理论 …… 79
3.4.7 复杂事件处理服务 …… 80
3.4.8 实验 …… 82
3.5 物联网资源管理平台 …… 82
参考文献 …… 87
第 4 章 统一消息空间——物联网服务通信基础设施 …… 91
4.1 引言 …… 91
4.2 事件路由 …… 97
4.2.1 需求概述 …… 97
4.2.2 系统设计 …… 100
4.3 事件转发 …… 109
4.3.1 需求分析 …… 110
4.3.2 整体方案设计 …… 113
4.3.3 系统实现 …… 116
4.4 服务接口 …… 129
4.4.1 服务接口需求分析 …… 129
4.4.2 服务接口设计 …… 132
4.4.3 服务接口实现 …… 142
4.5 管理控制台 …… 155
4.6 服务生成 …… 159
4.6.1 需求分析 …… 159
4.6.2 系统设计 …… 163
4.6.3 服务部署运行 …… 167
4.7 平台中分布式实时数据服务 …… 170
4.7.1 分布式实时数据服务设计 …… 171
4.7.2 分布式实时数据服务实现 …… 176

4.8 相关工作综述……184
参考文献……187

第5章 可扩展物联网服务柔性化生成……192
5.1 引言……192
5.2 物联网服务定义……194
5.2.1 基于事件的物联网服务……194
5.2.2 事件会话……196
5.2.3 事件驱动的物联网服务定义……197
5.3 生成物联网服务……198
5.3.1 物联网服务需求表示……198
5.3.2 物联网服务计算需求的表示……203
5.3.3 物联网服务细化部署……204
5.4 物联网服务属性计算……205
5.4.1 物联网属性计算的理论基础……205
5.4.2 环境建模……207
5.4.3 计算服务属性……209
5.5 物联网服务的可扩展运行……210
5.5.1 物联网服务实例的高并发……210
5.5.2 物联网业务流程的分布式执行……214
5.5.3 分布式业务流程的属性保障……216
5.6 物联网界面服务案例……221
5.6.1 需求分析……221
5.6.2 总体设计……225
5.6.3 人机界面服务生成……228
5.6.4 人机界面服务的部署运行……235
参考文献……241

第6章 物联网服务安全……243
6.1 服务安全基础……243
6.1.1 服务安全基础设施……243
6.1.2 消息安全……246
6.1.3 信任框架与访问控制……249
6.2 物联网服务安全设计……256
6.2.1 基于属性的访问控制策略……256
6.2.2 事件驱动的智能电网服务案例……257

6.2.3 分布式安全框架 …… 260
6.2.4 基础的同态加密方案 …… 261
6.2.5 分布式安全方案 …… 263
6.2.6 身份服务与身份认证 …… 266
6.3 物联网服务运行时安全 …… 274
6.3.1 内存取证技术基础 …… 276
6.3.2 需求分析 …… 280
6.3.3 整体方案设计 …… 282
6.3.4 系统实现 …… 287
6.4 物联网服务 I/O 安全控制方案 …… 294
6.4.1 相关技术介绍 …… 294
6.4.2 需求分析 …… 298
6.4.3 系统设计与实现 …… 302
6.5 物联网服务安全方案中安全管理服务 …… 306
6.5.1 需求分析 …… 309
6.5.2 系统设计实现 …… 312
6.5.3 系统部署应用 …… 320
6.6 物联网服务(工控系统)主动综合安全方案 …… 323
参考文献 …… 330

第1章 绪　　论

1.1 物联网服务系统中事件驱动技术发展现状与趋势

随着未来网络研究的兴起，以及物联网和云计算应用的发展，事件以及“事件驱动”的方法学重新吸引了学界和业界的目光。例如，DONA(Data-Oriented Network Architecture)[1]、基于内容中心网络(Content-Centric Networking，CCN)的项目(CCNx)[2]、未来网络体系结构与设计(4WARD)[3]、命名数据网络(Named Data Networking，NDN)[4]和发布-订阅网络技术(Publish-Subscribe Internet Technology，PURSUIT)[5]等研究项目都采用了事件驱动的思想，其中PURSUIT直接采用事件驱动的方法构建新一代网络体系结构。SRT-15[6]是FP7项目中使用事件驱动方法来解决服务之间灵活和及时交互的问题的一个代表。作为物联网行业应用的例子，美国的GridStat项目(Washington State University)和NASPInet(North American Synchro Phasor Initiative network)项目[7]采用事件驱动的方法学为智能电网服务构造基础的通信平台。他们认为，伴随电力系统的发展，传统SCADA(Supervisory Control and Data Acquisition)系统较慢的(秒级)数据更新率、不同参与者之间数据不同步已不能适应现代电网的需求，尤其是新能源的加入造成了更多不确定性和不可预测性，以及长距离传输造成的广域影响，要求对电网有更充分的状态感知能力、更充分的数据实时共享、更内谐的智能电网服务协同。GridStat和NASPInet项目总结了智能电网服务通信平台的基本要求。

(1)采用事件驱动方法学，利用其解耦性提高电网系统的扩展性和协同性，并提升智能电网控制与保护服务的实时响应能力。

(2)一对多的服务交互是智能电网系统本质性需求和常态。

(3)每个事件本身是独立有意义的实体，可自解释。

(4)端到端保证存在一个宽的选择范围。

(5)差异性事件接收端、事件接收速率和对事件详略程度的需求都存在差异。

(6)超低时延(5ms)，高吞吐量。

“事件驱动”其含义是将事件看成网络服务中的最基本实体，是服务间交互的基本机制。在该机制下，服务消费者订阅满足其意图的事件，服务提供者并不关心哪些消费者在什么时间或什么地点、订阅了哪些事件。服务消费者和提供者之间互不关注对方的时间、位置等状态信息，只关心如何向网络表达真实的兴趣与意图。因此基于事件机制的面向服务体系结构(Event-Driven Service Oriented Architecture，EDSOA)比传统的面向服务的体系结构(Service-Oriented Architecture，SOA)具有更进一步的松耦合特点，称为 EDSOA 的解耦性。EDSOA 解耦性具有五个层面的含义。

(1)在单个事件层面，在具有足够数据区分能力的名称结构前提下，事件类型和主题通过层次性名称来表达，使事件种类简化和规范化，让其易于理解、分析和互操作。

(2)在服务接口层面，服务接口主要简化为事件发布操作和接收事件通知操作，接口调用和数据返回在时间和空间上解耦，即消费者在不知道服务提供者状态(如地址、是否在线)的情况下发布请求事件，然后进行其他计算和操作(如离线)，之后可能于不同地点和时间接收返回事件或其他事件。

(3)在服务行为层面，不同动作间的偏序约束关系通过事件间真正的因果依赖而最小化，服务行为体现为对到达的一对多的离散事件的反应。

(4)在服务系统层面，系统局部结构与行为的改变与演进不影响系统的既有功能和稳定性，或通过全局事件间因果关系保持使动态性影响最小化。

(5)在服务属性层面，服务属性的保证机制可附加在独立有意义的事件实体上，减少对端系统假设的依赖，实现单纯端系统不能保证的系统属性。

虽然事件驱动的 DEBS(Distributed Event-Based System)[8, 9]已经有了十多年的发展历史，但是事件驱动的服务方面研究成果并不丰富。作为工业界的努力，Web 服务通知(Web Services Notification，WSN)[10]和 WS-Eventing[11]规范定义了 Web 服务如何使用事件作为交互手段。作为学界的努力，文献[12]给出了如何将由中心编制点生成的服务流程转化为依赖于分布式事件的相互协作的一组服务；文献[13]和文献[14]提出了基于分布式事件进行协同的 PI 演算模型。这些零星的研究不能回答如何基于事件机制构建面向服务的体系结构，以及如何生成大规模的事件驱动的物联网服务系统。对这两个问题，从理论到实践都缺少系统而深入的研究成果。

从目前的计算机科学与技术的发展程度来看，为大型复杂的计算机系统建立精确模型的理论和方法依然不成熟[15, 16]。既缺乏相应的理论，又缺乏相应的大型计算机系统建模的实践经验。虽然大型系统的建模需要相应的证明未来系统能够满足需求与约束的手段，但是人们依然未准备好使用形式化手段来建模和设计复杂计算机系统，也就是说如何采用形式化方法简单而有效地设计系统仍然处在探索之中。不少学者在这个方面进行了积极而有意义的探索，如 B 方法，本书的研究也将沿用该方法。因为要研究的基本对象是事件、服务和服务体系结构，其中事件又是最基本的元素，因此本书借鉴 Event-B 方法[15, 16]作为研究的起点和出发点。

Event-B[15, 16]以事件为基础给出了将复杂系统进行分解和逐步细化的形式化方法，它的数学基础是集合论和一阶谓词逻辑。它认为一个系统可以由多个模块构成，每个模块可以定义自己的上下文环境和事件机，每个事件机由变量、事件和不变属性构成。对于事件机，可以将其逐步精化，但是在精化的过程中必须保证不变属性的稳定性。可以使用推理机对 Event-B 方法构建的模型系统进行分析和属性推理。然而，Event-B 方法对事件机的复合缺乏足够的支持，而对服务计算来说，服务组合是其一个最基本的议题，而且是必须回答的问题。另外，对于服务自身的独特性问题，Event-B 也未进行深入的研究。同时，关于如何使用 Event-B 建模 SOA，尤其是 EDSOA 的研究也相对较少。

支持 Event-B 的组合并不简单，它涉及分布式系统经典的并发问题，如何将经典的并发理论与 Event-B 方法结合起来，需要进一步研究探索。另外两个问题同样没有现成的答案。对这些问题进行研究的总指导思想是：分离交互和计算、统一结构与移动性。Milner 认为经典的程序存储式计算机解决的是“数值计算”的问题；而现在的网络环境中，不论是物与物、人与物、人与人，还是人造的计算实体之间，体现更多的是通信和交互，交互是互联网上“计算”的本质。对交互而言，第一个概念是离散空间，它包含计算主体、位置和相互之间的连接；当空间被重构时，就涉及第二概念，即移动性。EDSOA 的理念与总的指导思想恰好相符，事件的解耦性体现的是交互的分离，服务对事件的反应则是计算的体现；EDSOA 的体系结构体现的是空间关系，其局部的动态性体现为移动性，其行为则表现为一系列具体的交互。因此，本书探索在事件驱动的情况下，大规模复杂服务系统构建的理论和方法。

对于服务系统来说，由于不同的服务是由不同团队在不同时间、地点各自独立开发的，将它们组合在一起必然存在接口、行为和属性不匹配的问题，以及服务编排规范的可实现性的问题。传统上，对于服务可实现性问题的解决思路是增加附加的消息；对于不匹配问题，则通过生成适配子来解决。但是，对于 EDSOA 则存在由解耦性导致的事件独立性问题，即事件是环境中自解释、独立有意义的实体，既不依赖于服务提供者也不依赖于服务消费者而解释，或者说事件是匿名的，其适配性必然有其不同的特点。

对于服务适配问题[17]，其适应性解决方案可以分为三类：受限的适应性、通用适应性和 Ad-hoc 型适应性。受限的适应性方法[18, 19]通过限制和删除不匹配的行为来解决问题，从而限制了复合系统的功能。通用适应性方法[20-22]根据抽象规范（适配契约）使用中介程序进行变量重命名、记录消息、改变消息序来解决服务间的适配问题，这种方法往往是半自动和复杂的。Ad-hoc 型适应性方法[23, 24]采用适配模式和适配操作代数解决服务间特定的不匹配问题。服务适配问题的研究，在问题表达、适配支持和自动化方面已经相对成熟。例如，文献[25]基于进程代数为服务自适应提供了一套理论框架。文献[26]和文献[27]则使用综合性方法对服务接口和服务行为不匹配问题进行了研究。然而这些方法在服务属性适配方面未能提供理想的答案，不能给出面向服务的计算中，服务自适应问题的完整而系统的解决方案。基于 EDSOA 的服务解耦性特征有可能给出服务适配问题不同的解决视角和更深入全面的答案。

因此对服务适配问题，本书主要的研究目标就是利用 EDSOA 的解耦性从三个方面：接口匹配、行为匹配和属性匹配，重新进行思考，重点是后两者适配方法的探索和研究。

对于服务特性的验证问题，目前主要基于 Petri 网、进程代数和状态机进行，缺少非常切合服务特点的验证理论。当在服务系统上继续施加安全等属性限制时，问题将变得更加复杂。如何将安全等属性和服务行为一体化，获得合适的服务验证方法也是一个较困难和重要的问题。

文献[28]提出使用模型检测的方法对安全策略约束的服务流程进行自动化分析。它将具有基于角色的访问控制(Role-Based Access Control，RBAC)策略和代理约束的服务流程建模为迁移系统，使用线性时序逻辑表达职责分离属性。它使用 NuSMV 模型检测器[29]对部分实例进行了验证。文献[30]则使用 SAL 模型检测器[31]对综合了资源分配和安全约束的服务流程进行验证。文献[32]将工作流模型和 RBAC 模型结合，使用扩展的状态机进行安全属性描述，并基于 Spin[33]进行验证。其他的工作包括文献[34]～文献[39]，其中比较有代表性的是文献[39]。它提出了基于动作的语言，使服务流程建模和安全建模分离，并可以自然地结合，将复杂的建模问题简化，在验证时采用 cCalc[40]。这些方法在服务验证上都有所欠缺，往往采用通用的语言，只抓住服务的部分特征，另外也未针对 EDSOA 服务。

基于事件的大规模复杂服务系统的构建理论和方法等关键技术的研究，有助于夯实物联网服务业的发展基础。由于该方向的研究尚处于起步阶段，尚无体系化的理论方法，本书的研究正是对这个全新研究领域进行的理论探索和尝试，这对于提高事件驱动物联网服务系统的价值生存空间将产生重要的影响，并进一步推动事件驱动物联网服务系统向更深层次发展。在社会工程实践方面，智慧城市、智能电网等物联网应用蓬勃发展，在这些应用中会出现大量的感知事件流，并且这些行业应用都是包含大量基于事件进行服务协作的大规模复杂服务系统，它们迫切需要可行与前瞻的理论指导，本书的研究成果不但可以为它们提供理论指导，而且可以直接应用在其中。

1.2 事件驱动的物联网服务提供技术现状与发展趋势

物联网的概念关键体现在“物”和“联”两个字上。“物”，就是将物理世界的任意实体，哪怕是一片尘埃，也赋予其标志，予以识别、感知和控制。“联”，则蕴涵着多层意思。目前工业界和学术界都开发出了很多物联网的项目，这些项目基本都做到了“物”这一点，然而很多项目却忽略了“联”。“联”不仅仅是物体和网络的连接，更重要的是体现一个交互和共享的概念。包括跨网络、跨应用程序、跨领域的服务和能力的交互以及数据和信息的共享及融合，现有的传感网(sensor web)项目往往都是“竖井式”与具体应用相关的“intranet of things”，并没有做到“internet of things”。要实现“联”需要提供两个维度的交互能力：垂直交互和水平交互。垂直交互是指不同的应用程序可以共用一个或多个感知延伸网络，摆脱每开发一个应用程序部署一个专有的感知延伸网络的“竖井式”现状。水平交互是指：首先，感知延伸网络之间可以相互交互；其次，应用系统之间的服务和能力能够相互交互、共享数据并对服务进行组合、对信息进行融合进而提供更高层次的服务能力和信息。

要实现上述万物互联的目标，需要解决透彻感知、数据与服务汇聚传输、情景语意解释、异构融合可扩展平台等技术需求。透彻感知主要包括传感器、激励器、被动(主动)数字标志、嵌入式系统等物理设备，它们能够贴附或嵌入物理对象中，使得这些物理对象更加“智能”，从而加入物联网中成为其中的一个“物”。在这个层面主要是硬件制作工艺和技术方面的挑战，如电池的电量和体积、传感器的体积、传感器包装材质等。数据与服务汇聚传输，是将传感器和嵌入式系统无缝地整合到Internet中，使得固网、移动有线或无线网能够无障碍连接，为不同层次(物理对象、应用程序、服务)提供高效、实时、可靠的数据与服务汇聚传输。情景语意解释，是指将现实世界的数据形成语义情景信息，并提供给各种应用程序。异构融合可扩展平台是指，支持综合地监控和管理所有涉及的物理实体、软件组件，保证可伸缩性、高可用性和安全性，以及一些附加的增值服务，如以可接受的代价按需查找资源和数据、分布式大规模数据的高效存储服务等。

开放地理空间信息联盟(Open Geospatial Consortium，OGC)组织的SWE(Sensor Web Enablement)[41]提出了一个标准的基于服务的(service-based)体系结构来描述传感器资源，包括它们的能力和测量类型，以及其他与传感器运行有关的环境的描述。这些标准用于分类各种传感器资源，理解它们观测到的数据，以及提供基于可扩展标记语言(eXtensible Markup Language，XML)和标准化标签的有限的交互和数据交换能力。SWE为开发Web互联的(Web-connected)传感器和各种传感器系统构建了一个开放标准框架。这个框架称为传感器Web，具体是指Web可以访问的传感器网络和传感器数据可以通过标准的协议和应用程序接口被搜索和访问。SWE由三组语言和四组服务规范组成，语言包括SML(Sensor Model language)[42]、OM(Observation and Measurements)[43]和TML(Transducer Markup Language)[44]；服务规范包括SOS (Sensor Observation Service)[45]、SPS(Sensor Planning Service)[46]、SAS(Sensor Alert Service)[47]和WNS(Web Notification Service)。

目前，存在很多物联网相关技术的研究项目，如SENSEI、ASPIRE、IoT-A、PECES、CONET、SPITFIRE、SemsorGrid4Env等[48]。其中ASPIRE体系结构基于EPG Global，并进行了一些附加的扩展；在基于射频识别(Radio Frequency Identification，RFID)的应用场景中，通过RFID读取器以被动通信的方式来读取资源的标志和内容；通过资源目录实现资源的信息服务，该目录存储一个具体资源的What、Where、When、Why等几个方面的信息；通过语义查询解析器为应用层提供查询服务。另外，ASPIRE提出了业务事件生成器来为RFID应用程序的语义交互提供实现逻辑；还提供了三种标准的交互模式：订阅、轮询和即时通信。LLAAL 项目提出了 SOA 和事件驱动架构的整合方案，该方案基于 OSGi（Open Service Gateway Initiative）进行实现，包括两个主要的子系统：服务平台 openAAL 和复杂事件处理系统 ETALIS。它提出了通用的平台服务，如情景数据管理，用于收集和抽象环境数据；基于工作流的系统行为；基于语义的服务发现等。框架和平台服务基于共享的词汇集以松耦合的方式交互和通信。

在将物理实体引入数字空间后，需要解决基于感知数据的物联网服务提供问题。目前，物联网服务提供技术引起了越来越多的重视和关注，已有大量工作研究了通过移动代理或者中间件技术来实现物理世界和企业服务的集成。然而，在集成过程中面临的一个主要的障碍是大量已部署的传感器网络或者应用系统采用了专有业务平台和专有的技术，这些非标准的接口协议导致应用系统与传感网络的集成非常复杂。为了解决跨业务域的系统集成，最近研究人员将 SOA 应用到物联网服务提供领域。考虑到传统的 SOA 标准和技术的设计初衷主要是解决互联网环境下重量级的企业级服务的集成，研究人员尝试提出了一些适合于资源受限的嵌入式设备的轻量级 Web 服务协议。

总体而言，现有的研究主要集中在使用 SOA 技术或者更轻量级服务来实现不同物理实体和企业应用系统的互联互通问题上。事实上，互联互通是物联网服务面临的一个重要问题，但随之而来的另一个问题就是在解决了设备的互联互通之后，如何在一个分布式、松耦合的环境中实现感知信息在信息提供者和消费者之间的有效分发，并基于物理世界发生的事件而动态地协调相关的企业服务作出快速响应。目前，大多数物联网应用系统是一种紧耦合、封闭式的服务提供模式，也就是传感器网络采集相关的感知信息并存储在一个集中的数据库中，相关特定的应用系统通过访问数据库中的信息从而提供相应服务。这种服务提供模式极大地限制了系统的灵活性和扩展性，不适合大规模分布式、复杂物联网服务系统的构建。为了支持不同的服务系统间的信息交换，传统的以“请求-应答”为主的 SOA 经常用集中式的服务编排机制来通过服务的调用交换数据。然而，这种模式导致了信息的提供方和消费者彼此直接交互。同时，由于业务流程常常通过一些流程编制语言如 BPEL（Business Process Execution Language）或者工作流语言来进行描述，这样当应用程序需求发生变化时，如新集成一个服务或者一个服务的撤销等，这种紧耦合的系统架构缺乏足够的灵活性来进行适配，导致必须重新修改流程。事件驱动、面向服务的物联网服务提供方法通过集成事件驱动架构和面向服务架构的优势，实现了感知信息的按需分发和事件驱动的服务动态协同。这种“时间-空间-控制”解耦的方法能够很好地适应动态变化的物联网应用环境。

1.3 本书的研究内容组成

本书阐述的内容如图 1-1 所示，我们试图解决事件驱动技术与 SOA 技术集成的问题，从而实现事件驱动的物联网服务提供。图 1-1 主要包含四大部分五个层面的内容，底层是物联网服务资源描述与接入处理部分，负责将物理实体接入数字空间，将数字化的物理对象标准化为物联网资源，为上层应用与服务提供情景化的物联网感知信息的语意解释。物联网服务生成与运行环境的统一消息空间部分，负责将感知数据、语意解释、服务提供汇聚在一起，进行寻址、路由与传输，并为物联网服务提供基本的运行环境与生成编程环境。可扩展物联网服务柔性生成的事件驱动服务运行(含人机界面案例)部分，试图解决利用跨域的物联网资源、物联网功能组件构建大型的物联网服务系统，并支持其多环境部署、动态适配调节等功能。物联网服务安全部分，试图在设计时与运行时为物联网服务系统提供安全保障，从而提供社会公共基础设施开放互联时运行安全的可能性。

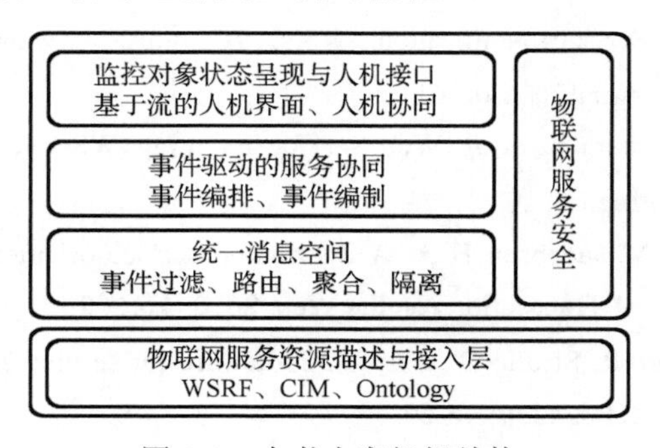

图 1-1　本书内容组织结构

第 2 章对事件驱动的物联网服务系统相关技术进行综述性的介绍。第 3 章着重介绍物联网资源建模、接入、复杂事件处理等方面的内容。第 4 章介绍统一消息空间，这也是本书的重点内容，即如何为物联网服务提供一个基本的运行与生成环境。第 5 章介绍如何构建大型的物联网服务系统，并提供系统生成柔性化保证，以适应不同的运行场景。第 6 章则讲述如何保障物联网服务系统的安全，描述其独特需求、安全设计方法、运行时安全保障的实现路径等内容。

参 考 文 献

[1] Koponen T, Chawla M, Chun B G, et al. A data-oriented (and beyond) network architecture. SIGCOMM'07: Proceedings of the 2007 Conference on Applications, Technologies, Architectures, and Protocols for Computer Communications, ACM, New York, NY, USA , 2007: 181-192.

[2] Palo Alto Research (PARC). CCNx: Web Site (2010). http://www.ccnx.org[2016-6-1].

[3] Ericsson A B. 4WARD: Web Site (2010). http://www.4ward-project.eu[2016-6-1].

[4] NDN Project Team. Named Data Networking. http://www.namd-data.net[2016-6-1].

[5] The PSIRP Project'S Member Institutions. PSIRP Project. http://www.fp7-pursuit.eu/PursuitWeb/PURSUIT[2016-6-1].

[6] SAP A G, Dresden T U, Epsilon S R L, et al. The SRT-15 Research Project. http://srt-15.unine.ch/home[2016-6-1].

[7] Bakken D E, Bose A, Hauser C H, et al. Smart Generation and Transmission with Coherent, Real-time Data. http://www.gridstat.net/trac/#.

[8] Eugster P T, Felber P A, Guerraoui R, et al. The many faces of publish/subscribe. ACM Computing Surveys (CSUR), 2003, 35 (2): 114-131.

[9] Muhl G, Fiege L, Pietzuch P. Distributed Event-Based Systems. Berlin: Springer-Verlag, 2006.

[10] OASIS. OASIS Web Services Notification (WSN) TC. https://www.oasis-open.org/committees/tc_home.php?wg_abbrev=wsn[2016-06-01].

[11] Box D, Felipe L, Curbera F, et al. Web Service Eventing (WS-Eventing). http://www.w3.org/Submission/WS-Eventing.

[12] Li G L, Muthusamy V, Jacobsen H A. A distributed service-oriented architecture for business process execution. ACM Transactions on the Web, 2010, 4 (1): 2.

[13] Ferrari G L, Guanciale R, Strollo D. Jscl: A middleware for service coordination. Lecture Notes in Computer Science, 2006, 4229: 46-60.

[14] Ciancia V, Ferrari G, Guanciale R, et al. Event based choreography. Science of Computer Programming, 2010 (75): 848-878.

[15] Abrial J R, Hallerstede S. Refinement, decomposition, and instantiation of discrete models: Application to Event-B. Fundamenta Informaticae, 2007: 1-28.

[16] Iliasov A, Troubitsyna E, Laibinis L, et al. Supporting reuse in Event B development: Modularisation approach. Abstract State Machines, Alloy, B and Z, Lecture Notes in Computer Science, 2010, 5977: 174-188.

[17] Poizat P. Formal model-based approaches for the development of composite. Universidad de Málage Campus de Excelencia Internacional Andalucia Tech, 2014.

[18] Reussner R H. Automatic component protocol adaptation with the CoConut/J tool suite. Future Generation Computer Systems, 2003, 19 (1): 627-639.

[19] Inverardi P, Tivoli M. Deadlock free software architecture for COM/DCOM applications. Journal of Systems and Software, 2003: 173-183.

[20] Bracciali A, Brogi A, Canal C. A formal approach to component adaptation. Journal of Systems and Software, 2005: 45-54.

[21] Brogi A, Canal C, Pimentel E. Component adaptation through flexible subservicing. Science of Computer Programming, 2006: 39-56.

[22] Brogi A, Popescu R. Automated generation of BPEL adapters. Proceedings of ICSOC'06, 2006: 27-39.

[23] Benatalla B, Casati F, Grigori D, et al. Developing adapters for web service integration. CaiSe, 2005: 415-429.

[24] Dumas M, Wang K W S, Spork M L. Adapt or Peshi: Algebra and visual notation for service interface adaptation. Proceedings of BPM'06, 2006: 65-80.

[25] Bravetti M, Giusto C D, Perez J A, et al. Adaptable processes. FMOODS/FORTE, 2011: 90-105.

[26] Inverardi P, Spalazzese R, Tivoli M. Application-layer connector synthesis. SFM, 2011: 148-190.

[27] Shan Z, Kumar A, Grefen P W P J. Towards integrated service adaptation: A new approach combining message and control flow adaptation. ICWS, 2010: 385-392.

[28] Schaad A, Lotz V, Sohr K. A model-checking approach to analysing organisational controls in a loan origination process. Proceedings of 11th ACM Symposium on Access Control Models and Technologies (SACMAT 2006), 2006:139-149.

[29] Cimatti A, Clarke E M, Giunchiglia E, et al. NuSMV 2: An opensource tool for symbolic model checking.14th International Conference on Computer Aided Verification (CAV 2002), 2002.

[30] Cerone A, Xiang P Z, Krishnan P. Modelling and Resource Allocation Planning of BPEL Workflows under Security Constraints. http://www.iist.unu.edu/[2006-8-6].

[31] de Moura L M, Owre S, Rueß H J M, et al. SAL2. Proceedings of 16th International Conference on Computer Aided Verification (CAV 2004), 2004:496-500.

[32] Dury A, Boroday S, Petrenko A,et al. Formal verification of business workflows and role based access control systems. Proceedings of First International Conference on Emerging Security Information, Systems and Technologies (SECURWARE 2007), 2007:201-210.

[33] Holzmann G J.The model checker SPIN. Software Engineering , 1997,23 (5) : 279-295.

[34] Hewett R, Kijsanayothin P A. Thipse, security analysis of role-based separation of duty with workflows. Proceedings of the Third International Conference on Availability, Reliability and Security (ARES 2008), 2008:765-770.

[35] Wolter C, Miseldine P, Meinel C. Verification of business process entailment constraints using SPIN. Proceedings of First International Symposium Engineering Secure Software and Systems (ESSoS 2009), 2009:1-15.

[36] Knorr K, Weidner H. Analyzing separation of duties in Petri net workflows. International Workshop on Information Assurance in Computer Networks: Methods, Models, and Architectures for Network Security (MMMACNS 2001), 2001:102-114.

[37] Rakkay H, Boucheneb H. Security analysis of role based access control models using colored Petri nets and CPNtools. Transactions on Computational Science (4), Special Issue on Security in Computing, 2009,5430:149-176.

[38] Arsac W, Compagna L, Pellegrino G, et al. Security validation of business processes via model-checking. 26th Annual Computer Security Applications Conference（ACSAC 2010）, 2010.

[39] Armando A, Giunchiglia E, Maratea M, et al. An action-based approach to the formal specification and automatic analysis of business processes under authorization constraints. Journal of Computer and System Sciences, 2010:1-28.

[40] Texas Action Group at Austin. The Causal Calculator.http://www.cs.utexas.edu/users/tag/cc/ [2009-12-1].

[41] Botts M, Percivall G, Reed C, et al. OGC sensor web enablement: Overview and high level architecture. GeoSensor Networks, 2008: 175-190.

[42] Botts M, Robin A. OpenGIS sensor model language(SensorML)implementation specification. OpenGIS Implementation Specification OGC, 2007.

[43] Cox S. Observations and measurements. Open Geospatial Consortium, 2006.

[44] Havens S. OpenGIS Transducer Markup Language(TML)Implementation Specification 1.0.0. Wayland: OGC, 2007.

[45] Henson C A, Pschorr J K, Sheth A P, et al. SemSOS: Semantic sensor observation service. International Symposium on Collaborative Technologies and Systems, 2009.

[46] Simonis I, Dibner P C. OpenGIS sensor planning service implementation specification. Implementation Specification OGC, 2007.

[47] Simonis I, Echterhoff J. OGC sensor alert service implementation specification. Candidate OpenGIS Interface Standard OGC, 2007.

[48] Gluhak A, Hauswirth M, Krco S, et al. An architectural blueprint for a real-world internet. The Future Internet, 2011: 67-80.

第 2 章　事件驱动服务相关工作基础

本章以物联网环境中不同类型服务的“融合”和“开放”为技术主线，对服务支撑平台的实现模型及其体系结构基础、平台的开放性控制——服务安全、服务的融合性支撑——多运行环境集成，以及事件驱动物联网服务等方面的相关工作进行阐述。

2.1　概　　述

随着通信技术和 Internet 的快速发展，网络的融合发展步伐正在加快，开放和融合成为当前网络发展的趋势，主要体现在各种移动通信技术(3G、4G、无线局域网(Wireless Local Area Network，WLAN)等)的融合、移动网络和固定网络的融合、终端物联网与互联网的融合，以及电信网与互联网的融合等方面。未来网络环境的特点主要体现在智能化、服务资源的松耦合和动态绑定、无缝互操作及端到端的网络重构方面。服务层面能够根据用户的需求和当前的业务上下文环境动态执行与管理服务，下层网络根据业务的功能需求以及服务质量(Service of Quality，QoS)协定自动进行网络资源的分配、调度，完成端到端的网络重构。在未来网络融合的环境下，电信网的 QoS 通信能力、物联网的感知能力、互联网的计算能力、信息服务能力紧密地结合在一起，逐渐呈现出向多种异构网络协同工作、资源共享的新型服务计算环境发展的趋势。这种服务生存环境的巨大变化，对服务提供方法提出了重大的挑战。

网络是服务的承载，服务是网络的灵魂，两者相辅相成。网络的融合扩展了原有的通信业务的种类和内涵，逐渐形成了通信服务、物联网感知服务和互联网服务相结合的新型融合服务环境，既涵盖了传统单一网络提供的服务，又包含了跨越多个单一网络的融合服务。融合服务本质上是在异构网络中对业务的信息数据进行跨平台的采集、聚合、传送、存储、解释、知识提取和处理的过程。由电信网、移动网、物联网和互联网构成的信息网络技术是当前最活跃、最具创新性的领域之一。信息网络技术的多样化决定了在整个网络演进过程中，多种技术将长期并存。面对网络演进所呈现出的异构性和多样性，各种新服务平台技术层出不穷，定义一个良好的服务支撑平台来实现管理服务的开放和融合，并保证开放情况下服务的安全，提高服务生成能力，提供高可靠性的智能化服务及应用具有迫切的需求和现实的意义。

近年来，随着软件新技术的发展，服务已成为开放网络环境下资源封装与抽象的核心概念,通过动态地组合服务来实现资源的灵活聚合成为技术发展的自然思路。SOA 能够将应用程序的不同功能单元通过服务之间定义的良好接口和契约联系起来，使用户可以不受限制地重复使用软件，把各种资源互联起来。支撑 SOA 的关键是其消息传递架构——企业服务总线(Enterprise Service Bus，ESB)。ESB 是传统中间件技术与 XML、Web 服务等技术相互结合的产物，是一种在松散耦合的服务和应用之间标准的集成方式。ESB 提供了一种开放的、基于标准的消息机制，通过简单的标准适配器和接口来完成粗粒度应用(服务)和其他组件之间的互操作。因此，本章主要介绍支撑融合服务的服务平台及其相关技术。

2.1.1 电信业务支撑平台

电信领域的业务是一种基于电信设备的软件系统，与一般软件相比，业务除了在性能、可用性、可靠性等方面要求高之外，还具有以下特点[1]：①业务运营环境复杂，表现为一个单独的电信业务无法构成一个完整的运行系统，必须在整个网络中和其他各种系统、设备一起运行协作；②业务涉及的角色多，表现为业务涉及的角色包括网络运营者、业务提供者、业务使用者，有的还包括多个网络运营者、多个业务提供者、业务集团用户等情形；③业务运营管理是业务需求中的基本要求之一；④业务的可插拔性，表现为业务的开发、测试、加载、运行和撤销不能中断网络和其他业务的正常运作。综上，业务支撑平台需要满足以上特点，这是一项复杂的软件开发活动，业务开发技术随着软件技术的发展而不断发展。目前存在多种业务开发技术，按其技术表现形式可以划分为基于应用程序编程接口(Application Programming Interface，API)、基于脚本和基于构件三大类。

2.1.2 智能网业务生成平台

智能网[2]是在原有通信网的基础上设置的叠加网络，它使电信运营者能够经济有效地向用户提供新业务，使用户可以更灵活方便地获取信息。传统电话交换网以交换机为基础提供业务，交换机除了提供基本呼叫处理之外，还可以修改交换机软件程序，提供遇忙前转等较简单的补充业务。如果需要提供更加复杂的新业务，就需要对所有交换机进行相应的改动，这是一种非常烦琐低效的方式。就目前来讲，智能网提供的业务是最丰富的，目前网络中复杂的语音业务基本上都是利用智能网来提供的，我国的各大运营商也都在其基础网络上建立了自己的智能网平台。邮电部在 1995 年年初就开始考虑和尝试在中国的电话网上引入智能网业务，以满足开展增值业务的市场需要，特别是电话卡业务。智能网可通过建立集中的业务控制点和数据库，进一步建立集中的业务管理和业务生成环境，快速、经济、方便地为现有的公用电话交换网(Public Switched Telephone Network，PSTN)、公众分组交换数据网(Packet Switched Public Data Network，PSPDN)、窄带综合业务数字网(Narrowband Integrated Services Digital Network，N-ISDN)，甚至因特网(Internet)、移动通信网(如全球移动通信系统(Global System for Mobile Communication，GSM)网)、公共陆地移动网络(Public Land Mobile Network，PLMN)和宽带综合业务数字网(Broadband Integrated Services Digital Network，B-ISDN)等网络提供各种增值业务。智能网将网络的功能划分为小的、可以重复使用的功能块，当用户申请新的业务时，可以在现有的功能块的基础上像搭积木一样为用户拼接出所需的业务。智能网的优越性不仅在于能最优地利用各种电信网络，快速生成各种新业务，而且在于能够为管理提供方便，为业务运行者赢得市场并带来丰厚的利润回报。智能网的总体结构如图2-1所示。

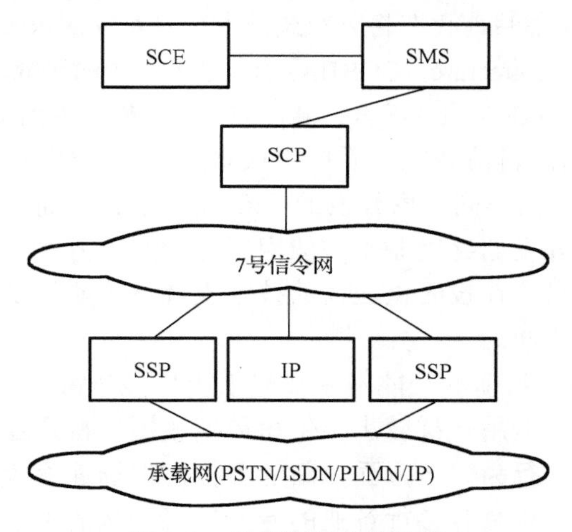

图2-1 智能网的总体结构

其中业务生成环境(Service Creation Environment，SCE)是智能网中业务生成的关键实体，为业务开发提供了多项工具支持。一般地，一项新业务由SCE生成，经过验证后由业务管理系统(Service Management System，SMS)提交给业务控制点(Service Control Point，SCP)，业务逻辑执行由SCP控制，业务交换点(Service Switching Point，SSP)负责业务的触发，业务的一次执行由SCP和SSP共同协作完成，还可能包括智能外设IP提供智能业务所需的专用资源，如语音合成、播放录用通知等。智能网提供的业务主要是电话业务，包括被叫集中付费、呼叫卡类业务、预付费业务等，这些业务已在包括中国在内的多个国家成功运行，为运营商带来了很好的经济效益，满足了人们的生活需求。近年来，智能网的业务提供方式也逐步向非话务方向扩展，例如，可以采用智能网方案提供目前市场上深受欢迎的主叫个性化回铃音业务。

智能网技术将网络的业务呼叫控制功能与业务控制功能分离，从根本上改变了电信网业务的传统方式，是电信网技术发展上的一次重大变革，具有重要的意义。但智能网在体系结构、系统控制、业务开发、业务种类和客户化程度这五个方面存在缺陷。

(1) 体系结构方面：智能网技术在其发展过程中采用了渐进方式演进，每一阶段针对一个特定方面提出新的增强性建议。从一开始，智能网就与具体的承载网绑定在一起。不同承载网内的智能网技术采用了不同的协议，这不仅导致不同网络的用户无法共享相同的增值业务，还为提供跨网络综合业务增加了困难。尽管智能网与 IP 网互通的方案提供了有限的跨网业务能力，但要为此增加很多专用网关和有针对性地增强已有智能网系统的能力。这种修补性的技术演进依然没有走出封闭智能网的阴影。

(2) 系统控制方面：传统智能网的业务控制点都是采用集中式控制技术，比较适合业务种类和业务量相对较少的智能网应用的初期阶段。但这种集中式控制技术使 SCP 可扩展性较差，随着业务量的急剧增长，对 SCP 性能的要求越来越高，SCP 逐渐成为智能网处理能力的瓶颈。虽然目前存在将分布式技术公共对象请求代理体系结构(Common Object Request Broker Architecture，CORBA)引入智能网中的研究，但是 CORBA 化的智能网在智能网触发与 CORBA 事件配合、高性能、实时性等方面存在一些问题。

(3) 业务开发方面：目前智能网系统中很难实现系统信息块(System Information Blocks，SIB)标准化。由不同厂商开发的 SIB 差别很大，而且与智能网业务平台紧密相关，因而业务的开发始终受制于智能网平台的实现方式。由于业务平台的专用性，一般网络运营商只有在设备供应商的技术支持下才能开发增值业务，封杀了独立业务开发商的生存空间。

(4) 业务种类方面：目前的智能网主要提供用户群非常大、生命周期比较长的通用业务，不适于提供那些用户群较小、生命周期较短的特殊业务，也很难根据用户的需求随时改变业务的行为。一方面，新业务推向市场速度较慢；另一方面，来自运营商的业务开发者很难具有各行各业的专业知识，从而不了解，也很难去发现和开发面向不同领域的新业务。

(5) 客户化程度方面：业务客户化是指根据用户量身定制业务。由于受集中控制的 SCP 的约束以及电信业务开发封闭性的限制，当前智能网业务通常是针对绝大多数用户的需求，并且在全局范围内为所有用户服务，很难满足用户对业务客户化和个性化的各种需求。在传统智能网的框架下，人们尝试解决这一问题，但由于受智能网基本原理的限制，无法取得突破。

2.1.3 下一代网络业务交付平台 SDP

智能网虽然将业务的控制与交换分离，使得在特定的电信网络上逐步开发和部署新业务而不需要大规模地升级交换机成为可能，但是智能网也有其固有缺陷：智能网是一个封闭的系统，智能业务必须由专业的业务开发人员使用专用的业务开发工具创建，并且只能运行在同一个厂家的 SCP 上，这种情况严重阻碍了电信市场的开放进程。而且，由于业务创建过程需要专业知识，难度较大，业务提供的周期仍然较长。随着通信技术的快速发展，电话网(PSTN/ISDN)、移动网(GSM/CDMA)、因特网(Internet)以及各类广播电视网之间的融合已经是大势所趋，人们对网络业务需求也逐步呈现多样化、综合化和个性化的趋势，各种数据业务、多媒体业务在整个通信市场中正占有越来越大的份额。在这一背景下，能够提供包括语音、视频、图像和数据等各种业务在内的下一代网络(Next Generation Network，NGN)[3]，成为目前国内外网络界最为关注的研究热点。下一代网络是业务驱动的网络，业务提供是下一代网络最关键的问题。

这种需求推动了服务交付平台(Service Delivery Platform，SDP)的引进与演进[4]。SDP 是一种核心到边缘的 SOA，它使运营商可以快速高效地开发、交付与管理业务。SDP 打破了“烟囱式”服务架构，提高了服务间协同的效率。SDP 最初的目的是抽象与共享网络资源、集成第三方的内容与服务、对网络服务安全可控地访问。然而，需求本身也推动了 SDP 的演进，服务治理、服务管理、服务质量、服务安全等也成为 SDP 的核心内容。在“围墙”被推倒后，当成千上万的新服务成为 SDP 的一部分时，质量控制、个性化、隐私以及身份管理等成为 SDP 可用的关键。

因此，下一代网络业务支撑平台 SDP 2.0 必须进一步采用 SOA、同步技术与商业需求，利用 SOA 的柔性实现商业的灵活性和快捷性。SDP 2.0 需要支持的关键能力如表 2-1 所示，包括端到端治理、策略控制、汇聚服务的透明性和可管理性，针对的服务包括内部服务与应用、来自第三方的服务以及使用 Web 2.0 创建的服务。

表 2-1　SDP 2.0 需要支持的关键能力

能力	SDP 2.0
抽象	(1) 对网络资源、IT 资源以及 Web 2.0 服务进行抽象； (2) 跨越运营与计费等领域端到端透明的服务治理
集成	(1) 能够映射 Web Services 到表述性状态传递(Representational State Transfer，REST)，允许不同类型的用户在应用、社会网络或者 Web 门户中本地化方便地使用通信服务； (2) 在设计与运行时建立并执行服务策略； (3) 跨越批发与零售等价值链的管理
汇聚	(1) 个性化、上下文感知的语音、数据和内容服务，它基于服务定购者身份与档案管理能力； (2) 基于上下文信息共享的社会应用可基于服务形成动态群，以提高客户的忠诚度
开放	安全地创建、交付和管理成千上万的高度个性化的服务，并将内容、信息和通信能力组合在一起进行提供与交付
融合	(1) 与后台的办公系统无缝地融合，建立融合的环境； (2) 跨领域的服务编排和管理体系结构，可以快速定位服务质量的系统事件

SDP 2.0 的基本体系结构如图 2-2 所示，它具有 5×2 维的服务平面体系结构。底层是网络与信息技术(Information Technology，IT)主干，是核心网和 IT 硬件与软件基础设施；在该层之上是服务控制层面，它们对核心网和 IT 基础设施提供控制和管理；服务交付平面，基于标准的服务中间件和服务使能器，它们抽象网络资源，并提供面向服务的汇聚的应用；应用平面，直接面向客户和商业应用，由复合服务和 Mash-up 服

务构成；用户设备层，是服务订购者的设备管理层；OSS(Operation Support System)层，是指运营支撑系统；BSS(Business Support System)层，是指业务支撑系统。

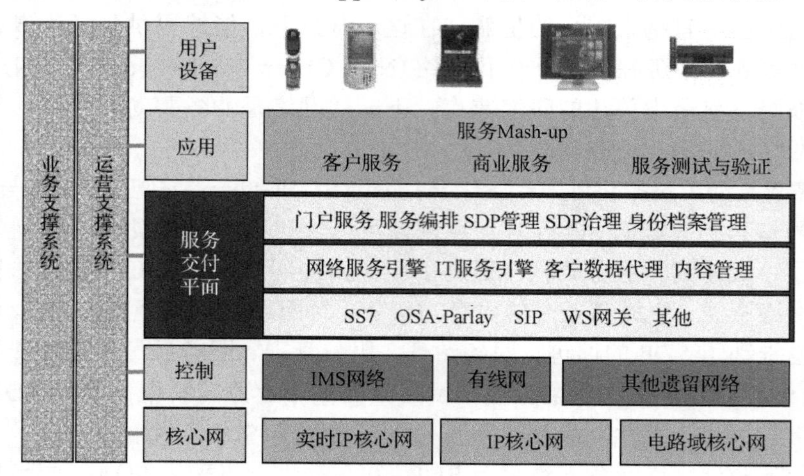

图 2-2 一种典型 SDP 2.0 体系结构

对于电信业的服务提供，其服务质量非常关键，因此，服务治理就显得非常重要，服务治理就是将 SOA 的柔性和传统的 IT 控制技术结合起来，来管理服务的一致性、可预见性、相互间的依赖关系和服务的改变。服务治理涉及合作伙伴管理、注册管理、策略与合同管理、服务目录管理、服务上线管理等。

SDP 作为一个解决电信服务生成、管理、部署和提供的基础架构，缺乏一个标准的定义，业界最好的实践是使用业务引擎抽象网络与 IT 的服务，进行共享与集成。为了对服务进行统一的管理，电信管理论坛(Tele Management Forum，TM)定义了一个支持整个生命周期管理的框架，为各个具体的 SDP 的实现提供一个参考模型，并形成一个服务的综合体。

2.1.4 下一代服务层叠网协同平台

随着无线网络的日益发展，在多种类型网络上提供融合服务成为日益迫切的需求，需要一种服务支撑平台来支持一种服务平面、网络平面、运营与管理能力协同的框架。随着服务的日益丰富以及更好的用户体验需求，需要综合利用现有各种网络上的服务，并提供一种上下文感知的、动态自适应的、自组织的框架，来跨越服务层和传输层之间 IP 结构上的适应性鸿沟。

下一代服务层叠网的架构[5]中包含如下元素。

服务：从软件组件到信息管理系统(Information Management System，IMS)的服务引擎。

组合服务：由低层的服务组合而成的服务。

商业流程：面向商业应用基于服务的工作流，可以执行在服务提供者环境中或者协同环境中。

消费者：消费与访问商业流程的客户。

基于以上概念，下一代服务层叠网的协同平台总体结构如图 2-3 所示。在该框架中，描述了电信级面向服务交互模型应该提供的能力，服务参与者使用这些能力减少服务创建与交付的时间，IT 与通信能力服务在高度分布式环境下的融合通过上下文感知的路由、动态策略执行和自组织等能力完成。

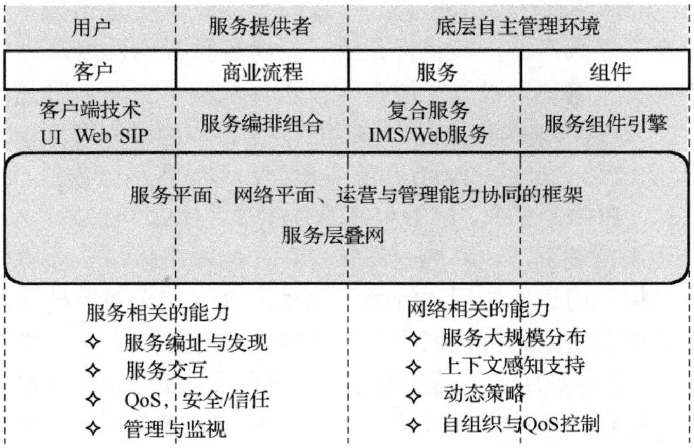

用户　服务提供者　底层自主管理环境

客户　商业流程　服务　组件

客户端技术 UI Web SIP　服务编排组合　复合服务 IMS/Web服务　服务组件引擎

服务平面、网络平面、运营与管理能力协同的框架

服务层叠网

服务相关的能力
- 服务编址与发现
- 服务交互
- QoS，安全/信任
- 管理与监视

网络相关的能力
- 服务大规模分布
- 上下文感知支持
- 动态策略
- 自组织与QoS控制

图 2-3　下一代服务层叠网的协同平台总体结构

服务相关的能力包括：服务寻址，在异构网络环境中，服务标识与寻址机制是解决大规模服务协同的一个核心能力；服务交互，服务之间如何互联与调用直接影响服务重用和服务的组合效能；服务路由，根据策略、上下文环境(QoS 级别、实时性、数据类型等)进行服务选择与转发；服务注册与发现；服务协商，通过服务协商，自组织层叠网；资源元数据的注册与发现，可以解耦服务与资源间的关系；服务 QoS；服务安全与信任；自组织能力，自组织是一种功能结构，结构是指一个系统的组成元素按一定顺序排列，元素间存在连接，集成各部分可以形成整体，分裂可以形成子系统，这些功能说明了该结构需要满足一定的目的。

网络相关的能力包括服务感知(高效识别服务、服务类型、QoS 需求等参数)、上下文感知、安全、动态策略执行、自组织等。

另外，欧洲联盟(简称欧盟)已于 2007 年开始实施第七框架计划(FP7)，到 2013 年结束，该阶段的主要技术目标是提供“泛在和大容量的通信网络”。预期的研究活动将着眼于泛在地接入各种异构网络(固定、移动、无线和广播网络)，跨越个域、区域和全球范围的大容量数据和服务的无缝提供技术。FP7 阶段成立了信息与通信技术(Information Communication Technology，ICT)工作计划，其题目为“普适和可信的网络和服务基础架构(pervasive and trusted network and service infrastructures)”，其主要目标就是提供集成通信、计算和媒体资源的泛在融合网络和服务基础架构，将主要克服可扩展性、灵活性、可信性和安全所面临的瓶颈。FP7 阶段重点将推动 FP6 成果的标准化，加强在业界的领导地位，推动相关产业发展。欧盟已经完成的第六框架计划(FP6)(2002—2006)在通信方面主要进行了超三代移动通信系统(Beyond Third Generation in Mobile Communication System，B3G)的研究，其研究规模巨大，研究内容广泛，形成了包括了大学、科研机构、标准化组织、运营商、设备厂商、业务提供商等众多参与者在内的产学研一体化联盟。在 B3G 涉及的先进通信技术、系统和服务方面的研究已经取得了重大进展，其目标是为支持跨各种异构网络基础设施的低成本的宽带端到端的连接、无缝移动以及无线接入技术寻求解决方案。研究范围涵盖了宽带无线接口技术、B3G 系统架构和控制、移动服务平台、频谱和资源管理。欧盟已经完成的第六框架计划(FP6)(2002—2006)在服务层面，为服务平台建立了项目集群，包括 Ambient Networks、SPICE、E2R、MIDAS、MOTIVE、DAIDALOS。Ambient Networks 提出了一个基于环境控制空间、环境空间接口、环境网络接口、环境资源接口规范的面向服务的体系结构，通过控制层进行网络的动态合成，无缝地扩展网络规模，支持新的服务在异构、动态的无线自组织网络环境中快速部署与运行。SPICE 提出了一个覆盖体系结构，它可以隐藏底层环境的复杂性。它的目标是在后 3G 网络上建立创新性的服务生成与运行平台，支持服务快速开发、部署与运营。该平台的特征是支持分布式通信世界管理、智能服务支持、服务漫游、自适应内容递交和多域访问控制等。E2R 提出了一个端到端的重配置解决方案，通过端到端重配置来综合利用各种网络，即通过具有重配置管理、软件下载管理、上下文管理、策略提供、服务提供、性能管理、访问与安全管理、收费与记账管理等能力的平台来实现服务提供的目标。MIDAS 提出了基于中间件和服务体系结构来构造在多用户的异构网络上快速开发与部署移动服务的方案，该平台解决了异构网络的连接、在不可靠网络上分布式数据共享、生成综合的上下文、基于上下文的消息路由等问题。MOTIVE 提出了一个监视体系结构，包含数据抓取设备和服务器，基于这个监视体系结构构造服务层，解决终端本地处理、用户控制、数据传输、实时与离线数据收集等问题，增强端到端用户的服务体验。DAIDALOS 提出了一个基于个性化、自学习和上下文管理的服务部署与自适应框架，它使用公共网络协议提供普适的、以用户为中心的服务访问。

2.2 服务平台实现模型及其体系结构基础

SOA 跨越了从业务到技术的鸿沟，适用于变化的业务与需求环境。本节主要关注基于 SOA 的服务支撑平台应该具有什么样的体系结构，其实现模型是什么，如何将 SOA 变成可部署与可运行的环境。本章首先阐述了 SOA 的体系结构基础及其实现的参考体系结构，其次对基于 SOA 的服务支撑平台进行了建模，最后对 SOA 平台实现的关键——服务总线进行了定义与建模，从而为服务支撑平台的构造提供体系结构基础。

2.2.1　SOA 的体系结构基础

1. 面向服务的体系结构

SOA 是一种基于服务的体系结构[6-9]，该体系结构创建了一种必要的环境，使得在企业范围内生成和使用可组合的服务变得容易。也就是说，SOA 可以使不同的组织独立地实现它们需要的服务，同时这些服务能够组合成更高层的商业流程和企业应用。因此，SOA 回答了体系结构的三个关键问题：重要的组成部分是什么？它们间的相互关系是什么？它们如何组合起来给高层提供价值？

SOA 中重要的组成部分如下。

(1) 流程：高层的商业功能，可用来构造企业应用。

(2) 服务：商业功能的模块单元。

(3) 集成：将已有的应用和数据包装成服务，并进行连接。

(4) 既有系统：遗留系统、商业现货应用，以及企业需要使用的数据。

(5) 文档：商业信息的高层单元，如订购单。

(6) 语义：在流程间相互交换的信息的底层含义。

(7) 转换：信息从一种格式或语义转换为另外一种格式或语义。

(8) 通信：服务间相互通信的能力。

各个组成部分间的不同连接关系通过如图 2-4 所示的层间关系表示。

商业流程	企业数据：文档
商业服务	统一数据：语义对象
集成服务	集成数据：转换
企业资源	运营数据
功能	信息

图 2-4　SOA 中各个组成部分间的关系

在每一层上包含两个重要的概念，左边是功能性概念，用来构造系统与流程；右边是信息概念，用来描述、传递和操纵不同层次的数据。其中，功能性概念主要包括以下内容。

(1) 企业资源：它包含既有的系统应用、遗留系统和商业现货系统，也包括客户关系管理和旧有的面向对象的实现。它们的运行会涉及系统中持久化数据的读、写和修改。

(2) 集成服务：集成服务提供了对既有应用的集成和访问，涉及从商业服务层的功能和数据向既有系统的真正的功能和数据的转换。

(3) 商业服务：商业服务提供了高层商业功能，是相关商业操作的虚拟实现，可跨越多个系统。商业服务在语义数据对象上进行操作，该语义数据描述了在不同服务间的共享和传输的信息。

(4) 商业流程：商业流程由一系列的操作构成，它们根据商业规则以一定的序列执行。它们通常由商业流程模型描述，如使用 BPMN(Business Process Modeling Notation)。这些操作的序列、选择和执行称为编排。这些操作由商业服务提供，并在商业文档上执行，如招聘新员工流程、订单处理流程等。

对于第三个问题，这些概念和关系提供了一个一致的方法来访问数据和执行商业功能，隔离和暴露既有应用的功能和数据，为商业流程的构造提供可重用、可组合的构造块。

除了上述三个重要问题，SOA 还需要支持与描述如下与服务相关的问题：服务、服务粒度、服务类型的定义，服务如何构造和使用，服务如何集成，服务如何组合成流程，服务如何相互连接和通信，服务如何互操作，服务与商业策略和目标，如何使用体系结构。

(1) 定义服务：一个 SOA 定义了领域服务、商业服务和商业流程等不同粒度的服务概念，每种粒度的服务特征与差异也需要进行明确的定义。

(2) 定义服务如何被构造和使用：服务在企业环境中运行，即特定的语义和行为环境。SOA 需要说明服务必须具有什么样的特征、接口标准、支持的管理能力等。体系结构还定义了服务的结构和构造方法。对每种类型的服务，体系结构定义该类型服务的粒度、接口风格(如商业服务通过文档进行数据交换，工具服务通过简单的参数进行数据交换)、配置机制(通过通用的配置服务和配置数据进行配置)、设计结果(设计模型、规范、测试计划等)、附加信息(如版本、作者等)、服务间的依赖关系等。

(3) 集成：企业中现有的大部分商业功能并不是以服务形式提供的，以服务的方式集成既有系统是 SOA 中的一个重要部分，需要定义集成的方法。

(4) 组合服务：SOA 的一个重要目标就是重用，通过将已有的服务组合成不同的商业流程来提高企业的敏捷性。SOA 要定义服务组合的方法、工具和基础架构。

(5) 定义技术基础设施：技术基础设施必须方便服务集成、组合和交互。目前存在多种不同的技术基础架构，即使同一个技术基础架构也存在不同的选项可供选择。例如，如果技术基础设施是 Web Services，在体系结构中就可能需要把 WS-I Basic Profile 和 Security Profile 作为标准。交互协议的版本、安全和工具也需要在技术基础架构中说明。即技术基础设施必须定义服务间的通信机制、错误恢复机制、服务发现和定位的透明机制等。除了技术基础设施，还必须定义应用基础设施，以规范服务如何相互协作构建柔性的企业解决方案和支持敏捷的企业。例如，定义如何利用和操纵服务的管理接口，服务如何在一个单点登录的环境中相互协作等。

(6) 定义共同的语义和数据：SOA 需要定义共同的语义环境以满足服务的互操作和交互的一致性。共同的企业信息模型不是企业每个数据的细节，而是定义作为信息子集的服务间交互的信息，从而在一个企业流程上具有一个共同的含义。

(7) 商业模型驱动：SOA 不定义商业模型，但是必须定义商业模型是如何用来设计领域服务、商业流程、企业解决方案和如何驱动 SOA 的。

(8) 体系结构的使用：体系结构必须方便服务的生成，因此需要定义开发环境、基础设施和相关的工具，使服务开发过程与体系结构方法相一致。另外要定义度量 SOA 成功的标准。

2. 服务模型

服务与其他软件构造的差别是服务被显式地管理。服务质量和性能需要使用规范和协议显式地管理；服务的整个生命周期也是可管理的——从设计、部署、执行到维护全过程。服务的整个构成如图 2-5 所示，它包含两个主要部分：服务接口和服务实现，服务接口与服务实现相分离。除此之外，服务模型涉及服务合约，服务合约定义了服务提供者和消费者之间的所有交互，它包括服务接口、服务文档、服务策略、服务质量和服务性能等五个方面。

服务接口是服务消费者和服务提供者的交互点，它定义了交互的风格和细节。服务实现表明了特定的服务提供者如何提供相应的服务能力。接口由功能和信息两个部分组成，功能由一系列服务功能操作的集合构成，信息模型则描述了服务间传输的数据的结构和含义。

在 SOA 中，服务模型可以从六个方面进行定义，包括可见性、服务描述、服务交互、服务策略、服务效果、执行上下文等[10, 11]，如图 2-6 所示。

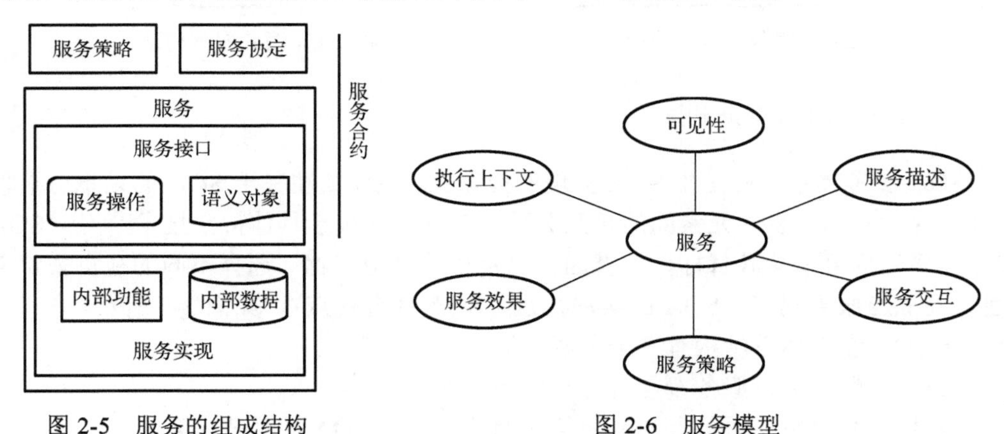

图 2-5　服务的组成结构　　　　图 2-6　服务模型

服务可见性是指服务消费者与服务提供者之间的“可见”关系，通过可见性服务，消费者和提供者之间可以相互交互。可见性的前提是可感知性、意愿性和可达性。服务交互是指服务间的操作，涉及信息模型、动作模型、流程模型和行为模型。服务效果是指服务对请求的反应，或者是服务参与者共享实体状态的改变。服务描述是指使用一个服务所需的信息，描述信息包含服务可达性、服务功能、服务策略、服务接口、信息模型以及相关策略。服务策略是指服务使用的约束或者条件。服务执行上下文是指基础设施元素、流程元素、策略断言、协定等的集合，是实例化服务交互的一部分，在需求与能力间形成一条路径。

不同服务之间的层次关系如图 2-7 所示。最上层的商业流程(business process)由下层的商业服务(business service)组合而成，而商业服务则由领域服务(domain service)、多用途服务(utility service)和集成服务(integration service)组合而成，领域服务则可由集成服务、外部服务和多用途服务组合而成，底层的服务是基础服务，它是最细粒度的服务，与商业功能不直接相关。商业服务构造如图 2-8 所示，它通过编排既有的底层服务而成，除了底层服务，它可能还需要使用商业规则、客户商业逻辑等其他商业组件。商业服务进一步编排则可形成商业流程[8]。

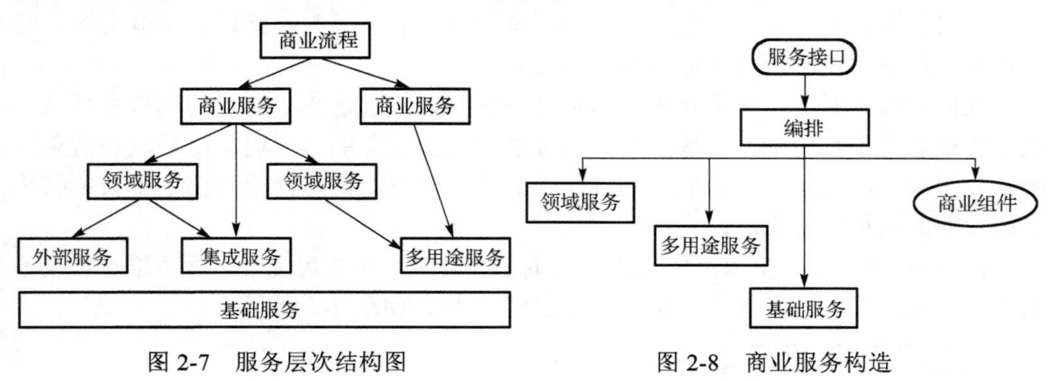

图 2-7　服务层次结构图　　图 2-8　商业服务构造

3. SOA 参考体系结构

SOA 参考体系结构是指 SOA 实现的抽象化，主要关注基于 SOA 的系统可被使用并实现所需的元素和元素间的相互关系，并且不依赖于具体特定技术[10, 11]。SOA 参考体系结构可以从其目标、关键因素以及相关模型理解，选择不同的视点去定义(包括商业与服务视点、SOA 的实现视点、SOA 拥有视点)，如图 2-9 所示。

该 SOA 参考体系结构有三个主要目标。

(1)有效性目标：服务参与者可与服务交互。

(2)可信性目标：服务参与者相信它们可以基于 SOA 的系统交互。

(3)扩展性目标：基于 SOA 的系统可以按需扩展成更大的系统。

达成有效性目标的关键因素包括服务的可见性、通信的有效性、服务效果与社会效果。可见性与服务可见性模型相关，通信的有效性与服务交互模型、服务语义模型和资源模型相关，服务效果与服务参与者模型、资源模型和需求能力模型相关，社会效果与服务参与者模型、需求能力模型、信任模型和策略模型相关。

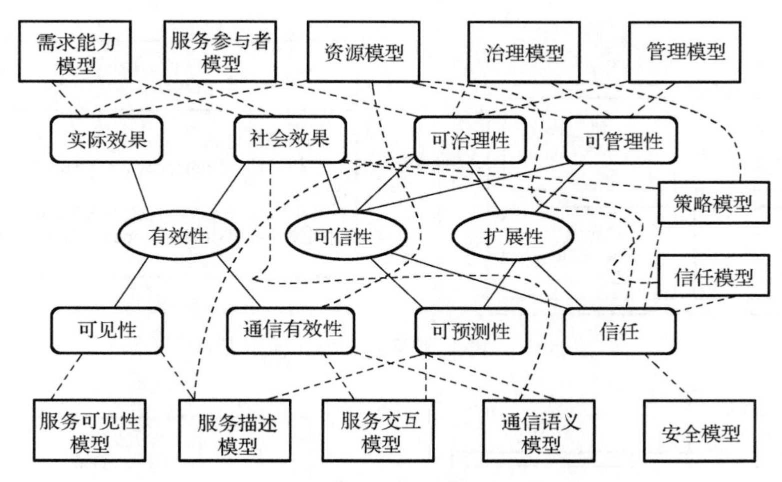

图 2-9　SOA 参考体系结构

达成可信性目标的关键因素包括服务的可预测性、信任、可管理性、服务可治理性与社会效果等。可预测性与服务描述模型、服务交互模型和服务的通信语义模型相关，信任与安全模型、信任模型、资源模型和策略模型相关，社会效果与服务参与者模型、需求能力模型、信任模型和策略模型相关，服务可治理性与服务参与者模型、治理模型、管理模型相关，可管理性与资源模型、治理模型和管理模型相关。

达成可扩展性目标的关键因素包括服务的可治理性、可管理性、可预测性与信任。

商业与服务视点主要关注服务参与者模型、需求能力模型、资源模型和社会结构模型，如图 2-10 所示。

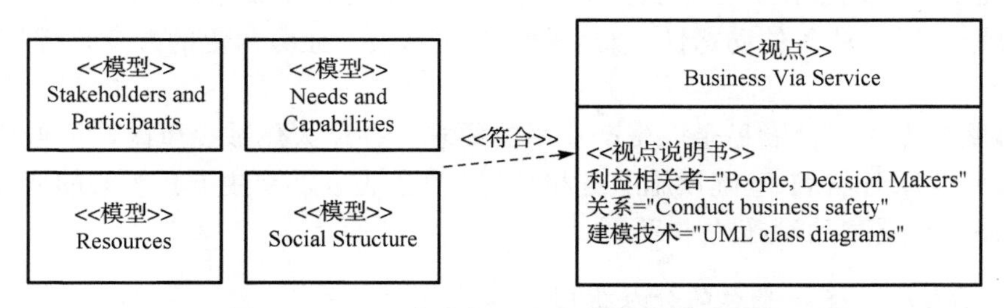

图 2-10　SOA 商业与服务视点中的模型元素

SOA 实现视点主要关注服务描述模型、服务可见性模型、服务交互模型和策略模型，如图 2-11 所示。

SOA 拥有视点主要关注服务安全模型、服务治理模型、服务管理模型，如图 2-12 所示。

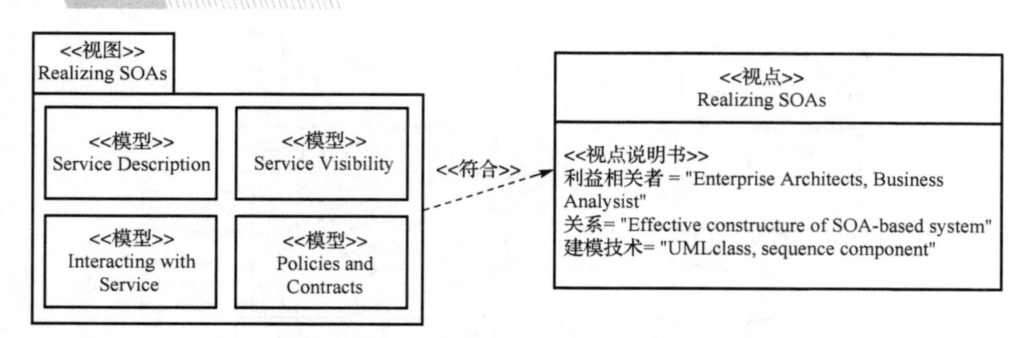

图 2-11　SOA 实现视点中的模型元素

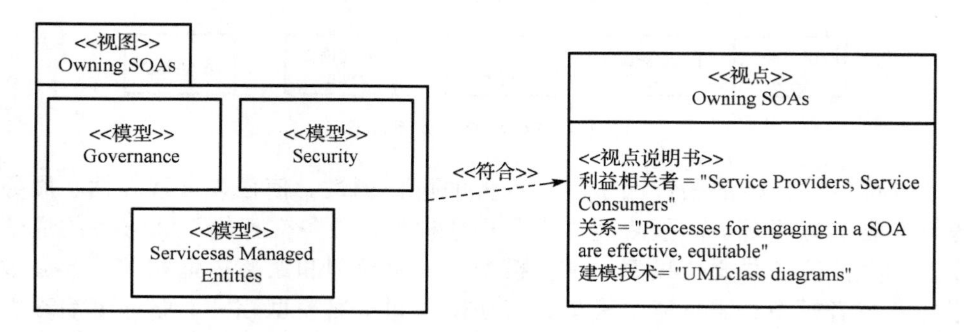

图 2-12　SOA 拥有视点中的模型元素

2.2.2 SOA 服务支撑平台模型

服务支撑平台可以从两个角度来描述：一个是从分层结构化视点的角度，展示不同层关心内容的差异；另二个是从不同组成部分相互协同的角度，展示各个部分如何相互协同完成整体目标。服务支撑平台需要满足如下要求。

(1) 服务适应业务的动态性，如商业服务的改变、业务角色的改变、商业服务的组合。

(2) 服务支撑平台满足企业资产重用的要求，并最大化减少风险，降低成本。

(3) 商业服务与 IT 基础设施服务相分离，使企业可以专注于其核心的商业流程，而不用关心底层基础设施的服务。

1. SOA 服务支撑平台的分层视图

SOA 服务支撑平台的分层视图如图 2-13 所示，它实现了关注点分离，以及不同层间的接口松耦合。

该视图的底层是核心基础设施服务(core infrastructure services)层，它给其他各层提供最基本的支撑。在该层的服务主要管理物理 IT 资源，资源类型包括如服务器、存储器、网络等硬件，也包括如操作系统、数据库和中间件等软件。

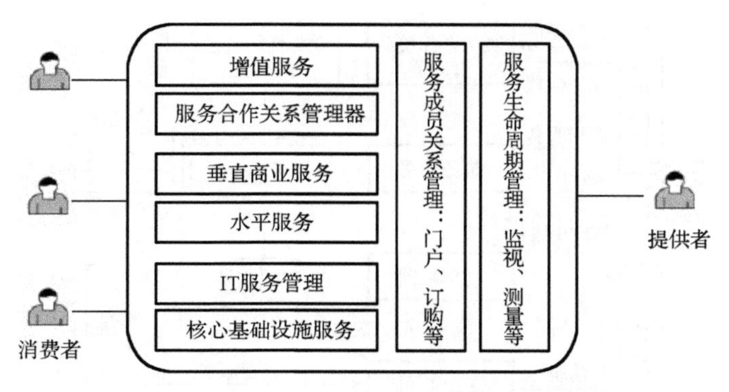

图 2-13　SOA 服务支撑平台的分层视图

IT 服务管理(IT service management)层位于核心基础设施服务层之上，用来高效地管理 IT 基础设施。该层是指导原则和 IT 资源高层操作流程的集合，如事故管理指导、配置管理、可用性管理等。

水平服务(horizontal services)层支持公用的 IT 服务，如 Web 应用服务、日历服务、协同服务等。它也可能包含公用的商业服务，如人力资源服务、后勤服务等。

垂直商业服务(vertical business services)层用来组合形成商业流程或者商业解决方案，如银行的贷款服务。

服务合作关系管理器(service partnership manager)层，主要负责管理可用服务资产间的相互关系。它提供机制进行服务配置和重配置，从而不用改变代码就能实现服务组合和部署。

最上层是增值服务(value added services)层，它通过组织和管理服务组合与集成，来利用水平服务，或者通过服务合作关系管理器来使用垂直的行业服务。它直接提供满足客户需求的商业逻辑。

除了上述六个水平层，还有另外两个用于管理的垂直层。服务成员关系管理(service membership management)层负责服务订购、服务门户、服务提供等功能。服务生命周期管理(service lifecycle management)层负责服务监视、质量度量和异常处理等功能。

2. SOA 服务支撑平台的协作视图

SOA 服务支撑平台的协作视图定义服务支撑平台中不同的角色如何相互协作完成服务的交付。该视图从业务能力的角度来描述协作关系，如图 2-14 所示。与 IT 基础设施相关的最下面两层未出现在该视图中。

应用门户向服务合作关系管理器输入服务需求，服务合作关系管理器则完成服务的动态重新配置。随后，应用门户通过服务调用管理器调用特定的服务，服务调用管理器则通过访问控制验证用户的访问权限，验证通过后，将该调用请求发送到

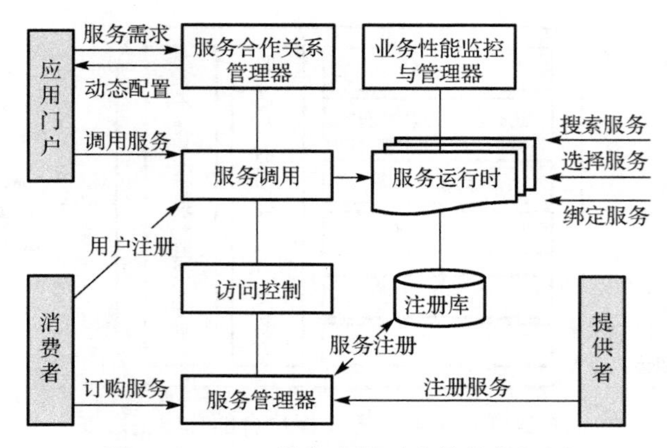

图 2-14 SOA 服务支撑平台的协作视图

运行环境，由运行环境完成服务执行。消费者通过服务管理器订购服务，而服务提供者通过服务管理器注册服务，服务管理器最终将注册信息存放到注册库中。业务性能监控与管理器通过对服务运行环境的监视与管理来保证业务的性能。

服务支撑平台使用服务合作关系管理器提供增值服务。例如，智能货运代理，通过支撑平台查询服务注册表，并根据订单信息选择合适的货运服务提供者。服务管理器允许不同的服务提供者进行服务注册，注册成功后的服务可由消费者订购使用。业务性能监控与管理器则提供了服务生命周期管理的功能，并使用服务水平协定管理器。

因此，SOA 服务支撑平台协作的核心技术包括以下几点。

(1) 可靠消息传输：高性能、高可靠性的消息存储/转发传输机制，可集成多操作系统平台；支持点对点、一对多、多对多等传输模式，支持事务处理、灾难恢复、集群、负载均衡等功能。

(2) 数据格式转换动态路由：采用总线拓扑结构，集中处理数据交换请求，根据业务规则在系统间收集/分发数据，并将这些系统间共享、交换的数据转换为接收方可识别的表现方式；集成交易处理、数据库访问等扩展功能，丰富数据处理手段。

(3) 多种接入方式：支持多种接入设备、多种传输协议，可在不同协议间进行数据转换，实时为身处各种环境的人员、应用、移动和无线遥测设备提供业务事件信息。

(4) 工作流引擎：体现 SOA 理念，遵循标准的业务流程管理系统，可以实现业务流程的动态调整，业务流程的可视化设计、分析、部署及测试，无缝地集成企业环境中现有的应用系统。

(5) 适配器技术：丰富的适配器种类适配不同的厂商、不同的技术，使企业在最低限度地影响现有系统的前提下，快速方便地将企业中的应用系统连接到企业的集成平台[12]，实现系统之间信息共享与交换。

(6) 集成开放环境：集成及可视化的设计、编码、部署、测试环境，简化流程变更的过程[13]，适应业务的快速变化。

2.2.3　服务总线模型

ESB 是一种 SOA 实现模式[14,15]，它将消息传输、Web Services、数据转换、智能路由等集成到一起，提供可靠连接并对多应用的交互进行协同，完成跨越企业边界的事务集成。

1. 消息代理

消息代理是 ESB 结构的核心，它构造了一个虚拟传输通道的网络，为企业消息路由提供了基础。消息是指自包含的信息单元，消息代理则使用传输通道完成不同应用间的消息传输，即消息代理管理多个消息连接点，并管理这些连接点间的传输通道。在基于消息代理的系统中，消息传输是异步的，应用间是解耦的，即消息的发送与接收者不能感知到对方，只能感知到消息代理的存在。

通过消息代理，消息应用程序可使用消息客户端 API 完成相互通信。消息发送方称为生产者，接收方称为消费者。生产者和消费者采用两种方式通过虚拟传输通道实现解耦：一种是发布/订阅的虚拟传输通道；另一种是点到点的虚拟传输通道，这两种虚拟传输通道也称为基于主题或者是基于队列的，如图 2-15 所示。

生产者不知道哪个应用接收消息，也不知道有多少个应用接收消息，同样，消费者也不知道哪个生产者正在发送消息。如果要进行消息应答，可以通过目的地址来标识虚拟传输通道。虚拟传输通道或者硬编码在应用中，或者使用工具进行描述和配置，这些配置信息可以存储在目录服务中。在传统的应用中，虚拟传输通道一般硬编码在应用里面，而在 ESB 应用中，虚拟传输通道的创建和管理一般被封装在容器环境里，可以动态配置和管理。

图 2-15　两种消息传输解耦模式

发布/订阅模型一般用在一对多信息广播环境中，多个消费者向消息代理注册他们感兴趣的内容，当消息代理收到生产者发送的消息时，通过将该消息与注册者的兴趣对比，将该消息发送给这些消费者。在点对点环境中，只有一个消费者从队列中接收该消息。但是一个点对点的队列也可能有多个消费者在监听该消息，其目的是进行负载均衡或者热备份，但是真正进行该消息消费的接收者只有一个。也可能队列中的某条消息没有监听者，在这种情况下，消息保存在队列中，直到有消费者将其取走，如图 2-16 所示。

这两种消息代理模式都是异步消息传输方式，在某些情况下，应用需要在异步消息传输模式下提供可靠性保证。对于异步传输的可靠性保证存在三种主要方式：消息自治、存储转发、消息确认。

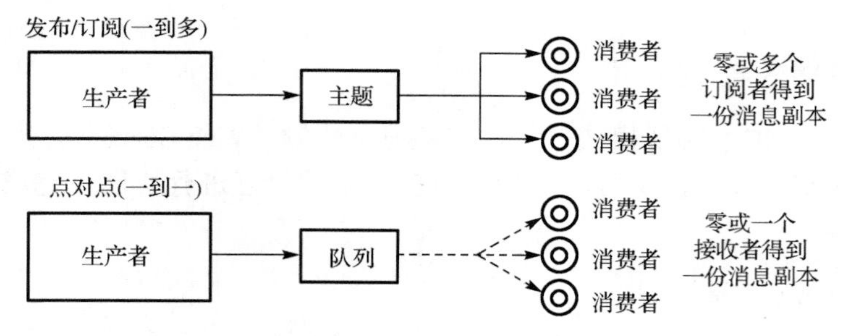

图 2-16　两种消息传输模式的消费者差别

消息自治：消息是自包含的，自治体代表了一个商业事务。生产者把消息发送到消息代理，它的角色便结束了，由消息代理保证消息被发送到消费者，并保证消息格式的正确性。

存储转发：消息代理使用消息队列来保证消息提交的语义，保证现在不可用的应用在可用的时候能从队列中获取消息。消息提交的语义包括精确一次的语义、至少一次的语义和至多一次的语义。精确一次的语义是指，消息被确保发送到消费者，而且只被发送到消费者一次。至多一次是允许消息丢失，不提供消息服务质量的保证。

消息确认：消息确认是通过消息确认协议保证消息的可靠传输。消息代理通过监视消息处理过程来获得消息是否成功发送或者接收的状态信息。消息代理通过确认机制来实现消息的分发和提交的可靠性。

可靠的发布/订阅采用综合的可靠异步消息传输方法实现消息的可靠传输，涉及消息确认、消息持久化、订阅保存等方法，如图 2-17 所示，它包括以下步骤。

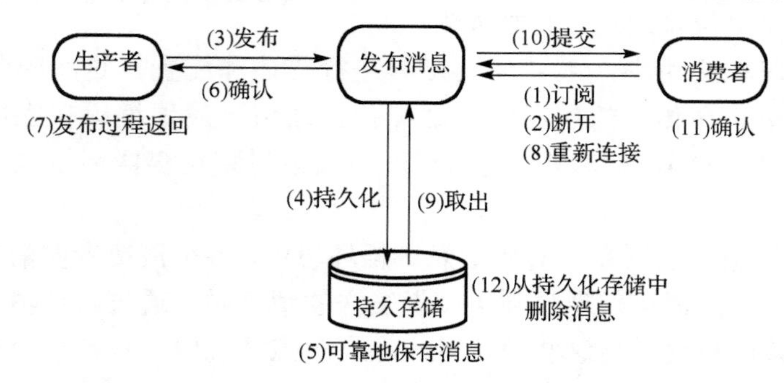

图 2-17　可靠的发布/订阅

(1) 消费者订阅消息，该订阅被消息代理保存。

(2) 消费者从消息代理断开连接，通过主动关闭方式或者由于某种失效被动关闭。

(3) 生产者发布消息，该发布过程被阻塞，直到消息代理成功接收到该消息。

(4) 消息代理将该消息持久化。

(5) 消息被可靠保存在磁盘上。

(6)确认消息由代理返回到生产者，提示消息已经被持久化。

(7)发布过程返回。

(8)消费者重新连接到代理服务器。

(9)从存储器中取出消息。

(10)消息被提交给消费者。

(11)消费者返回确认给消息代理。

(12)消息代理从持久化存储中删除该消息。

当存在多个消息代理时，它们可能组成复杂的拓扑，形成代理网络，这种情况下，需要使用动态路由来保证消息传输的可靠性，如图2-18所示。

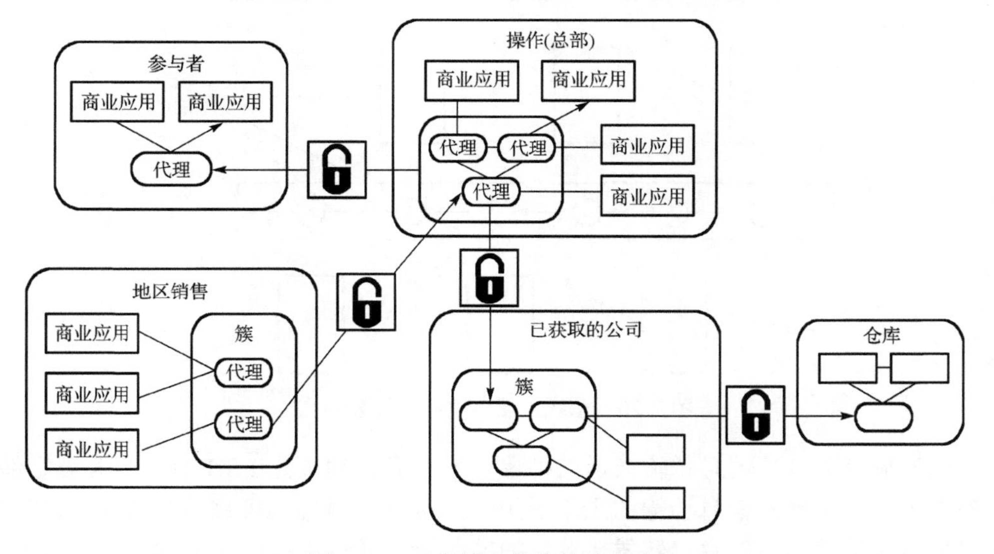

图2-18　可靠消息传输的动态路由

消息代理本质上是异步消息交互，但是对于请求/响应的消息传输模式，在某些应用场景中既需要异步的消息传输，又需要同步的消息传输，这种需求在ESB中可以通过容器的服务调用模型完成。在发布/订阅消息传输模型中，定义了简单消息传输方式，即消息传输通道是非对称的，请求者使用一个通道来发送请求，使用另外一个通道来响应消息。发送与接收动作之间的关联通过目的地址ReplyTo或者关联标识CorrelationID来完成，如图2-19所示。

2. 抽象端点与服务容器

在ESB中，所有的应用和服务都可表示为抽象的端点，端点的实现可以是到本地适配器的一个绑定，也可以是对外部服务的一个引用。如图2-20所示，抽象端点允许使用高层工具将服务组装成流程。

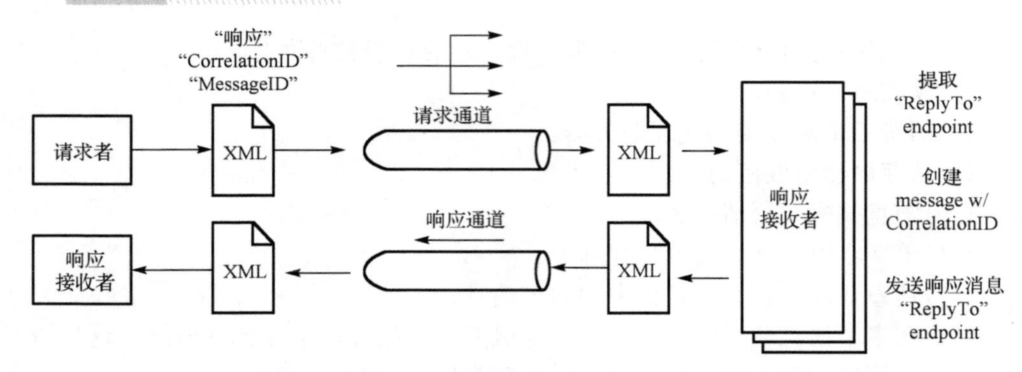

图 2-19 请求者与响应接收者独立的请求/响应模型

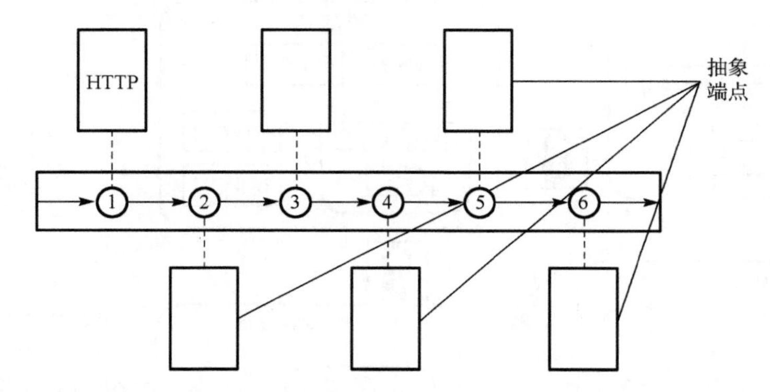

图 2-20 总线上服务建模为抽象端点

服务端点提供了消息传输通道的抽象，而消息代理则是 ESB 中一个关键组件，它提供了高可扩展的消息传输的主干通道，支持异步消息的可靠安全传输。ESB 中的消息传输采用异步的存储转发模式。抽象的端点通过连接点连接到 ESB 上，ESB 支持多种方式的连接，即支持不同协议的接入。ESB 的集成能力可以作为独立的服务挂接在总线上。

服务容器是抽象端点的物理表现形式，并可容纳软件组件，尤其是提供集成能力的服务组件。服务容器是简单与轻型的，通过部署不同的服务，承担不同的角色，表现出不同的功能，如图 2-21 所示，服务容器可特化为不同的集成服务，如转换、路由、适配器等。

服务容器为一个或多个服务提供运行环境，每个 ESB 服务容器都是相互独立的。如图 2-22 所示，多个服务容器可以互联组网，提供更强大的处理能力。

另外，ESB 服务容器管理数据的流入与流出，如配置、审计与错误处理等。ESB 配置管理器一般从目录服务中获取配置信息。管理功能的输入可来自控制台，或者其他服务。服务容器提供服务调用功能，调度发布/订阅或者请求/响应模式中的消息到服务。

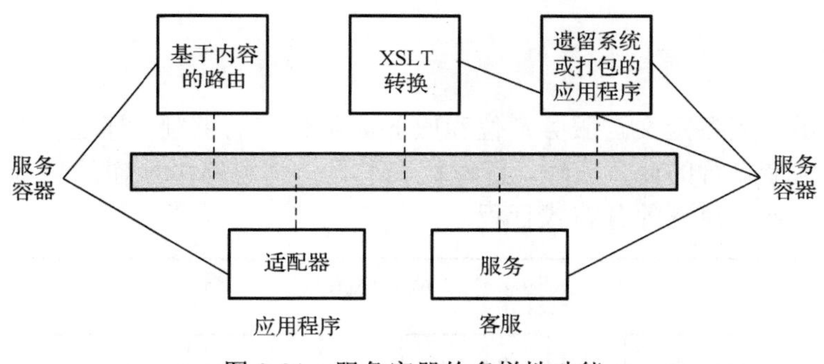

图 2-21　服务容器的多样性功能

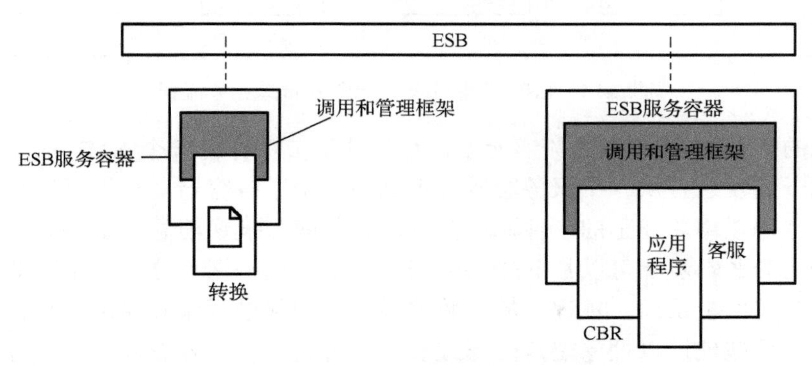

图 2-22　ESB 服务容器的服务部署

为了支持服务的实现，服务容器提供了服务调用与管理的框架，支持服务调用、部署配置、线程管理、生命周期管理、连接管理、安全 QoP(Quality of Protection)管理、服务质量管理、交易管理、审计/跟踪等，如图 2-23 所示。

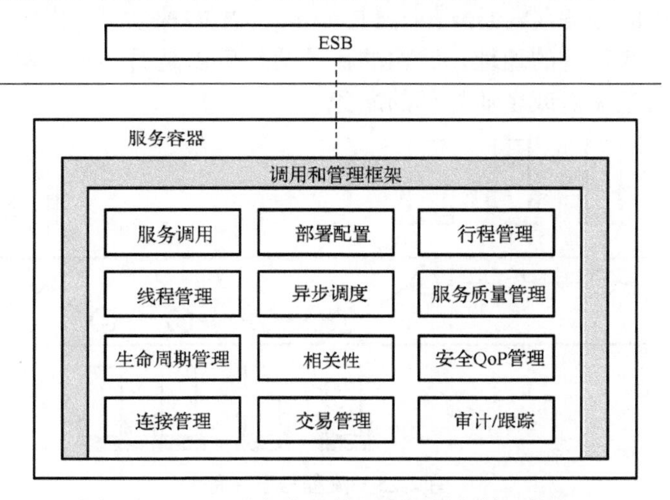

图 2-23　ESB 服务容器的服务调用与管理框架

3. 服务路由

ESB 提供了服务定义与服务定位和服务调用分离的机制。通过在消息行程上插入服务可以构造复合的业务流程，行程代表了具体消息路由操作的集合，图 2-24 描述了一个订单处理流程的分布式行程。

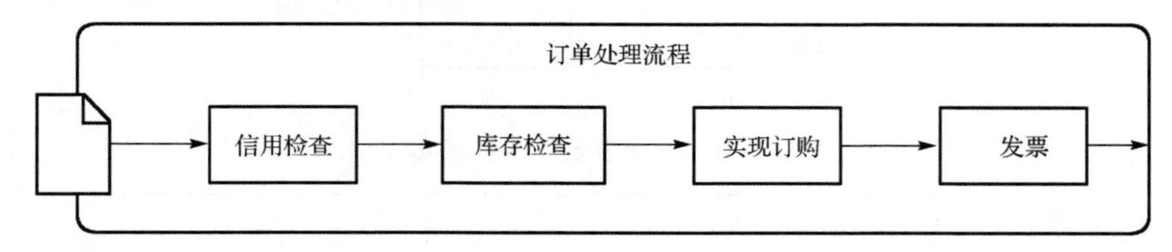

图 2-24 ESB 行程可表示一个分布式业务流程

消息的行程是 ESB 中的关键元素，行程的细节保存在一个 XML 的元数据中，并随消息一起发送，从一个服务容器行走到另一个服务容器。行程可以从一个入口点开始，也可以由总线上的事件驱动开始，如创建与投递消息的事件。

行程上的逻辑步骤可以是 ESB 中的服务端点，这些端点分布在不同的地理位置上，并可从总线上访问。行程上的元数据描述了如何进行服务路由，它包含了转发地址列表，这些地址以抽象端点的形式表示，可能是一些处理规则。服务容器分析消息行程，并结合配置知识和动态环境知识进行服务路由，形成高度分布式的路由网络。一个行程可能在某个路由点激发子行程，即业务流程包含子流程，如图 2-25 所示。

在 ESB 中，往往也需要根据消息内容来决定消息的流向，对于这种需求可以使用基于内容路由的服务(Content Based Routing，CBR)来实现。内容路由服务通常使用规则处理器来获得目的地址，路由的目的地址可以是另外一个服务，也可以是一个流程行程、消息端点或企业外部的服务。

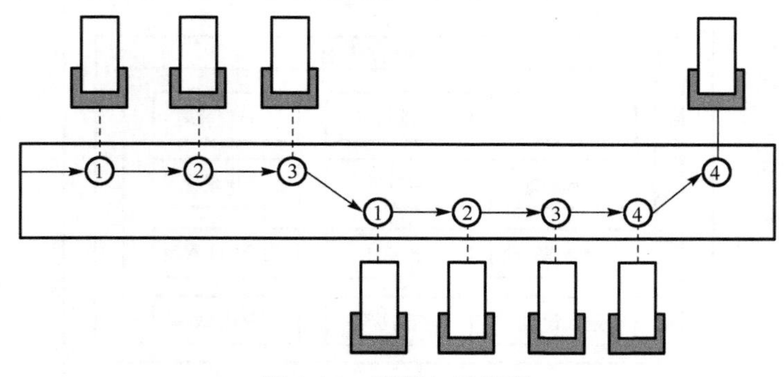

图 2-25 流程与子流程

2.3　服务支撑平台实现技术

服务支撑平台是服务(包括基本服务与组合服务)的基础承载环境，为基于服务的应用系统提供服务部署、运行与管理等基本支撑功能。Web Services 作为符合服务思想的规范，是服务支撑平台设计的首要参考对象与支撑目标，服务支撑平台为上层的具体应用系统提供基于简单对象访问协议(Simple Object Access Protocol，SOAP)的消息传输能力、基于网络服务描述语言(Web Services Description Language，WSDL)的服务描述发布以及相应的服务运行支持，如服务的生命周期管理、服务安全策略管理等，其结构如图 2-26 所示。

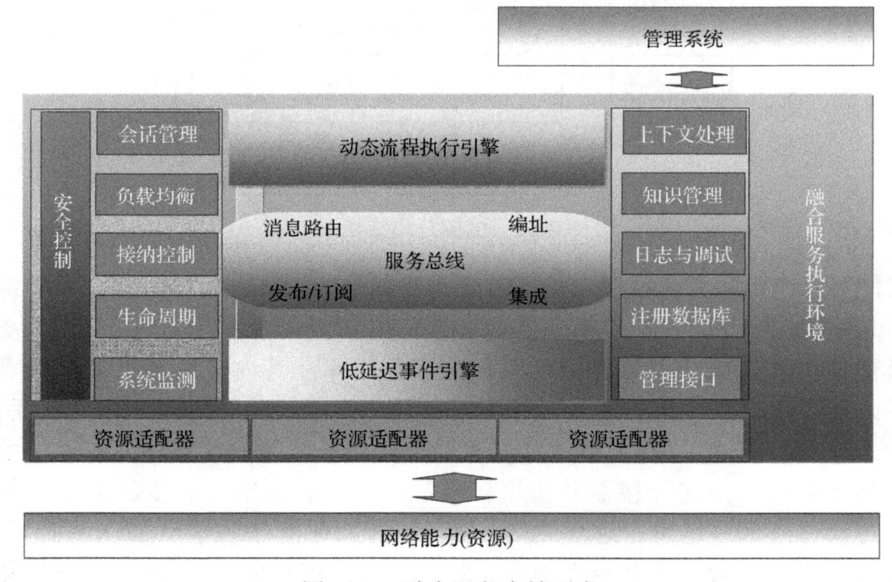

图 2-26　融合服务支撑平台

服务支撑平台包括核心功能部分、管理机制部分、安全部分、辅助工具部分和资源适配部分等五大部分。核心功能部分包括构成平台基础的服务总线、动态流程执行引擎、低延迟事件执行引擎以及不同部分之间的集成机制等。管理机制部分包括基于服务的会话管理、分布式负载均衡管理、控制过载的接纳控制管理、生命周期管理、对平台运行情况监视和测量的模块。安全部分包括访问控制管理、隐私管理、身份管理的集成接口、登录管理器接口等。辅助工具部分包括为整个平台提供服务注册与查找功能的服务注册库、基准时间的时钟服务、告警服务、日志服务、调试服务、业务数据存储访问、服务注册查找的注册数据库、与管理系统接口的管理接口部分、知识管理、上下文处理以及注册与调试。资源适配部分主要研制资源适配机制，将网络能力适配到平台中，可由业务组件透明访问。

服务总线层研制的模块主要包括组件容器部分和规格化消息路由部分。其设计遵循 Java 业务集成(Java Business Integration，JBI)规范，该规范定义了一个 ESB，方便开发商能够用 Java 语言实现面向服务的架构。组件容器模块定义了服务间无缝融合的实现方式：在组件容器中，所有的资源(如应用程序、协议、数据库，甚至是数据文件)都是服务的提供者、服务的消费者或者两者兼而有之，组件容器处理这些不同资源并将其映射为一个标准的服务模型，如图 2-27 所示。

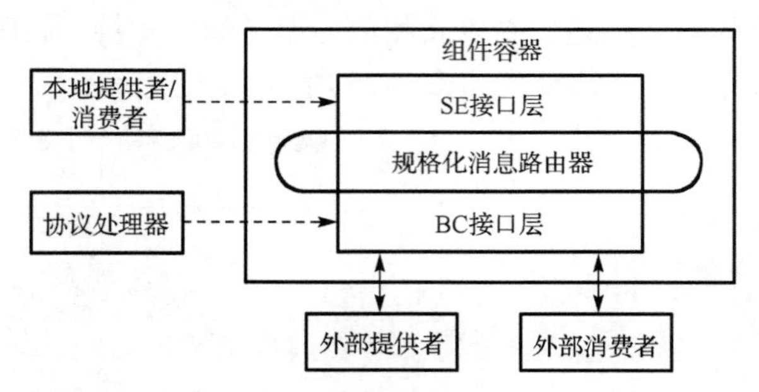

图 2-27　服务总线结构图

组件容器中定义了两种接口层：服务引擎(Service Engine，SE)接口层和绑定组件(Binding Components，BC)接口层。SE 接口层负责实现业务逻辑处理等服务，同时也可能使用其他服务引擎提供的服务，服务引擎在其内部可使用多种技术和设计模式，既可以提供数据传输和转换等基础服务，也可实现如 BPEL 执行引擎的复杂业务处理。BC 接口层主要为已部署服务提供传输级的绑定，在中介路由环境内部或外部系统之间起连接器及协议转换等作用。绑定组件有多种类型：利用标准传输协议与外部系统进行远程通信，使已部署服务能在同一个 Java 虚拟机(Java Virtual Machine，JVM)内部相互调用，服务间使用标准的 Web 服务协同工作，规范通信。

规格化消息路由器可分离 SE 接口层和 BC 接口层，以便业务逻辑不被底层的具体细节所干扰，这种思想保证了体系架构的灵活性和可扩展性。绑定组件和服务引擎组件在中介路由层时都可以充当服务提供者或服务消费者，都可为运行时的中介路由提供接口，以便从中接收消息。

在规格化消息路由器中，所有的消息在通过规格化处理后都是通过规格化消息路由器在组件之间进行传送的，利用这种消息传输模型分离了服务提供者和服务消费者之间的耦合，为服务提供者和服务消费者的消息交换提供了标准接口。一个规格化消息主要由以下两部分组成：消息的上下文数据(context data)和描述组件提供服务的消息。消息传输模型利用 WSDL 来描述暴露的服务引擎组件和绑定组件的业务处理，此外，WSDL 也用于定义抽象服务处理的传输级绑定。

动态流程执行引擎主要执行依据 WS-BPEL 标准编写的业务流程，调用 Web 服务，发送和接收消息，处理数据操作以及故障恢复，支持对长生命周期和短生命周期的流程执行编制服务。动态流程执行引擎主要包括 BPEL 编译器、BPEL 运行时、抽象流程管理器等三个模块，如图 2-28 所示。

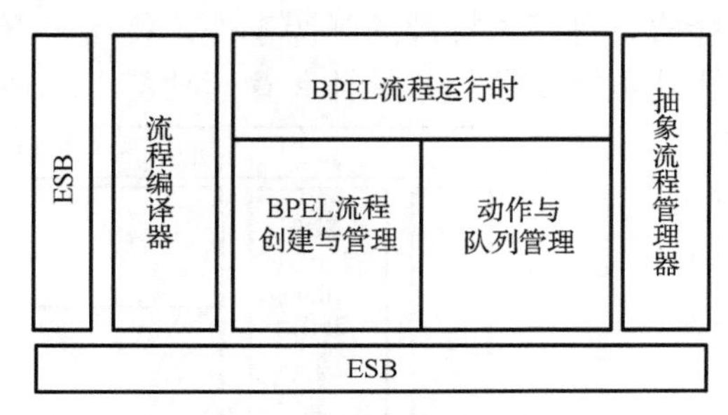

图 2-28　动态流程执行引擎

BPEL 编译器将 BPEL 源文件(包括 BPEL 流程文件、WSDL 文件和 Schema 文件)编译成适合于 BPEL 引擎执行器执行的文件，编译器的输出是编译好的文件或者源文件中错误信息的列表。其编译生成的 BPEL 文件是在结构上与 BPEL 流程文件类似的对象模型文件，包括 BPEL 流程中的各种引用(如变量名)、WSDL 文件以及类型信息，编译后的文件是 BPEL 引擎执行器唯一需要的文件。

BPEL 运行时主要完成编译后的 BPEL 流程的执行，执行器完成相应的逻辑来决定什么时候需要创建一个新的实例，新接收到的消息要转到哪个实例上。执行器还需要给用户提供流程管理 API 让用户与引擎交互。为使引擎可靠运行，引擎需要依靠数据访问对象提供数据持久性。BPEL 运行时是一种通过 Java 并发对象(Java Concurrent Object，Jacob)框架来实现应用级别的并发机制和屏蔽中断执行及持续执行状态的透明机制。

数据访问对象位于 BPEL 运行时和底层数据库之间，BPEL 运行时需要持久化的数据访问对象，包括如下几种。

(1)活动的实例：保存的已创建的实例。

(2)消息路由：哪些实例在等待哪些消息。

(3)变量：每个实例的 BPEL 变量值。

(4)合作伙伴连接(partner link)：每个实例的 BPEL 合作伙伴连接值。

(5)流程执行状态：每个流程实例在 BPEL 运行时中的执行状态。

抽象流程管理器管理抽象流程。抽象流程主要用于定义某一个伙伴为了达到业务目的和它的其他伙伴交换的消息和可能的顺序。它可以看成可执行业务流程的外部视图，省略了部分内部执行细节，降低了复杂性。在 BPEL 中，描述抽象流程的语言是用于描述可执行流程的语言的子集，可以在同一种流程语言中指定可执行流程及其抽象视图。

JAIN(Java APIs for Integrated Networks)是 Sun 公司领导的一个企业团体的合作项目，其主要目的是定义各种必要的用于扩展核心 Java 平台的 Java 程序开发接口，它通过将各种复杂的有线、无线、IP 网络提供的通信接口统一定义为一系列 Java 工业标准接口，使得各种私有的通信网络能够演变为开放的、标准的网络。JAIN 定义的基于 Java 的业务逻辑执行环境(Service Logic Execution Environment，SLEE)规范称为 JAIN SLEE(或称为 JSLEE)，它是一个分布式的业务组件框架，采用 JavaBeans 的组件模型和事件驱动机制，为业务组件提供可靠的运行环境。SLEE 可以接收各种网络资源的呼叫事件，将这些事件发送到相应的业务逻辑进行处理，同时为业务提供监控、统计和管理功能。JAIN SLEE 的组成结构如图 2-29 所示。

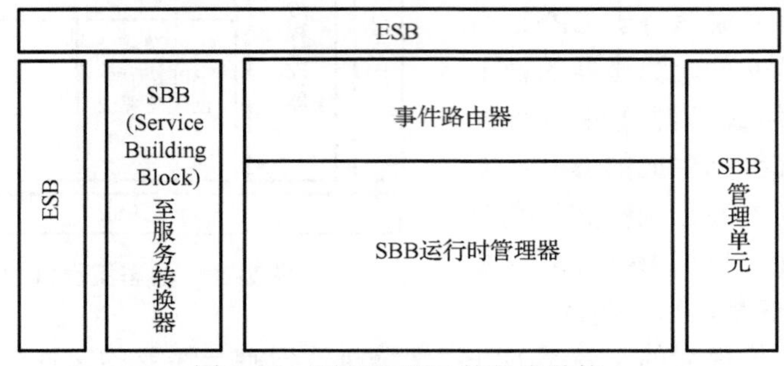

图 2-29 JAIN SLEE 的组成结构

2.3.1 服务支撑平台的功能性视图

1. 服务总线与低延迟事件引擎的集成

低延迟事件引擎主要处理通信类业务，它们一般都是事件触发的，并且有较高的实时性要求。如何通过低延迟事件引擎封装通信能力，将其作为服务开放，并与 IT 类服务无缝协同运行，是融合服务支撑平台的关键[14]。该需求称为集成需求。

对于低延迟事件引擎与其他 IT 引擎协同运行的集成，可通过将低延迟事件引擎构造为 ESB 的服务引擎组件，并通过 WSDL 消息模型和 JAIN SLEE 的事件模型的转换来实现。另外，在总线内部对消息按优先级与实时性分级进行调度和路由。

首先描述低延迟事件引擎，再定义其集成方式。低延迟事件引擎规范 JAIN SLEE 以事件为驱动体系结构，采用了各个服务单元(业务处理组件 SBB)消息机制，减少了在事务处理上的等待延迟，其工作方式是从外部协议资源扫描事件状态，然后将这些事件递交到各个处理单元，以它为核心设计成网关和网守，以及软交换上层的应用服务器、媒体服务器等多种设备，同时适配多种交换协议。低延迟事件引擎的功能结构图如图 2-30 所示。

其中，服务容器提供 SBB 服务管理，包含 SBB 工厂、持久性管理、SBB 对象池管理及服务部署者。SBB 的服务管理单元对 SBB 进行部署、创建与维护，并面向上层的应用提供相应的使用接口。

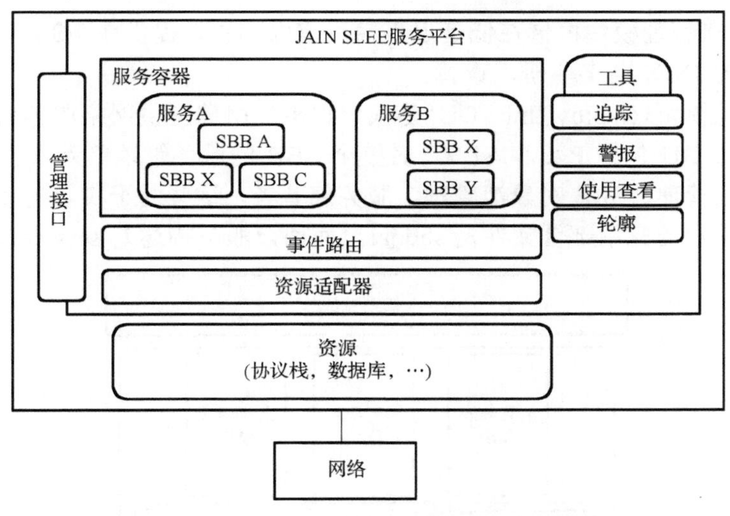

图 2-30　低延迟事件引擎的功能结构图

服务容器还为 SBB 提供运行环境(SBB runtime)，对 SBB 进行执行。SBB 运行环境的核心组件包括事件路由单元——Event Router(获得事件并且分配导入到指定的 SBB 中)和 SLEE 端点管理(连接资源适配器产生事件送达端点)两部分。SBB 运行环境通过上下文(context)方式来实现各个实体之间的联系。它和 SBB 服务管理单元之间的接口是 ActivityContext，用于表示独立的事件接口。它和资源适配器之间的接口是 Activity，进行具体事件的封装，如会话初始协议(Session Initiation Protocal，SIP)的注册事件(SIP Register)；另一个是 SLEE 内部的行为实体接口 SLEE Activity，如定时器事件(Timer Event)和用于调试的 Trace 事件。

和 J2EE(Java 2 Platform，Enterprise Edition)中的工具一样，低延迟事件引擎也提供了一系列使用和管理工具。工具在 SLEE 中的定义是一些标准的功能组件，它们提供了一些预定义的接口为应用提供服务，包括编址、档案、告警和命名等。

JSLEE 将网络资源表示为资源适配器(Resource Adapter，RA)，外部网络功能或其他能力都被认为是资源，每一个 RA 代表一种网络资源类型，如代表 JAIN SIP 的资源适配器类型是 JAIN SIP RA。JAIN SLEE 通过 RA 实现业务逻辑和外部资源的交互。

服务总线与低延迟事件引擎的集成组件的功能结构如图 2-31 所示，生命周期、消息转发、JNDI(Java Naming and Directory Interface)注册管理、部署单元四个模块共同构成了一个 SE 集成组件。

生命周期模块是服务引擎的核心模块，被 JBI Container 直接调用，负责调度其他各个模块的生命周期，实现了 JBI 规范中的 javax.jbi.component 接口包。

消息转发模块负责从 ESB 得到 JBI 消息，并将其传递给合适的处理消息的类来进行进一步处理。

JNDI 注册管理模块内嵌在低延迟事件引擎内核中，提供在 ESB 环境下服务引擎内部必要的 JNDI 名字注册、查找。

部署单元模块(Deploy Unit，DU)是低延迟事件引擎提供网络服务所依赖的组件单元，目前的 DU 包括 RA 和 SBB。对整个 SBB 的服务管理单元来说，包含 SBB 工厂、持久性管理、SBB 对象池管理、服务部署者，这些对于实际的使用者而言是不可见的。用户的应用部署文件是 sbb.jar，而用户服务描述是 service.xml。

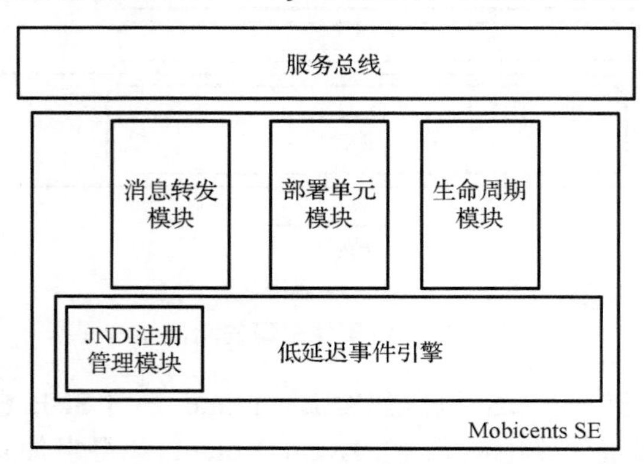

图 2-31　服务总线与低延迟事件引擎的集成组件的功能结构

整个集成组件的入口是 ESB 容器对生命周期模块的调用，然后在生命周期模块实现了其他各个模块的调用。由部署单元模块实现部署的 RA/SBB，该过程会涉及 JNDI 查找的部分，即调用 JNDI 模块内容。

集成的消息转换的主要流程如图 2-32 所示。

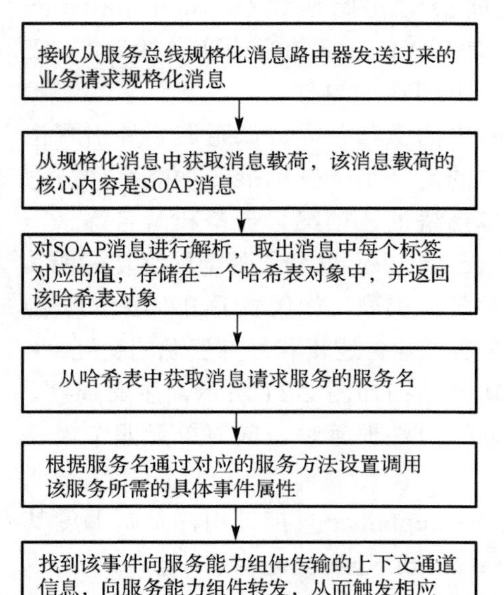

图 2-32　集成消息转换流程图

2. 流程执行引擎

流程引擎的功能结构如图 2-33 所示。其中，BPEL 编译器负责将 BPEL 相关资源(即 BPEL 描述文档、WSDL 和 Schema)编译成适合执行的描述文件。编译成功之后产生一个扩展名为.cbp 的文件，该文件是 BPEL 运行时唯一需要的文件。如果编译失败，编译器会列出与资源有关的错误信息。BPEL 引擎运行时负责执行编译后的 BPEL 过程，主要的功能包括过程实例的创建、销毁，消息的收发等。它还为用户工具与引擎交互提供了过程管理 API。执行过程中的实例状态跟踪和消息传递都需要利用持久化机制，这项工作由数据访问接口组件来完成。引擎运行时利用 Jacob 来完成过程实例的状态表示和并发性管理。Jacob 提供了应用级的并发机制，它不依赖于线程，降低了系统开销。数据访问接口组件(Data Access Object，DAO)负责 BPEL 引擎运行时和底层数据存储的交互，数据存储一般使用关系数据库。在执行环境中，集成模块内嵌了运行时，为运行时提供了线程调度机制，并管理运行时的生命周期。

动态流程执行引擎相对独立地直接部署在服务总线上，是系统的核心模块之一，它直接采用规格化消息与服务总线进行交互，其基于 BPEL 对服务进行组合后，生成对应的业务控制流程，在用户将业务控制流程打包并在其上进行部署后，为业务控制流程提供运行环境；在运行时，其用于并发执行原子服务组合后生成的业务控制流程，监听并接收服务总线转发的包含客户端请求的规格化业务服务消息，创建相应业务控制流程的 BPEL 业务流程实例进行处理，然后生成调用低延迟事件服务引擎服务能力组件的包含相应业务请求的 SOAP 消息，将其发送到服务总线，设置消息交换的服务端点属性(将目的服务引擎指定为低延迟事件服务引擎)，再通过服务总线路由到低延迟事件服务引擎。

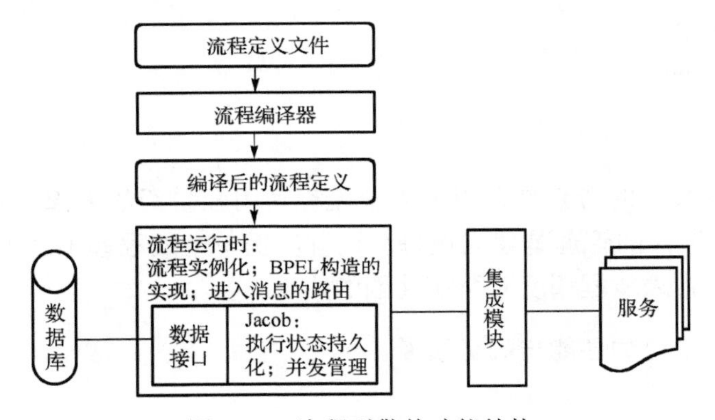

图 2-33　流程引擎的功能结构

各部分主要的组件与类模块如下。

(1) BPEL 编译器，包括编译后的 bpel-obj 与 bpelo-model 对象，bpel-compiler 主要负责将 bpel bom-model 转换成 bpel o-model。

(2) BPEL DAO。

① bpel-dao，提供 dao 接口。

② dao-hibernate，bpel-dao 的 hibernate 实现。

③ bpel-ql，hibernate 的实现用到了 ql。

④ dao-jpa，bpel-dao 的 jpa 实现。

(3) BPEL Runtime。

① bpel-runtime。

② scheduler-simple，流程的调度。

③ jacob-ap，定义 Channel。

④ jacob，java 并发处理模型。

(4) Integration Layer。

① jbi。

② bpel-store，流程部署。

(5) 用户管理、监控流程接口。

① bpel-api-jca。

② jca-ra。

③ jca-server。

④ bpel-connector。

(6) 公共类。

① bpel-api。

② bpel-epr。

③ bpel-schemas。

④ bpel-scripts。

⑤ utils。

⑥ tools。

该流程引擎最大的特点是在引擎内部流程使用轻量级的内部消息(它只是一个 Java 类型)，并发性的管理是建立在每个过程实例单个线程基础之上的，避免了创建过多的线程而带来线程调度对系统性能的影响。

2.3.2 服务支撑平台的性能与服务质量

1. 流程并发性

流程引擎采用 Jacob 框架进行并发性设计，Jacob 框架是 Actor 并发模型的一种实现，在其实现过程中定义了 Jacob 对象(即 Actor 模型中的 Actor)、Continuation 对象、ExecutionQueue 对象、Channel 对象、JacobThread 对象、JacobVpu 对象等，通过定义这些对象来实现 Actor 并发模型[16]。

Jacob 对象是 Java 的 Closure 类的一种实现。在流程引擎中，BPEL 活动、ChannelListen 都被表示为 Jacob 对象。

Continuation 对象包含了 Jacob 对象、Jacob 对象定义的方法以及一些参数和 Jacob 对象将要进行的动作。Continuation 被注入 ExecutionQuene 中，由 ChannelListen 对象通过消息传递来激活调用这些 Continuation(即 Actor 模型中的 Event-based 调度方式)，这样做的好处是通过 Continuation 和 ChannelListen 可以避免 Jacob 对象等待消息时需要挂起线程而引发的线程阻塞问题(即 Actor 模型所声称的 Actor 模型的好处之一)，另外，由于其调度方式是基于消息通知的，而消息是可以同时发送多条的，所以可以同时并发多个 Actor，即 ODE 中的 Jacob 对象。

另外，Jacob 框架还定义了 JacobThread 对象，每个 Jacob 活动(Actor)执行时获得一个 JacobThread，在线程的 run()方法中将调用这个具体的 Jacob(某个商业 BPEL 活动)的方法，同时将本线程压入一个线程 Stack 中，待消息到达后出栈。在这里，只有消息到达时，系统才真正地为每个 Jacob 对象分配线程并执行，避免了系统占用大量线程，耗费资源，达到使用少量的线程来执行大量的 Jacob 对象(Actor)的目的。另外，这里的线程使用的是 ThreadLocal 方式，可以使 Thread 的 ID 与它所执行的对象绑定，避免线程中的共享资源访问时出现问题，这也是 Actor 模型所声称的好处之一。

最后，JacobVpu 对象主要负责注入 Continuation 对象到 ExecutionQuene 中，并创建和执行一个 JacobThread。

在 ODE 中由 BpelRuntimeContextImpl 调用 JacobVpu 对象，在 JacobVpu 中注入流程，JacobVpu 再调用 JacobThread 对象，执行具体的方法。

举例来说，假设流程包括 Recevie、Invoke、Assign、Reply 活动。

首先，流程被激活后，由 JacobVpu 注入该流程到 ExecuteQuene 中，JacobVpu 调用 JacobThread 运行该流程，并将运行该流程的线程压入一个线程栈中，在运行该流程时，首先将 Receive 活动注入 ExecuteQuene 中，再给该 Receive 分配 JacobThread，同时也将该线程压入线程栈中，当消息到来时，调用 Invoke 活动，也是首先将 Invoke 活动注入 ExecuteQuene 中，分配 JacobThread，依次运行，直至流程活动结束，栈中线程也相应出栈。

因此，Jacob 的并发性的管理是建立在每个过程实例单个线程基础之上的，避免了创建过多的线程而带来的线程调度对系统性能的影响，而且线程是在消息到达时进行分配的，进一步避免了过多线程的使用，同时，利用消息监听和 Continuation 对象，避免了线程的阻塞问题。

构成 Jacob 的关键类主要包括以下几种。

IndexedObject 类：这是一个接口，用于 Jacob 对象在执行队列中的索引，通过索引关键字索引该 Jacob 对象，方便观察执行队列的状态。只要队列中的对象引用该对象，被索引的对象就可被获得。例如，当执行队列中的一个 Channel 监听引用一个 IndexedObject 时，这个 IndexedObject 将被索引。

JacobObject：这是一个抽象类，是一个 Closure。从该继承关系可以看出 ChannelListen 以及 BPEL 活动类(继承 Activity 类)都是 Jacob 对象。

JacobRunnable 类：包括 BPEL 活动实现的方法和一个 run()方法，BPEL 活动是 JacobRunnable 对象。

Comm 类：抽象类，继承 ExecutionQueueObject，可以 getChannel、setChannel、getGroup、setGroup。

CommRecv 类：一个等待消息的对象的持久存储表示，这个类维护一个不透明的字节数组，该数组详细说明了 Continuation，也就是对象所支持的方法以及是否需要读一个可复制的变量。

可以得到该对象的 Continuation，即当等待的消息到达后下一步需要做的工作，由 JacobVpu 决定在这里的是什么，但通常包括一些合适的 ChannelListener 对象的序列化表示，并用字节数组来表示 Continuation 的序列化形式。

CommSend 类：一个等待相应对象的消息的持久存储表示，包括一个标签和一些参数，一旦获得被等待的对象，标签被用于该对象的类型，参数被用于处理对象方法。

Continuation 类：继承 ExecutionQueueObject 类，包括 Jacob 对象，相应的方法以及方法所需的参数。

ExecutionQueue 类：接口类，其实现类为 ExecutionQueueImpl 类。反应“汤”(the reactive "broth")是 Jacob 系统的基础，其实现负责 Jacob 对事件的反应规则以及维护反应“汤”(reactive broth)的状态(能够监测事件并作出反应)。将 Continuation 加入“汤”(broth)中，这个操作有时是指“Injection”，可用于注入“汤”中。

ExecutionQueueImpl 类：ExecutionQueue 的实现类。

ExecutionQueueObject 类：Comm、Continuation、CommChannel、CommGroup 继承该类。

JacobThread 类：接口，由 JacobThreadImpl 实现，可以生成一个流程的实例。可以生成一个新的 Channel。可以将 ChannelListen、方法、参数包成 Conntinuation，作为消息的持久化表示，加入 ExecutionQueue，等待合适的对象调用该消息，并返回一个同步 Channel；ReplyChannel 可以将等待消息的 ChannelListen 包成 Continuation 加入 ExecutionQueue，等待消息。在实现类中实现 run()方法：使本线程进入 ThreadLocal 栈，再调用 Jacob 对象的方法。

JacobVpu 类：根据保存在执行上下文中的 ExecuteQuene 构造 VPU，调用其 Execute 方法，执行一个 VPU。主要活动如下。

```
Continuation rqe = ExecutionQueue.dequeuereaction();
//从 ExecutionQueue 中取出 Continuation
  JacobThreadImpl jt = new JacobThreadImpl(rqe);
  //获得一个 Continuation 的 JacobThread
jt.run()
//调用 Continuation 也即 Jacob 对象的方法
```

2. 负载均衡

提供负载均衡功能的负载均衡模块用于接收客户端通过超文本传送协议(HyperText Transfer Protocol，HTTP)承载包含业务请求的 SOAP 消息，然后基于客户端业务请求 SOAP 消息中的内容特征以及服务器机群中各单个服务器的状态，通过负载均衡算法将业务请求分发给后台最合适的服务器以达到负载均衡的效果。该模块具备处理大量并发服务的能力，并且还具备双机热备份功能，这里的双机热备份，是针对服务器的临时故障所做的一种备份技术，通过双机热备份来避免长时间的服务中断，保证系统长期、可靠地服务[15]。

提供消息传输路由和转发的服务总线用于接收负载均衡模块的输入信息，并统一转换为规格化消息(normalized message)再转发给后续部件处理。服务总线设有 HTTP 绑定组件和规格化消息路由器，前者用于侦听和接收来自负载均衡模块的 HTTP 请求并把该请求转换为规格化消息，再通过后者路由给动态流程执行引擎；后者还负责接收来自动态流程执行引擎中相关服务流程的调用服务能力组件的规格化消息，再分发给低延迟事件服务引擎。

图 2-34 所示是一种热备份负载均衡服务支撑平台，该系统基于 ESB，且该系统由热备份负载均衡子系统、HTTP 绑定组件、BPEL 执行引擎、低延迟事件服务引

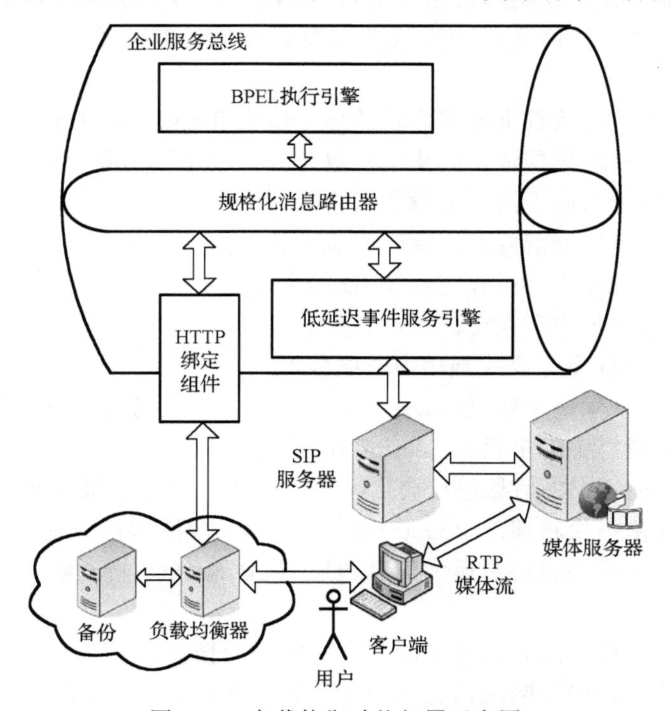

图 2-34　负载均衡功能部署示意图

擎和规格化消息路由器构成松耦合的 SOA，来实现多任务并发。图 2-35 所示为负载均衡模块功能结构图，负载均衡模块完成的主要任务是接收请求、选择合适的服务器进行路由、转发请求、接收响应、转发响应等，包括请求/响应收发子模块、负载管理子模块和状态管理子模块。

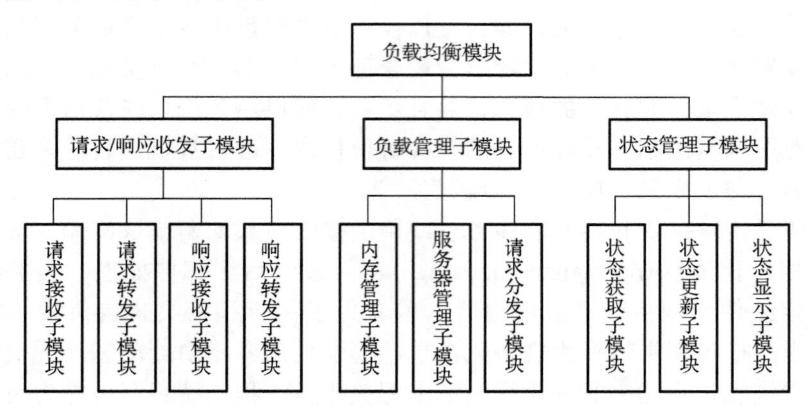

图 2-35 负载均衡模块功能结构图

为了便于说明，以多媒体会议业务服务场景为例，负载均衡模块一次成功地接收并转发请求(需要分发的请求消息中含有会议 ID 信息，且不存在与之对应的服务器)给服务器，然后又成功接收并转发服务器的响应给客户端，主要包括以下步骤。

(1) 负载均衡模块接收来自客户端的服务请求 Request 的头部信息。

(2) 负载均衡模块根据请求的头部信息判断请求是否需要分发。

(3) 经判断该请求属于需要分发的请求。

(4) 负载均衡模块分配内存，接收消息主体。

(5) 判断消息主体中是否存在会议 ID 信息。

(6) 确定消息主体中存在会议 ID 信息。

(7) 根据会议 ID 没有查找到相应的服务器。

(8) 负载均衡子系统判断 Request 消息头部中是否含有 Session ID 信息。

(9) Request 消息头部中存在 Session ID 信息。

(10) 根据 Session ID 信息进行会话粘着，选择到最优的服务器。

(11) 负载均衡模块将请求 Request 按照 HTTP 进行封装。

(12) 负载均衡模块将封装后的消息通过 TCP Socket 转发给所选择的最优服务器 x。

(13) 负载均衡模块接收到来自服务器 x 的响应信息。

(14) 负载均衡模块将响应信息按照 HTTP 进行封装，转发给客户端。

其中，在第(7)步中，没有找到与会议 ID 相对应的服务器，说明包含该会议 ID 的会议尚未创建。接下去的步骤先判断消息头是否含有 Session ID 信息，如果有，则根据 Session ID 进行会话粘着；否则根据加权轮转算法查找服务器。若会话粘着失败(Session ID 中不包含关于具体路由的信息)，则继续根据加权轮转算法查找服务器。

2.3.3　服务安全

图 2-36 给出了一种分布式的身份管理与认证授权框架。在该框架下，所有的请求消息首先被策略执行点拦截，如果是未验证过的用户则启动认证服务，并由身份服务返回断言；如果是认证过的用户，则使用策略决策点，并进行服务访问和授权策略，评估该用户是否有访问该服务的权限。对于跨平台的访问则使用安全网关。该框架提供服务访问控制、提供单点登录(Single Sign On，SSO)特征，并负责控制对敏感用户数据的访问，允许集成第三方服务。各服务之间使用 Web Service 接口，并使用标准协议。

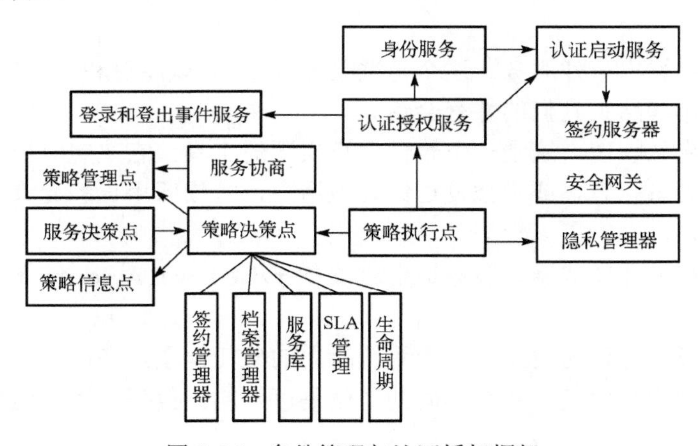

图 2-36　身份管理与认证授权框架

身份管理与认证授权框架包含的关键元素如下。

(1)策略执行点(Policy Enforcement Point，PEP)。它是系统实体，负责访问控制，发出决策请求和强制授权决策。它是平台级的，而非针对某一个服务组件的。绝大多数时它是个消息拦截器，在消息流中间(如在 ESB 中作为一个消息拦截组件)拦截消息头，询问策略决策点(Policy Decision Point，PDP)评估应用策略，根据应答消息决定是否让消息继续。它也可能与认证授权系统(Authentication and Authorization System，AAS)和用户隐私管理器(Universal Privacy Management，UPM)交互。对于平台外或第三方组件，PEP 依赖 SG(Security Gateway)。

(2)服务策略(PEP-SC)。如果访问控制所需的信息不能以通用的方式从请求消息中提取并且服务组件本身包含 PEP-SC，那么它就会调用 PDP 进行决策。

(3) PDP，评估应用策略，得出授权决策结果。

(4) 策略信息点(Policy Information Point，PIP)，是属性值的来源，PDP 使用这个实体获取附加信息，如用户签约状态、当前时间等。

(5) 策略管理点(Policy Administration Point，PAP)，它用来创建策略和策略集。

(6) AAS，它用来验证证书。

(7) 身份服务(Identity Provider，IdP)，它是一个特别的服务提供者，它创建、维护和管理身份信息，并在一个联邦内部向其他服务提供者提供基本的认证。AAS 服务在 Liberty+GBA 或者 Liberty-only 的认证中使用该服务。

(8) 引导服务函数(BSF)，这是 GBA 框架中的关键组件，它在移动网络运营商的控制下。它参与引导过程，网络和终端用户在其间共享秘密数据。

(9) 签约服务器(Home Subscriber Server，HSS)，这是一个主用户数据库，它支持 IMS 网络实体，处理实际的呼叫，包含与订购相关的信息，执行用户认证和授权并提供关于用户位置的信息。对于 GBA 启动过程，BSF 请求认证向量和 GBA 用户安全设置。

(10) 登录和登出事件服务。这个是登录和登出实体(注册和反注册)，它帮助感兴趣的组件开始和结束它们的并行会话。

(11) 用户隐私管理，这是一个管理用户权限的工具。它决定一个终端用户的属性是否被发送到第三方，或者被发送给其他用户，它依照用户的允许策略，而不必每次都询问用户。

(12) 收费和中介使能器、服务级别协议(Service Level Agreement，SLA)服务、SG 和其他。

平台间和第三方访问控制取决于系统所用的信任模型，在两个不同运营商平台间如果是多边的相互信任，那么其间的通信是可能的。信任是以下两个假设的有效验证。

(1) 参与方间的通信是安全的，即数据源认证、数据完整性、机密、反重放保护。

(2) 其他参与方是友好的，即假设相应的参与方未进行恶意的行动。友好性可以通过合法的度量手段去度量(之间的合约类似于漫游协定)。

安全服务确保了不同的通信参与者之间的通信安全，包括数据源认证、完整性、机密性、不可重放性。借鉴 IPSec 的概念实现的安全服务元素称为 SG，它具有如下特征。

(1) 位于平台运营商网络的边界，所有平台间的流量都由此通过，用户平台的流量走另外的通道。

(2) 提供必要的安全服务，建立点到点的安全信道。

(3) 每个运营商对每一个外界的运营商只存在一个逻辑的 SG，SG 对上层透明。

隐私管理框架系统允许用户控制他们的隐私，当他们与服务提供者、运营商等交互时，假设可连接到每个用户一系列的私有属性，如身份、档案、偏好、签约的服务、位置、呈现信息、目前的任务等。通过控制隐私，可以控制该实体可以访问的用户属性以及相应的访问条件。用户隐私管理系统允许一个用户定义这些条件。

隐私保护由 UPM 控制。UPM 的目标是给一个端用户一个权限管理工具。它决定了端用户的属性是否可以发送到第三方或者其他端用户。UPM 在平台内部则由内部服务访问。

2.4　物联网相关技术

2.4.1　物联网相关项目

本节主要介绍目前与物联网体系结构相关的 ASPIRE、FZI Living Lab AAL (LLAAL)、PECES、SemsorGrid4Env、SENSEI 等几个研究项目。

1. ASPIRE

ASPIRE 体系结构基于 EPG Global 进行了一些附加的扩展。在基于 RFID 的应用场景中，标签以 EPC(Electronic Product Codes)的形式作为资源的主体，通过 RFID 读取器以被动通信的方式来读取资源的内容。对象命名服务(Object Naming Service，ONS)对应着实体目录，返回相关资源的统一资源定位符(Uniform Resource Locator，URL)。EPC 信息服务(EPC Information Service，EPCIS)通过存储更加丰富的资源信息实现了资源目录，存储对于一个 EPC 的 What, Where, When 和 Why 这几个方面的信息。应用层事件(Application Layer Event，ALE)功能实现了语义查询解析器功能。ASPIRE 提出了业务事件产生器(Business Event Generator，BEG)来为 RFID 应用程序的语义交互实现附加的逻辑。它还提供了三种标准的交互模式：订阅，提出了一个异步的、持久性的返回 ECSpec 报告的方式；轮询，提出了一个同步持久的 ECSpec 报告方式；及时通信，提出了一次性同步的交互方式。

2. FZI LLAAL

LLAAL 项目为了能够在一些紧急场景中快速地响应，提出了一种 SOA 服务提供和事件驱动通信的整合方式。系统基于 OSGi 服务中间件，包括两个主要的子系统：服务平台系统 openAAL 和复杂事件处理系统 ETALIS。它提出了一些通用的平台服务，如情景数据管理用于收集和抽象环境数据；基于工作流的系统行为；基于语义的服务发现。框架和平台服务基于共享的词汇集(AAL 领域、传感器本体)以松耦合的方式交互和通信。物联网传感器和激励器在 AAL 中分别被模拟为 sensors 和

actuators 两个概念。AAL AP(Assisted Person)代表资源用户。兴趣实体模拟为由 AAL 情景管理器提供的情景信息。ETALIS 和发布订阅服务分别对应着物联网中的复杂事件处理资源和发布订阅服务。

3. PECES

PECES 体系结构提供了一个综合的软件层以一种情景相关的、安全的方式实现全球范围内跨智能空间嵌入式服务自动化地、无缝地协作。PECES 中间件体系结构支持 PECES 应用程序使用情景信息模型(情景本体)进行动态的、基于组的通信。在 PECES 中兴趣实体模拟成情景信息。抽象模型包括空间元素(地理信息系统(Geographic Information System，GIS)信息)、个人信息(个人概述)和设备概述。PECES 注册组件实现了一个黄页目录服务，其中包括通过属性描述的服务、建模的情景信息和一系列的服务及资源。它可以支持在组件之间的一次性和持久交互，它提供了分组和定位功能以及一些安全机制，这样就能够为组件之间提供松耦合的动态交互。

4. SemsorGrid4Env

SemsorGrid4Env 不需要了解传感器网和数据源的部署细节即可对传感器数据、流数据和静态数据源进行发现和使用。尽管这个体系结构主要用于与自然现象相关的显示实体(气温、湿度、波浪长度等)，但它具有可用于几乎所有类型的现实世界实体的能力。资源的类型包括传感器网、Ad-hoc 传感器、流数据源、传感器的历史数据、关系型数据库等。资源可通过一系列以数据为中心的 WS-DAI 服务(作为资源的访问端点)来访问和整合数据。这些服务包括数据注册和发现服务、数据访问和查询服务、数据整合服务等。此外还提供了支持同步或异步的拉动或发布订阅的访问模式；对传感网的控制，通过将声明式的查询转化为网内的操作代码进而改变传感网的行为。通过使用本体使其对角色、代理、服务和资源等概念的建模能够支持情景信息查询。

5. SENSEI

SENSEI 体系结构旨在将地理位置分布式、可以互联的异构传感器网整合到一个同构的互联网结构中，进而能够做到对现实世界信息感知和交互。它提供了各种有用服务，方便在现实世界的资源消费者和提供者之间形成全球的感知信息和交互市场化空间。SENSEI 借助于面向服务和语义 Web 技术的思路，采用一种面向资源的方法。SENSEI 体系结构中每个现实世界资源采用一种统一的资源模型来描述，提供了资源的基础和语义描述，能够表达资源的能力、属性和访问端点 REP(Resource Endpoint)信息。这个通用的描述为操作于之上的各种服务提供了基础。汇合机制(rendezvous)是一个关键的支持服务，它支持资源用户来发现和查找满足他们交互需求的资源。为了增加运行时的灵活性，动态资源创建功能可以动态实例化当前需要但还没有部署的资源。SENSEI 体系结构支持资源用户和资源提供者之间一次性和长期的交互，可以采用基于流、基于事件的机制。通过执行管理器在动态的物联网环境中保持一个期望的信息和控制质量。基于一个安全令牌服务和 AAA(Authentication、Authorization、Accounting)服务，提供了一个实现各种信任关系的综合安全框架。

6. SPITFIRE

SPITFIRE 为解决当前物联网中的一些问题，提出了一种 WoT(Web of Things)框架。它对当前的 Web 进行了扩展，使其能够与嵌入式世界整合形成 WoT，为 Web 方式表达的现实世界实体提供了访问和修改它们的物理状态的服务，并且可以将现实世界服务与传统服务 Mash-up 进而产生新类型的应用程序。SPITFIRE 扩展使用了当前 Web 的一些标准，如 RESTful 接口和 LOD(Linked Open Data)，以及贯穿于整个体系结构的语义描述。它提出了模型来综合描述传感器和“物”，并能够与 LOD Cloud 进行关联；提出 Semantic Entity 的概念作为对物理对象的抽象，它的高级状态可以从传感层推理出来；提出一种语义自动化的产生语义传感器描述的机制；能够根据传感器和实体的动态状态，有效地查找相关的资源和实体；此外 SPITFIRE 将这些机制统一地整合为一种服务基础设施，从而可以有效地以语义 WoT 的方式被终端用户和开发人员所使用。基于这个基础设施，应用程序可以通过发送查找请求查找到匹配的服务(感知服务或聚合服务)，然后组装这些程序，进而能够直接调用感知层服务。

比起 SENSEI 和 SemsorGrid4Env 等这几个项目，它有以下独特性。

(1) 可伸缩性：不像其他项目一样使用一个资源和实体的注册中心。

(2) 关联性：可以与 LOD Cloud 关联，最重要的是可以动态配置和添加所要关联的内容，不像其他项目只能与有限的几个事先定义好的 LOD 数据集关联。

(3) 语义标注：与 SENSEI 类似，可以对原始数据进行语义标注产生语义情景信息。不同的是，它可以通过语义关联与已存在的 LOD 上的概念关联，进而提供更多的情景语义信息。

除了上述这些项目，还有很多物联网体系结构方面的项目，如 IoT-A 等。IoT-A 项目对 SENSEI 中的概念进一步扩展，致力于提出一个统一的物联网体系结构。它的目标是创建一个体系结构框架，以便能够将传感器网和异构的标签技术等各种现实世界信息源无缝地整合到未来互联网上。表 2-2 展示了一些物联网项目的概述。

表 2-2 物联网项目概况

	SENSEI	ASPIRE	PECES	Semsor4GridEnv	LLAAL
资源发现	使用单独或联合的资源目录作为汇聚点，存储资源描述	使用 ONS 和 EPCIS 用于基于 ID 或信息的资源发现	分布式注册中心（黄页）	使用基于 RDF 的注册中心，通过 stSPARQL 查询	使用基于 RDF 的注册中心
情景信息查询	SPARQL 查询接口，语义查询解析包括实体目录和资源目录	查询 EPCIS，其中包括资源 What、Where、When、Why 这些信息	基于角色通过数据中心查询	角色、代理、服务、资源本体作为信息模型，使用 stSPARQL 查询	情景管理器提供了基于本体的信息存储，可以获取传感器信息和处理用户输入
激励和控制循环	激励任务模型，支持控制循环执行	激励通过应用程序和业务事件来实现	通过应用程序代码实现	SNEE 支持网内(in-network) 查询处理能力	过程管理器管理和执行独立的工作流，对情景进行响应
动态资源创建	使用资源模板动态实例化处理资源	借助于 ALE 和 BEG 实现	动态角色和动态智能空间	数据服务通过 WS-DAI 动态产生	组合器分析当前服务，通过选择和合并这些服务达到目标
会话管理	执行管理器负责维护长期会话	ECSpecs 过滤、收集和读取会话循环	通过中间件管理	通过 WS-DAI 非直接访问模式有限的管理能力	N/A
访问控制	安全令牌服务，为跨领域访问提供资源访问代理	基于角色的访问控制	基于本体的访问控制	N/A	N/A
审计、计费	基于 AAA 服务的计费和授权	N/A	N/A	N/A	N/A
资源模型	资源描述和高级语义资源描述	EPC 和增值的感知数据	PECE 角色本体	根据 W3C 的 SSN 本体	LLAAL 传感器级别的本体。支持整合传感器和 AAL 服务
情景模型	三层信息模型（原始数据、观测数据、基于本体的情景模型）	EPCIS 标准	PECE 情景本体	O&M，角色、代理、服务、资源本体	支持从低级别的传感器情景模型推理出高级的情景模型

注：N/A 表示不适用的

2.4.2 事件驱动物联网服务

大量的物理实体相互连接并集成到信息空间中，通过网络来实现信息的提供和消费。由于问题域的变化，与现有的服务提供模式相比，物联网服务提供呈现出一些新的特点。现有的服务（如电信服务或者互联网应用）主要是解决“人-机”和“机-机”的交互，也就是说现有的服务主要是面向一个二元问题域，即用户域和信息空间域。然而，物联网服务还需要解决与物理世界的无缝集成和动态交互，如图 2-37 所示。因此，物联网服务本质上面临的是一个“用户、信息空间和物理空间”的三元问题域，可以看出物联网服务系统的边界发生了很大的变化。物联网服务系统常常需要集成多个分布式的企业应用系统从而形成一个大规模复杂服务系统来协作实现一定的业务目标。当物理世界发生感兴趣的事件时，物联网服务系统需要快速地跨业务域甚至跨组织地协调人工、软件服务和物理实体。由于所涉及的软件服务、业务流程、人员和物理实体不仅类型多样，而且还在持续不断地演进，物联网服务系统呈现出高度动态变化的特征。因此，物联网服务系统面临着如何实现大量异构服务、企业业务流程和物理实体的有效协同来适应动态变化环境的挑战。

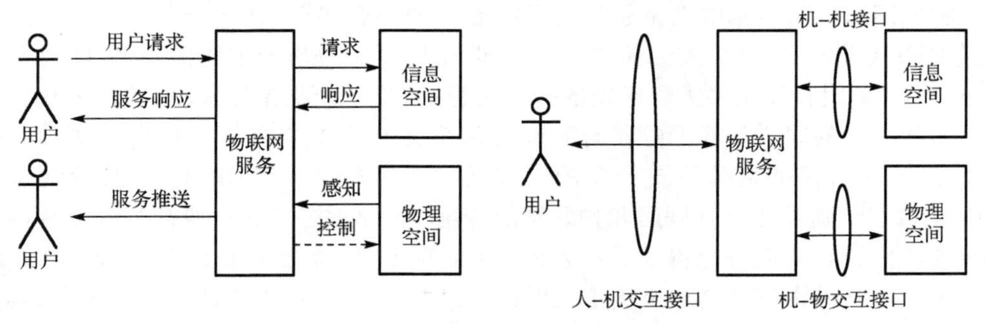

图 2-37　事件驱动物联网服务

如何在一个分布式、松耦合的环境中实现感知信息，在信息提供者和消费者之间有效分发，并基于物理世界发生的事件而动态地协调相关的企业服务作出快速响应，是服务平台要解决的关键问题。目前，大多数物联网应用系统是一种紧耦合、封闭式的服务提供模式，也就是传感器网络采集相关的感知信息存储在一个集中的数据库中，相关特定的应用系统通过访问数据库中的信息从而提供相应服务。这种服务提供模式极大地限制了系统的灵活性和扩展性，不适合大规模分布式、复杂物联网服务系统的构建。为了支持在不同的服务系统间交换信息，传统的以“请求-应答”为主的 SOA 经常用集中式的服务编排机制来通过服务调用交换数据。然而，这种模式导致了信息的提供方和消费者彼此直接交互，业务流程常常通过一些流程编制语言如 BPEL 或者工作流语言来进行描述。此时若应用程序需求发生了变化，如新集成一个服务或者撤销一个服务，则这种紧耦合的系统架构必须重新修改流程，缺乏足够的灵活性来进行适配。事件驱动、面向服务的物联网服务提供方法通过集成事件驱动架构和面向服务架构实现了感知信息的按需分发和事件驱动的服务动态协同。这种“时间-空间-控制”解耦的方法能够很好地适应动态变化的物联网应用环境。

接入代理从传感器或传感器应用系统获得原始的传感数据，并使用资源描述模型转换异构的或专有信息到统一事件。然后，接入代理调用事件代理的发布/订阅接口，发布事件到基于发布/订阅的物联网服务通信基础设施中。该物联网服务通信基础设施负责事件发布、订阅和路由。物联网服务通信基础设施中发布的事件可以被任何相关的物联网服务系统订阅。物联网服务也可以使用物联网服务通信基础设施来发布事件，作为控制指令发送到传感器。一旦订阅的事件发生，统一消息空间将通知相关订阅者。同样，物联网应用系统也可以发布/订阅高层业务事件，以实现不同应用系统间的服务协同。例如，一旦复杂事件处理服务检测到紧急报警事件，通知将被发送到实时控制系统的可视化门户以显示报警信号，也会发送到协同流程来触发相关的业务流程处理此事件。可以看出，不同的服务系统彼此间不再直接通信。物联网服务通信基础设施可以进一步解耦不同的物联网应用系统。

物联网服务通信基础设施通常基于发布/订阅系统实现。近年来也出现了一些大规模分布式发布/订阅系统。例如，微软研究院设计的基于主题的发布/订阅系统 Scribe[16]，美国科罗拉多大学研发的基于内容的发布/订阅系统 Siena[17]，加拿大多伦多大学研发的同样是基于内容的发布/订阅系统 PADRES[18, 19]、欧盟 FP7 项目组借助于发布/订阅的通信范式开发的未来互联网架构设计 PSIRP[20]及其后继系统 PURSUIT[21]。随着移动互联网和物联网的应用，网络服务中大规模数据分发变得日益重要，发布/订阅服务也得到了部署和应用。例如，雅虎公司服务数据平台 PNUTS 的一个核心基础设施就是一个基于主题的消息发布/订阅系统 YMB(Yahoo!Message Broker)[22]；另外，谷歌、LinkedIn 等大型互联网公司也把发布/订阅系统引入实际系统中，使得大规模分布式发布/订阅技术开始走向实用。

2.4.3 一阶逻辑

本节采用一阶逻辑作为所涉及理论规范化描述的基础。一阶逻辑语言的字母表包含逻辑符号和非逻辑符号，逻辑符号针对所有应用是公共的，而非逻辑符号则与每个具体应用相关，逻辑符号如下。

(1) 变量 $x, y, z, \cdots$。

(2) 相等符号 $=$。

(3) 命题常量 false, true。

(4) 命题连接符号 $\neg, \wedge, \vee, \rightarrow$。

(5) 量词 $\exists, \forall$。

(6) 标点符号 "(", ")", ","。

非逻辑符号与应用领域相关，称为领域符号(signature)，其定义如下。

定义 2-1　领域符号。领域符号是如下形式的集合，即

$$\Sigma = \Sigma^C \cup \Sigma^F \cup \Sigma^P$$

其中，Σ^C 是常量符号集合；Σ^F 是函数符号集合，如果 Σ^F 中的函数 f 有 $n \geqslant 1$ 个参

数，则 f 称为 n 元函数；Σ^P 是谓词符号集合，如果 Σ^P 中的谓词 P 有 $n \geqslant 1$ 个参数，则 P 称为 n 元谓词。

定义 2-2　项集。给定领域符号 Σ，Σ 项集是如下集合：每个变量是一个 Σ 项；每个 Σ^C 中的常量是一个 Σ 项；如果 f 是 n 元函数，而 $t_1, t_2, \cdots, t_n$ 都是 Σ 项，那么 $f(t_1, t_2, \cdots, t_n)$ 也是一个项。

若同时给定变量集合 V，那么项集记为 $\text{Terms}(\Sigma, V)$，是建立在变量集合 V 上的 Σ 项集；$\text{Terms}(\Sigma)$ 表示 $\text{Terms}(\Sigma, \varnothing)$。

定义 2-3　原子。给定领域符号 Σ，Σ 原子集是如下集合：false, true 是 Σ 原子；如果 P 是 Σ^P 中的 n 元谓词，$t_1, t_2, \cdots, t_n$ 都是 Σ 项，那么 $P(t_1, t_2, \cdots, t_n)$ 是一个原子；如果 s, t 是 Σ 项，那么 $s = t$ 是一个原子。

定义 2-4　公式。给定领域符号 Σ，Σ 公式集是如下集合：每个 Σ 原子是一个公式；如果 φ, ω 是 Σ 公式，那么 $\neg\omega, \varphi \wedge \omega, \varphi \vee \omega, \varphi \to \omega, \varphi \leftrightarrow \omega$ 都是 Σ 公式；如果 φ 是 Σ 公式且 x 是变量，那么 $(\forall x)\varphi, (\exists x)\varphi$ 都是 Σ 公式。

定义 2-5　文字。给定领域符号 Σ，如果 A 是 Σ 原子，那么 A 与 $\neg A$ 都是文字。

定义 2-6　自由变量。给定 Σ 公式，称其中变量是自由的，其含义如下：一个 Σ 原子中的每个变量都是自由的；如果变量 x 在 φ 中是自由的，那么 x 在 $\neg\varphi$ 中也是自由的；如果变量在 φ, ω 中是自由的，则在 $\neg\omega, \varphi \wedge \omega, \varphi \vee \omega, \varphi \to \omega, \varphi \leftrightarrow \omega$ 中也是自由的；如果变量 x 在 φ 中是自由的且 x 不同于 y，则 x 在 $(\forall y)\varphi, (\exists y)\varphi$ 中也是自由的。

定义 2-7　句子。给定领域符号 Σ，如果一个 Σ 公式中不包含自由变量，则该公式称为句子。

定义 2-8　解释。给定领域符号 Σ 和变量集合 V，一个变量集合 V 上的 Σ 解释 I 是与应用域 D 相联系的映射：V 中的变量 x 被映射到 D 中的一个元素 x^D 上；常量 c 被映射到 D 中的一个元素 c^D 上；对于 n 元函数 f，其解释为 $f^D: D^n \to D$；对于 n 元谓词 P，其解释为 D^n 的子集。

定义 2-9　有效性与可满足性。给定领域符号 Σ 和变量集合 V，一个变量集合 V 上的 Σ 公式 φ 解释有如下情况：如果对于 V 上所有的 Σ 解释 I，φ 取值为真，记为 $I(\varphi) = \text{true}$，则 φ 有效；如果对于 V 上存在的 Σ 解释 I，φ 取值为真，记为 $I(\varphi) = \text{true}$，则 φ 可满足；如果对于 V 上所有的 Σ 解释，φ 取值为假，记为 $I(\varphi) = \text{false}$，则 φ 不可满足。

定义 2-10　相等。给定两个 Σ 公式 φ, ω 和变量集合 V：如果对于 V 上所有的 Σ 解释 I，$I(\varphi) = I(\omega)$，则它们相等；φ 可满足当且仅当 ω 可满足，则它们可满足等价。

定义 2-11　理论。给定领域符号 Σ，一组 Σ 句子构成一个 Σ 理论。

定义 2-12　理论解释。给定一个 Σ 理论 T，一个 T 解释也是一个 Σ 解释，并且该解释使理论中的每个句子都为真。

定义 2-13 T 有效性与 T 可满足性。给定理论 T 和变量集合 V，一个变量集合 V 上的 Σ 公式 φ 解释有如下情况：如果对于 V 上所有的 T 解释 I，φ 取值为真，记为 $I(\varphi)=\text{true}$，则 φ 是 T 有效的；如果对于 V 上存在的 T 解释 I，φ 取值为真，则 φ 是 T 可满足的；如果对于 V 上所有的 T 解释 I，φ 取值为假，则 φ 是 T 不可满足的。

2.4.4 Event-B

Event-B 基于集合论和一阶谓词逻辑来建立复杂系统的数学基础[23, 24]，Event-B 的谓词语言如下。

```
predicate    ::= ⊥
                 ⊤
                 ¬predicate
                 predicate ∧ predicate
                 predicate ∨ predicate
                 predicate ⇒ predicate
                 predicate ⇔ predicate
                 ∀var_list • predicate
                 [var_list:=exp_list] predicate
expression   ::= variable
                 [var_list:=exp_list] expression
                 expression ↦ expression
variable:=identifier
```

在上述谓词语言中可以扩充集合的概念，主要是增加成员属性判断谓词，增加集合概念的谓词语言和新增加推理规则。Event-B 用事件机来进行系统建模。一个事件机包含一个模型和可能的上下文环境，如图 2-38 所示。模型由名称、变量、一组命名谓词构成的不变量和一组事件构成。不变量表示模型在事件发生过程中需要满足的条件和约束，该谓词在模型分解和精化过程中也需要保持不变，这是对服务

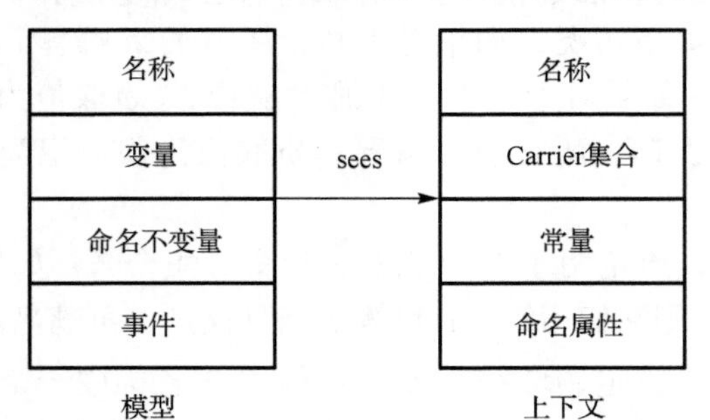

图 2-38 由模型和上下文环境构成的事件机

属性的一种建模表示。上下文环境描述了模型实例化的参数和在何种条件下进行实例化。上下文环境由名称、Carrier 集合、常量和属性等构成。一个模型可以参考一个上下文环境，称为 sees。

建模的系统必须满足如下三个条件，才可认为是一个 Event-B 系统。

(1) 不变量的保持原则。在事件发生前和发生后，不变量中的谓词都必须为真。

(2) 可实现性原则。在保持不变量的前提下，状态变量的取值范围不为空。即状态变量可以取值满足事件发生和不变量保持的要求。

(3) 死锁避免原则。在上下文属性和不变量保持情况下，事件条件的析取为真。

对于事件机精化而言，模型和上下文环境都可以精化，被精化的称为抽象的模型和上下文环境，精化后的称为具体的模型和上下文环境，如图 2-39 所示。在精化过程中，同样需要满足三个条件，它是上述条件的扩充，即同时考虑抽象和具体事件机后的综合条件。

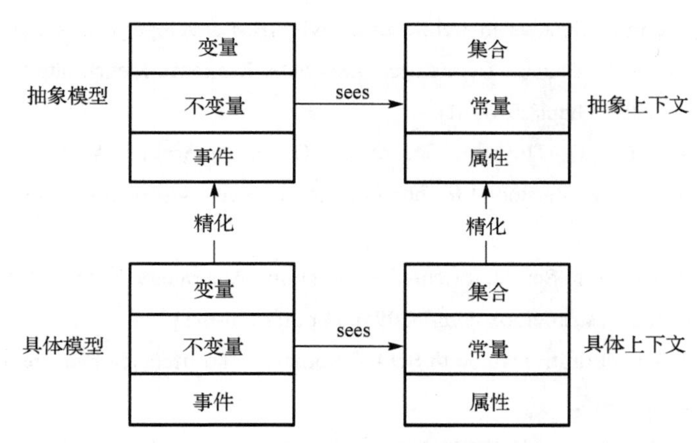

图 2-39　事件机的精化

在事件机分解过程中，主要是将状态变量和事件分解为不同的子模型的成员，其中主要需要处理好共享变量与事件问题，需专门引入外部变量和外部事件表示共享。

事件机的状态可以用状态集合 S 表示，那么事件 p 就可以表示为状态集合间的二元关系。用 v 表示状态变量、$I(v)$ 表示不变量、$G(v)$ 表示事件条件、$R(v,v')$ 表示事件发生前后的谓词，那么可实现性原则和不变性原则可基于谓词逻辑表示。

参 考 文 献

[1] 程渤. 基于 SOA 的服务生成理论和方法研究. 北京：北京邮电大学, 2008.

[2] 王柏. 智能网教程. 北京：北京邮电大学出版社, 2000.

[3] ITU-T. Draft recommendation Y.NGN-overview, General Overview of NGN Functions and

Characteristics, 2004.

[4] The Moriana Group. SDP2.0: Service Delivery Platforms in the Web 2.0 Era. Free Operator Guide, 2008.

[5] The NGSON Working Group of the IEEE Standards Committee. Next Generation Service Overlay Network. IEEE P1903™/D1 Draft, 2008.

[6] Arsanjani A. Service-oriented Modeling and Architecture. http://www.ibm.com/developerworks/library/ws-soa-design1[2015-6-1].

[7] High R, Kinder S, Graham S. IBM's SOA Foundation: An Architectural Introduction and Overview. http://download.boulder.ibm.com/ibmdl/pub/software/dw/webservices/ws-soa- whitepaper.pdf [2015-6-1].

[8] Rosen M, Lublinsky B, Smith K T, et al. Applied SOA : Service-Oriented Architecture and Design Strategies. Indianapolis: Wiley Publishing, Inc., 2008.

[9] Lublinsky B. Defining SOA as an architectural style. IBM developerWorks, 2007: 1-22.

[10] The OASIS SOA-RM Technical Committee. Oasis SOA Reference Model. http://xml.coverpages.org/SOARM-Ann 20050503.html[2016-6-1].

[11] Laskey K, Mccabe F, Thornton D, et al. Oasis Reference Architecture for Service Oriented Architecture Version 1.0. http://docs.oasis-open.org/soa-rm/soa-ra/v1.0/soa-ra-pr-01.pdf [2016-6-1].

[12] Cousins P, Casanova I. Service-oriented integration: A strategy brief. IONA Technologies, 2004. http://hosteddocs.ittoolbox.com/PC091004.pdf[2016-6-1].

[13] Matsumura M. The definitive guide to SOA governance and lifecycle management. Webmethods Whitepaper, 2007: 1-44.

[14] Robinson R. Understand enterprise service bus scenarios and solutions in service-oriented architecture. IBM Germany Scientific Symposium Series, 2004.

[15] Chappell D. Enterprise Service Bus. Sebastopol: O'Reilly Media Inc., 2004.

[16] Castro M, Druschel P, Kermarrec A, et al. Scribe: A large-scale and decentralized application-level multicast infrastructure. IEEE Journal on Selected Areas in Communications, 2002, 20(8): 1489-1499.

[17] Carzaniga A, Wolf A L. Siena (Scalable Internet Event Notification Architectures). http://www.inf.usi.ch/carzaniga/siena/index.html[2016-6-1].

[18] Cheung A K Y, Jacobsen H A. Load balancing content-based publish/subscribe systems. ACM Transactions on Computer Systems, 2010, 28(4): 46-100.

[19] Jacobsen H A. Federated Publish/Subscribe(PADRES). http://msrg.org/project/PADRES[2016-6-1].

[20] The PSIRP Project's Member Institution. PSIRP Project. http://www.psirp.org[2016-6-1].

[21] EU. FP7 PURSUIT Project. http://www.fp7-pusuit.eu/PursuitWeb[2016-6-1].

[22] Cooper B, Ramakrishnan R, Srivastava U, et al. Pnuts: Yahoo!'s hosted data serving platform. Proceedings of the VLDB Endowment, 2008, 1(2): 1277-1288.

[23] Abrial J R, Hallerstede S. Refinement, decomposition, and instantiation of discrete models: Application to Event-B. Fundamenta Informaticae, 2007: 1-28.

[24] Iliasov A, Troubitsyna E, Laibinis L, et al. Supporting reuse in Event B development: Modularisation approach. Abstract State Machines, Alloy, B and Z, Lecture Notes in Computer Science, 2010, 5977: 174-188.

第3章　物联网资源

3.1　引　言

物联网资源是对物理世界中的客观对象与传感设备的抽象，是在信息空间中表示物理实体，即物联网资源是物理对象及其传感设备在信息空间中的对应物。对物联网资源建模就是描述客观物理对象及其感知控制过程。在信息系统中，如何表示与管理客观对象一直是一个基本问题。

通用信息模型(Common Information Model，CIM)提出以建立通用模型的方法使不同厂家生产的信息设备与产品能被第三方使用与管理，在实际中得到广泛应用。进入万维网时代，Web版的CIM标准也已制定，它为系统、网络、服务和应用程序的使用与管理提供统一的信息与定义，满足多个计算机资源之间日益增长的互操作性需求。

Web服务资源框架(Web Service Resource Framework，WSRF)旨在以Web服务为基础定义有状态资源的建模与访问的一般性框架，它主要包含如何访问资源的属性和管理资源的生命周期。Web服务可与资源关联，服务描述文档被扩展以容纳对资源的操作，包括访问资源属性、修改资源状态和销毁资源等。

物联网资源建模有所不同，除了物理对象，传感设备本身也需要显式建模，如RFID。除此之外，当感知设备越来越多时，如何让计算机自己高效处理感知信息，并应用在不同的应用环境中，也成为物联网资源建模中的一个重要问题。因此，我们引入本体(ontology)对物联网资源进行语义建模。

本体定义了特定应用领域中的词汇、术语及其关系，本体使要描述的对象概念化、明确、形式化与可共享。Web本体语言(Web Ontology Language，OWL)是用于描述对象的一套本体语言。万维网联盟(World Wide Web Consortium，W3C)组织提出三个语言分支：OWL Lite、OWL DL和OWL Full，这三种语言的表达能力递增。

物联网资源建模就是利用OWL对物理对象进行信息建模，获得一套规范的资源模型和信息模型，解决物联网中的资源发现、资源管理、资源接入和资源使用等方面的问题。读者可以参阅文献[1]～文献[3]了解该领域相关工作。

3.2　物联网资源建模

W3C的语义传感网(Semantic Sensor Network，SSN)[1]是W3C为传感器系统提

出的一套本体规范，它对传感器和传感器的能力进行了语义描述，可用于语义查找资源和传感数据交换。在 SSN 的基础上，可以定义不同领域与应用所用的本体。但是，业务人员直接使用本体对本领域应用相关的资源进行建模是比较困难的。因此，以本体为基础，面向领域进行物联网资源建模，使其易于业务人员操作，它应满足以下需求。

(1) 屏蔽底层本体的复杂性，图形化建模过程，使领域工程集中注意力于领域传感器描述。

(2) 不降低、不破坏底层领域应用本体的完整性。

(3) 可以与传统的信息模型进行相互转换，例如，直接生成实时数据库的表结构与记录。

物理对象的描述称为实体，对其进行测量与控制的传感器描述则称为资源，在不造成混淆的情况下，二者皆简称为资源。物联网资源建模分为两步，第一步是由工程技术人员为实体和资源建立模板，即定义它们所具有的属性和相互间的关系，以及其上的规则和约束。第二步是由工程实施人员，根据现场工作环境和传感器部署情况，建立实体和资源的实例，即将具体部署的传感资源和实际对象描述到模型中。第一步是抽象的概念定义过程，第二步是模板具体化过程。

在具体介绍建模过程前，先对有关概念进行解释。

“实体”是物联网中物理对象的数字化对应物，如“锅炉”。

“资源”代表物联网中的测量与控制设备，如温度传感器。

“属性”描述资源或者实体特性，分为数值属性和关联属性。数值属性用于描述资源或者实体的数值特征，关联属性用于将资源和实体的个体相关联。

“绑定”是建立资源和实体属性之间的关系，如某个资源测量所得的属性值是特定实体的属性在某一时刻的值。

在定义模板的过程中，主要是定义实体和资源的类、属性、关系以及绑定，其与本体的对应关系如图 3-1 所示。

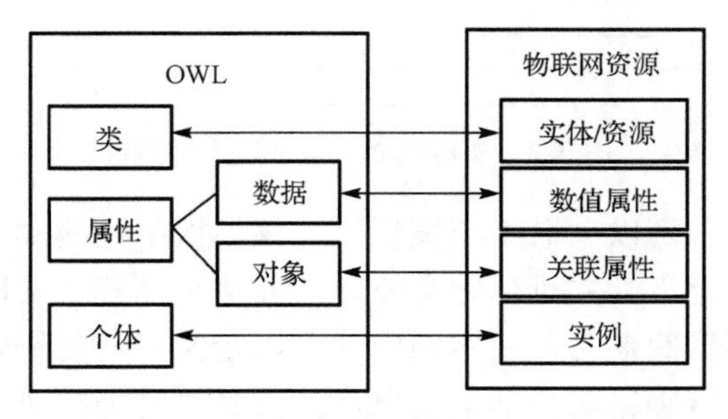

图 3-1　资源模板实例与本体的关系

建模过程是面向领域的，隐藏了本体的相关概念，直接表示领域概念，例如，温度传感器测量锅炉温度，将概念、取值、公里等本体说法隐藏。模板建模子系统是对业务领域和底层感知设备基本概念的描述，描述具有一般性，是实例生成的依据。例如，温度传感器这个资源概念，在模板中描述好其所具有的属性，在实例创建的时候，每创建一个温度传感器的实例就会读取温度模板中定义的属性信息，使得实例可以具有相应的属性，并对属性赋值。

实例建模子系统是模板中抽象概念的具体化个体。例如，马甸锅炉房中的一号燃煤锅炉是锅炉概念的具体化。通过模板建模子系统对领域中概念的描述和实例建模子系统的个体实现，实现了面向领域的建模过程。

物联网资源建模过程如图 3-2 所示，首先创建模板，构建领域中的概念和概念具有的属性(数值属性和关联属性)。构建模板时先选择父模板，可以继承父模板的属性，可以进行重载。模板中默认的初始概念必须包含“资源”和“实体”两个顶层概念。创建的新概念继承于这两个概念其中之一。

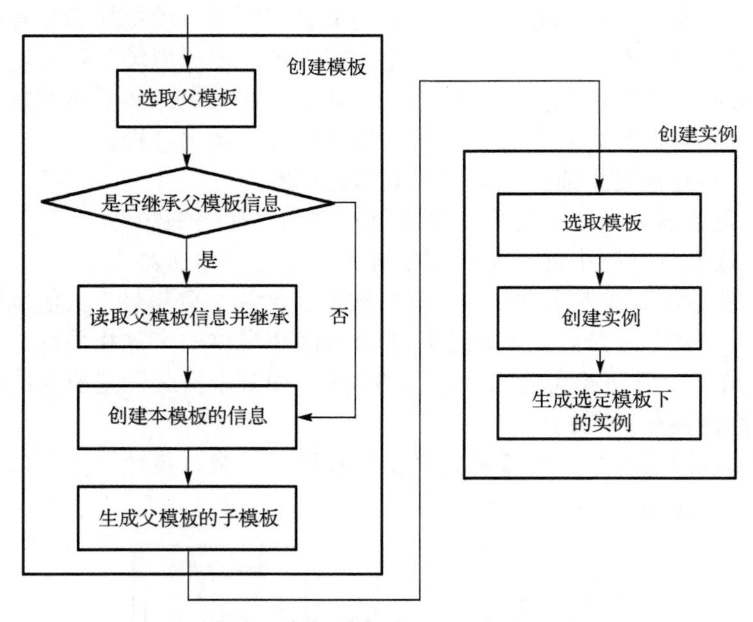

图 3-2 资源模板与实例建模关系

在创建模板之后，可以选取某个模板，在该模板下创建实例，实例会继承模板中对于概念和属性的定义，并可以定义概念的实例个体和相应的属性值。例如，模板中定义了温度传感器的概念，在实例中就可以定义“马甸锅炉房 1 号锅炉温度传感器”个体来具体化传感器这个抽象的概念。而且“马甸锅炉房 1 号锅炉温度传感器”可以具有所有温度传感器的属性，并具有相应的属性值。

当建立了实体和资源模板后，将资源和实体关联是非常重要的一个步骤，因为资源总是某个实体的资源，这个关联过程称为绑定，绑定过程如图 3-3 所示。

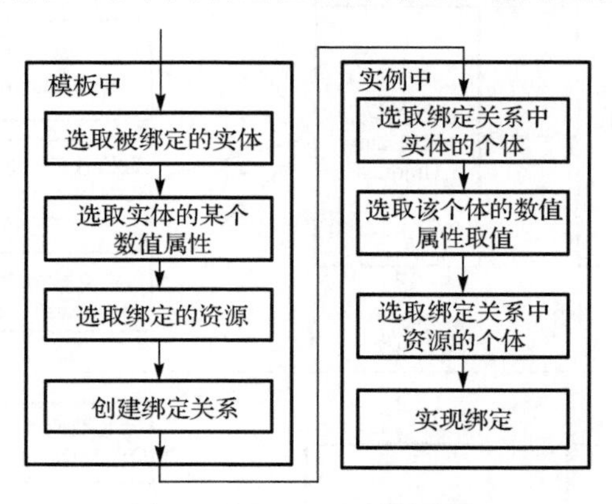

图 3-3　资源和实体的绑定

资源和实体绑定子系统，负责将建模中生成的资源和实体相绑定。首先，在模板中定义绑定，将实体的某个属性和资源绑定起来。在实例中，在定义好的绑定中，将实体个体所具有的属性值和资源个体相绑定。

建模后的实体和资源根概念如图 3-4 所示。

```
<!-- http://bupt.IOT.resource_model/basic/concept -->

<owl:Class rdf:about="http://bupt.IOT.resource_model/basic/concept"/>



<!-- http://bupt.IOT.resource_model/basic/concept/entity -->

<owl:Class rdf:about="http://bupt.IOT.resource_model/basic/concept/entity">
    <rdfs:subClassOf rdf:resource="http://bupt.IOT.resource_model/basic/concept"/>
</owl:Class>



<!-- http://bupt.IOT.resource_model/basic/concept/resource -->

<owl:Class rdf:about="http://bupt.IOT.resource_model/basic/concept/resource">
    <rdfs:subClassOf rdf:resource="http://bupt.IOT.resource_model/basic/concept"/>
</owl:Class>
```

图 3-4　实体和资源根概念

物联网资源建模过程中，属性值域设定和约束的建模比较复杂。物联网资源中的属性分为数值属性和关联属性，关联属性的值域为资源或者实体，即等同于本体中的对象属性。数值属性主要基于本体中数据属性的值域设计。

属性的值域建模关键在于数值属性的值域定义，数值值域的构成与本体的对应关系如图 3-5 所示。建模值域运用了本体中的数据联合、基本数据类型、数据类型约束、数据枚举、数据自定义类型等概念。然后使用 OWL API 进行数据类型定义。

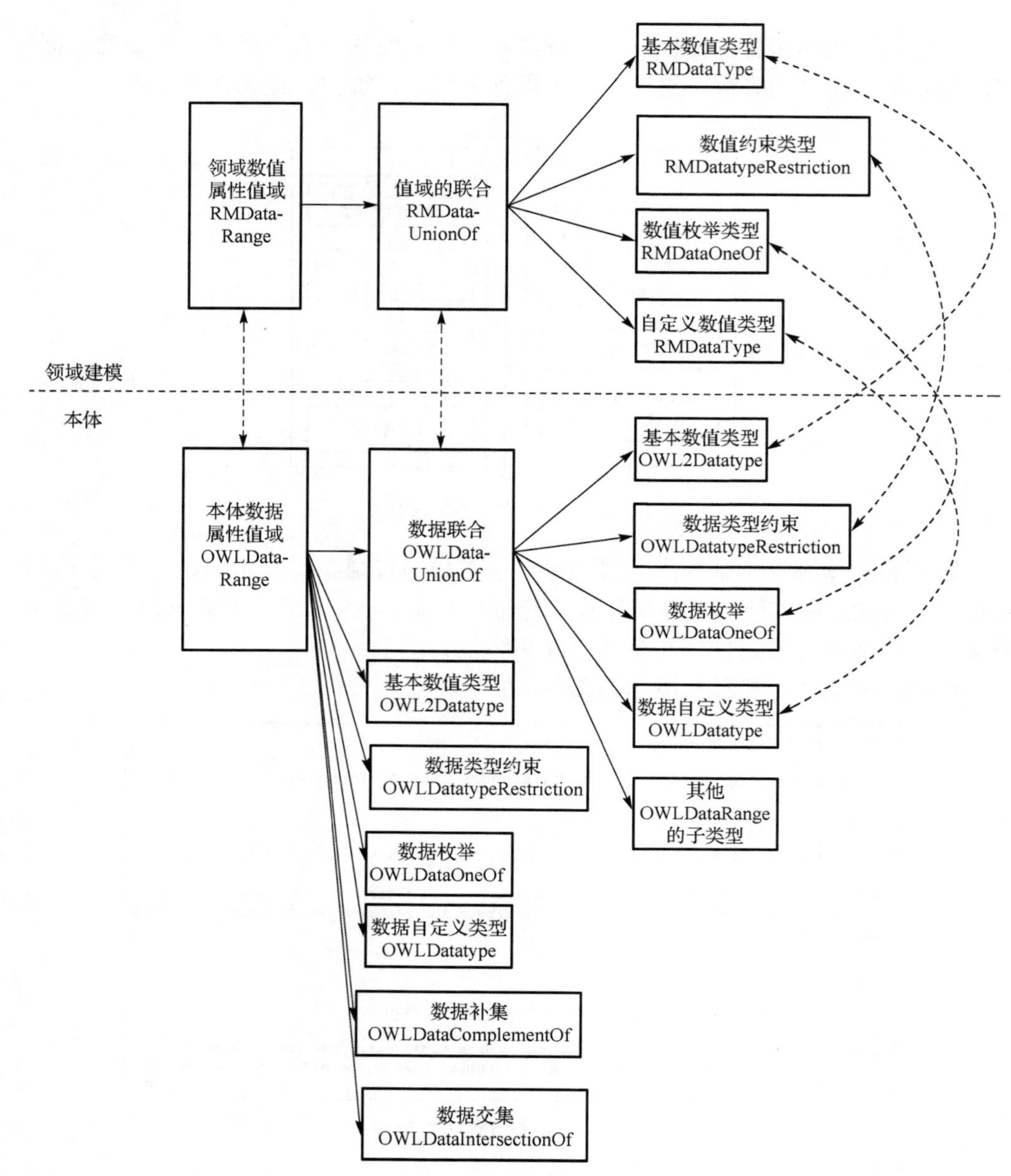

图 3-5 数值值域建模

在建模过程中，会涉及两种约束：一种是关联属性的使用条件约束；另一种是数值属性的数据类型约束。在建模中创建模板信息的时候，可以约束关联属性的使用情况，规定在将某个属性应用于某个特定概念的实例时应该如何使用该属性。关联属性在定义约束的时候，有如下几种情况。

(1)约束的属性：选择一个要进行约束的关联属性。

(2)约束的必要性/充分性：定义此约束是必要的还是充分的。

(3)约束的类型：值约束，定义类实例在使用属性时值域范围的约束；基数约束，定义类实例在使用属性时使用次数的约束。

(4)约束的语义：对于值约束和基数约束分别有不同的语义，如表 3-1 所示。

表 3-1　值约束和基数约束的语义

值约束	每个实例如果具有此属性，则必在指定值域中取值
	每个实例必须至少有一个具有指定值域取值的属性
	每个实例必须存在一个具有指定值的属性
基数约束	实例使用此属性恰好的次数
	实例使用此属性最小的次数
	实例使用此属性最多的次数

北京邮电大学(简称北邮)网络基础服务中心设计的建模工具结构如图 3-6 所示，工具运行截图如图 3-7 所示。

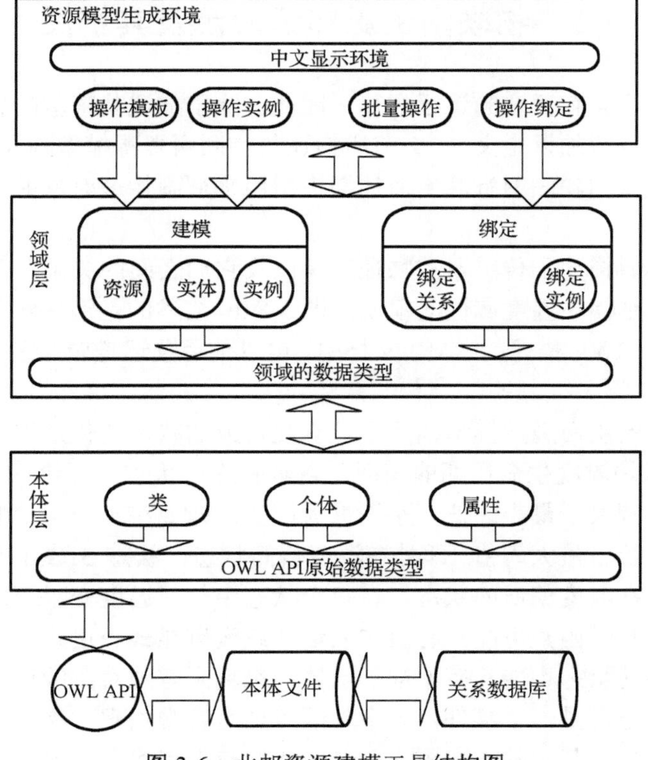

图 3-6　北邮资源建模工具结构图

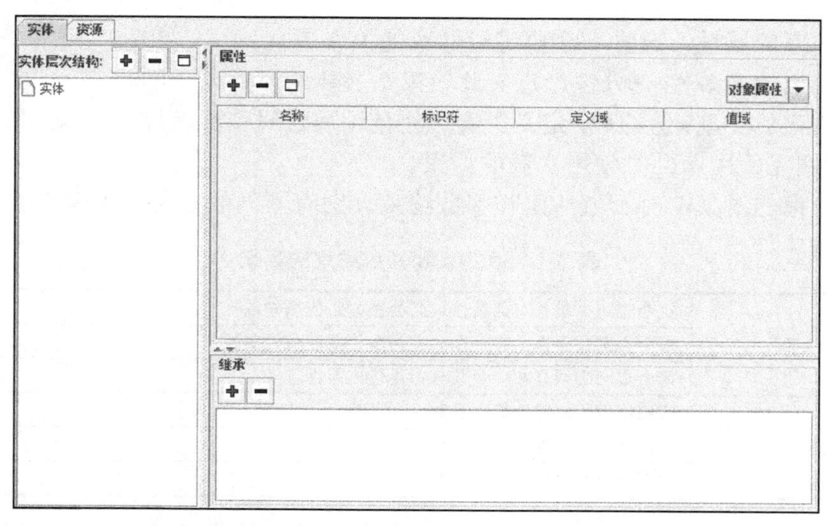

图 3-7　物联网资源建模工具运行截图

3.3　物联网资源知识表示及其扩展

物理对象往往具有复杂的运行规律，因此，除了描述其基本的属性与关系，其属性的变化规律也应加以定义。3.2 节所描述的物联网资源模型称为客观对象模型，增加属性变化规律的物联网资源生命周期模型用来刻画物理对象的动态与连续的变化规律。

客观对象模型描述了传感器和物理对象以及它们之间的关系。例如，图 3-8(a)中，它所描述的是锅炉温度属性的模型；图 3-8(b)描述的是锅炉实体对象模型。这些模型保存在用 OWL 描述的 XML 文档中，可以使用描述逻辑[4]进行概念判断与关系推理。

物联网资源的生命周期模型描述了该客观对象的状态变化过程及其状态特征。图 3-9 表示了锅炉温度生命周期的模型，它具有三个状态，在状态 1，它的温度属性变量的变化范围大于最小阈值，小于最大阈值，即处在一个正常的状态；状态 2 表示其温度大于等于最大阈值，即处在温度偏高状态；状态 3 表示其温度小于等于最小阈值，即处在温度偏低的状态。在每个状态中，其温度变量可用数学函数表示其变化规律，该数学函数可能具有显式表达式或没有显式表达式。相同的物联网资源属性，在不同的状态可能具有不同的函数，来刻画客观对象的运行规律。每个状态迁移，其边标记都是一个事件，该事件既可能是客观物理对象本身产生的，也可能是外界主动施加在其上的。在图 3-9 中，从状态 1 到状态 2 的状态变迁，就是因为温度超越最上限，发出温度超限事件，称为状态变迁标记。

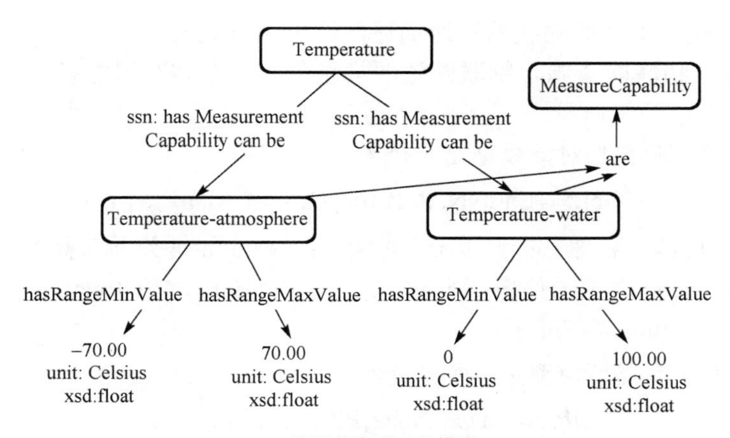

(a) 资源的客观对象模型

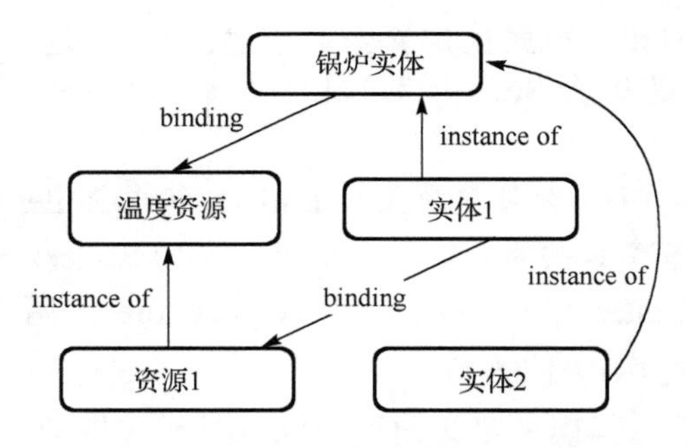

(b) 实体的客观对象模型

图 3-8　客观对象模型

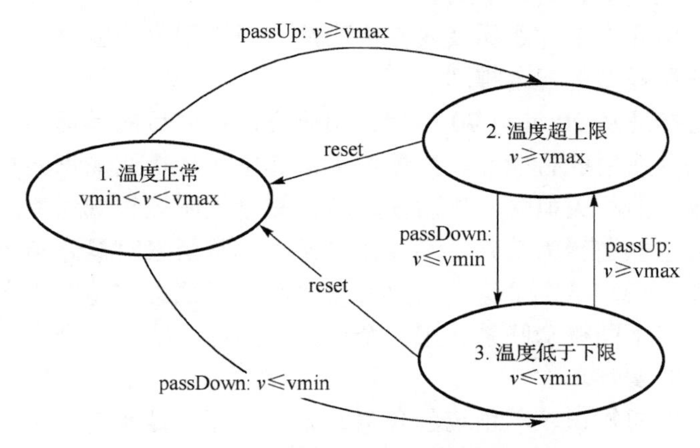

图 3-9　锅炉温度生命周期的模型

对于表达能力增强的物联网资源描述，给出如下定义。

定义 3-1 物联网资源。物联网资源模型包含一个客观对象模型和一个生命周期模型。

(1) 物联网资源客观对象模型是一个 4 元组，即

$$\text{Obj} ::= (\text{EntityN}, \text{Relation}, \text{OrderR}, \text{Map}_{\text{E-R-E}})$$

其中，EntityN 是客体名称(资源、实体)的集合；Relation 是关系名称的集合；OrderR 是关系集合 Relation 之上的偏序；$\text{Map}_{\text{E-R-E}}$ 是集合 EntityN 和 Relation 之上的一个映射：$\text{EntityN} \times \text{Relation} \rightarrow \text{EntityN}$。

(2) 物联网生命周期模型是一个 5 元组，即

$$\text{Life} ::= (\text{State}_0, \text{State}, \text{PR}, \text{Label}, \text{Map}_{\text{S-L-S}})$$

其中，State_0 是初始状态集合；State 是资源状态集合；PR 是资源状态描述的集合，每个状态由一组资源谓词和一组属性定义函数描述；Label 是物联网资源状态迁移的标记集合；$\text{Map}_{\text{S-L-S}}$ 是集合 State 和 Label 之上定义状态迁移的映射：$\text{State} \times \text{Label} \rightarrow \text{State}$。

例如，图 3-8 和图 3-9 中，客体名称集合 EntityN 包含 Boiler 和 Temperature 两个名称(概念)，Relation 中有 Has 关系，$\text{Map}_{\text{E-R-E}}$ 可定义为 $\text{Boiler} \times \text{Has} \rightarrow \text{Temperature}$，即物理对象锅炉实体 Boiler 具有资源属性 Temperature。两个关系 ParentOf 和 AncestorOf 在偏序 OrderR 中可比较。

得到资源增强表示后，其模型定义的正确性以及相关推理应用基于无歧义的形式化方法展开。物联网资源的客观对象模型相关的验证与推理基于描述逻辑开展；物联网资源的生命周期模型因为可能涉及复杂数学函数，如高阶非线性方程，因此，具备逻辑推理和连续函数处理能力的混合推理系统，可以用来处理整个物联网资源模型。本节简要地介绍描述逻辑及其在物联网资源模型上的应用，在后续的章节，讨论对物联网资源模型的混合推理。

知识表示与推理从 20 世纪 70 年代开始研究，主要目的是提供一系列方法从高层描述世界，增强应用的智能性。描述逻辑是其中一种描述知识的规范化方法，它首先定义一个领域的相关概念，然后使用这些概念说明该领域对象的属性与个体实例。描述逻辑语意以逻辑为基础，不存在二义性，常用来对概念与个体进行分类。对概念进行分类是指，给定术语，决定其概念间的子概念与超级概念关系，从而可用层次包含关系将不同概念联系起来。个体分类是指，给定一个个体，决定其是否一直是某个概念的实例。

基于描述逻辑的知识表示系统包含两部分：一部分是特定应用领域的词汇表与术语；另外一部分是使用这些词汇表来描述的个体。前者主要关于概念与角色，其基本语法规则如下：

$$
\begin{aligned}
C, D \to A \mid \\
\bot \mid \\
\Diamond \mid \\
\neg A \mid \\
C \cap D \mid \\
\forall R.C \mid \\
\exists R.\Diamond
\end{aligned}
$$

其中，A 是基本概念；$\bot$ 是空概念；$\Diamond$ 是全概念；$\neg A$ 是 A 的否概念；$C \cap D$ 是概念 C 与 D 的交集；R 是基本角色；$\forall R.C$ 是量限制；$\exists R.\Diamond$ 是受限存在量。为了定义描述逻辑中概念的规范化语义，考虑解释函数 I，该解释中应用领域对象集合 Δ^I 不为空，并使每个原子概念对应集合 Δ^I 中的一个元素子集，即 $A^I \subseteq \Delta^I$。上述语法规则语义如下：

$$
\begin{aligned}
&\bot^I = \varnothing \\
&\Diamond^I = \Delta^I \\
&(\neg A)^I = \Delta^I \setminus A^I \\
&(C \cap D)^I = C^I \cap D^I \\
&(\forall R.C)^I = \{a \in \Delta^I \mid \forall b.(a,b) \in R^I \to b \in C^I\} \\
&(\exists R.\Diamond)^I = \{a \in \Delta^I \mid \exists b.(a,b) \in R^I\}
\end{aligned}
$$

通常在基本的语法表示上，增加数值限制与全存在量，如下：

$$
\begin{aligned}
&(\exists R.C)^I = \{a \in \Delta^I \mid \exists b.(a,b) \in R^I \wedge b^I \in C^I\} \\
&(\geqslant nR)^I = \{a \in \Delta^I \mid |\{b \mid (a,b) \in R^I\}| \geqslant n\} \\
&(\leqslant nR)^I = \{a \in \Delta^I \mid |\{b \mid (a,b) \in R^I\}| \leqslant n\}
\end{aligned}
$$

描述逻辑是一阶谓词逻辑的一部分，因此，除了使用专门为描述逻辑开发的推理工具，也可以用一阶谓词逻辑的推理算法与工具处理描述逻辑的问题。基本概念与基本角色可以看做一元谓词和二元谓词，即任意概念 C 可用一元谓词 $\phi_C(x)$ 表示（x 是自由变量，$\phi_C(x)$ 与 C 的解释相等），角色 R 用二元谓词 $R(y,x)$ 表示（x, y 是自由变量）。数值限制与其他语法构造转换如下：

$$
\begin{aligned}
&\phi_{\exists R.C}(y) = \exists x R(y,x) \wedge \phi_C(x) \\
&\phi_{\forall R.C}(y) = \forall x R(y,x) \to \phi_C(x) \\
&(\geqslant nR)(x) = \exists y_1, \cdots, y_n.\, R(x,y_1) \wedge \cdots \wedge R(x,y_n) \wedge \prod_{i<j} y_i \neq y_j \\
&(\leqslant nR)(x) = \forall y_1, \cdots, y_n.\, R(x,y_1) \wedge \cdots \wedge R(x,y_n) \to \bigcup_{i<j} y_i = y_j
\end{aligned}
$$

针对某个领域特定应用所涉及的个体集合，概念与角色作用其上，定义其准确的含义，即使用个体断言集合描述个体。

例如，锅炉(Boiler)和煤炭(Coal)是基本概念，consumeBoiler 是基本角色，表示锅炉消耗能源，那么燃煤锅炉的概念可以定义如下：

$$\text{CoalBoiler} \equiv \text{Boiler} \sqcap \exists \text{consumeBoiler.Coal}$$

概念的包含、相等与不相交都可约减到不可满足问题，如下所示(C, D 是两个概念)。

(1) D 包含 C 可等价为 $C \sqcap \neg D$ 不可满足。

(2) D 与 C 相同可等价为 $C \sqcap \neg D$ 不可满足且 $\neg C \sqcap D$ 不可满足。

(3) D 与 C 相离可等价为 $C \sqcap D$ 不可满足。

在物联网应用中，往往结合应用场景与需求，进行物联网资源的相关推理与计算。需要理解特定场景中的物联网资源、物联网服务、事件之间的相互关系，为需求的制定提供参考。图 3-10 表示了它们之间的通用关系，事件是资源与资源之间、资源与服务之间、服务与服务之间交互的基本载体，它包括资源更新事件、资源状态迁移事件、资源控制事件等。

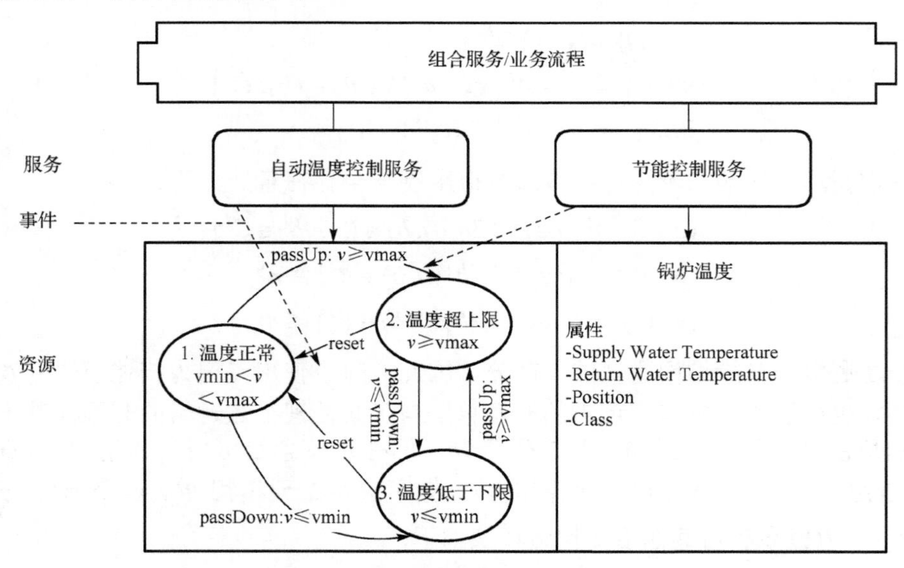

图 3-10 物联网资源与服务的关系

3.4 基于物联网资源的复杂事件处理

物联网资源建模的目的是满足上层应用的需求，对于感知的事件流，需要进行综合处理，获得上层应用感兴趣的事件，反映物理世界变化情况，而不是淹没在数据流中。资源建模后，物联网事件处理变得更加智能与方便。

3.4.1　复杂事件处理相关工作

复杂事件处理系统广泛应用在不同的应用领域，如主动数据库[5, 6]和业务流程管理系统[7, 8]。本节从复杂事件处理系统、事件处理系统分析、事件处理规则学习等三个方面进行介绍。

1. 复杂事件处理系统

复杂事件处理[9, 10]是信息流处理的一种方式[11]，它通过观测底层事件通知来定义或检测高层态势。在复杂事件处理系统中，事件检测模式需要首先定义，它一般是关于事件内容以及事件时序间的谓词。然后，复杂事件处理系统根据该模式从多个事件流中检查符合定义模式的事件，如果定义的模式被发现，则根据底层事件与高层事件模板生成高层事件。

现代复杂事件处理系统基本上都是将复杂事件模式检测能力与事件流管理能力集成在一起。例如，开源的 Esper 系统和甲骨文的复杂事件处理系统[12]。EPN (Event Processing Network) [13]提出基于图的方法来描述事件流。

在复杂事件处理系统中，事件模式用语言来定义，常用的事件模式定义语言包括时序增强的正则表达式[14, 15]、逻辑编程语言[16]、时序逻辑语言[17]。这些语言在语法和语义上迥异，但是它们都对事件发生的时间和内容进行约束[18]。

2. 事件处理系统分析

事件处理模式和规则定义的质量直接影响复杂事件处理结果，因此需要对其进行分析。规则和事件管理器(Rule and Event eXplorer，REX) [19, 20]是一种基于模型检测的形式化方法，它对复杂事件规则进行分析。在 REX 中，事件处理规则被转换成时序自动机，其属性被表示成可计算树逻辑公式，UPPAAL 模型检测器[21]用来验证定义的属性。

在文献[22]中，其作者提出了一种基于 EPN 的事件处理框架，它由一系列工具组成，能够对事件处理程序进行静态与动态分析，静态分析主要基于事件类型展开；动态分析则主要分析其对一组事件序列处理的属性。文献[23]则提出工具将 EPN 转化为着色 Petri 网进行分析和仿真。文献[24]～文献[26]也都是这个领域的工作，对事件处理系统的可终止性、处理上限等进行分析。

在事件处理系统实现方面，文献[27]和文献[28]提出使用反应式编程模型来高效实现这类系统。

3. 事件处理规则学习

手工定义事件处理模式与规则是一项繁重易出错的工作，许多研究者致力于自动生成事件处理规则。文献[29]扩展隐马尔可夫模型[30]建立一种称为噪声隐马尔可夫模型的规则学习方法，对底层事件数据进行训练。文献[31]则提出了一种迭代的方法，对事件处理规则初始定义进行自动化，并随时间进行更新，它是一种人机结合的方法，领域专家需要提供部分信息。

文献[32]提出了一种完全自动化生成事件处理规则的方法，它对未来事件的发生进行预测，删除与减轻非期望的态势，称为前摄事件处理。文献[33]则对事件预测中的不确定性进行处理，文献[34]和文献[35]对文献[33]中的方法进行扩展，提出了一种通用框架事件处理中的不确定性。文献[36]基于事件的历史数据，提出了一种通用的事件处理规则的学习框架，将学习过程细化为不同的阶段与模块，如参数学习、约束学习等。

3.4.2 基于物联网资源的复杂事件处理问题概述

从上述相关工作的综述中，可知复杂事件处理的目的是，从多个并发的实时事件流中提取高层应用感兴趣的复合事件。但是仅依靠工程师手工定义事件复合规则与复合模式，不仅容易出错，而且效率低下。另外，在物联网环境中，传感器日益增多，事件间的关系日益动态复杂，遍历事件间的关系来定义匹配模式或组合规则，正变成一个困难任务。因此，自动从事件流中提取事件组合规则或复合事件是物联网应用中，复杂事件处理技术发展的方向与目标。

在物联网应用中，我们定义了事件名称、事件 Schema、事件名称树，以及资源模型。但是，不存在直接与直观的方法可以自动生成复合事件与事件组合规则。通常存在如下两种思路完成事件的复合。

(1) 对事件与物联网资源存在充分的知识化表示，事件间的关系隐藏在这些知识背后，复合事件是这些既有关系发生变化的反映。那么可以通过推理的方法发现事件关系，复合事件是推理所得的逻辑结论。

(2) 另外一种是不存在事件与物联网资源的知识表示。这种情况下，可以通过历史事件学习与当前事件观察的方法生成合适的事件复合规则。事件的发生往往代表观测环境中新趋势和新关系的形成，通过观察这些事件的变化趋势，并进行历史事件的对比分析，也可以抽取出复合事件规则与复合事件。该种方法称为学习的方法，前者称为推理的方法。

在上述相关工作中，两类方法都有相关研究工作，本书集中研究第一种情况。虽然给定了物联网资源模型和事件知识，但是由于物联网资源众多，盲目地为每个到达的事件都进行穷举计算，在实际应用中并不可行。本书设计预处理过程来决定在何种情况下进行真正的事件推理计算。该预处理过程主要是比对事件流中前后到达的事件是否存在变化关系，该变化关系可以作为进一步处理的线索。单个事件中所包含的资源属性值的变化超过一定的阈值是最简单的一种变化关系，另外还有三种变化关系可以作为复杂事件处理的线索。

(1) 事件间的空间关系发生变化。一个地域间传感器测量的对象其位置属性值可能发生变化，如移动的物体。可以通过比较前后采样间隔时间内不同监控对象的相对距离的变化来衡量是否存在有意义的复杂事件发生。但是这种变化有可能是随机的，如果这种趋势持续增强，则可以启动复杂事件的推理过程。

(2) 事件间的时间关系发生变化。类似于空间关系的检查，也可以检查被测对象时间属性间相对距离的变化。可以通过比较前后事件所含时间属性的相对距离的变化来衡量是否存在有意义的复杂事件发生。但是这种变化也有可能是随机的，如果这种趋势持续增强，则可以启动复杂事件的推理过程。

(3) 主动探测的方法。以上两种都属于被动探测的方法，也可以在系统允许范围内，进行主动的系统调控，来检查系统状态，从而获取正常状态下不能获取的事件。当收到这些激励出来的事件时，可以采用前面提到的几种方法进行复杂事件预处理。

即使所接收到的事件代表了稳定的变化趋势，也不意味着需要生成相应的复杂事件，这是因为这类趋势并非我们感兴趣的，或者这种变化是一种正常的变化。因此我们引入兴趣目标，如果该目标是事件流与资源知识的逻辑结论，那么可以得到复杂事件。在这种以物联网模型为基础的复杂事件处理中，主要解决如下关键问题。

(1) 在一个物联网应用中，往往存在很多物联网资源与事件。当一个事件到达时，对所有的资源模型和资源实例进行遍历，在计算时间上是低效的。基于达到的事件，找到相关的兴趣目标，再利用兴趣目标与事件对物联网资源进行划分，避免盲目遍历。其中，核心问题是如何具体采用这种分而治之的方法满足实时性需求，自动导出兴趣事件。

(2) 在多变的实际环境中，资源的连续变量变化规律往往是复杂的，不存在显式表达式。例如，在煤矿巷道中，关于通风系统的通风方程难以精确获得。那么如何高精度逼近资源的连续变量就成为物联网系统复杂事件处理的一个关键问题。通过估计所得的变量值与真实值存在差异，当对多个连续变量进行估计时，事件推理过程中会存在累积误差过大的问题。因此，在复杂事件计算过程中，处理误差传播也是一个关键问题。

3.4.3 举例及复杂事件处理问题展示

例如，在煤矿中有两个资源：甲烷气体与通风系统，如图 3-11 所示。甲烷资源模型涉及两个状态：含量低于限值的正常状态、高于正常值的非安全状态。在每个状态中，都存在两个连续方程定义甲烷气体的产生与扩散，两个状态中的气体扩散方程有差别。巷道中的甲烷气体含量是其产生与扩散速度两个相反因素作用的结果。通风系统也存在两个状态，初始状态是风机的微分描述方程，第二状态是一个抽象状态，表示在巷道不同位置的风的微分运动方程，它是一系列不同位置的抽象。在实际煤矿中，这些方程的参数与形式往往无法精确动态地刻画。

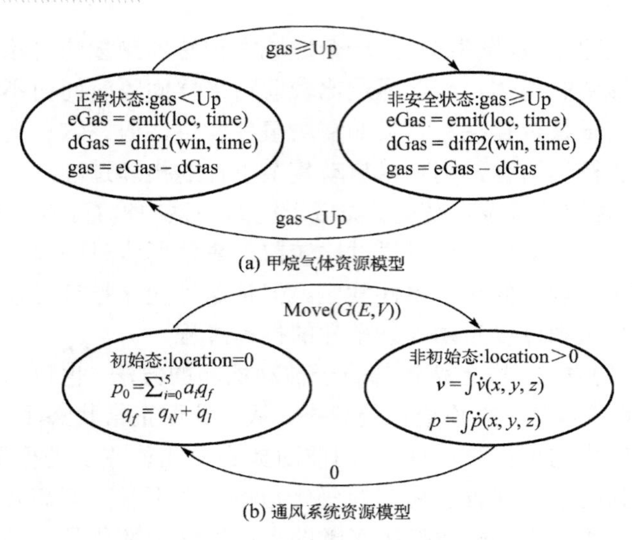

(a) 甲烷气体资源模型

(b) 通风系统资源模型

图 3-11 煤矿系统资源模型

每个资源通过其对象模型与生命周期模型定义，对象模型说明该资源具有哪些属性以及资源属性间的关系，如父子关系；生命周期模型说明资源的状态与状态迁移过程，状态以属性谓词和连续行为方程定义。虽然物联网资源可以用 SSN 与 OWL 来定义与图示，但是其背后的概念本体，都是通过形式化的描述逻辑来描述与定义的。这两个资源对象模型的部分本体描述如图 3-12 所示。

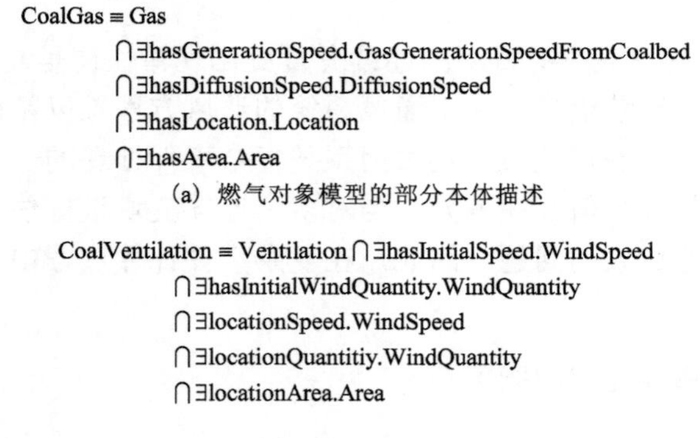

CoalGas ≡ Gas
⋂∃hasGenerationSpeed.GasGenerationSpeedFromCoalbed
⋂∃hasDiffusionSpeed.DiffusionSpeed
⋂∃hasLocation.Location
⋂∃hasArea.Area

(a) 燃气对象模型的部分本体描述

CoalVentilation ≡ Ventilation ⋂∃hasInitialSpeed.WindSpeed
⋂∃hasInitialWindQuantity.WindQuantity
⋂∃locationSpeed.WindSpeed
⋂∃locationQuantitiy.WindQuantity
⋂∃locationArea.Area

(b) 通风系统对象模型的部分本体描述

图 3-12 资源对象模型的部分本体描述示例

从图 3-12(a)中，可知甲烷气体产生的速度与煤层有关；从图 3-12(b)中，可知巷道横截面与通风系统模型有关，且是巷道模型的一部分。那么我们不禁要问，当这些资源模型都相互关联时，如何决定哪些资源模型及其实例应参与复杂事件计算。这是具体例子中关于复杂事件处理的第一个问题。

在图 3-11 (a) 中，由煤层产生甲烷气体速度由函数 eGas = emit(loc, time) 表示，扩散速度由函数 dGas = diffl(win,time) 表示。在图 3-11 (b) 中，风机的压力与风量分别是

$$p_0 = \sum_{i=0}^{5} a_i q_f^i \text{，} \qquad q_f = q_N + q_l$$

在巷道某一地点的风速 v 与巷道拓扑 $G(E,V)$ 和初始风机参数有关系。从上述函数的参数中可以看出，变量间的约束关系隐藏在函数中，一个资源中函数的参数可能来自其他资源。这些连续变量间的数量关系，只有在系统实际运行时，通过资源实例的实时状态计算出来。这个例子揭示的是复杂事件处理的第二个问题，即如何发现由复杂函数约束的不同物联网资源间数量约束关系，从而处理连续变量变化导致的复杂事件，如初始风量微小变化引起的瓦斯超标。

事件代表资源属性的变化、属性关系的变化或状态迁移。每个事件都被命名，即给定主题名称，一个事件名称指代一类事件，即多个不同的事件实例可能具有相同的名称。事件内容格式由一个 XML Schema 定义。图 3-13 展示了甲烷告警事件的例子。

```
<env:Envelope xmlns:env="http://schemas.xmlsoap.org/soap/envelop/"
     xmlns:env="http://www.w3.org/2005/08/addressing/">
   <env:Body>
 <wsnt:Notify xmlns:wsnt="http://docs.oasis-open.org/wsn/b-2/">
<wsnt:NotificationMessage>
   <wsnt:Topic Dialect=".../wsn/t-1/TopicExpression/Simple">
      Sanjingou/Analogous/Methane/Alarm
   </wsnt:Topic>
   <wsnt:Message>
     <Methane>
      <Location>Sanjingou/SouthTunnel/112</location>
      <Measure Parameter>Ratio</Measure Parameter>
      <Information>Over top limit</Information>
      <Value>1.5</Value>
      <Level>3</Level>
     </Methane>
   </wsnt:Message>
</wsnt:NotificationMessage>
 </wsnt:Notify>
   </env:Body>
</env:Envelope>
```

图 3-13　甲烷告警事件

当一个事件到达时，兴趣目标事件用来定义该到达的事件是否能够导出有意义的现象。兴趣目标事件同样由描述逻辑来描述，是由其他事件组合而成的复杂概念。图 3-14 是一个兴趣目标事件的例子。

SatetyEvent ≡ HighLevelofMethane
　　∪HighTempature∪LowWindQuantity

图 3-14　兴趣目标事件

从图 3-14 中，可知图 3-13 中的事件属于图 3-14。当一个事件到达时，无法直接判断它是否导出一个兴趣目标事件，以及判断出一个资源模型与实例是否需要参与该事件的评估，这是复杂事件中处理的第三个问题。这三个问题衍生出 3.4.2 节中的两个关键问题，即解决这三个问题必须克服的技术关键。

3.4.4 为到达事件选择相关资源实例

一个资源模型在运行时可能对应多个资源实例。例如，一个通风系统的模型部署在不同的煤矿中，则有不同的实例；甲烷资源模型在山西三荆沟中不同地点则有不同的实例。

本节采取两种方法为到达的事件选择资源模型和资源实例。每个物理设备与系统都有自己的工作地域与范围限制，例如，对于三荆沟煤矿中的到达事件，可以选取三荆沟煤矿中的所有物联网资源，而不用选择其他煤矿中的资源作为复杂事件处理的基础，这种方法称为范围搜索法。另外，两个物联网资源之间的动态数量约束关系是事件推理过程中动态计算的，可以用这种动态计算获得的约束关系寻找相关的物联网资源。例如，风机压力的少量下降导致巷道中某地点甲烷升高，这种方法称为约束交互法。后一种方法可以发现在前一个算法中未发现但是复杂事件处理过程又需要的资源。

首先讨论范围搜索算法。在图 3-13 中，可以从事件名称与事件内容中提取其作用范围：三荆沟。为了简洁起见，假设在资源实例与事件实例中存在作用范围的标识符，在事件实例中还存在资源标识符，以表示其属于哪一个资源实例。

定义 3-2 语义概念匹配。给定两个概念 C_1、C_2，它们的基本术语 T 和 T 中的一个解释模型 $\models$，则 C_1 和 C_2 之间的语义概念匹配如下。

(1) 若 $T \models C_1 \equiv C_2$，则它们是相同的概念。

(2) 若 $T \models C_1 \subseteq C_2$，则 C_1 被 C_2 包含。

(3) 若 $T \models C_2 \subseteq C_1$，则 C_1 包含 C_2。

(4) 若 $T \not\models C_1 \cap C_2 \subseteq \perp$，则它们相交。

(5) 若 $T \models C_1 \cap C_2 \subseteq \perp$，则它们不相交。

下面接着设计范围搜索算法，见算法 3-1。

算法 3-1 范围搜索算法

输入：事件 e，资源实例集合 resSet，兴趣目标事件集合，术语 T。

输出：范围内的资源实例集 resScp 和范围内的兴趣目标事件集 eveScp。

数据：Scope $\leftarrow 0$，resScp $\leftarrow 0$，eveScp $\leftarrow 0$。

begin

(1)　foreach 资源 $res_i \in$ resSet

(2)　　if $T| =$ e.resourceIdentifier $\equiv res_i$.resourceIdentifier　then

(3) break;
(4) foreach 资源 $\text{res}_j \in \text{resSet}$
(5) $\text{scopeI} \equiv \text{res}_i.\text{scopeIdentifier} \cap \text{res}_j.\text{scopeIdentifier}$;
(6) if $T| \neq \text{scopeI} \subseteq \perp$ && $T| \neq \text{res}_i.\text{s} \cap \text{res}_j \subseteq \text{scopeI}$ then
(7) $\text{resScp} \leftarrow \text{resScp} \cup \{\text{res}_j\}$;
(8) $\text{Scope} \leftarrow \text{Scope} \cup \{\text{scopeI}\}$;
(9) forall 范围标识 $\text{scopeI}_1, \cdots, \text{scopeI}_n \in \text{Scope}$
(10) $\text{scopeI} \equiv \text{scopeI}_1 \cap \text{scopeI}_2 \cap \cdots \cap \text{scopeI}_n$;
(11) foreach 资源 $\text{res}_i \in \text{resScp}$
(12) if $T| \neq \text{res}_i.\text{scopeIdentifier} \subseteq \text{scopeI}$ then
(13) $\text{resScp} \leftarrow \text{resScp} \setminus \text{res}_i$, i.e., 移除 res_i ;
(14) //输出 eveSet
(15) foreach 事件 $e_i \in \text{eveSet}$
(16) if $T| = \text{e.topicName} \subseteq \text{e}_i.\text{topicName}$ then
(17) $\text{eveScp} \leftarrow \text{eveScp} \cup \{e_i\}$;
(18) if $T| = \text{e.resourceIdentifier} \subseteq e_i.\text{resourceIdentifier}$ then
(19) $\text{eveScp} \leftarrow \text{eveScp} \cup \{e_i\}$;
(20) return resScp , eveScp

为了降低算法的时间复杂度，缓存事件的资源标识符的历史查询结果，在下次遇到此查询时直接使用。同样，对到达事件中的主题名也缓存其查询结果。另外，使用 3.4.2 节讨论的事件空间与时序关系变化作为复杂事件处理过程启动的前提。

在复杂事件推理过程中，搜索算法所获得的资源模型与实例中，有些资源与实例可能并未用到；另外，动态计算过程中所需的资源则不在搜索集中。约束交互方法，可对事件推理中由资源实例与目标事件构成的知识进行微调，具体方法在后面论述。其基本思想是，在每个资源上进行部分推理，这些并发推理的综合得到复杂事件，如果某个资源上的推理产生的约束是针对其他资源连续变量的，而这个资源不在原来的搜索集中，那么将这个资源加进来，即在这个资源展开局部推理验证约束的可满足性。

3.4.5 物联网资源中复杂函数的表示与估计

物联网资源中的连续变量函数往往是复杂的与非线性的，不存在显式表达式，难以直接计算。本节采用深度神经网络根据历史事件对这些函数进行学习，使用学习后的深度神经网络结构与参数间接地表示它们[37-40]。

一个深度神经网络包含一个输入层、一个输出层和若干隐藏层，每层都是低层的抽象，是函数特征的逐步抽取。给定输入 $\boldsymbol{X}$ ，第 $i-\text{th}$ 层、第 $j-\text{th}$ 个神经单元的

值为 $h_j^i(\boldsymbol{X})$ $(0 \leqslant i \leqslant l+1)$，其中，$l$ 为隐藏层个数，第 $j-\text{th}$ 个神经单元的偏移为 b_j^i，在 $j-\text{th}$ 单元与 $h_k^{i-1}(\boldsymbol{X})$ 之间网络连接的权重为 w_{jk}^i，那么 $h_j^i(\boldsymbol{X})$ 计算如下：

$$h_j^i(\boldsymbol{X}) = \text{sigm}(a_j^i), \quad \text{sigm}(x) = 1/(1+\mathrm{e}^{-x})$$
$$a_j^i(\boldsymbol{X}) = b_j^i + \sum\nolimits_k w_{jk}^i \boldsymbol{h}_k^{i-1}(\boldsymbol{X}), \quad \boldsymbol{h}^0(\boldsymbol{X}) = \boldsymbol{X}$$

通过历史数据的学习与训练得到的 $h_j^i(\boldsymbol{X})$ 参数和 sigm 函数间接地表示了物联网资源模型中连续变量的复杂函数，如煤矿的风速函数。可以通过复杂函数的深度神经网络表示，用已知的资源属性值估计未知资源属性的真实值，或者预测给定条件下资源属性值变化情况，在估计与预测的同时返回相应的误差（学习与测试验证时所得的误差）。例如，当风机初始风量下降一定值后，估计多长时间后，甲烷浓度超过阈值；或者预测某地甲烷浓度超标时，风机初始风量需要降低多少，即甲烷资源上的属性约束转化为对通风系统资源的属性约束。

1. 事件推理中的误差估计

不幸的是，深度神经网络估计出来的物联网资源连续变量值与真实值之间总是存在差异。若不对这些误差进行处理，随着事件推理的进行，误差会逐步积累，当误差过大时，计算所得的复杂事件则失去意义。

首先讨论误差在基本逻辑关系中的传输。借鉴一阶概率逻辑的方法[41-43]，为每个原子公式附加一个概率，然后按照这些原子概率计算公式的概率。假设 $e(\text{at}_1)$ 和 $e(\text{at}_2)$ 表示关于资源属性 at_1 和 at_2 的事件发生，且它们相互独立，其附着的概率分别为 p_1 和 p_2，则 $e(\text{at}_1) \vee e(\text{at}_2)$ 和 $e(\text{at}_1) \wedge e(\text{at}_2)$ 的概率分别是 $p_1 + p_2 - p_1 \times p_2$ 和 $p_1 \times p_2$。

但是误差在基本逻辑关系上传输稍有不同。例如，如果 at_1 属性值估计的准确率是 ac_1，则 $\neg e(\text{at}_1)$ 的误差不应该是 $1-(1-\text{ac}_1)$，这是因为不管是在 $\neg e(\text{at}_1)$ 中还是在 $e(\text{at}_1)$ 中，其对 at_1 估值的准确性都是 ac_1，即 $\neg e(\text{at}_1)$ 和 $e(\text{at}_1)$ 中具有相同的误差 $(1-\text{ac}_1)$。若 $e(\text{at}_1)$ 和 $e(\text{at}_2)$ 独立，那么 $e(\text{at}_1) \wedge e(\text{at}_2)$ 的误差是 $\max(1-\text{ac}_1, 1-\text{ac}_2)$，即两个连续变量同时估计的准确度是两者准确度的乘积 $\text{ac}_1 \times \text{ac}_2$。而 $e(\text{at}_1) \vee e(\text{at}_2)$ 的误差取决于公式中取值为真文字的误差，当公式中两个文字同时取值为真时，则公式取值为两者中误差较小者，即该公式误差为

$$\begin{cases} 1-\text{ac}_1, & e(\text{at}_1) = \text{true} \wedge e(\text{at}_2) = \text{false} \\ 1-\text{ac}_2, & e(\text{at}_2) = \text{true} \wedge e(\text{at}_1) = \text{false} \\ \min(1-\text{ac}_1, 1-\text{ac}_2), \text{其他} \end{cases}$$

假设属性 at_1 和 at_2 通过深度神经网络（Deep Neural Network，DNN）算法估值的准确性为 ac_1 和 ac_2，谓词 A_1 和 A_2 分别与 at_1 和 at_2 相关，那么由 A_1 和 A_2 构成公式上的误差（用 ErrP 表示）如下。

(1) $\mathrm{ErrP}(A_1)=1-\mathrm{ac}_1$， $\mathrm{ErrP}(A_2)=1-\mathrm{ac}_2$。

(2) $\mathrm{ErrP}(\neg A_1)=1-\mathrm{ac}_1$， $\mathrm{ErrP}(\neg A_2)=1-\mathrm{ac}_2$。

(3) $\mathrm{ErrP}(A_1 \vee A_2)=\begin{cases}1-\mathrm{ac}_1, & e(\mathrm{at}_1)=\mathrm{true} \wedge e(\mathrm{at}_2)=\mathrm{false} \\ 1-\mathrm{ac}_2, & e(\mathrm{at}_2)=\mathrm{true} \wedge e(\mathrm{at}_1)=\mathrm{false} \\ \min(1-\mathrm{ac}_1, 1-\mathrm{ac}_2), \text{其他} & \end{cases}$。

(4) $\mathrm{ErrP}(A_1 \wedge A_2)=\max(1-\mathrm{ac}_1, 1-\mathrm{ac}_2)$。

(5) 包含多个资源属性的谓词可通过变量替换修改为多个单属性谓词的合取，然后组合误差率可按(1)～(4)的步骤计算。

2. 估计物联网资源中的连续变量

当使用 DNN 来逼近物联网资源中的连续变量时，其伴随而来的误差需要处理。尽管在事件和资源的知识集中，存在很多子句，但是只有部分子句用来导出复杂事件。因此，什么子句以及子句中哪些文字用来计算复杂事件是误差估计的基础。

至于子句选择问题，SMT(Satisfiability Modulo Theories)求解器穷举尝试赋值构造的解释模型就是子句的选择过程。在基本 DPLL[44, 45]求解可满足性问题的过程中，使用一个子句集 F 和一个模型 M，即 $M \| F$，通过逐步为子句构造模型来解决问题，当尝试赋值遇到矛盾时，对构造的模型进行回溯，重新沿另一个分支构造模型，如下：

$$\begin{aligned}
&\| c_1, c_2, \cdots, c_n \\
&(0/1,\cdots)_1 \| \not{c}_1, c_2, \cdots, c_n \\
&(0/1,\cdots)_1, (0/1,\cdots)_2 \| \not{c}_1, \not{c}_2, \cdots, c_n \\
&\qquad\qquad \vdots \\
&(0/1,\cdots)_1, (0/1,\cdots)_2, \cdots, (0/1,\cdots)_n \| \not{c}_1, \not{c}_2, \cdots, \not{c}_n
\end{aligned}$$

动态构造中的模型所对应的子句就是所选择的子句，并具有赋值，可根据前面的 ErrP 计算多个子句的误差，误差过大的模型会导致矛盾，诱发回溯。我们在模型构造过程中计算误差，及时启动回溯，而非等到模型构造完毕再启动误差计算，提升剪枝的效率。

也可以将一个归结路径或一个不可满足公式的不可满足核[46-49]作为选择的子句集合，来计算误差积累情况。

假设一个所选子句集合为 $\mathrm{cl}_1, \mathrm{cl}_2, \cdots$ (附带对每个文字的赋值)，那么误差计算如下。

(1) 对每个子句 cl_i，它包含的文字之间是“或”的关系。对其中任意两个文字 A_1，A_2，如果其附着的精度是 ac_1 与 ac_2，那么两者或的误差是 $\mathrm{ErrP}(A_1 \vee A_2)$，即

$$\begin{cases}1-\mathrm{ac}_1, & e(\mathrm{at}_1)=\mathrm{true} \wedge e(\mathrm{at}_2)=\mathrm{false} \\ 1-\mathrm{ac}_2, & e(\mathrm{at}_2)=\mathrm{true} \wedge e(\mathrm{at}_1)=\mathrm{false} \\ \min(1-\mathrm{ac}_1, 1-\mathrm{ac}_2), \text{其他} & \end{cases}$$

(2) 对于两个子句 cl_i, cl_j，假设它们各自的精度是 ac_1 与 ac_2，那么它们复合所得公式的误差是 $\max(1-\mathrm{ac}_1, 1-\mathrm{ac}_2)$。

给定关于一个资源上被选择子句的知识集合 $M \| \{C_i \mid \mathrm{cl}_{i1}, \mathrm{cl}_{i2}, \cdots\}$，其中，$\mathrm{cl}_{ij}$ 是一个子句；C_i 是一个作用在 $\mathrm{cl}_{i1}, \mathrm{cl}_{i2}, \cdots$ 上的误差限制，如 error rate $\leqslant 5\%$；M 是为子句集构造的模型。cl_{ij} 中可能存在关于连续变量的文字 x_{ij}，如 windSpeed $\leqslant 5$，windSpeed 是物联网资源中的连续变量。这些与连续变量相关的函数可能很复杂，通过学习得到这些隐式表示的函数 $\{f_i\}$ 以及这些函数的表示参数，它们被缓存在 Cache 中，Cache 中还保存有传感器所采集的资源属性的最新值。可以通过 $\{f_i\}$ 以及相应的函数参数用已知资源属性值估计未知资源属性的真实值，或者预测给定条件下其他资源属性将需要发生变化的情况(称为对其他资源属性的交互约束)，在估计与预测的同时返回相应的误差。本节提出了误差评估过程，见算法 3-2。

算法 3-2 误差评估过程。

输入：知识 $\mathrm{clSet} = M \| \{C_i \mid \mathrm{cl}_{i1}, \mathrm{cl}_{i2}, \cdots\}$，缓存复杂函数的 Cache 和资源属性值。

输出：false 或 true，以及一个在其他资源上的交互约束集 outRes。

数据：$\mathrm{outRes} \leftarrow 0$。

begin
(1) foreach 子句 $\mathrm{cl}_{xy} \in \mathrm{clSet}$
(2) if $\mathrm{cl}_{xy} \notin M$ then continue;
(3) foreach 连续变量 $\mathrm{cov}_i \in \mathrm{Cache}$
(4) if $\mathrm{cov}_i \notin \mathrm{cl}_{xy}$ then continue;
(5) if $\mathrm{cov}_i \neq 0 \,\&\&\, \mathrm{cov}_i \in \mathrm{cl}_{xy}$ then 从 Cache 获取 cov_i 的复杂函数 f_i
(6) $(\mathrm{cov}_i = \mathrm{val}_i, \mathrm{cov}_{i1} = \mathrm{val}_{i1}, \cdots) \leftarrow f_i$，$\mathrm{cov}_{i1} = \mathrm{val}_{i1}$ 是其他资源属性 cov_{i1} 上的约束
(7) $\mathrm{outRes} \leftarrow \{\mathrm{cov}_{i1} = \mathrm{val}_{i1}, \cdots\}$
(8) $\mathrm{cl}_{xy} \rightarrow \mathrm{cl}'_{xy}$ 使用 val_i 替换 cov_i，并附加上 f_i 中的误差率
(9) foreach 子句 $\mathrm{cl}_{xy} \in \mathrm{clSet}$
(10) $\mathrm{errVal}_x = \mathrm{ErrP}(\mathrm{cl}_{x1}, \cdots, \mathrm{cl}_{xy}, \mathrm{cl}_{xy+1}, \cdots)$
(11) $C_x \rightarrow C'_x$ 使用 errVal_x 替换 C_x 中的 error rate
(12) Invoke 数学过程检查 $C'_1 \wedge C'_2 \wedge \cdots$
(13) if 检查结果为 false then
(14) return false
(15) else
(16) return true 和 outRes

误差评估过程扩展了文献[28]、文献[34]、文献[37]～文献[40]中描述的可判定

算术比较过程，它充当主程序估计连续变量、误差，构造误差约束，使用这些算术比较过程求解这些误差约束是否被满足。

3.4.6 复合理论

为了减少复合事件中的推理时间，采用并行方法进行事件推理。尽管存在很多分治方法解决 SMT 问题[50, 51]，但这些布尔约束需要在真正的推理之前进行分解与纯化。这个前提条件在物联网中不成立，这是因为物联网资源知识表示可能很复杂，难以根据事先定义的 signature 分割成多个独立完整资源知识表示；另外，如 3.4.5 节中所示，有些约束是通过学习算法得到的，不存在事先的表示。

对于一个事件目标查询 q 和物联网资源及事件的知识集合 Λ，我们在不同资源上开展模块化证明。q 也可能被分割到不同资源证明单元上，证明过程中不同的证明单元进行知识交换。

下面扩展文献[52]中的分区证明方法解决资源分割复合理论，两个物联网资源构成的子知识集是 Λ_1,Λ_2，它们的并集是 $\Lambda=\Lambda_1\cup\Lambda_2$。以 Λ_1,Λ_2 作为 Λ 的分区，$L(\Lambda_i)$ 作为各自的符号集，$\Gamma(\Lambda_i)$ 表示建立在 $L(\Lambda_i)$ 上的语言。在目标查询 q 的推理过程中，底层理论及其检查过程输出的约束可能是两个资源共享的。例如，在 3.4.5 节的误差评估过程中，甲烷资源上甲烷含量的超限检查与预测，可能输出对通风系统资源上的风机初始风量变化的要求(约束)，这种初始风量变化约束在两个资源间共享。为了与文献[52]中的方法相一致，假设：在开始推理之前，子句被提前检查，即由底层理论生成的布尔约束加到知识集中，然后这种分区证明方法才被使用。

定义 3-3 分区证明(modular proof)。对于知识集 $\Lambda=\Lambda_1\cup\Lambda_2$ 和查询公式 q，将 q 分割成 q_1 和 q_2，且 $q=q_1\wedge q_2$，$q_1\in\Gamma(\Lambda_1)$，$q_2\in\Gamma(\Lambda_2)$。分区证明过程如下。

(1) 归结。

① 在 Λ_1,Λ_2 中对查询 q_1 进行归结。如果 Λ_1 或 Λ_2 包含一个 $\Gamma(\Lambda_2)$ 或 $\Gamma(\Lambda_1)$ 中的子句 q'，则将 q' 添加到 Λ_2 或 Λ_1 中。

② 在 Λ_1,Λ_2 中对查询 q_2 进行归结。如果 Λ_1 或 Λ_2 包含一个 $\Gamma(\Lambda_2)$ 或 $\Gamma(\Lambda_1)$ 中的子句 q'，则将 q' 添加到 Λ_2 或 Λ_1 中。

③ 如果没有获得固定点或空子句，跳转到①。

(2) 如果 q_1 和 q_2 都被证明则返回 true。

为了证明分区证明的合理性与完备性，这里引入一个假设来扩展文献[52]中的证明，即假设在底层理论不输出两个资源共享的限制时，文献[52]中原来的合理性成立。这个假设潜在的含义是，不同的物联网资源底层理论是共享的，一个公式在底层测试的结果不会因为测试地点不同而有所改变，在这种情况下，文献[52]中原来分区证明合理性结论依然成立。同时假设误差约束的可满足性不因为有分解合成而有所改变，并在证明的过程中，不显式说明。

独立假设 3-1 如果在分区证明中不存在底层理论产生的共享约束，则该证明过程是正确的。同时，如果不同物联网资源上的误差约束都被满足，则查询结果的组合不存在误差约束违反。

定理 3-1 当独立假设对于分区 $\Lambda = \Lambda_i \cup \Lambda_j$ 和查询 $q = q_1 \wedge q_2$ 为 true 时，分区证明就是正确的和完备的。也就是说，$\Lambda \models q$ 当且仅当分区证明返回 true。

证明 (1)合理性。如果在没有交换公式时 $\Lambda_i \models q_1$ 和 $\Lambda_j \models q_2$ 都能保持，则根据独立假设 $\Lambda_i, \Lambda_j \models q$ 将保持。也就是说，$\Lambda \models q$ 在 $\Lambda = \Lambda_i \cup \Lambda_j$ 条件下保持。

如果存在交换公式，则将通过增加 Λ_j 中的某些公式更新 Λ_i 以获得 Λ_i'，并增加 Λ_i 中的其他公式更新 Λ_j 以获得 Λ_j'。

如果 $\Lambda_i' \models q_1$ 保持，同时 $\Lambda_j' \models q_2$ 也保持，则基于独立性假设 $\Lambda_i', \Lambda_j' \models q$ 也将保持。也就是说，$\Lambda' \models q$ 在 $\Lambda' = \Lambda_i' \cup \Lambda_j'$ 的条件下保持。

设 $\Lambda_i' = \Lambda_i \cup \Delta_j$，$\Lambda_j' = \Lambda_j \cup \Delta_i$，其中 $\Lambda_j \models \Delta_j$，$\Lambda_i \models \Delta_i$，可得 $\Lambda' = \Lambda_i \cup \Delta_j \cup \Lambda_j \cup \Delta_i$。$\Lambda' \models q$ 的意思是 $\Lambda_i \cup \Delta_j \cup \Lambda_j \cup \Delta_i \models q$，其中 $\Lambda_i, \Lambda_j \models \Delta_j, \Delta_i$。

因为冗余前提可以移除，因此可得 $\Lambda \models q$，其中 $\Lambda = \Lambda_i \cup \Lambda_j$。

(2)完备性。如果 $\Lambda \models q$ 保持，则在 $\Lambda = \Lambda_i' \cup \Lambda_j'$ 条件下 $\Lambda_i' \models q_1$ 和 $\Lambda_j' \models q_2$ 也将保持。

如果底层理论说查询在两个分区 Λ_i 和 Λ_j 是不可满足的，则让 $\Lambda_i' = \Lambda_i$、$\Lambda_j' = \Lambda_j$，定理得证。否则，分区证明输出底层理论约束作为知识的新部分，新的知识充当归结基础。

基于 Craig 的插值理论，对于查询 q_1，有 $\Lambda_j \models q'$，$\Lambda_i, q' \models q_1$ 或 $\Lambda_i \models q''$，$\Lambda_j, q'' \models q_1$，其中 Craig 的插值理论是驳斥完备。

假设 $\Lambda_j \models q'$，$\Lambda_i, q' \models q_1$ 对于 q_1 保持，$\Lambda_i \models q''$，$\Lambda_j, q'' \models q_2$ 对于 q_2 保持。设 $\Delta_j = q'$，$\Delta_i = q''$，可得 $\Lambda_i' = \Lambda_i \cup \Delta_j$，$\Lambda_j' = \Lambda_j \cup \Delta_i$ 且 $\Lambda_i' \models q_1$，$\Lambda_j' \models q_2$。

因此，归结可产生可交换子句来进行归结，并且在这个过程中可生成 Δ_i 和 Δ_j。分区证明完备性得证。

3.4.7 复杂事件处理服务

复杂事件处理(Complex Event Processing，CEP)服务基本组成结构如图 3-15 所示。在图 3-15 中，不但物联网资源通过描述逻辑进行知识表示，兴趣目标事件也是如此。在推理过程中，使用基于一阶谓词逻辑的 SMT 工具，而描述逻辑是一阶谓词逻辑的子集，因此 SMT 工具也可用在这些知识上。另外，当复杂事件服务向底层事件的发布/订阅中间件订阅感兴趣的事件后，发布/订阅中间件会向复杂事件服务推送相关事件，复杂事件服务接收到这些事件后，依据已定义的事件模板将其转化为相应的模板实例化公式，其中事件模板由领域本体定义(本体定义如图 3-12 所示)。

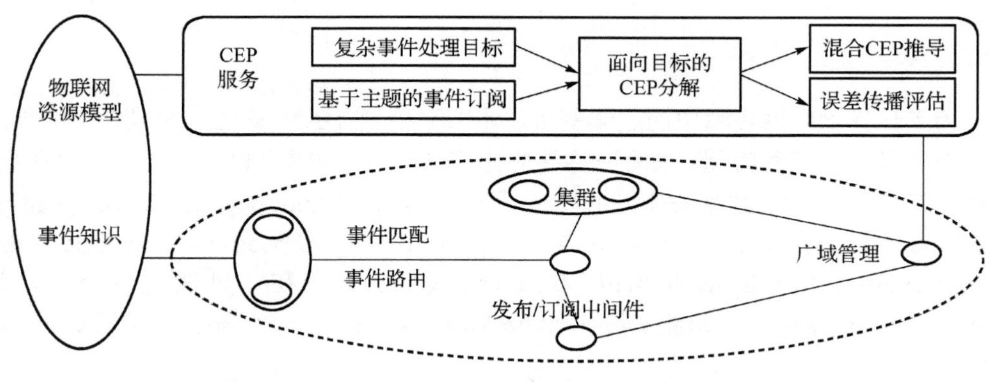

图 3-15 复杂事件处理框架

复杂事件服务将到达的事件转化为知识，并与物联网资源知识合并成复杂事件基础知识集合，然后在这个集合上查询目标兴趣事件是否成立。在该查询过程中，推理的效率是复杂事件服务设计的重点，采取三个分而治之的方法完成复杂事件服务的构造。因此，复杂事件服务如图 3-16 所示，具有一个预处理过程和三个处理模块。

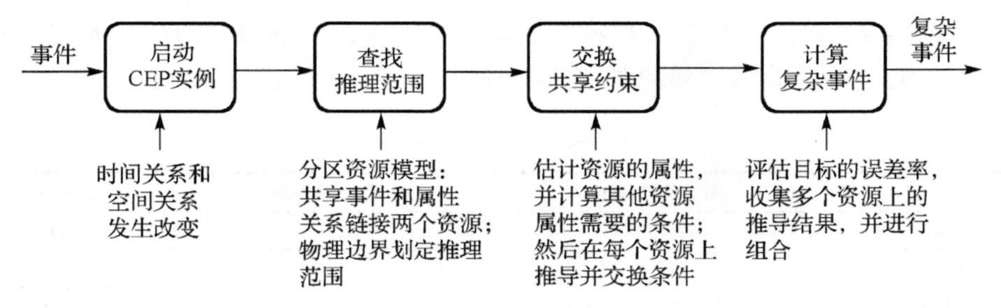

图 3-16 复杂事件服务的事件处理过程

预处理过程对到达的事件进行判断，决定是否进行复杂事件处理，其基本依据如前述章节所述，检查事件中是否存在变化量，即属性值的变化、空间关系变化与时序关系变化。如果不存在变化或变化量微小，则处理结果与历史曾经处理过程一致，不需要再启动后续的处理流程。

第二个方框中物联网资源搜索模块，其搜索算法见算法 3-1，它基于每个物理设备都有其工作边界的假设。例如，当三荆沟煤矿中的风量变化事件 $e_{\text{wind-low}}$ 抵达时，可以选取该煤矿中所有的甲烷资源实例和通风系统资源实例，作为被选作用范围内的资源。

当事件 $e_{\text{wind-low}}$ 抵达并选出作用范围资源时，并行处理过程展开，见图 3-16 中的第三个方框。在此过程中，不同资源交换共享的布尔约束，算法见定义 3-3 中的分区证明算法。最后一个是评估误差，并综合每个推理单元的结果，得到是否有复杂事件产生，其中，误差评估过程嵌入 SMT Solver 中。

3.4.8 实验

为了计算物联网资源中的连续变量，本节采用了 DNN 算法，并以书中的甲烷资源与通风系统资源为例，来验证这种估计的可能性。数据集包含训练集与验证集，由数据产生器产生。数据集中共有十一个资源属性：WindSpeed-x、WindSpeed-y、WindSpeed-z、GasSpeed、GasArea、WindSpeed-dx、WindSpeed-dy、WindSpeed-dz、StableDensity、DensityAfterVarity 和 ElapsingTime。当初始风速发生变化，即 WindSpeed-dx 存在时，预测 DensityAfterVarity 和 ElapsingTime，其结果如表 3-2 所示。

表 3-2 计算连续变量的误差率

DNN 参数			训练误差率/%	验证误差率/%
隐藏层	隐藏单元	学习率/%		
6	64	0.77	0.07	6.311
6	53	0.59	0.449	6.326

这里使用 Z3 软件[44]作为底层推理工具。甲烷资源与通风系统知识都是通过 Z3 的 C++API 编制的，其推理结果如表 3-3 所示。

表 3-3 事件推理时间

运行轮次	异常事件率/%	组合事件数	耗时/ms
100	20	6	11
1000		56	48
10000		585	438
100000		5571	4318
100	33.3	15	11
1000		96	50
10000		1005	455
100000		9804	4458
100	40	20	11
1000		147	53
10000		1589	497
100000		15217	4808

3.5 物联网资源管理平台

物联网资源接入与管理平台如图 3-17 所示。它包含物联网资源模型、自动接入网关、领域信息生成和物联网资源管理等四个部分，其中物联网资源模型是基础，它为物联网资源的自动接入提供支持，并为来自于自动接入网关的数据提供自动解释模型，生成领域信息和情景事件发布。

对物联网资源的管理主要基于资源目录和实体目录完成，并提供资源查询和管理接口，如图 3-18 所示。图 3-18 显示了物联网资源管理中的一些主要功能组件。资源目录实现了资源之间的松耦合的汇聚机制。资源提供者通过资源发布功能将资源注册到资源目录，资源只有注册过才能被资源用户发现与使用。资源的注册信息维护在一个结构化的资源数据库中，资源用户可以通过资源查询接口高效地发现感兴趣的资源信息。

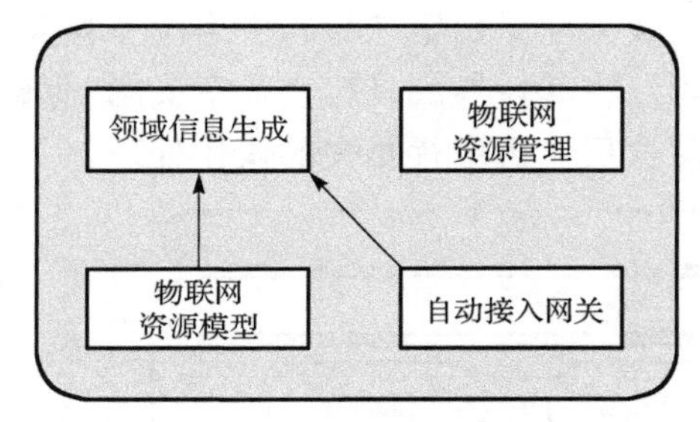

图 3-17　物联网资源接入与管理平台

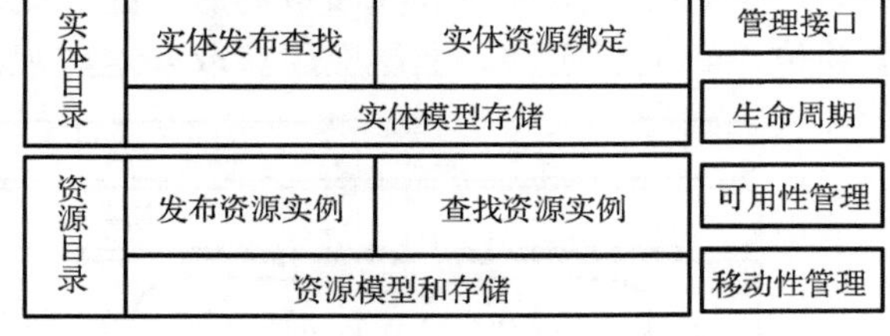

图 3-18　资源管理与访问

实体目录维护了现实世界实体和资源之间的关联和依赖关系。与资源目录主要关注资源本身不同，实体目录关注的是实体信息。资源实体绑定关系可以通过实体查询接口来查询，这种绑定关系也可以通过实体发布接口来发布。资源实体绑定不仅是生成情景信息和信息解释的重要依据，还为基于情景上下文的资源的动态查找、资源组合、动态协调调度提供基础。查询处理器接收资源用户对资源和信息的查询请求，并对查询请求进行分析和分解，将抽象声明分解为一些小的可完成的子请求，然后通过“资源分配”将它们变为一些可执行的任务计划。在一些情况下，用户请求的资源可能并不存在，此时语义查询处理器需要查询判断此类资源是否可以动态创建。如果系统中存在此类资源，也就是说资源目录中存在此类资源的资源描述模板，但是当前没有已经部署好的资源实例，则调用资源动态创建功能创建一个资源实例，然后将资源实例的描述信息通过资源发布和实体发布功能分别注册到资源目录和实体目录中。

假设将资源描述发布到资源目录中，实体和实体-资源关联描述发布到实体目录中。当资源的可用性或其他一些信息发生变化时，需要在资源目录中进行相应的变更。实体或实体-资源关联发生改变时，也需要在实体目录中得到体现。可以通过对资源目录和实体目录的相关资源信息进行订阅来监控资源和实体的状态。例如，对资源目录进行订阅，当资源的可用性失效时，需要查找替补资源；当资源恢复有效后，可以再将资源替换回来。资源实例存储在分布式的资源池中。

资源接入部分的结构如图 3-19 所示。资源接入部分与其他功能关系可用四层关系表示：设备层、设备适配层、资源平台层以及应用层。在设备层中，由于各种设备之间的千差万别，其接入资源管理系统的方式多种多样。有的设备使用 REST 接口，有的设备使用遗留 WSN。因此在设备适配层使用连接管理模块屏蔽设备接入的差别，为其他模块提供统一的接口；使用资源绑定模块将设备与协议组通过协议描述绑定在一起。资源接入系统需要多个协议栈来对应不同的设备。由于设备传递的消息通常都是由多个协议组合起来解析的，所以，一个协议栈将包含多个协议层，每个协议层对应一个协议。包分发模块将设备传递的消息分发给资源管理平台中的协议栈进行解析。设备适配层解析数据完毕后，数据由原始字节流转变为设备相关数据，资源接入系统获取到该数据后，经过处理，将其转换成具有实际意义的观测值并传递给上层应用。上层应用获取到这些观测值后，再进行相关的操作处理。

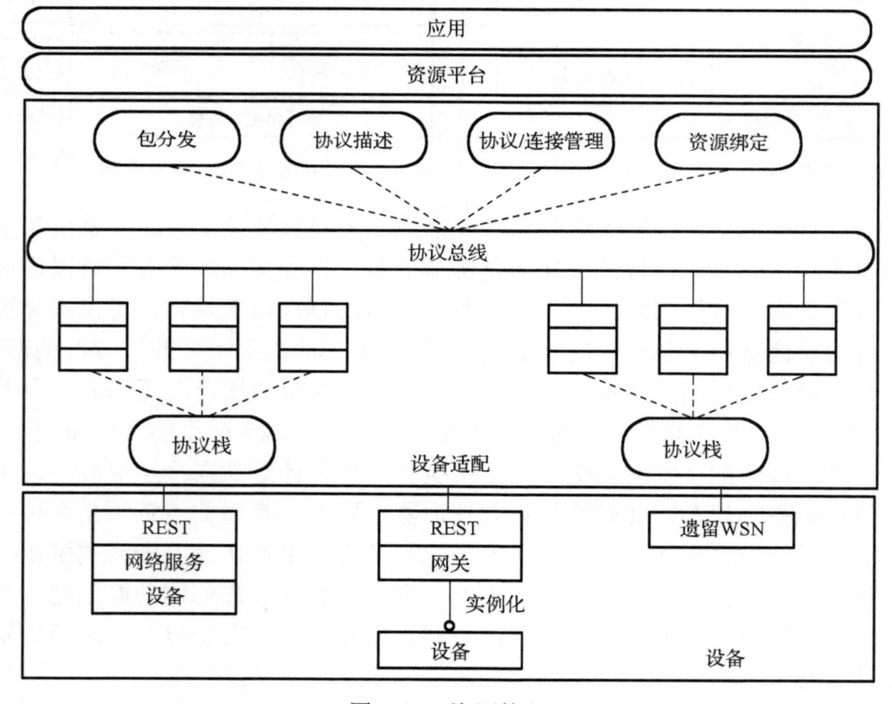

图 3-19　资源接入

协议适配部分主要由包分发、协议描述和资源绑定三个模块联合实现。手动适配通过协议描述和资源绑定模块实现，自动适配通过包分发、协议描述和资源绑定三个模块联合实现。这三个模块的关系结构图如图 3-20 所示。

图 3-20 中显示了自动适配的全过程。当有一个未知的设备向资源管理平台发送原始消息包时，分发模块就将该原始消息包交给 Bundle 适配器。Bundle 适配器会

将消息分发给所有栈工厂中的栈实例。一个适配器里面可能存在多个栈工厂，而一个栈工厂里面也有可能存在多个栈实例。将能够正确解析该原始消息包的栈实例返回给分发模块，分发模块会将解析结果递交给资源管理层，同时，将该栈工厂递交给资源绑定模块。

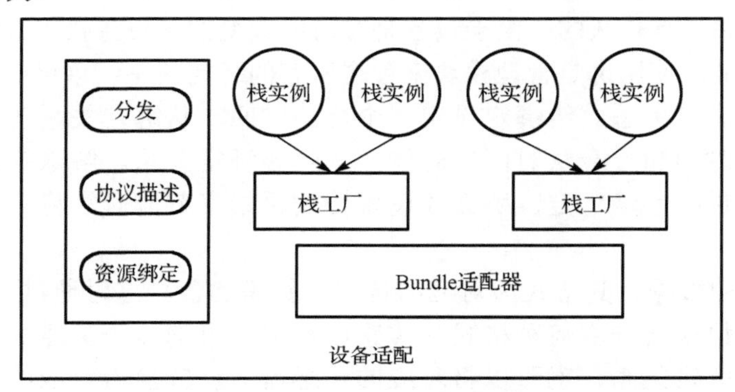

图 3-20　资源接入协议适配

绑定模块主要分为两个部分：设备和协议栈之间的绑定，以及设备和资源实体之间的绑定。其结构图如图 3-21 所示。

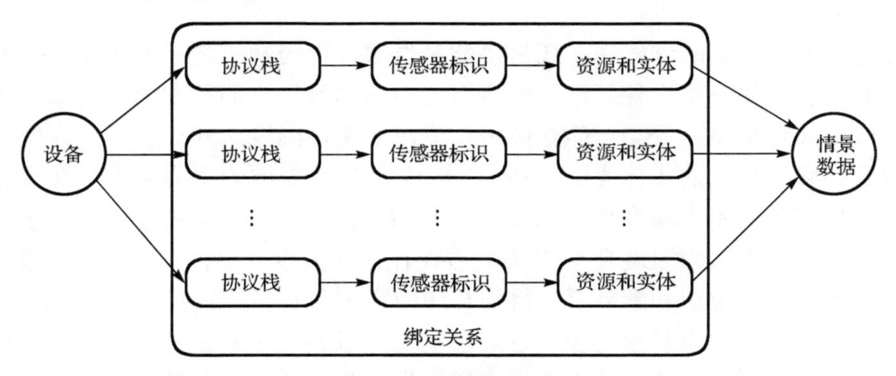

图 3-21　设备资源绑定过程

从图 3-21 可以看出，通过设备和协议栈之间的绑定关系，当设备将原始字节流传输给资源接入系统后，资源接入系统通过对设备的描述，寻找到对应的绑定协议栈并调用该协议栈进行解析。

设备和协议栈之间的绑定主要包含两个部分：绑定和绑定管理部分。绑定部分通过栈工厂获取到对应的协议描述，然后使用协议描述将协议栈与设备建立绑定关系。此时，设备自动适配过程结束。当该设备向资源管理平台再次发送消息包时，通过该设备的标识和协议描述，就可以获取到能够正确解析该消息的协议栈，避免了再次分发的过程。

手动绑定的前提是使用人员已经很清楚地了解到该设备采用哪几种协议进行组合来解析原始消息。因此，手动绑定将不存在分发的过程。手动绑定仅需通过与使用人员互动，获取到使用人员想要制定的协议组的详细情况，就可以为其生成一个协议组，并通过协议描述将该协议组与设备建立绑定关系。

绑定关系并不是长久的。由于设备是有可能改变的，资源接入系统的绑定关系存在过期的可能，使用绑定管理模块来管理所有的绑定关系。该绑定管理模块主要就是定时解除绑定关系。给绑定设定一个合法时间，从绑定关系建立开始计时，当绑定生效的时间超过合法时间的时候，解除该绑定关系。解除绑定关系之后，倘若用户没有进行手动绑定，那么该设备传输原始字节流时，将重新进行自动适配的过程。

解析之后的数据，其格式为对应的传感器标识和值，这时通过对协议的描述，就可以知道该协议会产生何种格式的传感器标识，查询该传感器标识和资源、实体之间建立的绑定关系，就可以将对应的传感器标识转换为对应的资源和实体，并将值依照已有的元数据转换成观测值。这样，就能够产生对应资源和实体的情景数据。整个过程都在资源管理平台中完成，对于上层应用，整个解析过程和解释过程都是透明的，因此，不需要了解具体的解析和解释的处理功能，简化了上层应用的开发。

在进行数据解释的过程中，还有可能触发事件。当解析之后的数据达到某些限定条件后，会产生一个事件处理，使得数据能够回到正常的范围内。例如，该超限事件对应的实体是 A 小区 B 栋楼 C 房，资源是室内温度，那么就需要在资源模型中为该事件设置对应的实体为 A 小区 B 栋楼 C 房，资源为室内温度。而该超限事件对应的规则是当室内温度高于 30℃时，报警。因此，在资源模型中将该超限事件对应的规则设置为室内温度高于 30℃。假设该事件为报警事件，当对应的设备传输原始字节流并经过解析和解释后，得到对应的实体和资源，且其值大于 30，那么就会产生报警事件提示用户室内温度过高，需要采取相应措施。

我们可以采用语义转换的方式来实现数据解释的功能。资源接入系统在接到设备适配层传递的基于传感器的消息后，首先通过定义的资源模型中的元数据，将对应的采集到的传感器的值转换为观测值，给该观测值赋上一个单位。该观测值在有了单位之后，就能够解释成某种具体的含义。然后，通过资源模型中的绑定关系，将原始字节流中的传感器信息解释成对应的资源和实体的信息。经过解释之后的数据，由于是面向资源和实体的，所以能够更好地被上层的应用程序操作和使用。

在经过数据解释和事件产生后，资源接入系统的工作完成，之后会将数据递交到应用层的统一消息空间中，供各个应用程序使用。

图 3-22 是资源接入系统的工作界面，新接入的协议组件已经显示在接入协议列表中。在消息解析的过程中，就可以直接调用该协议进行解析。

图 3-22　资源接入系统的工作界面

在物联网应用中，接入与共享异构、泛在的物联网资源是物联网应用良好运行的基础。本章采取对物联网资源语义建模的方法，为计算机理解感知信息提供了可能。在此基础上，利用感知信息生成高层用户感兴趣的复杂事件，并基于物联网资源模型，建立了物联网资源接入与管理平台，既支持物联网设备的即插即用，又可以标准化服务的方式向外提供资源服务。

参 考 文 献

[1] Branaghi P, Conmpton M, Corcho O, et al. Semantic Sensor Network XG Final Report. http://www.w3.org/2005/Incubator/ssn/XGR-ssn-20110628[2016-6-1].

[2] Compton M, Henson C, Lefort L. A survey of the semantic specification of sensors. Proceedings of Semantic Sensor Networks, 2009, 17: 17-32.

[3] Villalonga C, Bauer M, Aguilar F L. A resource model for the real world internet. Smart Sensing and Context, 2010, 6446: 163-176.

[4] Baader F, Calvanese D, Mcguinness D L, et al. The Description Logic Handbook: Theory, Implementation, and Applications. 2nd ed. New York: Cambridge University Press, 2004.

[5] Chakravarthy S, Mishra D. Snoop: An expressive event specification language for active

databases. Data & Knowledge Engineering, 1994, 14(1): 1-26.

[6] Adi A, Etzion O. Amit - the situation manager. The International Journal on Very Large Data Bases, 2004, 13(2): 177-203.

[7] Ammon R, Emmersberger C, Greiner T, et al. Event-driven business process management. Proceedings of the 2nd International Conference on Distributed Event-Based Systems (DEBS'08), Rome, Italy, 2008: 3-13.

[8] Cugola G, Nitto E D, Fuggetta A. The jedi event-based infrastructure and its application to the development of the OPSS WFMS. Transaction of Software Engineering (TSE), 2001, 27(9): 827-850.

[9] Luckham D C. The Power of Events. Amsterdam: Addison-Wesley Reading, 2002.

[10] Etzion O, Niblett P. Event Processing in Action. Stamford: Manning Publications Co., 2010.

[11] Cugola G, Margara A. Processing flows of information: From data stream to complex event processing. ACM Computing Surveys, 2012, 44(3): 1-62.

[12] Oracle. Oracle stream analytics & oracle edge analytics. http://www.oracle.com/technetwork/middleware/complex-event- processing[2016-6-1].

[13] Sharon G, Etzion O. Event-processing network model and implementation. IBM Systems Journal, 2008, 47(2): 321-334.

[14] Brenna L, Demers A, Gehrke J, et al. Cayuga: A high-performance event processing engine. Proceedings of the 2007 ACM SIGMOD International Conference on Management of Data, New York, NY, USA, 2007: 1100-1102.

[15] Gyllstrom D, Agrawal J, Diao Y, et al. On supporting Kleene closure over event streams. Proceedings of the 2008 IEEE 24th International Conference on Data Engineering, Washington, DC, USA, 2008: 1391-1393.

[16] Anicic D, Fodor P, Rudolph S, et al. Etalis: Rule-based reasoning in event processing. Reasoning in Event-Based Distributed Systems, 2011: 99-124.

[17] Cugola G, Margara A. Tesla: A formally defined event specification language. Proceedings of the Fourth ACM International Conference on Distributed Event-Based Systems, New York, NY, USA, 2010: 50-61.

[18] Cugola G, Margara A, Pezze M，et al. Efficient analysis of event processing applications. ACM International Conference on Distributed Event-based Systems, 2015: 10-21.

[19] Ericsson A. Enabling Tool Support for Formal Analysis of ECA Rules. Sweden: Linkoping University, 2009.

[20] Ericsson A, Berndtsson M. Rex, the rule and event explorer. Proceedings of the 2007 International Conference on Distributed Event-based Systems, DEBS'07, New York, NY, USA, 2007: 71-74.

[21] Behrmann G, David A, Larsen K G. A tutorial on uppaal//Bernardo M, Corradini F. 4th International School on Formal Methods for the Design of Computer, Communication, and Software Systems, SFM-RT 2004, number 3185 in LNCS, 2004: 200-236.
[22] Rabinovich E, Etzion O, Ruah S, et al. Analyzing the behavior of event processing applications. Proceedings of the Fourth ACM International Conference on Distributed Event-Based Systems, DEBS'10, New York, NY, USA, 2010: 223-234.
[23] Weidlich M, Mendling J, Gal A. Net-based analysis of event processing networks-the fast flower delivery case. Application and Theory of Petri Nets and Concurrency, 2013: 270-290.
[24] Widom J, Ceri S. Active Database Systems: Triggers and Rules for Advanced Database Processing. San Francisco: Morgan Kaufmann, 1996.
[25] Baralis E, Ceri S, Paraboschi S. Compile-time and runtime analysis of active behaviors. IEEE Transactions on Knowledge and Data Engineering, 1998, 10(3): 353-370.
[26] Bailey J, Dong G, Ramamohanarao K. On the decidability of the termination problem of active database systems. Theoretical Computer Science, 2004, 311(1): 389-437.
[27] Bainomugisha E, Carreton A L, Cutsem T V, et al. A survey on reactive programming. ACM Computing Surveys, 2013, 45(4): 1-34.
[28] Margara A, Salvaneschi G. Ways to react: Comparing reactive languages and complex event processing. 1st Workshop on Reactivity, Events, and Modularity (REM'13), 2013: 1-7.
[29] Mutschler C, Philippsen M. Learning event detection rules with noise hidden Markov models. NASA/ESA Conference on AHS, 2012: 159-166.
[30] Rabiner L, Juang B. An introduction to hidden markov models. ASSP Magazine, IEEE, 1986, 3(1): 4-16.
[31] Turchin Y, Gal A, Wasserkrug S. Tuning complex event processing rules using the prediction-correction paradigm. ACM DEBS, 2009: 1-12.
[32] Engel Y, Etzion O. Towards proactive event-driven computing. DEBS, ACM, 2011: 125-136.
[33] Wasserkrug S, Gal A, Etzion O. A model for reasoning with uncertain rules in event composition systems. UAI, 2005: 599-606.
[34] Wasserkrug S, Gal A, Etzion O, et al. Complex event processing over uncertain data. DEBS, ACM, 2008: 253-264.
[35] Wasserkrug S, Gal A, Etzion O, et al. Efficient processing of uncertain events in rule-based systems. IEEE Transactions on Knowledge and Data Engineering, 2012, 24(1): 45-58.
[36] Margara A, Cugola G, Tamburrelli G. Learning from the past: Automated rule generation for complex event processing. ACM International Conference on Distributed Event-based Systems, 2014: 47-58.
[37] Fontaine V, Ris C, Boite J M. Nonlinear discriminant analysis for improved speech recognition.

Proceedings of Eurospeech, 1997: 1-4.

[38] Grezl F, Karafiat M, Kontar S, et al. Probabilistic and bottleneck features for LVCSR of meetings. Proceedings of ICASSP, 2007: 757-760.

[39] Hinton G, Salakhutdinov R. Reducing the dimensionality of data with neural networks. Science, 2006, 313(5786): 504-507.

[40] Erhan D, Courville A, Bengio Y, et al. Why does unsupervised pre-training help deep learning? Proceedings of AISTATS 2010, 2010, 9: 201-208.

[41] Fenstad J E. The structure of probabilities defined on first-order languages. Studies in Inductive Logic and Probabilities, 1980, 2: 251-262.

[42] Wuthrich B. Probabilistic knowledge bases. IEEE Transactions on Knowledge and Data Engineering,1995, 7(5): 691-698.

[43] Ng R, Subrahmanian V S. Probabilistic logic programming. Information and Computation, 1992, 101(2): 150-201.

[44] Davis M, Logemann G, Loveland D. A machine program for theorem-proving. Communications of the ACM, 1962, 5(7): 394-397.

[45] Davis M, Putnam H. A computing procedure for quantification theory. Journal of the ACM, 1960, 7: 201-215.

[46] Wintersteiger C M. Z3 Prover/z3. https://github.com/z3prover/z3/wiki[2016-6-1].

[47] Robinson G, Wos L. Paramodulation and theorem-proving in first-order theories with equality. Automation of Reasoning Symbolic Computation, 1983: 298-313.

[48] Nieuwenhuis R, Oliveras A, Tinelli C. Solving SAT and SAT modulo theories: From an abstract Davis-Putnam-Logemann-Loveland procedure to DPLL(T). Journal of the ACM, 2006, 53(6): 937-977.

[49] Cimatti A, Mover S, Tonetta S. SMT-based scenario verification for hybrid systems. Formal Methods System Design, 2013, 42: 46-66.

[50] Nelson G, Oppen D C. Simplification by cooperating decision procedures. ACM Transactions on Programming Languages and Systems, 1979, 2(1): 245-257.

[51] Shostak R E. Deciding combination of theories. Journal of the Association for Computing Machinery, 1984, 1(31): 1-12.

[52] Amir E, McIlraith S. Partition-based logical reasoning for first-order and propositions theories. Artificial Intelligence, 2000, 162: 49-88.

第4章　统一消息空间——物联网服务通信基础设施

4.1　引　　言

分布式物联网服务通信基础设施是一个联合的SOA，为动态复杂的、事件驱动的分布式异构服务提供运行支撑。其基本结构图如图4-1所示。

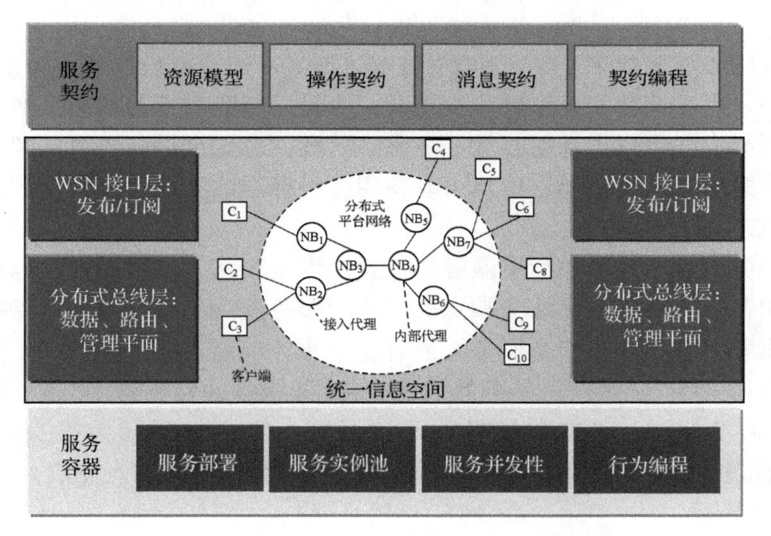

图4-1　物联网服务通信基础设施基本结构图

物联网服务通信基础设施是开发面向服务的物联网应用方案的基础，它直接支持面向服务的原则，如标准化服务契约、松耦合、服务抽象、重用、服务自治、互操作、可发现性和可组合性等。物联网服务通信基础设施中的扩展技术使实现SOA友好的应用变得更容易。它提供基于服务总线的编程模型，支持Web服务和基于REST的服务。物联网服务通信基础设施提供基本服务支撑功能，主要包括：①服务契约；②服务容器；③服务发现；④服务路由。

(1) 服务契约。

服务契约由接口契约和服务端点契约组成，也就是说它是一组技术接口，具有人可阅读的契约文档。接口契约包含操作契约、数据契约和消息契约，例如，在WSDL定义中，一个接口契约对应抽象的描述。操作契约是对服务的操作、方法和服务能力的定义。数据契约包含消息数据的格式和类型，对该数据的解释依赖于物联网资源模型。表达数据契约的实际方法是使用 XML Schema 定义语言，在该 Schema 中包含指向资源语义模型的定位符，即真实的数据描述由资源模型定义，XML Schema 对其封装，与传统的 Web 服务数据定义兼容。物联网服务之间通过服务消息交换进行交互协作，例如，SOAP 消息或 REST 消息，消息契约就是对服务间交换消息的定义。对于 SOAP 消息而言，它定义了 SOAP 消息的格式，如 SOAP 消息头的定义和 SOAP 消息体的定义。服务消费者的物理连接与调用服务的“连线细节”(连接描述)定义为服务端点，服务端点一般包括地址、绑定和契约部分，在物联网环境中，该连线被虚化，通过事件名称间接地连接服务消费者与服务提供者端点，服务端点独立存在，服务消费者调用服务时不需要知晓该服务端点的存在。

在物联网服务通信平台中，消息位于核心地位，消息是服务通信与交互的载体，消息交换中，存在简单和复杂的交换模式，以及同步和异步的消息交换方式。在消息交换的框架上，可以设计可靠性、事务、队列以及安全机制，消息契约用来对消息的处理方式进行精确控制。消息可以使用多种标准的工业传输协议，如 HTTP、HTTPS、TCP 等。

对于服务端点，地址表示了服务的位置；绑定表示了调用需求，包括安全和可靠性策略的信息；契约表示服务端点所应用的服务契约参考。服务端点抽象了底层的服务逻辑和服务实现，一个服务可能有多个服务端点。

为了使用服务，必须获得服务的描述信息，即服务的元数据，它通常包含 WSDL 定义、XML Schema 和安全策略。元数据的交换依赖于元数据交换标准，如 WS-MetadataExchange 规范。元数据的获取通过元数据交换端点完成。

(2)服务容器。

物联网服务平台不但为基于服务契约的编程提供支持，而且它也为服务提供容器，控制服务的内部行为，如服务的并发、服务实例化、线程绑定、实例池、代理、错误与异常处理、事务处理和安全管理。服务容器提供行为接口，使编程者可以对服务和服务方法的行为进行编程。

(3)服务发现。

物联网服务平台支持两种模式的服务发现：即席式和管理式。即席式服务发现允许一个服务在本地子网内部定位其他服务，以及宣布它的可用性；该发现协议通过组播进行，子网中的任意服务都可以对发现请求进行接收与响应。管理式服务发现方式引入专门的代理进行服务发现操作，并可以在全网进行。

(4)服务路由。

物联网服务平台中的服务路由分为两种方式，包括主动和被动。主动路由服务是指提供运行时处理，如消息编码、可靠会话，以及协议兼容性。被动方式的路由服务能够改变策略和协议，但是不改变消息结构和内容，它能够处理多种路由逻辑，包括基于内容的路由、基于规则的路由，以及负载均衡。

下面以一个具体行业物联网业务应用来展示物联网通信服务平台的需求特点和可能的技术发展方向，并提出分布式物联网服务通信平台架构。以普通电网到智能电网的监视控制的技术发展过程为出发点展开讨论，但不讨论智能电网的概念及其内涵。

从 20 世纪中叶起，电网规模越来越大，然而一个电网往往以相同的频率在运行，它要求供电与用电必须在全网实时平衡，这就造成电网的控制与保护的难度越来越大。因此，人们认识到让电力设备有更好的可见性是非常必要的，于是诞生了 SCADA (Supervisory Control and Data Acquisition) 系统。但是随着电力系统的发展，传统 SCADA 系统较慢的(秒级)数据更新率、数据之间的不同步已不能适应现代电网的需求，尤其是新能源的加入造成的更多不确定性和不可预测性，以及长距离传输造成的广域影响，要求对电网有更充分的状态感知能力。

过去多次大面积的停电事故中，输电线路的先兆事件都曾在大停电前一两个小时出现，但是由于状态感知的缺乏，没有人有全系统的态势图，导致先兆事件的重要性没有被人和计算机识别和理解。例如，在北美的电网中，存在 3500 个能源公司，它们都可能影响电网的稳定性，传统各自为政的 SCADA 系统必然导致信息的割裂，电网感知、控制保护能力低。现代电网面临的问题可总结如下。

(1) 可靠性问题。电力系统越来越多地使用非碳能源，电网由于非碳电源的扰动远大于传统的电源，而且新能源的运行经验与规律的总结也远少于传统电源，其可靠性问题变得更加突出。必须更精确地控制与调度电网。当然，电网的可靠性可以通过增加冗余量和安全边际来加强。这种做法存在负面效应，当输电系统不能被充分使用时，必然导致电网运行的低效。效率和可靠性是一对矛盾，正确的目标是同时对二者进行优化。智能分析与控制是实现二者优化的现实途径，智能监视工具可以提醒调度员及时限制扰动，分析工具可以帮助调动员识别不稳状态；智能控制与保护方案可以阻止电网系统出现多米诺骨牌式的雪崩效应。

(2) 效率。效率是电力系统追求的目标，我们必须消耗尽量少的能源来满足国家现代化建设用电需求，这要求在输配电的环节损失的电量最小化。效率最大化是一个非线性优化问题，这要求电力市场的交易是实时的，外加快速控制。快速控制也能提高效率，当高效运行的电网系统发生故障时，它能够及时隔离故障区域，保障系统的稳定性。

(3) 可再生能源的集成。能源工业的发展，要求智能电网不得不允许可再生能源的接入。也就是说间歇性的风能与太阳能所带来的扰动必须被实时感知、精确度量、快速控制，当风能与太阳能消失时，及时地使用备用电源来进行顶替。

解决这些问题的最好方法是全方位与时间同步地考虑电网的动态性、实时传输内谐的同步数据，形成一致的态势图。其中的关键技术就是采用微秒级时戳、实时同步传输、快速分布的闭环控制与保护。

时间同步的电网测量设备已经成为电力系统的标准配置，它能够提供微秒级的时间精度。同步相量测量就是这种技术发展趋势的体现。相量测量单元(Phasor Measurement Unit，PMU)已广泛应用于智能电网，如智能电表、继电保护、故障录波等，这使基于同步相量的控制与保护成为可能。变电站相量数据集中器(Phasor Data Concentrator，PDC)从子站中的不同来源收集同步相量测量数据，分布式同步相量控制设备提供分布式的聚合和控制功能。如果要求分布式的实时相量数据一致化，需要有相应的通信基础设施，另外使用这些数据的服务与应用之间的交互也必须是分布式、实时以及可以互操作的，综合这两者的需求，要求建立合适的物联网服务通信基础设施来满足它。下面来看一看基于物联网服务通信基础设施的发电与传输增强技术的需求。

(1)状态估计与测量。

获知电力系统的状态是可靠控制它的第一步，在电网中，系统状态主要可由母线的电压和相位角表示。Schwepp 在 20 世纪 70 年代首先引入了状态估计的概念，但是当时状态估计主要是根据电压而不是相位角来进行，导致潮流的计算只能使用交互式的非线性算法，而且它们不是总收敛。然而快速的状态估计是控制环快速响应的重要前提，尤其当电网中接入越来越多的可再生新能源时。在部分母线上的直接同步相量测量可以用来快速估计其他母线状态；另外当动态跟踪电力系统拓扑时，传统的估计算法也无法及时获得瞬时量，而同步的实时测量值可用来计算精确的系统状态。

时间同步的相量测量也使子站和本地区域的状态计算成为可能，全系统的状态则是本地估计值的聚合和调和。每个 PDC 收集本子站中的电压、电流和与之相关的相位角，以及电力系统的拓扑。相邻子站的 PDC 可以交换彼此的数据，从而使状态估计的结果更加精确无误。在广域的范围内，不同子站的数据可以用来彼此检验和校正电网拓扑和状态错误，从而简化了状态估计过程，另外也减少了物联网服务通信架构中的消息数量，即只需要发布估计后的正确数据，而非所有的原始数据。

对于状态估计而言，物联网服务通信基础设施中流动的数据包含潮流、电压和相位角，它们被周期性地发送。如果使用该估计结果的功能实体是高实时的，它对时延容忍度会非常低。

(2)调度员操作界面。

调度员操作界面是一个基本的显示窗口，人们使用它监视电网的运行状态。在传统的 SCADA 系统中，状态数据收集更新周期为几秒，因此调度员操作界面更新较慢。这样的更新周期与时间进度不足以揭示一些关键的动态现象。例如，新的再生能源发电设备接入与退出所产生的振荡，通过传统的 SCADA 很难检测到，另外，对这些新能源进行足够细节的分析从而进行振荡预测也是基本不可能的。通过同步相量的实时测量、发布和分析，可以为调度员提供时空统一的全网态势图，从而在很大程度上防止振荡的发生。

对于广域状态的可视化，其时延要求并不严格，几秒一次的更新便足够。不过由于高的采样频率和广域的传输，同步相量测量所得到的数据量就显得非常巨大。这种数据的传输特点是非关键数据可以缺失，丢失的数据不需要重传，可以由后续的数据予以弥补，但是某些关键的数据则不能丢失。

(3) 分布式广域控制。

下述两个主要因素决定电网的控制需要加强。首先，由于逐年增加的供需不平衡，电网的压力越来越大，往往需要长距离的电能输送。其次，可再生能源发电越来越多，这些电源更不稳定，对于电网稳定性的影响是未知的，调度员对于这些电源的调度经验相对较少。解决这种问题的办法是将以调度员人工控制为主的控制方式转向使用闭环的反馈控制。由于这两个原因，尽管电力系统设计具有稳定边际，电网的拓扑还是可能在扰动期间发生意料之外的变化，从而导致系统进入不稳定状态。通过同步相量测量设备均匀采样可以直接计算频率、阻尼因子等参量，从而直接进行快速分布式控制，实现系统的稳定性。

对于这种分布式广域控制，其输入的数据类型是电压和电流，允许的时延从几百毫秒到几秒。电压控制的输入的频率为1Hz，振荡控制的数据输入频率为60Hz。允许有秒级的数据丢失，不需要重传，控制信号的输出可以慢于输入数据。

(4) 分布式系统集成保护方案。

分布式系统集成保护方案是另外一种类型的广域控制，它基于同步相量测量技术和电网中广域数据发布。该方案提供继保护设备动作后的另一层次的保护，可分为基于某类事故的，如一个断路器断开时进行自动响应；或者基于模拟量值变化的，如超过一定阈值时切负荷。例如，一个远端发电厂对两个地区电网供电，两个地区需求之外多余电能通过两条长距离的输电线路输送到国家电网上，当地区输电线路出现问题时，远端发电机可能出现角度异常，为了防止国家电网过负荷，远端发电机必须切除。实现该例子中的功能必须依赖于同步相量测量技术，通过对不同地点相位角的测量、相位值的广域交换，比较同时刻瞬时值的差别，然后根据结果做出相应的控制动作。

该种方案输入的值是电压、电流以及断路器状态，它对时延和输入速率要求是非常严格的，例如，上面例子中的时延要求是小于100ms。

(5) 分布式同步控制。

可再生能源的接入电网带来了更多的不确定性，以及一个基本问题：当调度员进行电网调度控制时，可能需要涉及一些互补的控制动作，当他在某个时刻实行某种改变时，其他的互补动作可能得不到执行，这会导致电网不必要的瞬时扰动。分布式同步控制可以应付这种情况。分布式同步控制使用分布式时间信号，并让每个时间片与特定的调度员命令集成，在预先选择的时间序列中，这些控制命令被精确地协同进行。分布式同步控制过程如下：调度员选择一组命令完成所有期望的改变；这些命令被发送到每个子站的协调者(PDC)，这些PDC将一组命令子集发送给智能电力设备(Intelligent Electric Device，IED)以确定它们处于预备执行的良好状态；当接收到IED准备好的命令后，PDC提示系统已经做好初始化准备；调度员验证并确认所有组件都能正常工作，没有安全告警，而且这些改变依然是期望的，调度员发出开始的命令，这些PDC与IED在预定的时间能执行命令。这种执行精度只有采用同步相量测量技术才可能达到，而且对系统冲击最小；本地事故分析器也协同工作，防止对本地产生不可接受的结果。这种分布式同步控制对时延与输入频度的要求只是中等水平。

通过以上分析，分布式物联网服务通信基础设施应该与电力系统的动态性相匹配，满足以下需求。

(1)避免使用后向的错误恢复方法。传统的分布式计算中，多使用后向错误恢复方法进行容错处理。基本机制是发送-确认的方法，这种做法需要较长的超时时间，会引入较大的时延。替代的方法是在互不相交的路径上同时发送多个拷贝。这个要求是对单个消息而言的，对于批量消息的发送，可以采用部分后向错误恢复方法。

(2)基于订阅者的质量保证。对于同一个消息，不同的订阅者往往有不同的时延等质量需求，如果不进行区分，会浪费大量的带宽，所有的接收者必须使用最严格的质量保证要求获得数据。

(3)提供高效的组播。为了获得最高的吞吐量，应该避免不需要的网络流量，不应该将同一个消息在同一条链路上发送两次，不需要该消息的服务不需要对其存在转发路径。

(4)场站中部署的传感采样设备可以根据订阅者的速率要求进行优化。

(5)不依赖于优先级的“质量保证”。基于优先级往往不能提供硬性的质量保证，在严格时延保证需求下，需要硬性针对具体流的时延保证。

(6)提供端到端的互操作性。

(7)提供基于可预测流量的先验知识，进行系统配置和性能优化。

(8)对于特定的需求，可以使用静态而不是动态路由来满足时延保证的需求。

(9)提供系统性的快速的工具来满足异常处理的需求。

(10)在本地快速丢弃非授权消息。

(11)提供简单的订阅标准。

(12)支持瞬时的而不是持久化的交付。

(13)不过分关注一致性和保序。

(14)遵循极小化转发时间的原则。

(15)为不同的运行环境提供不同的质量保证机制。

(16)只检查消息头而不检查消息体。

(17) 管理非周期性的流量，进行区别对待。

(18) 满足：超低时延(5ms)与高吞吐量。

4.2　事件路由

分布式物联网服务通信基础设施包含以服务原则设计的发布/订阅系统、挂接在发布/订阅系统上的多个服务容器和多个服务编程环境。本节主要描述面向服务的发布/订阅系统的设计，该系统工作在服务访问协议(SOAP)上，通过 WSN 来封装事件，基于 WSN 的事件进行路由。

4.2.1　需求概述

发布/订阅系统自适应地根据应用环境需求与网络状况计算拓扑和路由，为消息的发布和传输提供基础。基于主题的发布/订阅系统功能需求，如表 4-1 所示。

表 4-1　功能需求描述

功能名称	详细描述
主题树操作	可以查看主题树结构和对其进行增加、修改和删除
事件订阅	可以根据主题树选择主题进行订阅
事件发布	可以指定事件主题进行事件发布
事件接收	对于订阅的主题可以正确地接收
事件传播	对于某一主题的事件可以正确发送至订阅集群并避免提交至未订阅集群
事件优先级设定	对于不同级别的事件按照其优先级，优先发送高优先级事件
策略添加和删除	可以对一些集群添加和删除策略信息以控制其事件可见性
客户端订阅程序	可在一台或多台机器上同时启动一个或多个订阅程序
系统可扩展	支持系统中的客户端或集群随时间加入或退出

1. 主题树

随着感知数据的增长，不同数据的主题之间也会存在相关性，特别是在某些特定领域，很多主题意义相近或具有一定联系，且对它们的订阅较为集中。因此，若仍将每个主题作为一个独立的处理单元，系统中就会存储很多内容、意义都相近的主题，从而产生大量冗余，此外，并列主题的增多对于路由表的查找也会造成负担。

在工程项目中，经常会有父子包含的主题，例如，有两个主题分别是“计算机技术”和“计算机软件技术”，则对“计算机技术”感兴趣的订阅者往往也会对“计算机软件技术”感兴趣。基于此需求，本系统设计使用主题树的方式来存储主题。图 4-2 给出了一个主题树示例。

路由的转发需要遵循主题树结构，在代表或代理端，需按照管理员定义的主题树进行事件转发的匹配、查找和路由转发。

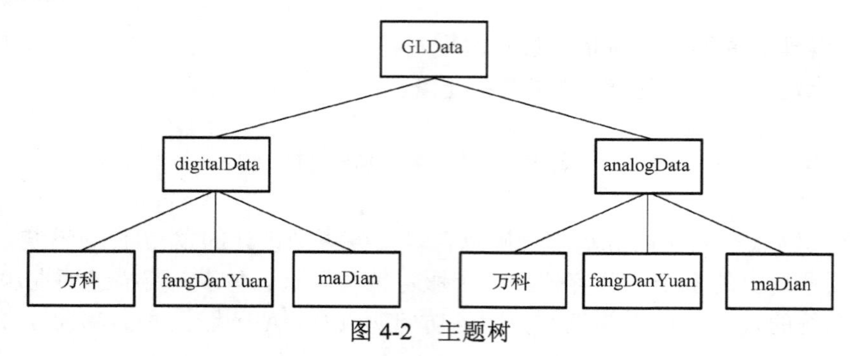

图 4-2　主题树

主题进行分级后，一个主题树内的多个主题就会在逻辑上出现包含的关系，在主题树上反映出来就是父子节点的关系，图 4-3 所示为主题树的用例图。

2. 策略处理

在实际应用中，信息的发布者有时会需要对特定的订阅者进行约束，使其不能接收某些特定消息，此时就需要策略信息来定义这种约束。

策略信息针对某一类主题，对系统中的某些客户端或客户群体的行为进行约束。主题的行为约束也同样遵循订阅时的上下级包含关系，如在图 4-2 中限制接收 digitalData 主题的客户群同样也被限制接收其包含的“万科”、fangDanYuan 和 maDian 相关主题。限制的客户端可以是单个，可以是物理上相近的群体，也可以是无关的集合，这几种情况需要不同的设计对其进行限制。

主题的策略信息由发布/订阅系统统一进行管理，而非由订阅者或发布者非授权修改，策略制定的目的是以此对主题消息的传播范围进行限制，规定其可见性。

图 4-4 所示为策略的用例图，用户可以通过管理员进行策略的添加、修改、删除操作，这些操作都会在生效后在系统中产生相应的效果。

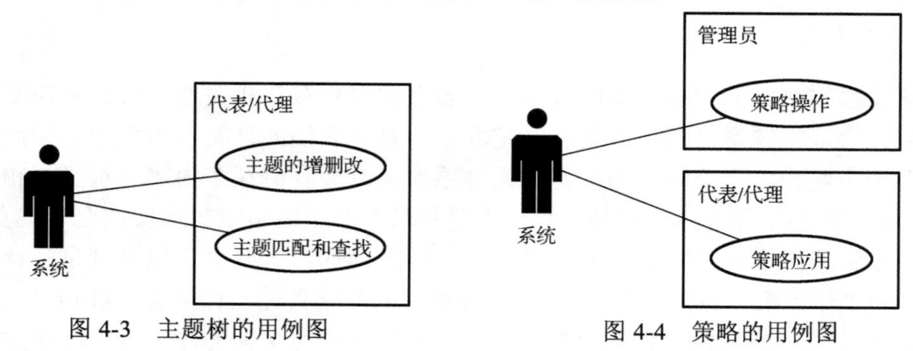

图 4-3　主题树的用例图　　图 4-4　策略的用例图

3. 订阅管理

用户需要根据主题树的定义，选取主题进行相应的订阅。在订阅的过程中，需要遵循主题树中上下级包含的关系，当已经订阅父主题时，对子主题的订阅系统将不进行处理，取消订阅时也是此种规则。

用户生成订阅后，发布/订阅系统需要对所有主题订阅进行统一管理，保证系统中主题订阅表的一致性，以便计算出正确的路由转发结构，使订阅用户能够正确接收到相应消息。

订阅主题的操作者是用户，用户可以选择主题树中的任意主题进行订阅和取消订阅，由系统对其合法性进行判定和传播。同时系统中若有针对该主题的策略并不影响订阅主题的传播，仅在路由计算和事件传播时有效。

系统接收到订阅主题后会对订阅和取消订阅分别进行处理，并执行相应的订阅传播和订阅维护，这些对用户不可见，仅为系统内部为保证正常运行而进行的工作。图 4-5 所示为系统对订阅管理的用例图。

4. 拓扑维护

为保证系统的正常运行，需要拓扑维护机制对系统的网络状态进行统一管理。订阅的有效性依赖于客户端所属代表或代理的有效工作，路由的正确计算依赖于链路状态的正常维护和存储，数据的转发同样需要路由路径与路由计算中链路状态的一致，因此拓扑维护是系统运转的基础。

拓扑维护包括集群内维护和集群间维护，其中集群内维护主要为代表和代理之间的维护，集群间则要进行各代表之间的链路状态维护。拓扑信息应在所有代表和代理中存储与实际链路相一致的信息。

节点之间的有效性探测主要依靠节点间的 Hello 探测机制维护，当链路状态变化时则需要链路状态广播(Link State Advertisement，LSA)消息对变化链路进行广播，另外每个节点还需要相应的拓扑存储来提供路由基础信息。

图 4-6 所示为代表的拓扑维护用例。

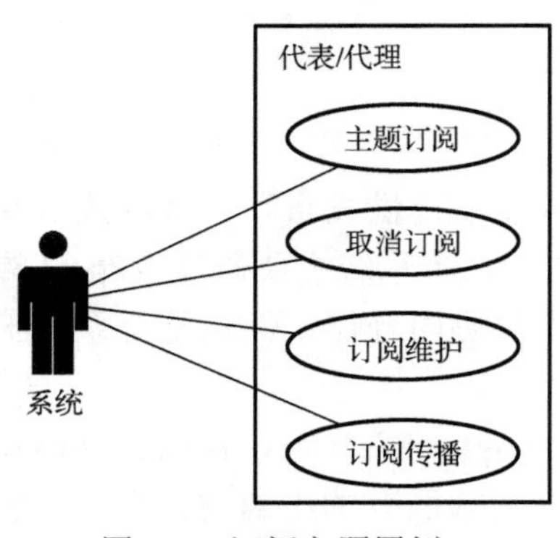

图 4-5　订阅主题用例

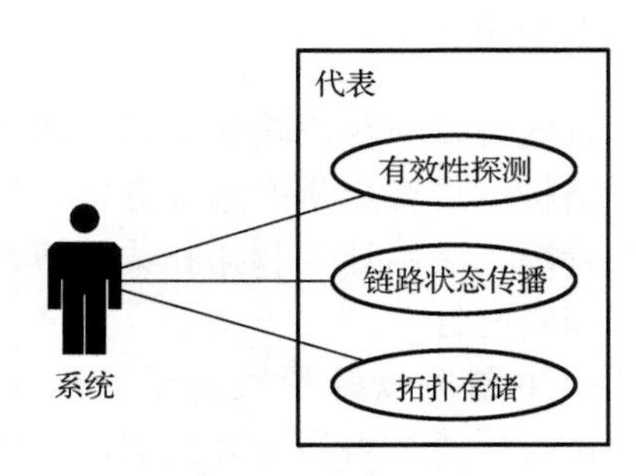

图 4-6　代表的拓扑维护用例

5. 消息路由

在有代表或代理接收到客户端的发布事件时，应按照一定的路径转发至所有订阅关于该事件主题且未被策略限制的客户端处，同时不应有环路或重复发送的情况产生。

为了订阅客户端能够尽快收到发布事件，路由转发的策略应尽量高效，转发路径应在网络拓扑的基础上进行合理选择，综合考虑节点间的物理距离和网络中的流量信息。

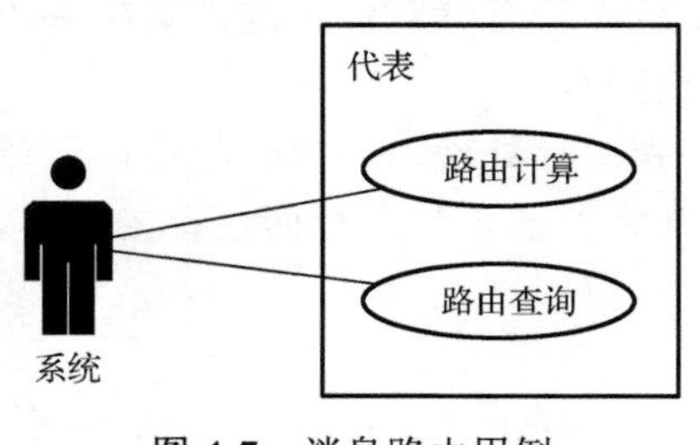

图 4-7 消息路由用例

图 4-7 所示为系统中消息路由的用例图，消息路由对用户透明，是系统为保证有效传输计算的转发路径。为保证转发效率，需要先将计算结果存储，在事件转发时再进行路由表的查询。由于路由是以集群为单位的，所以集群中的代理不需要计算路由，仅接收代表消息即可，代表需要路由的计算和查询。

6. 高效性和可靠性需求

现有的基于 WSN 组件开发的发布/订阅系统性能较弱，不能有效地进行拓扑的维护和收敛性处理，路由转发较不合理，且未添加任何限制策略，所有主题均为平级主题，这给系统的工作带来沉重的负担。因此，本系统的一个主要目标就是综合运用各种技术，从拓扑维护、路由计算、主题树管理、策略设置、数据转发等方面进行效率的提升。

在效率提高的同时，系统的可靠性也必不可少，拓扑的可靠性可以给路由计算和数据转发提供基础，路由的可靠性可以保证系统内事件转发的正确性和防止环路的产生。由于系统在实际生产环境中需要长期运行，所以系统在长时间内的可靠传输也是衡量系统优劣的关键指标。

4.2.2 系统设计

本系统可以向客户端提供完整的发布/订阅能力，提供发布和订阅的接口并设计主题树结构以供客户从中选择订阅。如图 4-8 所示，本系统主要研究发布/订阅系统的订阅管理、路由计算和拓扑维护模块，各个模块协同合作，保证整个系统工作的可靠性和实时性。

其中主题树以轻量级目录访问协议(Lightweight Directory Access Protocol，LDAP)的方式存储，当管理员启动时即向 LDAP 请求所有的主题树信息，并可以通过界面的方式展示、增加、删除、修改主题树信息。当有新节点请求时，将已经缓存的主题树信息下发。

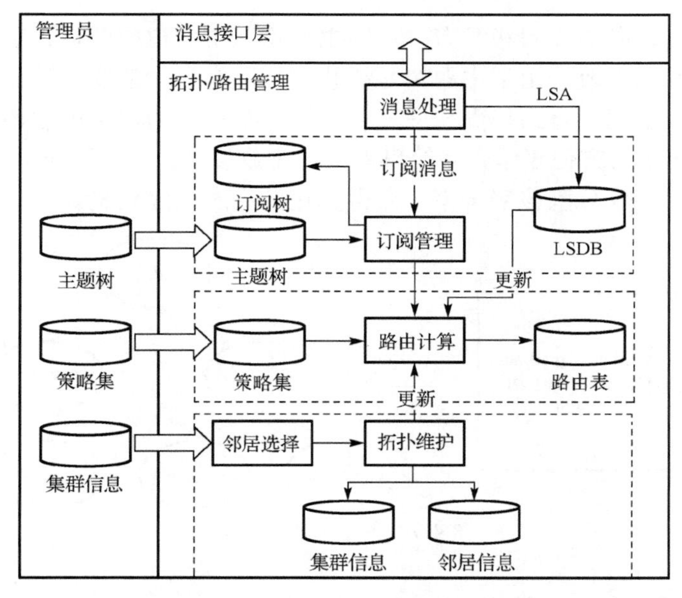

图 4-8 拓扑/路由子系统工作模块

1. 策略驱动的主题树设计

主题信息在大多数情况下都是独立的，但随着信息膨胀，主题持续增加，越来越多的主题具有相关性。尤其是在某些特定的领域中，相关主题出现更加频繁，而且它们的订阅者也比较集中。在这种情况下，如果仍把每个主题看做单独的个体，系统就会存储很多内容相近的冗余信息，在订阅时也会由于主题种类太多而产生不便。故在本系统中采用主题树的概念，将主题分级，订阅父主题的订阅者默认其对父主题之下所有的子孙主题也感兴趣。同时引入的策略信息与主题有对应关系，由于策略信息是针对每个主题进行的限制，所以策略应与主题树保持一致。

主题是由客户通过管理员进行增加、删除和修改的，客户端订阅和发布相关消息时，消息的主题也是从用户定义的主题树中选取节点来命名，如果命名不在主题树中则无法成功订阅和发布。主题树是任意多叉树，只有父子节点之间有直接连线，其他节点之间没有相互关联。当删除主题树中某一节点时，其子孙节点也会相应地被删除。

当管理员启动时会从 LDAP 请求获得所有主题树，并在管理员的界面中展示，在本地内存中存储相应信息。其他集群代表向其注册的同时也会申请获得该主题树，用于订阅和发布消息的生成。管理员可以通过界面对主题树进行相应操作，当操作生效时，系统会在向 LDAP 更新的同时洪泛(flooding)主题树更新消息至其他代表，代表收到更新消息后会重新向管理员进行主题树的请求。

客户端订阅、取消订阅和发布事件的主题均从主题树中获得，若主题不在该树中则会订阅或发送失败。由于主题树是树状结构，客户端的主题消息在匹配时从树的根部开始逐级匹配，直到找到相应节点。图 4-9 所示为对应的主题和存储结构的关系。在本系统中为方便表示，字符串形式的主题以“：”来区分不同层级的主题，在匹配时则由“：”分割该字符串，获得真正的主题层级结构。

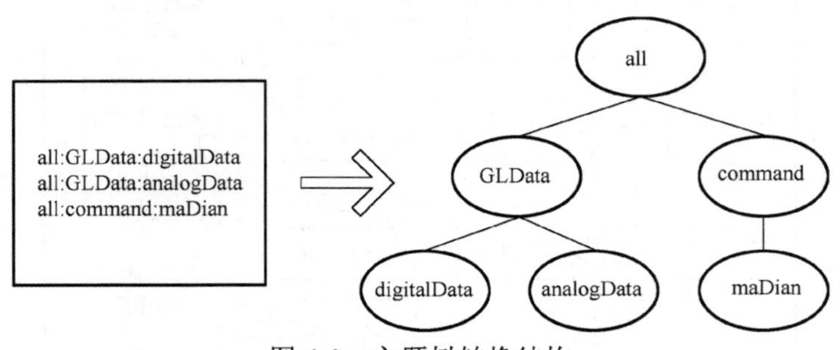

图 4-9　主题树转换结构

2. 策略处理设计

在系统中同时引入了“策略”的概念，定义关于某些主题限制某集群、代理或客户端的接收。策略的引入可以有效区分不同集群的权限，便于实现管理，防止信息泄露、网络流量不必要增大等状况发生。策略限制的主题也会从完整的主题树中进行选取，若该主题更名或被删除，则该策略信息也会有相应的改变。策略的功能体现在路由计算和向上层转发时，路由计算应尽量避免把策略限制主题转发至策略限制集群，若无法避免则应在该策略集群中进行进一步判断，避免向上层提交该消息。

策略的配置通过管理员进行，相应的策略信息将会以 XML 文件的形式存储在物理磁盘上，其他集群的代表和代理也会以相同的存储方式存储策略信息。在代表进行关于某一主题的路由计算时会考虑针对该主题的策略信息，在路径选择时避免传播到该集群处，但若策略仅针对某集群的某一代理或客户端则不影响路由的计算，会在被限制集群内由被限制者自主选择是否接收该类消息。

策略集以一定形式封装，下载到每个本地代理，以 XML 文件存储。策略限制可以针对某些客户端、代理、代表或集群，根据需求的不同产生不同限制范围的策略消息。策略库的主要操作包括策略信息的添加、删除和修改。

下面是一个典型的策略信息 XML 存储结构，该策略信息表示对于标题 all:command:maDian，对集群 G1 的所有节点进行限制接收。

```
<? xml version="1.0" encoding="UTF-8"? >
<WsnPolicyMsgs>
  <policyMsg targetTopic="all:command:maDian">
```

```
<array as="targetGroups">
  <TargetGroup allMsg="true" name="G1"/>
</array>
  </policyMsg>
</WsnPolicyMsgs>
```

策略的添加、删除和修改操作在管理员处进行统一实现，管理员进行相应操作后会通知所有集群，集群代表在接收到相应消息后会以相同的形式在本地进行消息存储，并进行必要的路由计算。

当节点从管理员处接收新修改策略集后，会对本地已有的策略消息进行判断，与新策略集进行融合，若策略消息有更新，则必须进行相应的路由计算，图 4-10 描述了这一过程。策略对主题的识别也遵循主题树的构造，在策略合并时同样是上级包含下级的关系。

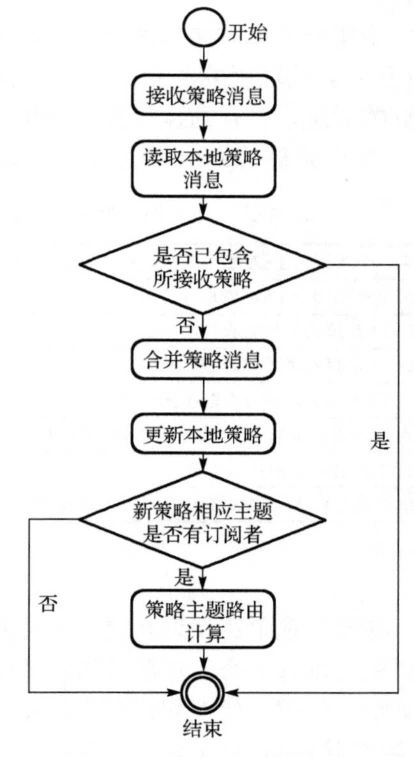

图 4-10　策略处理流程

3. 订阅管理设计

在发布/订阅系统中，对订阅表的一致性维护为路由的正确计算和消息的正常传播提供了基础，其完整性和一致性在系统维护中也至关重要。参照 Quagga 对拓扑维护的设计，在本系统中对订阅表的一致性维护采用了 LSA 发送并周期性同步的机制，对每条 LSA 编上序号，以此识别其到达顺序，防止循环传播带来的消息冗余。针对于每个集群的 LSA 会集中存储于 LSDB(Link State Database)中，并周期性地对 LSDB 中的信息进行失效检测，当某 LSA 超时未更新时则判断该集群丢失。

LSA 的更新具有交互性，一个集群的邻居信息也会在对应邻居的 LSA 中更新信息，此过程发生在代理服务器将接收到的 LSA 存储于 LSDB 中时。如果有一个集群发送的消息中携带新加另一集群为邻居的消息，则也在 LSDB 中另一集群的 LSA 邻居信息中增加该集群信息，但邻居集群的序列号并不会因此改变。当有集群发送的消息中携带删除邻居的信息时过程与此类似。此机制的设计主要为避免由消息到达延时或邻居集群已丢失带来的路由计算不一致造成环路的状况。整个网络的拓扑结构为一个带权的无向图。

LSA 消息记录关于一个集群的基本状态消息包括名称、与邻居之间的距离、订阅，其消息结构如表 4-2 所示。代理服务器会根据该条 LSA 消息的集群名称检查本地 LSDB 中是否有该集群的消息，若有则执行合并操作，没有则直接将其存储。每条 LSA 拥有自己的序号，每个集群的 LSA 序号从零开始，在整数范围内递增。

表 4-2 LSA 消息结构

序号	标识一个集群的 LSA 唯一编号，从 0 开始递增
是否同步 LSA	判断是消息同步 LSA 还是普通消息更新
集群名称	发送 LSA 源的集群名称
代表 IP	发送 LSA 源的集群代表 IP
失效邻居	发送 LSA 的集群新失去连接的邻居
订阅主题	LSA 发送者新增加的主题(普通 LSA)或所有订阅(同步 LSA)
取消订阅主题	LSA 发送者取消的订阅集合
与各邻居距离	Map 形式存储 LSA 发送源的邻居和与其距离

4. 拓扑维护设计

考虑到一些代理节点物理位置上的相近和便于扩展的因素，在系统设计中引入集群的概念，即一个集群中可以有多个代理服务器，其中有一个为代表，作为本集群的代表与外界通信，其余为代理。代理和代表本质相同，都可以为若干客户端提供消息的订阅、发布和接收服务，代理是备选的代表，当代表不可达或程序停止时代理会选举新任代表并通知其他集群和管理员关于本集群代表信息的更新。

此模块主要用于维护系统正常运作所需要的拓扑结构，使得订阅消息的洪泛、路由的一致性计算和通知事件的正确传播能够顺利进行。拓扑是整个网络的基础，又由于其动态性，网络传输很难得到保障，所以考虑必须周详。

拓扑包括邻居的选择与构建、邻居之间的维护、集群内的拓扑信息维护。邻居选举时综合考虑待选举集群中的代表与本代表的距离和其已有邻居个数，选择适当的目标进行邻居构建请求，当获得肯定反馈时开始邻居维护。邻居是路由计算的基础，在实际环境中，由于路由计算代价、拓扑维护代价和实际物理连接等方面的考虑，不能构建一个全连通的拓扑图，必须根据实际情况选择个数合适的邻居进行维护。邻居个数的最大值可以事先根据实际应用环境在管理员处进行设置，每个集群的邻居个数可以不同。在集群开始加入时，代表会选择最大值/2 个邻居作为默认构建邻居，当邻居个数少于最大值/3 时重新选择新邻居构建，此构建过程当邻居个数已满足要求或已无可探测备选邻居时结束。

如图 4-11 所示，在横坐标轴上的点表示新加入的集群，其初始情况下邻居个数为零，其余各点为网络中已存在的集群代表对应的信息。若允许构建邻居的最大值设为 6，则初始加入时默认构建的邻居数为 3，选择如图 4-11 中半圆内的三个灰点，若这三个点构建邻居不成功则会将其排除然后继续扩大半圆的范围找到下一个待构建节点。图中纵坐标为各集群的邻居个数，横坐标表示各集群代表的相对距离，此距离在当前版本中仅由代表的 IP 相差绝对值来模拟，在今后扩展中可以考虑加入实际物理位置。

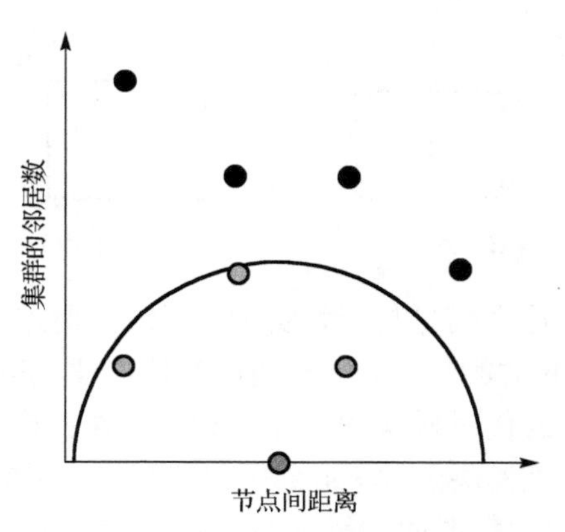

图 4-11　邻居选择

当新的代理服务器启动时会向管理员请求当前网络的集群信息，若已有本集群信息则自动成为集群内代理成员，并与集群代表进行交互和维护；若无本集群信息或原有代表已失效则自动成为新代表，作为新集群加入网络中。当代理服务器作为代表加入时首先要构建邻居，构建方法综合考虑集群距离和已有邻居数，按照图 4-11 所示构建模型，选择距离较近的若干点进行请求探测和接收待选邻居的反馈消息，并向其中一个邻居请求全网的拓扑信息和订阅信息，接收后按照本地格式进行存储。建立邻居之后即开始邻居间的 Hello 维护，如图 4-12 所示，此消息采用用户数据报

(User Datagram Protocol，UDP)方式传输，周期性发送，并设定接收阈值(如定为两分钟)，若超过此阈值则探测该节点是否可达。加入完成后生成关于本集群的 LSA，通过邻居扩散至全网。

集群内的 Hello 消息是每个代理向代表发送的 UDP 消息，而代表通过组播的形式在集群内发送，如图 4-13 所示。当一个集群内的普通代理失效时，集群代表会由于其 Hello 消息超时而知道其失效，将其订阅消息取消并通知本集群其他代理后判断该代理的失效是否影响了原有集群订阅表的内容，若有更改则需发送本集群 LSA 通知其他集群新的订阅信息。当集群的代表失效时，其相邻集群会因为其 Hello 消息的超时而将其加入等待队列，等待它的重新选举；集群内部若有有效的其他代理则会选择一个成为新代表，新代表会通知集群内其他成员以及通过该集群的邻居告知全网新代表的信息，最后向管理员处更新本集群的代表信息。相应地，当代表检测一个邻居 Hello 消息失效时也会等待其重新选举，超过等待时间才会删除邻居关系。

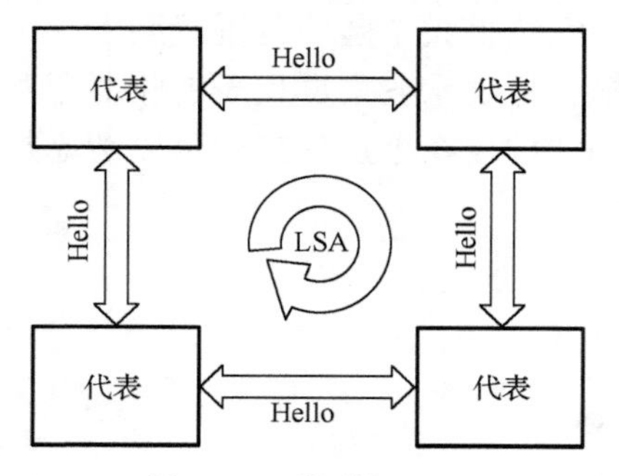

图 4-12 集群间 Hello

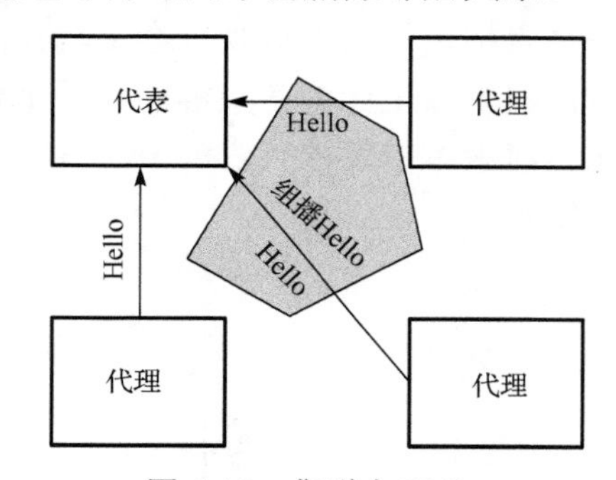

图 4-13 集群内 Hello

拓扑模块维护的“邻居”信息与代表实际的邻居有所差别，拓扑维护的邻居包括集群邻居中 Hello 消息未超时的邻居和集群内的其他代理，其中集群的邻居以集群名的形式传给拓扑模块，集群内代理则以 IP 的形式载入。拓扑模块对这两种邻居的失效判定条件相同，不同的是调度模块会对集群邻居保留等待选举的时间，对代理则不会。

拓扑维护包括集群内、集群间、管理员与备份管理员之间的拓扑构建和维护，它们之间的联通关系如图 4-14 所示。其中备份管理员保存管理员的所有信息，并与管理员保持与其他集群代表之间一样的 Hello 消息维护，当管理员失效时进行角色替换和通知所有集群。在局域网内可以只通过代理服务器的 IP 来进行识别和传递消息。通常一个集群在同一局域网的同一网段中，互相能够通过组播的方式传递消息。

各个集群的名字可以由用户自己定义，每个代理服务器在启动时就已在本地设置好要加入的集群名称，然后向管理员报告。管理员通过查找本地的配置信息判断是否已对该集群有预定设置，查找成功即可将配置信息返回，若未找到该集群配置信息则返回默认配置，并将该集群的实际配置以文件的形式保存至本地。

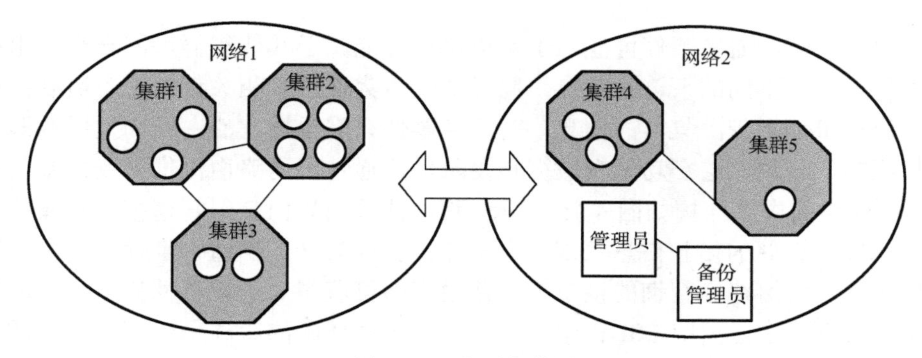

图 4-14　集群拓扑图

调度模块与系统总线的作用类似，接收所有的消息后将其发送到对应的处理程序中。这些接口包括 TCP、UDP 的远程连接和系统内部接口的调用，与管理员、其他代理服务器、本系统内各模块(数据转发、拓扑模块等)都有信息的交互。通过对消息类型和接收时间、来源等信息进行初步判断后提交至其他接口进行进一步处理或直接给出反馈。调度模块的正常工作对于系统的运行来说至关重要，对于消息种类的划分、优先级的设定、多线程的考虑等都需要在调度模块中仔细设计和测试完善，其中满足真实环境的稳定长时间运行是首要设计目标，其次才是性能上的优化。

集群邻居个数的设置需要综合考虑集群之间相连的物理链路状况和集群的总数目，避免不必要的构建或网络中邻居相连太多带来的拓扑维护代价增加。在现有设计中邻居个数是在管理员处对所有集群进行手动限定的，需要根据实际网络状况进行人为的判断和设置，但这并不利于网络的扩展，可在未来加入数个动态变化的设定，仍然由管理员限定个数，但数字由目前网络状况分析之后算出，在新集群不断加入的过程中，若有增加原集群邻居数的需求也可以重新计算出数值后通知该集群代表。通知消息的转发需要稳定的拓扑结构做基础，因此对邻居的构建和它们之间的维护显得尤为重要，需要在设计和实验的过程中不断完善，适应实际网络状况。

5. 策略驱动的主题树聚合路由设计

路由计算用于设计路径以支持各个主题消息的转发，高效的路由算法是路由模块甚至整个系统设计的关键问题。路由模块提供接口查询路由信息，同时屏蔽计算细节，接口依据需求而定，在接口不变的情况下具体实现可以有多个版本。路由计算建立在拓扑结构和主题订阅的基础之上，在现有设计中，利用最短路径算法，同时设置最多下一跳个数，同时应用策略信息，求出针对于每一个主题的路由树。在计算时首先对于集群按照其名字排序，选取第一个为根节点，此后按照 Dijkstra 算法依次计算，直到关于此主题的订阅集群全部计算完毕，以此保证所有集群计算出的路由树一致，完成消息的正确转发。

路由转发时，通知事件可能源于本集群也可能源于其他集群，同一棵路由树对于这两种情况有不同的下一跳节点，同时如果本集群也有相关订阅，也需要在群内组播。通知事件携带源集群的信息，对于各事件只需根据它的主题和发送源即可查找出相应的下一跳，这个功能在数据转发阶段，通过调用路由提供的查询接口来完成。路由模块的内部结构如图 4-15 所示。路由计算模块由订阅管理模块存储的订阅表和 LSDB 中存储的拓扑信息共同计算出路由树的集合。当通知事件到达时，数据转发模块通过调用路由查询的接口查询路由表即可获得对于该事件的下一跳，将其放到发送队列当中。图中 LSDB 中的各节点与各邻居间的距离是计算过程中需要用到的，如有碰到链路记录不对称的(如 A 集群记录与 B 的距离为 1，B 集群记录与 A 集群距离为 2)，则取其中 LSA 接收时间较近的一个为准；订阅表就是已在订阅管理阶段描述的树状结构，每个节点记录本级名称和所有的订阅集群；流量信息以集群名-流量的方式记录，每隔一段时间(如半小时)扫描一次，计算平均的流量，若与之前值相差较大则需更新拓扑信息，同时清空记录开始重新统计；路由查询接口提供传入参数事件的上一跳转发者和事件主题，通过查询路由表来返回需要转发的下一跳集合，此接口会在通知事件到达时被数据转发模块调用。

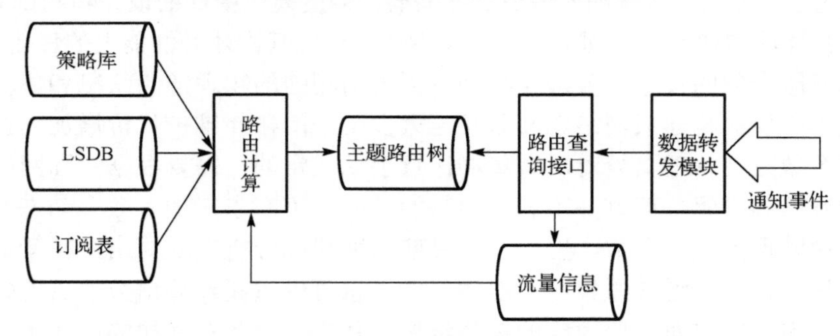

图 4-15 消息路由过程

数据转发模块在转发时对于每条通知事件调用路由查询接口获得转发的下一跳，查询接口在返回其下一跳的同时记录本集群至下一跳集群的总转发量，由于路由树是基于拓扑结构的计算，此总转发量也就是通知事件在本集群与邻居集群之间事件的流量。在路由计算的过程中从订阅表中获得所有的主题，对于每一个主题计算其路由树，其中将会用到完整网络的拓扑信息，而拓扑信息的更新则与邻居间的流量统计有关，因此流量信息也会间接影响路由的计算结果。在统计流量信息时主要检测其单位时间内的流量，每当单位时间内流量增加或减少一定值(如 1 秒 100 个事件)时便将本集群与该邻居集群之间的距离加一或减一，然后通过 LSA 更新拓扑消息。

路由计算以 Dijkstra 算法为基础，将目标节点由一个扩展为 N 个，其中 N 为对于某一主题的所有订阅集群。在计算过程中首先对所有集群按照名称进行排序，之后的计算匹配也是按照这个序列进行的，选取订阅此主题的最前一个集群作为此路由树的根节点，之后从根节点出发依次找到距所有订阅集群的最短路径，构建转发树。在计算的过程中可以认为设定一个父节点最多对应的子节点个数，防止由于某集群邻居个数较多带来的路由压力，当所有订阅集群均在此路由树时停止计算。如图 4-16 所示，左边为网络拓扑结构，集群之间有连线代表邻居集群，线上数字为它们之间的距离，距离初始值为 1，其后按照上述流量统计的方法增加或减少。对于某主题 A，图中深色部分集群(G1、G2、G5、G8、G9)为订阅集群，在路由计算时首先排序后选取 G1 为此主题路由树的根节点，其后根据最短路径原则选取路径，依次选取了 G2、G5，然后又以 G7 为中间节点，间接到达 G8、G9，至此计算结束。若此集群为 G7，则针对此主题树只需要存储其根节点 G1 和对应的下一跳节点 G8 和 G9 即可，其他中间信息在计算之后便可忽略。在通知事件 A 到达时，集群 G7 通过匹配事件 A 从路由表中查找到下一跳集合为 G1、G8、G9，若其中有上一跳转发者，如 G1 转发事件 A 给 G7，则从下一跳集合中删除 G1，然后将结果返回。

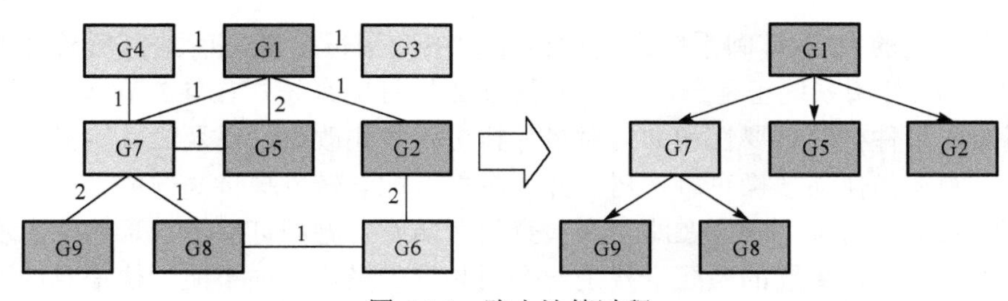

图 4-16　路由计算过程

对于集群内的通知事件转发则比集群间要简单得多。为使集群内的消息流量得到控制，也避免对代表产生过大的负载，当集群内其他代理有订阅某事件时，代理通过组播的方式传递给集群内代理，由代理接收事件后自行判断是否为本代理订阅。当代理主动发送通知事件时则只需将消息发送给集群代表，由其代为转发即可。集群的组播地址在每个代表或代理加入集群时从管理员处获得，获得后加入这一统一的组播群，即可在组播群中收发消息。

4.3　事 件 转 发

分布式物联网服务通信基础设施中面向服务的发布/订阅系统是广域异构集成的关键，4.2 节主要阐述了如何进行策略驱动的服务事件路由，本节主要阐述如何快速高效地进行事件转发，满足物联网应用的实时性要求。

4.3.1 需求分析

基于 WSN 发布/订阅系统的实时可靠分发方案旨在提升系统在数据分发时的性能，包括实时性、可靠性和运行稳定性等，如图 4-17 所示。事件转发方案主要可分为三个模块：主题簇模块、策略库模块、数据分发模块。其中前两个模块均在提升系统性能的同时，也为数据的快速可靠分发提供必要的基础条件。

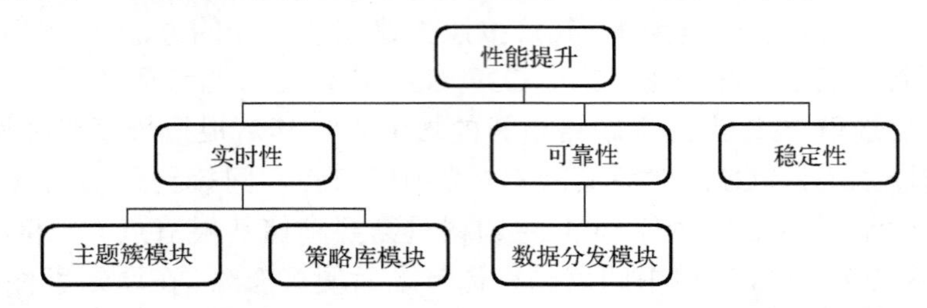

图 4-17 基于 WSN 发布/订阅系统的实时可靠分发方案总体需求概述

1. 主题簇模块

基于主题的发布/订阅系统在物联网工程中应用很广泛，而本书所研究的基于 WSN 的发布/订阅系统正是一个基于主题的发布/订阅系统。在 4.2 节阐述了将事件名称组织成事件树的重要性和如何对事件树进行增删改查，以及为其定义 Schema。本节重点阐述如何高效操纵事件树，并为事件匹配与转发提供高效的基础。此外，在转发每条信息前，都需要在路由表中查找所转发主题的订阅者，再将信息准确地转发出去。所以，主题的匹配查找是一个很频繁的操作。如果能加快信息的匹配查找速度，则会提高事件转发的效率。

主题簇是首个主题组件(主题中可以标识实际意义的最小单元)相同的一组主题组成的集合，利用其本身树形结构的特点来管理和存储分级主题的所有信息，加快了匹配查找的过程，提升系统处理事件的实时性，也减少内存消耗。

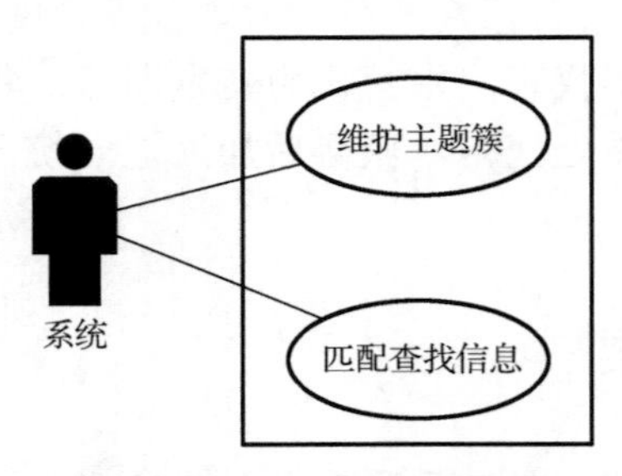

图 4-18 主题簇模块的用例图

主题簇模块的用例图如图 4-18 所示。

主题簇是将相关联的分级主题按级组织起来，形成一个树形结构的信息簇。当系统添加一条新的主题时，需要将新主题加入其所在的主题簇中，若所属主题簇不存在，则新建一个。主题簇的维护是为了能快速匹配查找信息，也为转发过程中快速查找路由表准备了基础条件。

2. 策略库模块

在发布/订阅系统中，信息的发布者与订阅者在时间上和空间上都是解耦的，既不能获知对方位置信息、是否在线信息，以及运行状态信息，也不能直接地调用其服务接口进行操作。而实际上，信息发布者通常需要对订阅者或者订阅者的操作进行约束，如某些群体的订阅者不可以读取发布者发布的某些类型的事件等。此时，需要使用策略信息来间接约束订阅者。

策略信息就是对系统中某些客户或客户群体的行为进行约束的规则。例如，可以制定一些策略来约束学生(信息订阅者)、教师(代理服务器)、班级(单元集群)或年级(复合集群)的行为。所有学生都要选修体育课，但只有女生可以选修游泳课，即是对部分订阅者的策略；所有女教师三八节休假，其所带课程也暂停，即是对部分代理服务器及其上的客户机的策略；班级评优中获胜的班级有奖励，即是对部分单元集群的策略；高年级的学生取消音乐课，即是对复合集群的策略等。由上可知，策略信息不仅可以在物理位置层面上划分节点为单元集群，还可以在逻辑层面上划分节点为复合集群。如此，系统对节点的划分操作更灵活、更全面，策略信息的约束作用也更灵活。

建立一个策略库，并使用策略库保存发布者制定的策略，同时根据这些策略信息，修改路由表，达到对订阅者的行为进行约束的目的。这样不仅能减少不必要的信息传输，缓解系统压力，也能将信息的传播局限在一个可控的范围内，具有实际意义。

主题的策略信息是由发布该主题的发布者制定的，信息发布者发布主题的相关策略，以约束订阅者的行为或限制主题传播的范围。其用例图如图 4-19 所示。信息发布者根据主题的约束，确定策略信息中各元素的值，并在策略操作界面中制作出完整的策略信息。如果操作均能满足条件，并且各转发节点正确接收到策略信息，则策略信息就能在所达范围内生效，有效制约主题订阅者的操作。

系统将策略信息转发出去，以便转发节点更新路由表。转发节点接收到策略信息后，需要更新本地的策略库和受限主题的路由表，其用例图如图 4-20 所示。

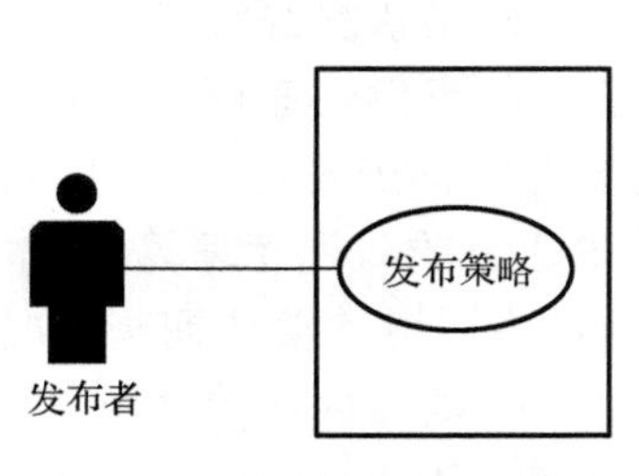

图 4-19 策略发布的用例图

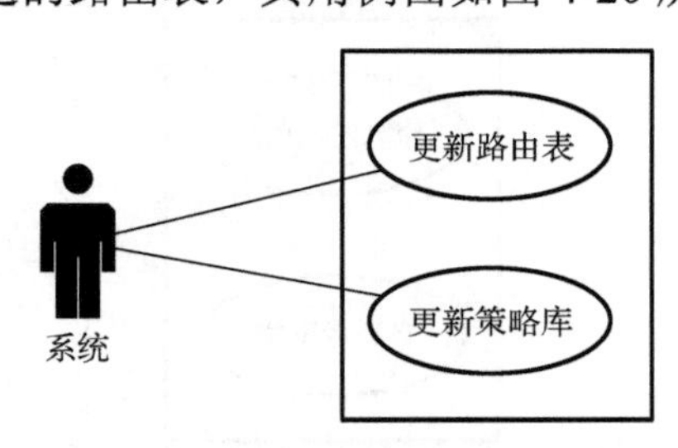

图 4-20 策略信息更新操作的用例图

策略信息的更新操作包括两方面：一是主题簇中受限主题的路由表；二是本地策略库。

更新路由表时，系统根据收到的按协议生成的策略信息，在主题簇入口列表中按级匹配，快速查找受限主题所属的主题簇；在主题簇中逐级匹配查找受限主题信息，根据受限主题的策略信息和订阅表，更新其路由表。若更新顺利，则策略信息就会在本节点及其所连接的主机上生效，使受限的客户或客户群无法得到该主题的通知消息。

更新本地策略库时，系统根据收到的按协议生成的策略信息，对策略信息进行解析，并获取其各元素的值；然后将策略信息融入策略库中，更新策略库。若策略信息能正确融入策略库中，则当受限主题的订阅表改变引起路由表变化时，能够参考所有策略信息，生成正确的路由表。策略库的完整性也方便系统根据其内容做一些其他的相关操作。

3. 数据分发模块

基于 WSN 的发布/订阅系统的一个很重要的功能就是快速转发通知消息。代理服务器收到消息后，先进行匹配处理，再查路由表将其转发出去。为了尽快处理消息，在本书前面的部分已经提出了主题簇的设计，进行主题编码，会在一定程度上加快消息的处理。然而，事件到达中间代理节点后，如何在系统内存放、何时转发、如何转发，都会影响整个转发过程的效率。

由于在系统内传递的消息类型多样，有比较重要的不可丢弃的事件，也有不太重要的可以部分丢弃的事件。当网络状况不太好的时候，当然希望将比较重要的不可丢弃事件优先转发出去。即使都是不可丢弃事件，其重要性也会不相等。为了能选择性地发送事件，需要为不同类型的事件分配等级标签和不同优先级的队列存储。这样，才能根据事件的优先等级决定先发送什么消息。还要考虑到，不能因为高优先级事件的转发而影响低优先级信息的转发，导致低优先级通道“饿死”的情况。

在事件转发过程中，若网络呈现拥塞状况，需要使用主动队列管理算法丢掉一些不太重要的事件来缓解网络压力，改善网络拥塞状况。当网络状况好转时，系统应该停止丢包，让所有的事件快速可靠地转发。由于转发系统是多路径向外发送事件，所以不能直接使用用于单通道的队列管理算法。本书使用反馈控制，通过多通道的整体拥塞状况来判断当前网络状态，并根据拥塞的严重程度，给出相应的调节措施。

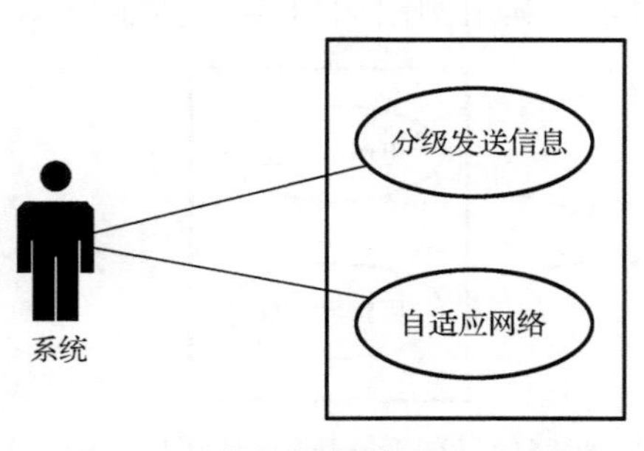

图 4-21 数据分发模块的用例图

数据分发模块的用例图如图 4-21 所示。

数据分发模块的需求主要包括两方面，一是分级按比例发送信息：根据事件的缓急情况为其分配优先级，并存入相应的优先级队列中，然后从优先级队列中取事件送入发送队列，并根据事件的优先级，按照不同的比例取事件。二是根据网络当前状况，调整自身的发送速度，以适应当前的网络环境，从而提高系统转发信息的效率和可靠性。

由于该方案是在网络代理节点上运行的，所以系统运行的稳定性很重要，需要解决多线程环境下的资源争用问题、系统资源分配问题等。

4.3.2 整体方案设计

图 4-22 为事件转发方案的整体框架图。

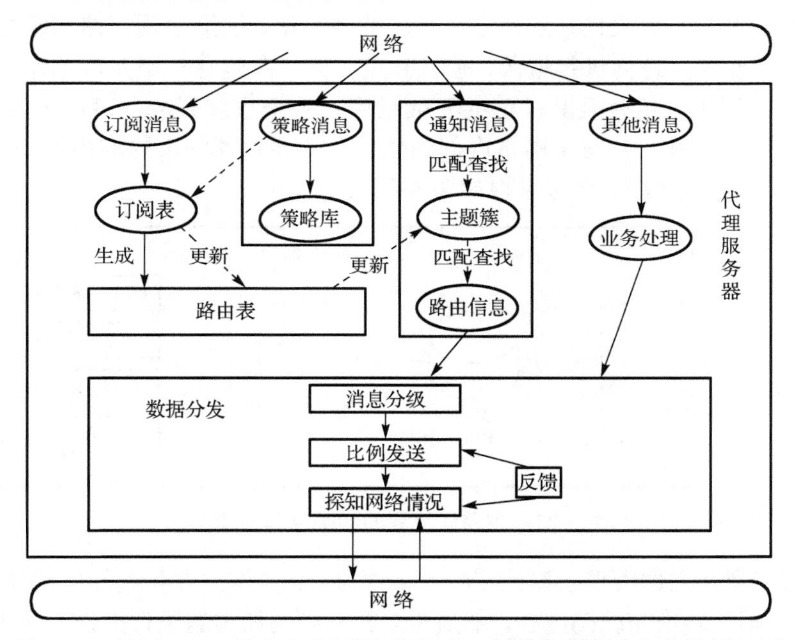

图 4-22 基于 WSN 发布/订阅系统的实时可靠数据分发方案整体框架图

由图 4-22 可知，策略信息进入策略库模块处理，同时结合受限主题的订阅表，修改路由表；转发事件通过匹配查找操作得到主题簇和所需的路由信息，再由数据分发模块发送出去。此外，在数据分发阶段，系统会自动探知当前网络环境，并根据实际环境调整发送速度等。代理服务器收到网络其他代理节点转发的不同优先级事件，会将不同优先级事件放入不同优先级事件队列中处理。

主题簇的设计基础是主题分级，这是构成主题簇的结构条件。主题簇的主要作用在于加快主题的匹配查找速度，而主题的编码结构不仅利于匹配查找，也利于系统管理和减少资源消耗。

一个主题簇一般情况下以一棵树的形式存储。需要注意的是，组件在组合为主题时，不同组件之间要有明显的分界符，如斜杠，以便匹配查找的时候，能够识别各级组件，并逐级匹配。当然，如果相等的主题没有相同的主题组件，在存储上是没有交集的。此时，会在主题的末尾组件上存有相等的主题的信息，并可以通过此信息找到相应的主题簇，再逐级匹配查找主题信息。

主题进行分级之后，一个主题簇内的多个主题就会在逻辑上出现包含关系。在主题树上反映出来就是父亲节点包含孩子节点的含义，且有时也会接收要发送到孩子节点的信息。例如，主题“/北京邮电大学/网络技术研究院”的订阅者也可能会对主题“/北京邮电大学/网络技术研究院/网络服务基础研究中心”感兴趣，所以，所有后者的通知信息，都会发给前者的订阅者。

主题是由客户自定义的，且是任意长度的字符串，这给主题存储和匹配查找带来不便。所以需要对主题树进行编码，使其长度一致，并建立一个元数据库来存储这些编码。存储有原主题组件及其码值的元数据库对整个系统开放，可以被发布/订阅系统其他功能模块查阅，且整个网络内部的代理服务器处理的主题均由其码值表示。

主题簇模块的相关操作与流程如图 4-23 所示。

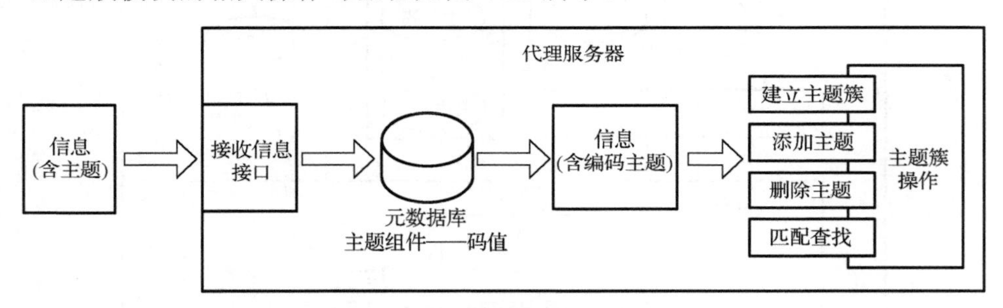

图 4-23　主题簇模块的相关操作与流程

代理服务器从主题管理接口处接收到事件树后，先将主题各组件(主题树中的各节点)通过元数据库转换为编码主题，然后再对接收到的新主题进行操作。这些操作包括建立一个主题簇、向主题簇中添加此主题、从主题簇中删除该主题、匹配查找该主题的相关信息等。实际上，在删除和添加主题的过程中，也用到了匹配查找的算法。

策略库模块的相关操作与流程如图 4-24 所示。

主题发布者可以根据实际情况发布策略信息来约束主题订阅者的操作，或者限制主题的传播，将信息局限在某一个范围内。发布者在发布策略信息时，需要依据策略信息的协议，指明策略信息的各个元素的值，然后发布到与其所连接的代理服务器上。随后，代理服务器会将策略信息在全网范围内推广。

当代理服务器接收到策略消息后，会提取出消息中的受限主题和受限客户群。然后根据策略信息的各元素的值，修改该受限主题的路由表，以使主题发布者发布的策略生效。

此外，由于信息发布者可以针对某一主题制定策略，也可以取消该主题的策略，所以策略消息也是可变的，即会对策略库进行修改操作。策略库的更新操作包括添加新策略、删除已有的策略、更新已有的策略、查询策略信息等，如图 4-25 所示。

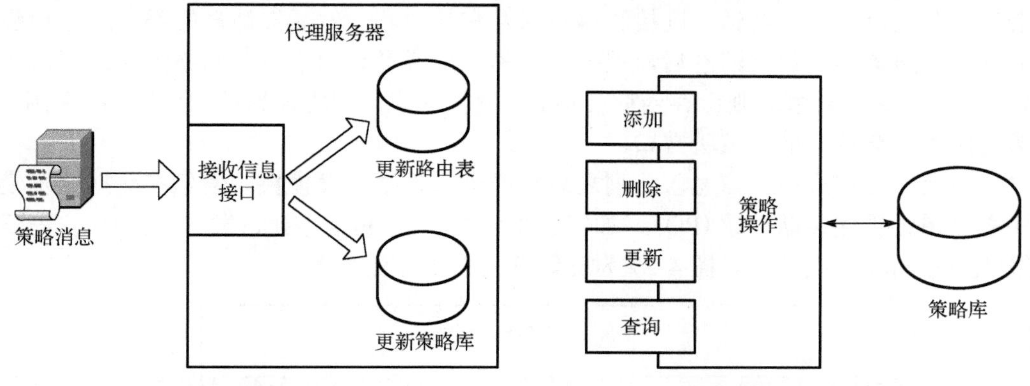

图 4-24　策略库模块的相关操作与流程　　　　图 4-25　策略操作

此外，当有新的节点加入集群时，需要从管理节点接收完整的最新的策略库，随后根据策略库中各个主题的受限信息及其订阅表生成该主题的路由表。

基于 WSN 发布/订阅系统的实时可靠分发方案中的代理服务器的工作流程，如图 4-26 所示。

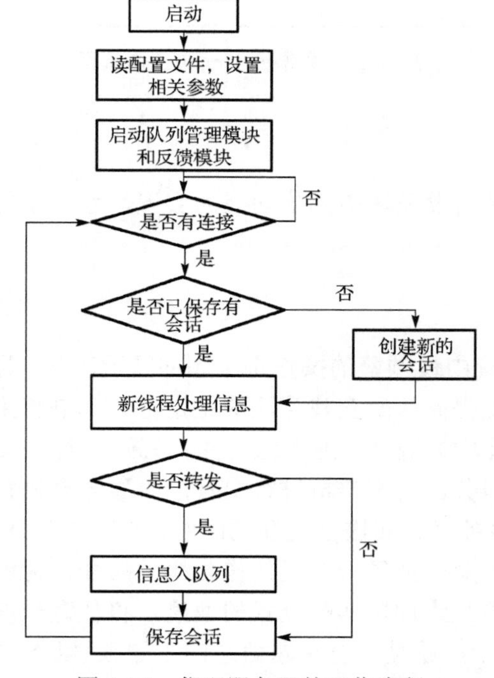

图 4-26　代理服务器的工作流程

服务器启动后，先读取配置文件，根据文件内容设置系统所需的相关参数，然后再启动队列管理模块和反馈模块。服务器完成启动后，便一直监听端口，查看是否有新的连接。若有，则判断是否已存在与该客户端的会话。若没有，则创建新的会话。若已经保存了会话，则接收客户端发来的消息，然后按消息的类型进行相应的处理。服务器处理完消息后，根据消息的类型或者路由信息，判断消息是否需要转发。若不需要转发，则保存当前会话。若需要转发，则将信息放入对应的队列中，然后保存该会话，继续监听端口。

在上述工作流中，信息入队列之后，便进入数据分发模块。信息在数据分发模块主要通过优先级队列组(PQ)、加权公平转发队列(FQ)、会话发送队列(SQ)等三级队列存储和控制发送。图 4-27 为三级队列的工作流程图。

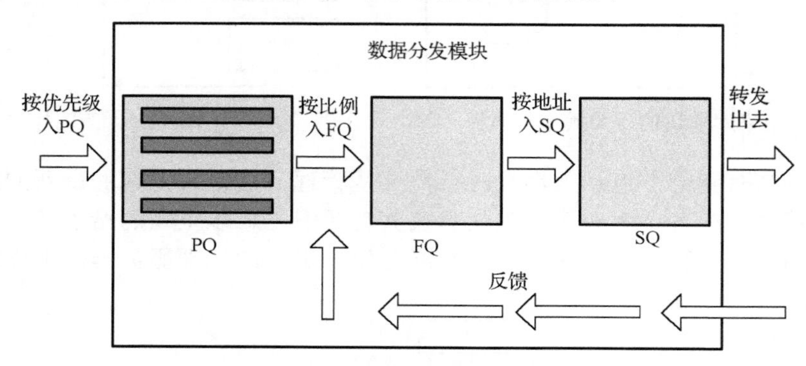

图 4-27 数据分发模块工作流程

4.3.3 系统实现

本节简单介绍事件转发模块中部分功能的实现，包括主题簇实现、策略库模块实现和数据转发实现。

1. 主题簇实现

由于发布/订阅系统中最频繁的操作是主题的匹配查找，且主题是客户自定义的任意长度，所以，为了提高匹配查找算法的稳定性，本书将主题组件编码为等长的码值，并存储在数据库中。表 4-3 为主题组件及其码值对照表。

此外，只有代理服务器与客户机进行交互的时候才会进行主题组件和编码组件之间的转换，而代理服务器之间进行交互的时候，转发的都是编码组件组成的主题。

将主题树做一些改变，把每一级组件作为树的路径，树的节点中存储到该节点的完整主题的所有信息。为加快匹配查找的速度，将任意长度的主题组件替换为编码组件，如图 4-28 所示，就是带有主题信息的主题簇(以下均称为主题簇)。

表 4-3　主题组件及其码值对照表

主题组件	主题编码组件
com	C_1
apache	C_2
google	C_3
home	C_4
index	C_5
FAQ	C_6

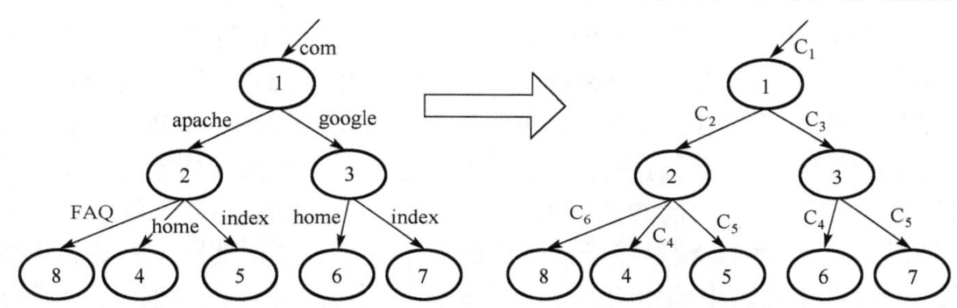

图 4-28　带有主题信息的主题簇及其编码树

将上述步骤汇总，得到主题、编码主题及主题簇节点的对照表，如表 4-4 所示。

表 4-4　主题、编码主题及主题簇节点的对照表

主题	编码主题	主题簇节点	路由表中索引
com/apache	C_1/C_2	N_2	1
com/apache/home	$C_1/C_2/C_4$	N_4	2
com/apache/index	$C_1/C_2/C_5$	N_5	3
com/apache/FAQ	$C_1/C_2/C_6$	N_8	4
com/google	C_1/C_3	N_3	5
com/google/home	$C_1/C_3/C_4$	N_6	6
com/google/index	$C_1/C_3/C_5$	N_7	7

主题信息的查找是通过逐级匹配来找到的。系统在收到一个通知消息后，分解出信息中的主题，然后取出第一个编码组件，用来查找主题所在的主题簇。系统中所有的主题簇均将其第一个组件作为其唯一标识，存放在主题簇入口中。主题簇入口实际是一个主题簇标识及其自身的映射表。在查找主题簇的时候，只需找到其标识，再通过哈希映射即可得到主题簇。所以，在主题簇入口中查找标识与所得主题的首组件一致的主题簇，即为所需。得到主题所在的主题簇后，即可开始逐级匹配查找主题信息。图 4-29 为主题匹配查找过程。

图 4-29 中，上面的表是节点列表(NodeList)，存储主题簇中所有的节点；下面的表为关系表，用来表示主题簇中各个节点之间的关系。关系表中的元素不仅有本

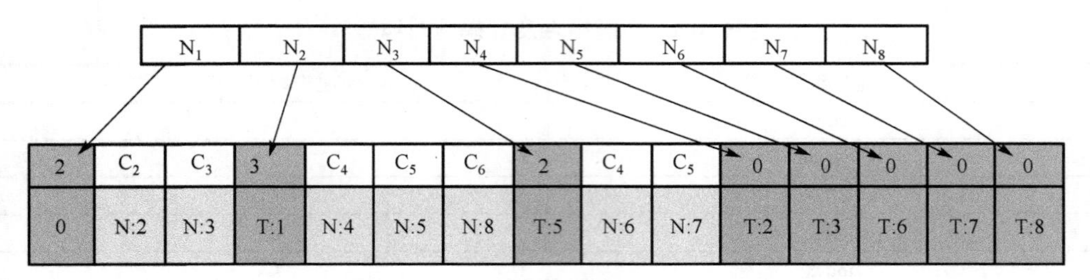

图 4-29　主题匹配查找过程

主题簇中的各编码组件和节点列表中各节点的索引，还有主题在路由表中的索引。图中“N:2”表示在节点列表(NodeList)中的索引为 2，“T:1”表示在路由表(RouteTable)中的索引为 1。节点列表中的每个节点均是存在于主题簇中的节点，其中存有该节点完整主题的所有信息，包括子主题列表、路由信息等。关系表中深灰色的部分是节点的信息，上面的数字表示节点的孩子的数量(也是下级组件的数量)，如 N_1 有两个孩子，而 N_4 没有孩子；下面的数字表示该主题的路由在路由表中的索引。例如，N_3 在路由表中的索引为 5，即/com/google；N_8 在路由表中的索引为 4，即/com/apache/FAQ。深灰色数字后面的白色列表就是节点的孩子节点的信息。其中，上面信息为主题组件的编码，下面数字为对应的节点在节点列表中的索引。可通过编码组件匹配确认路径，通过节点查找得到所需的信息，或者直接得到主题在路由表中的索引。

对主题的匹配查找过程如算法 4-1 所示。

算法 4-1　从主题簇获取特定主题信息。

(1)　Procedure GetTopicInformation(topic)
(2)　　$(C_1,C_2,\cdots,C_k)\leftarrow$ Decompose(topic)
(3)　　TC ← FindFirstComponentOfTopicClusterByName(C_1)
(4)　　　for $i \leftarrow 1$ to k do
(5)　　　　TC = tranceTopicComponent(C_i, TC)
(6)　　　　if TC == null　then
(7)　　　　　return null
(8)　　　　end if
(9)　　　end for
(10)　　return TC
(11)　end procedure

主题簇是由分级主题聚合而成的，主题簇的操作大多是围绕主题这一核心的。主题簇的操作有新建主题簇、匹配查找主题、添加新主题和删除已有主题等。处理新主题的流程图如图 4-30 所示(其他主题处理不再赘述)。

代理服务器接收到一条添加主题的消息后，先查找系统中是否存在标识与本主题的首组件一致的主题簇。若有，则此主题簇就是该主题所隶属的主题簇，否则表明需要新建主题簇。

如图 4-31 所示，为主题簇的建立过程。

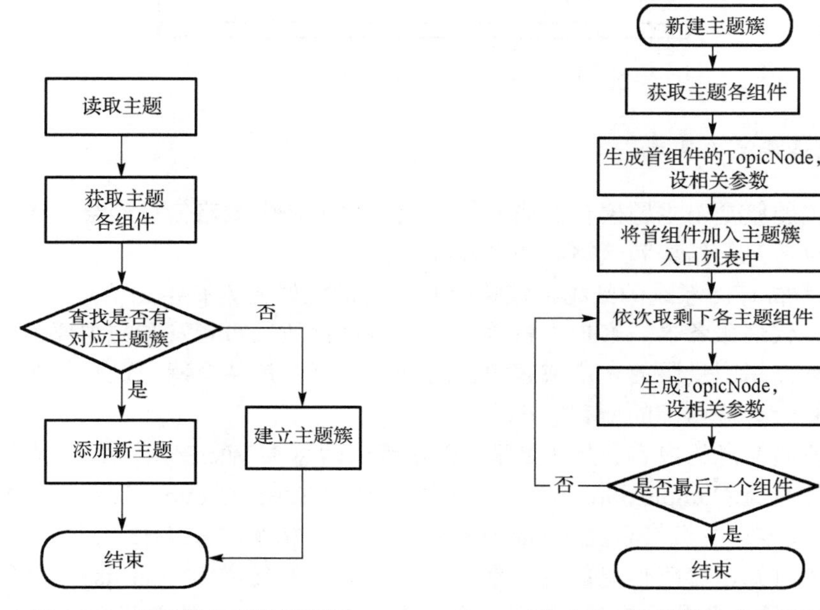

图 4-30　处理新主题的流程图　　　图 4-31　主题簇的建立过程

系统首先获取主题的各个主题组件，放在列表中。取出第一个主题组件，生成一个 TopicNode，并设置相关参数。这里的参数有 TopicNode 的当前主题组件名称 topicComponent、主题簇的根节点的组件名称 clusterRoot 以及 parentNode。其中，topicComponent 与 clusterRoot 相等，parentNode 为 null。将生成的 TopicNode 加入主题簇入口列表中。如此，第一个主题组件就处理完毕。接着依次读取剩下的主题组件，为每个组件生成一个 TopicNode，然后设置相关参数。其中，clusterRoot 为第一个生成的 TopicNode，parentNode 为前面一级主题组件的 TopicNode。所有的主题组件都处理完后，主题簇的建立和此主题的添加就完成了。

主题是由主题组件组成的。主题组件只是一个有实际意义的字符串，而与主题组件相关的信息有很多，如路由信息、主题簇信息、下一级主题组件等。所以，设计类 TopicNode 来存储主题相关的信息，类图如图 4-32 所示。其中，clusterRoot 是主题簇的根节点的组件名称，parentNode 是本组件的上一级组件的 TopicNode，即本节点的父节点；rootNext 是当前主题的路由表；topicChildList 是本节点的下一级组件及其节点的映射表；topicComponent 是当前节点的组件名称。

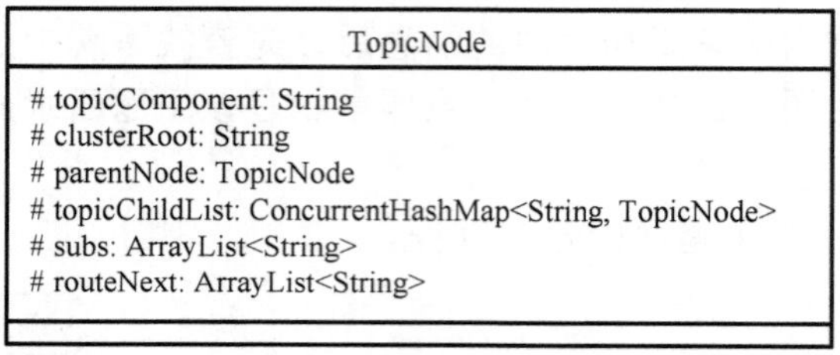

TopicNode

topicComponent: String
clusterRoot: String
parentNode: TopicNode
topicChildList: ConcurrentHashMap<String, TopicNode>
subs: ArrayList<String>
routeNext: ArrayList<String>

图 4-32 TopicNode 类图设计

2. 策略库模块实现

如同主题簇是由主题聚合而成一样，策略库也是由策略信息聚合而成的。本节将讲述策略信息的结构和策略库的更新操作。

根据发布/订阅系统的结构，策略信息包含的主要元素有主题信息、复合集群、单元集群、代理服务器、客户主机等。主题信息就是发布者发布的主要信息，其他的定位元素，指明受限的客户或客户群的特征，可以是某个特定账户的客户，也可以是某个复合集群内部的所有客户。

根据策略信息的内容、存储要求，创建策略信息类 WsnPolicyMsg，以及相关的复合集群信息类 ComplexGroup、单元集群信息类 TargetGroup、代理服务器信息类 TargetRep 及客户主机信息类 TargetHost。各类的结构图如图 4-33 所示。

由类图可知，策略信息的各元素类有一个共同的父类 TargetMsg，且每个类都有一个名称属性，作为自身的标识。复合集群 ComplexGroup 的主要成员有集群名称、单元集群列表、复合集群列表和一个布尔值 allMsg。其中集群名称是其身份唯一标识。在交互界面上创建新集群时，会参考已有复合集群信息，只能为新集群指定唯一的名称。该类还包含一个复合集群列表，说明其虚拟类型的本质，即复合集群实际上是不存在的，只是一个范围的划定。布尔值 allMsg 指示是否其内所有成员受限。

单元集群信息类 TargetGroup 的主要成员是集群名称、代理服务器列表和一个布尔值 allMsg。单元集群是实际存在的集群，所以其实体成员是代理服务器，这是它与复合集群区别最大的地方。

代理服务器信息类 TargetRep 的主要成员是本机地址和相连的客户机。

策略信息类 WsnPolicMsg 的主要成员有主题名称、复合集群列表和单元集群列表。主题名称是该策略信息的受限主题的名称，而复合集群和单元集群则是受限主题所限制的范围。

策略库中主要的元素就是策略信息，其主要操作均围绕策略信息。策略库的主要操作包括策略信息的添加、删除和融合。

策略库的建立很简单，只需调用 encode 方法即可。对策略信息进行编码的时候，只是将信息类中的各成员按照类 web policy 的格式，依照定义的协议保存下来。

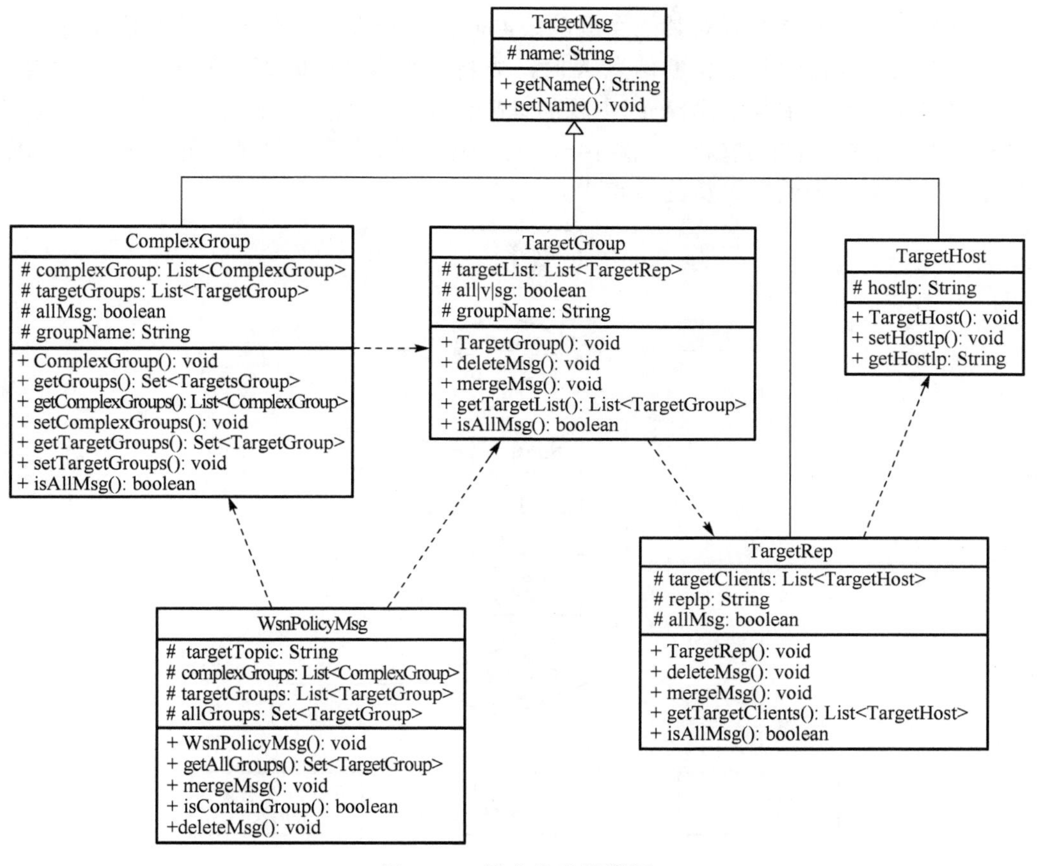

图 4-33　策略信息类类图

策略库的更新操作包括策略信息的添加、删除、替换和融合。策略信息的添加只是将所需的策略信息按协议编码，然后将整个节点添加到策略库中。策略信息的删除，只需先在策略库中查找是否含有指定主题对应的策略信息，若有则删除，操作结束，若没有，则直接结束操作。策略信息的替换，只需先在策略库中查找是否含有指定主题对应的策略信息，若有，则删去原有的策略信息，添加新的信息；若没有，则直接添加新的策略信息。

策略信息的融合较为复杂，如图 4-34 所示，先读取要融合的策略信息 A，查找本地策略库，是否有同主题的策略信息存在，若不存在，则直接将信息 A 编码加入本地策略库中，操作结束。若存在同主题的策略信息，则需要进行逐级的信息融合。

代理服务器收到一条新的策略信息时，先将其保存在本地策略库中，然后提取出策略信息中的受限主题。通过主题簇找到该主题的路由表，再通过受限信息过滤该主题的路由表，删除路由表中被限制的群体。

当发布者取消订阅者对某一主题的限制时，也会发布一条新的策略信息进行说明。如果服务器接收到这样的信息 A 时，先将其与本地策略库中的策略信息融合。即找到本地策略库中与信息 A 同主题的策略信息 B，然后从 B 中删除与 A 的交集部分。接着根据订阅表重新生成路由表，然后再由修改后的信息 B 过滤路由表，保存过滤后的路由表到主题簇的节点中。

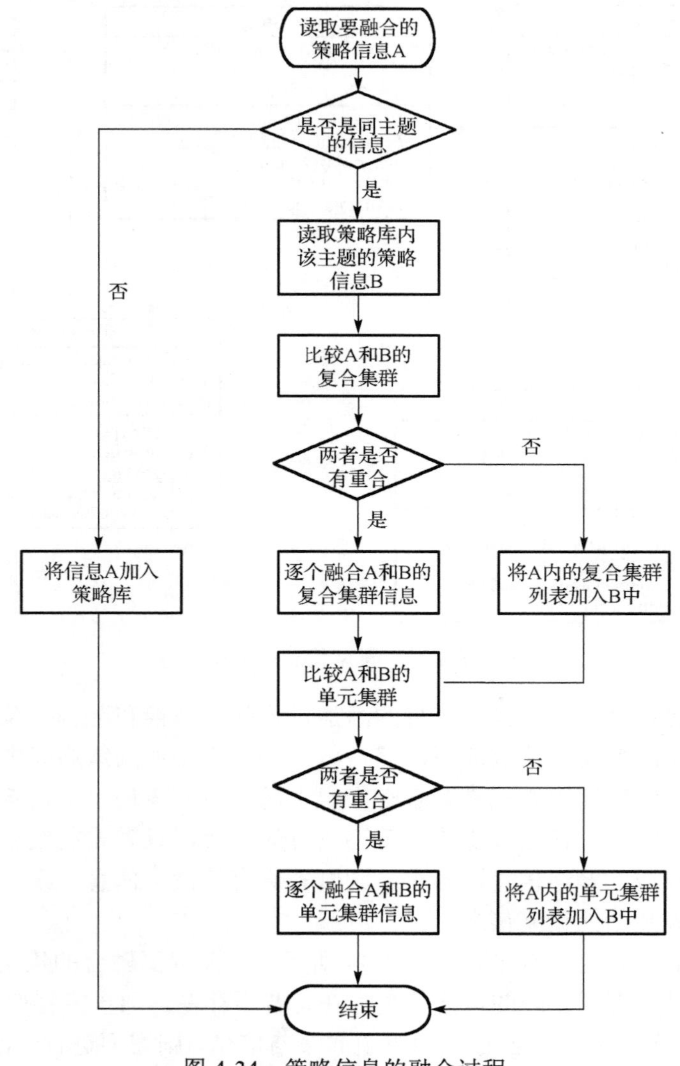

图 4-34　策略信息的融合过程

策略库模块提供给用户一个便于交互的操作界面，如图 4-35 所示。WSN 策略操作包括添加策略信息、修改策略信息和删除策略信息，当然也可以查询策略信息。

信息类型是便于扩展添加的选择项，此处只有“通知消息”，即 MsgNotis 一个选项。目标主题是受限的主题，程序启动后，可以读取本地订阅表，得到所有的可用主题，选择即可。受限群组、受限代理和受限主机都可通过右边的按钮进行选择。其中，受限群组包括复合集群和单元集群。

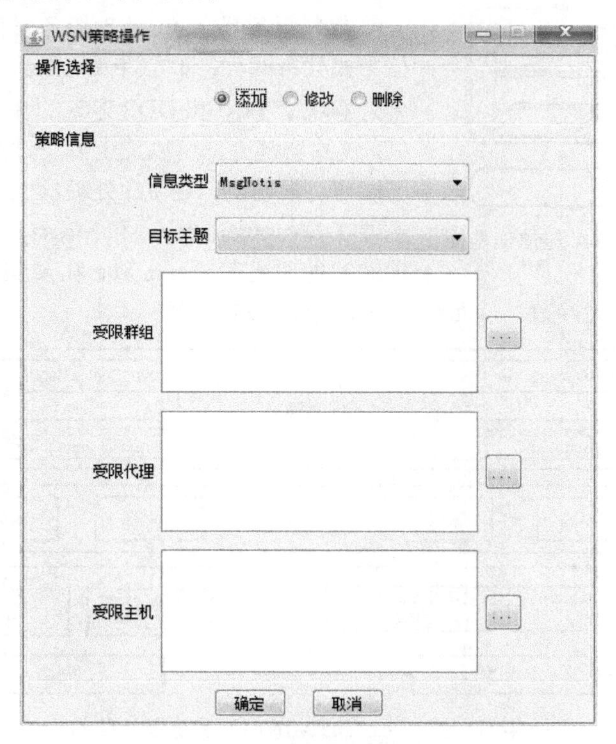

图 4-35　策略库模块总界面

3. 数据转发实现

本节阐述数据分发模块的各个功能点，包括消息分级、按比例发送、探知网络情况以及系统的反馈机制。

Apache MINA 是 Apache 组织的开源异步通信框架，它为开发高性能和高可用性的网络应用程序提供了便利，其全称是 Multipurpose Infrastructure for Network Applications。Apache MINA 提供了抽象的事件驱动的异步 API，可以使用多种传输方式，如 TCP/IP、UDP/IP、串口和虚拟机内部的管道等。它的高性能主要利用 Java NIO 的非阻塞式复用通道，可以提供 Java 对象的序列化服务、虚拟机管道通信服务等。MINA 1.0 版本需要 JDK 1.4 以上版本支持，MINA 2.X 需要 JDK 1.5 以上支持。其通信架构图如图 4-36 所示。

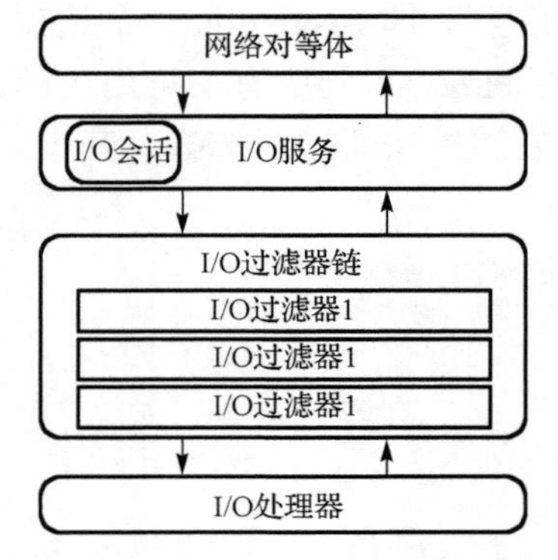

图 4-36　Apache MINA 通信架构图

本系统底层转发功能使用 Apache MINA，利用 MINA 自身的框架特征，结合方案的业务逻辑，完成数据转发基础架构。基于 Apache MINA 的系统框架结构如图 4-37 所示。

代理服务器之间、代理服务器与客户端之间的通信方式共有两种，即 TCP 和 UDP。所以，I/O 服务层分别实现了 TCP 和 UDP 方式的接收器和连接器。在 I/O 过滤器链上，可以加上多个过滤器，此处只添加了编码、解码器。在 I/O 处理器上，信息的业务处理主要在 MessageReceive 和 MessageSent 方法中。其他辅助的处理还有 sessionIdle 和 sessionOpened，用来存储系统运行中的相关参数，从而帮助系统判断当前的网络环境。

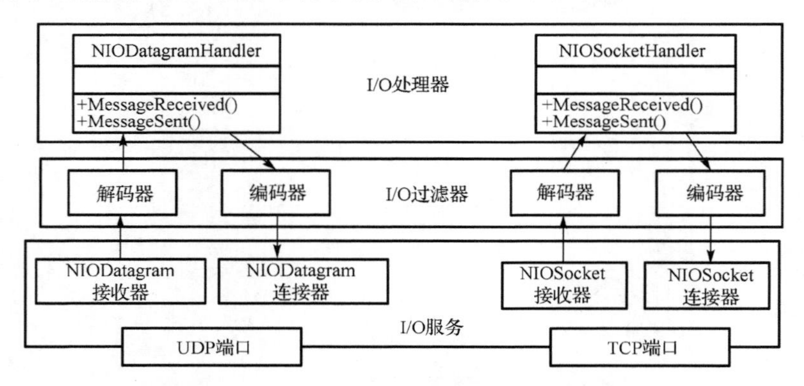

图 4-37　基于 Apache MINA 的系统框架结构

在系统中，集群代表之间主要使用 TCP 通信，也有部分 UDP 通信；集群中的代理服务器之间主要使用组播通信，有少部分的 TCP 和 UDP 通信。所以需分别实现 TCP 和 UDP 的接收器和连接器。因为 Apache MINA 不支持组播通信，所以将 UDP 的链接地址改为 255.255.255.255，实现组播通信的效果。TCP 的连接器如图 4-38 所示。TCP 的接收器如图 4-39 所示。

在 I/O 过滤器链上，实现了信息的编码和解码。如何在字节流中正确地判断消息的边界是编解码的首要问题。我们使用固定长度(如 4 字节)的消息头来指明后面紧跟的消息主体的长度。如图 4-40 所示，为一条完整的消息的结构图。信息编码时，先编码消息主体，再将其长度放在消息头中即可。

系统接收到消息后，只需先读取信息主体的长度，再读取指定数量的字节数，然后对消息主体进行解码。消息主体中存储了消息对象的所有成员域名及其对应的值，各个成员域之间通过特定模式的分隔符(如分号)来分隔。

```
public static NioSocketConnector createSocketConnector(){
    NioSocketConnector connector = new NioSocketConnector();
    //设置过滤器
    setFilters(connector);
    //若绑定threadPool，则使用此线程池建立线程执行业务逻辑（IoHandler）处理
    connector.getFilterChain().addLast("threadPool", new ExecutorFilter(3,3));
    connector.setConnectTimeoutCheckInterval(30);
    connector.getSessionConfig().setSendBufferSize(64192);
    connector.setHandler(new SocketConnectorHandler());//设置事件处理器
    connector.getSessionConfig().setIdleTime(IdleStatus.BOTH_IDLE, IDLE_TIME);
    return connector;
}
```

图 4-38　连接器实现的核心代码

```
public static NioSocketAcceptor createSocketAcceptor(String ip, int port){
    //创建一个非阻塞的server端的Socket
    NioSocketAcceptor acceptor = new NioSocketAcceptor();
    try {
        //设置过滤器
        setFilters(acceptor);
        //若绑定threadPool，则使用此线程池建立线程执行业务逻辑（IoHandler）处理
        acceptor.getFilterChain().addLast("threadPool", new ExecutorFilter(3,3));
        //设置读取数据的缓冲区大小
        acceptor.getSessionConfig().setReadBufferSize(8192);
        acceptor.getSessionConfig().setMaxReadBufferSize(16384);
        //读写通道10秒内无操作进入空闲状态
        acceptor.getSessionConfig().setIdleTime(IdleStatus.BOTH_IDLE, 10);
        //绑定逻辑处理器
        acceptor.setHandler(new SocketAcceptorHandler());
        //绑定端口
        acceptor.bind(new InetSocketAddress(InetAddress.getByName(ip), port));
    } catch (Exception e) {
        e.printStackTrace();
    }
    return acceptor;
}
```

图 4-39　接收器实现的核心代码

消息头 4字节	消息主体 不定长度

图 4-40　编码消息结构图

在 I/O 处理器中，服务器端接收到一个连接后，建立一个会话，调用 sessionCreated 函数。此时，系统对新会话进行初始处理，记录当前会话的各个参数，为后面的反馈操作和丢包操作提供依据。当有信息在会话上传输时，调用 sessionOpened 函数，没有过多的处理。当服务器接收到消息后，解析出消息，然后调用消息自身的处理函数。因为每个消息都有不同的处理方式，所以每类消息的处理放在本类中，这样的结构有助于代码的扩展。

在 I/O 处理器中，客户端与服务器建立连接后，也会创建一个会话，同时对新会话进行初始处理，记录当前会话的各个参数，为后面的反馈操作和丢包操作提供依据。客户端成功发送完一条消息后，会获取当前发送队列的长度，查看其是否超过长度阈值，从而判断是否进行丢包操作，设置当前会话的状态。

如图 4-41 所示，为信息在框架中的流通及处理过程。

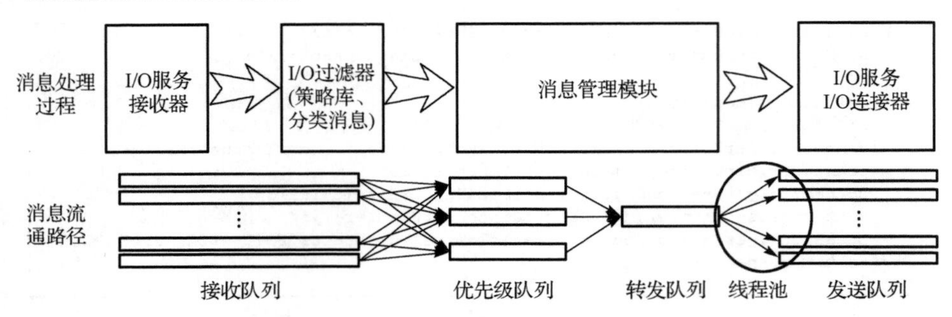

图 4-41 信息在框架中的流通及处理过程

由图 4-41 可知，系统使用 Apache MINA 的原有框架，实现消息驱动机制，将 I/O 接收器收到的消息统一处理，然后分发。服务器端通过 I/O 接收器接收到消息字符串后，将其传输给过滤器链。在过滤器链中，首先将接收的字符串解码成信息类型，然后将其送入信息管理模块中处理。在信息管理模块中，除了对信息进行一些本地的业务处理外，还要根据消息的类型及该类型信息的处理方式，决定该消息是否继续转发。若不转发，则丢掉消息；若继续转发，则由 I/O 发送器发送出去。由于 Apache MINA 的服务器接收端，对每一个通道的信息处理都开启一个新的线程，虽然共用一套过滤器链，但对消息的处理仍是在各自的线程里，所以系统实际上采用的是多消息分发器多队列方式，消息处理效率较高。

在上述的信息处理过程中，需要注意的是存放信息的队列。消息由 I/O 接收器接收后，存放在该通道的缓冲队列中，称为接收队列(Receive Queues，RQ)。RQ 中的消息经过 I/O 过滤器的解码操作和 I/O 处理器的相关操作后，若需要继续转发，则根据消息的信息类型，为消息分配优先级，并将其送入对应的 PQ 中。PQ 中的各级信息依据其优先级按照特定的比例放入一个 FQ 中。

此外，FQ 还是一个分发线程池的任务队列，分发线程池负责将发送队列中的信息分发到指定的通道中。分发线程池中的线程数量可以设定，并在系统启动后去 FQ 中读取信息，然后查路由表获得信息发送的地址列表。线程依据信息发送地址和处理的端口号，在<地址，会话>映射中找到相应的会话来发送信息。若会话不存在，则新建一个会话发送消息，然后保存该地址和会话的映射关系。此处的会话，即 session，是由 Apache MINA 异步通信机制提供的，是 I/O 处理器中提供的 I/O 连接器。所有待发送的消息放在各个会话的发送队列(Send Queues，SQ)中。

在消息管理中，采用三级缓冲队列的管理机制。其中，第一级队列是一组优先级队列，即上述的 PQ；第二级队列是一个加权公平转发队列，即上述的 FQ；第三级队列就是各通道中的发送队列，即上述的 SQ。

本节的消息管理模块的反馈调整控制正是对三级缓冲队列的调整。根据调控的影响范围，将消息管理控制分为微调(只有 SQ)和全局调控(PQ、FQ、SQ 均参与)。

微调对应的是系统的 healthy 状态，指的是在第三级发送通道中，每一个队列自身采用主动队列管理(Active Queue Management，AQM)算法。由于 Apache MINA 对通道接口的灵活设计，可以很轻易地获取所有通道的情况，如等待队列(即发送队列)的长度、会话的自定义属性值等。当通道出现阻塞迹象时，发送队列的长度(简称队长)会增加，设定一个队列长度的阈值 minth。若队长<minth，则继续发送信息；若队长>minth，则需要计算丢包率，并丢包。关于丢包率的计算，吴春明等介绍了几种主动式队列管理算法，并对各个算法的优劣进行了比较。

在调控过程中，发送队列可能出现三种状态：healthy、sick、dead，如图 4-42 所示。

当队长小于某一阈值时，队列处于 healthy 状态。当网络状态不好，该队列所在的通道出现阻塞状况时，队列的长度会增加，继而大于所设定的阈值，此时，队列处于 sick 状态。然后启动调节机制，队列从头部开始丢包使队列的长度变小，直至队长小于设定的阈值，即队列返回 healthy 状态。若启动调节机制之后，情况仍未有好转，且系统也处于不良状态，全局阻塞较严重，同时，该通道的整体优先级较低(如为 UDP 通道)，队列将转为 dead 状态。队列处于 dead 状态后，就会清除发送队列中的所有信息，强行使队列恢复 healthy 状态。所以，dead 状态是一个短暂的状态，是特定情况下，队列从 sick 状态快速回至 healthy 状态的极端操作。

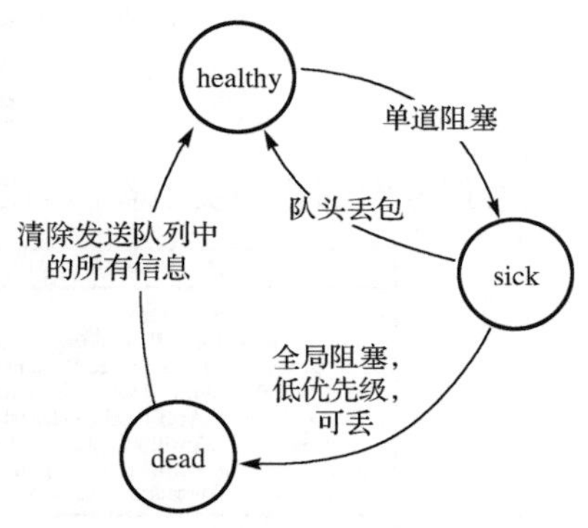

图 4-42　发送队列状态图

全局调控是根据第三级各通道的阻塞情况，对 PQ 和 FQ 进行调整。使用两个全局计数器 total_counter 和 blocked_counter，分别指示当前活动的通道总数和出现阻塞的通道数。当网络通信状况不好，有通道出现阻塞(即该通道的发送队列处于 sick 状态)时，会使阻塞通道计数器 blocked_counter 的值增加。阻塞通道在所有通道中的比例会反映系统当前运行的状态是否良好。根据系统运行的情况，将系统定义为四个状态：healthy、unhealthy、sick、moreill。系统各状态转化关系及其处理方式如图 4-43 所示。

根据阻塞通道所占的比例，将全局调控分为三级，分别对应三种系统状态：unhealthy、sick、moreill。当系统由 healthy 状态转为 unhealthy 状态时，会继续微调，同时调整优先级信息的入队比例，使重要的信息优先发送。若网络状况继续恶化，系统进入 sick 状态，同时减少分发线程池中线程的数量，降低信息分发的速度。若网络状况仍不能得到缓解，系统进入 moreill 状态，此时转发模块就会暴力“杀死”低优先级的通道(如 UDP 通道)，以缓解阻塞压力。

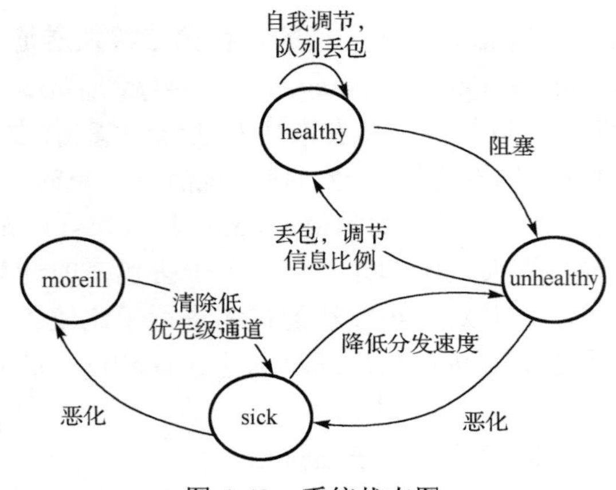

图 4-43　系统状态图

数据分发部分的实现类图如图 4-44 所示。

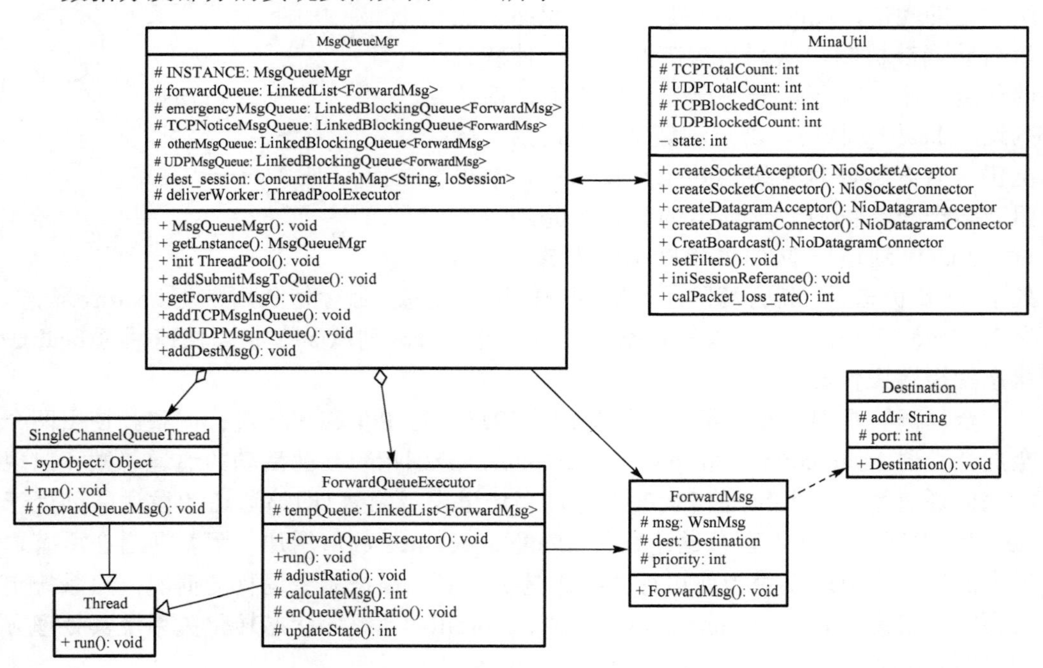

图 4-44　数据分发部分的实现类图

MsgQueueMgr 类是队列管理器，且是单例模式。此类中主要包含 PQ 和 FQ 两级队列及其相关参数与操作。其中，INSTANCE 是唯一的类实例；forwardQueue 为 FQ；emergencyMsgQueue 是 PQ 中的第一优先级队列；TCPNoticeMsgQueue 是 PQ 中的第二优先级队列；otherMsgQueue 是 PQ 中的第三优先级队列；UDPMsgQueue 是 PQ 中的第四优先级队列；dest_session 是存储目的地址与会话的映射表；

deliverWorker 是分发线程池。MsgQueueMgr 的构造函数中初始化各参数，启动数据分发线程池和监听 FQ 的线程。

ForwardQueueExecutor 类是 MsgQueueMgr 类的一个内部类，是监听 FQ 的线程，负责数据从 PQ 按比例存至 FQ 中。由于 forwardQueue 会随时被分发线程操作，为提高系统效率，使用一个临时队列 tempQueue。此类的主要操作是根据当前系统状态，调整各优先级信息的发送比例，然后按比例将信息转存至 FQ。

MinaUtil 类是一个工具类，用来实现 I/O 服务中的连接器和接收器，维护当前系统的各公用参数和一些其他操作，如计算丢包率等。此类中的方法几乎全为 static public 类型，为其他类的操作提供工具接口。

SingleChannelQueueThread 类是分发线程池的任务类，线程每读取一条消息，都会调用此类来处理。系统先从主题簇中查找消息的路由列表，然后从 dest_session 中找到与各发送地址相连的会话(若没有找到，则建立新会话)，再根据消息的优先级和当前系统的状态判断是否转发消息。若转发，则通过会话通道转发消息；否则丢弃该消息。

ForwardMsg 类是消息入 PQ 时，统一封装的，含有消息的主体、优先级以及目的地址。Destination 就是一个网络地址的封装类，只包含 IP 地址和通信端口。

4.4　服 务 接 口

分布式物联网服务通信基础设施中面向服务的发布/订阅系统是广域异构集成的关键，4.2 节和 4.3 节主要阐述了如何进行策略驱动的服务事件路由和高效的事件转发，本节主要阐述发布/订阅系统本地接口模块的服务化设计，以满足物联网应用通过本地服务接口使用全网能力、访问全网事件的需求，将广域异构的事件、服务与资源可以逻辑统一在本地进行访问与控制。

4.4.1　服务接口需求分析

面向物联网的发布/订阅系统，其核心需求在于高性能和高可靠性，因此发布/订阅系统的服务接口子系统(称为 HPwsn)，除了为客户端提供发布/订阅系统的本地化服务接口，其核心需求是提高本地接口层的性能。图 4-45 描述了 HPwsn 系统的用例图。

现有的基于 WSN 规范的发布/订阅系统产品中，缺少主动推送功能，经过对现有发布/订阅系统的分析研究，结合实践中总结的经验，我们认为 HPwsn 应该具有以下几个功能。

(1) 取消订阅。应该在 HPwsn 系统中实现完整的取消订阅功能，采用合理的机制回收系统的废弃资源。

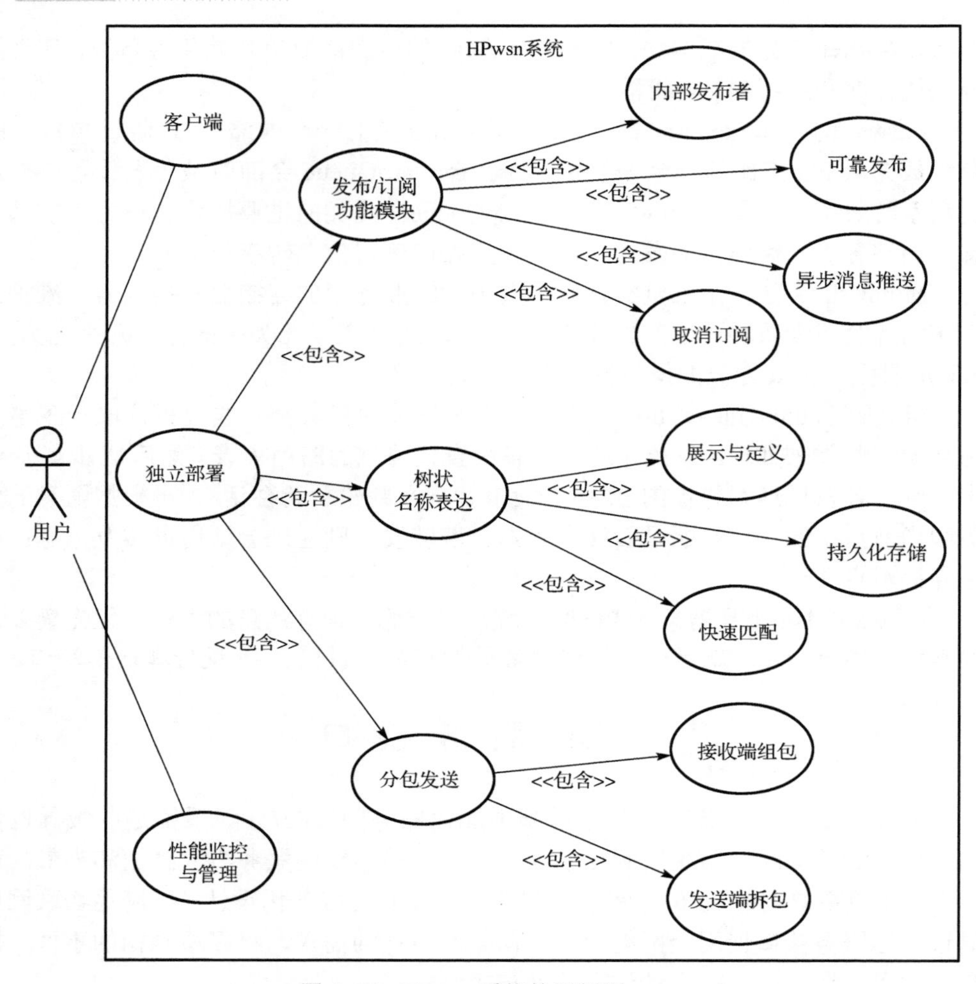

图 4-45 HPwsn 系统的用例图

(2)处理重复订阅。对于重复订阅的情况，系统不应再次分配订阅资源。

(3)在系统内部设置预处理发布功能。当同时有很多通知消息到达系统中时，通知消息核心处理模块的压力是比较大的，设置预处理模块，在通知消息到来时先进行预处理，合理调度推送任务。

(4)提供多可靠性级别发布接口。对发布者来说，某些通知消息可能很重要，希望保证交付。鉴于这种需要，系统应该能够提供一种方式，允许用户选择不同的可靠性发布接口，对重要消息实现可靠交付。

(5)消息异步递交。高性能地实现消息分发是 HPwsn 系统最核心的需求，采用异步方式代替同步消息递交，能够大幅度提升系统性能。

(6)分包切割功能。路由层转发消息时会根据源主机与目的主机之间的网络拓扑关系选择不同的协议实现数据转发，在使用 UDP 时，每个消息长度往往不能超过一定的限值(如 8KB)。这就限制了用户向系统递交的数据的大小，为了克服这个问题，需要在服务层与路由层的接口处实现消息拆包和组包。

(7)服务封装。HPwsn 系统是基于分布式 Web 环境的发布/订阅系统，用户与系统之间的消息交互使用 SOAP，它应有如下功能。

① 提供 createPullPoint、Subscribe、Notify、Unsubscribe 等方法，使得用户直接调用这些方法就可以完成 SOAP 消息的封装。

② 采用 Web Service 接口的调用方式。

(8)基于 Web 服务的发布与通知接口，往往每秒钟的消息吞吐量为 20～40 包，这显然不能满足物联网实际应用的需求，因此，HPwsn 一个主要的设计需求就是综合运用各种技术，提升系统性能。

基于 WSN 组件的高性能、高可靠性发布/订阅系统运行在 Web 环境下。一个典型的应用环境如图 4-46 所示。

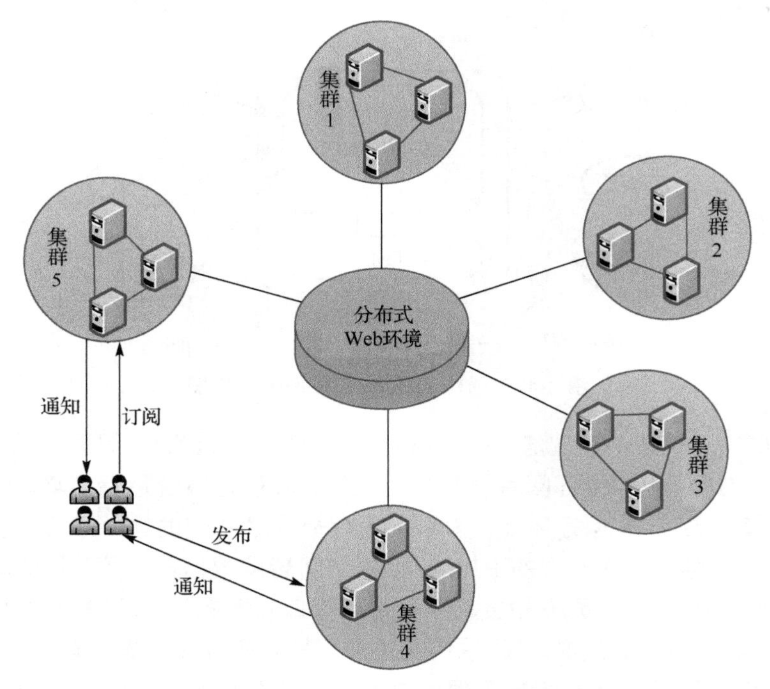

图 4-46　发布/订阅平台应用环境示意图

HPwsn 系统可以进行灵活的部署和应用，由于具备高性能、高可靠性的特点，如果应用环境比较简单，可以在一台机器上部署，所有发布者和订阅者均与单点系统交互数据。这种部署方式负载有限，但是监控管理简单。

在分布式的 Web 环境中，可在多台机器上同时部署 HPwsn，这些 HPwsn 相互之间聚合成不同的集群，每个集群选出一个代表实现集群间的数据交互，路由模块负责不同 HPwsn 主机之间的数据转发，并由管理员程序统一管理。这种部署方式构成了一个完全分布式的消息中间件集群，优点是能够承载较大的负荷，向更多的用户(订阅者和发布者)提供消息分发服务；缺点就是集群拓扑结构复杂，监控管理上有一定的复杂性。

4.4.2 服务接口设计

发布/订阅系统是一种能够使分布式系统中的各方以发布者和订阅者的身份参与到消息交互活动中来的中间件系统。发布者是消息的生产者，它将真实或虚拟环境中发生的事件封装成规范的格式化消息，发送到发布/订阅系统中；订阅者是消息的消费者，它向发布/订阅系统发送一条格式化的订阅消息，描述一个订阅条件，表示对哪些事件感兴趣，这样，当匹配这些订阅条件的消息到达系统中时，发布/订阅系统保证将这些消息及时、高效、可靠地推送给订阅者。一个通用的发布/订阅系统架构图如图 4-47 所示。

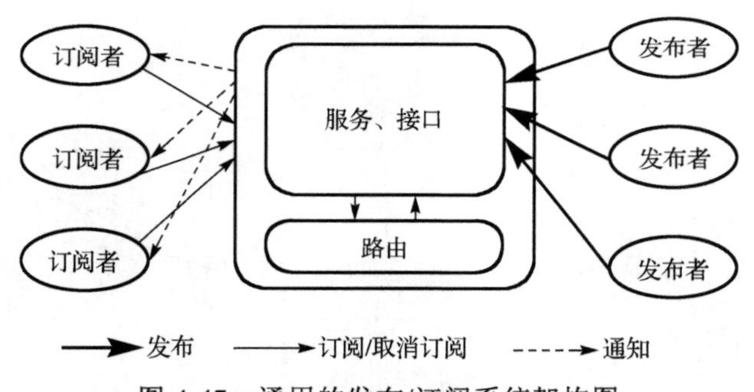

图 4-47 通用的发布/订阅系统架构图

具体到本书的 HPwsn 系统，图 4-48 描述了 HPwsn 发布/订阅系统的架构。从图中可以看出，HPwsn 发布/订阅系统共分为三层，底层是系统运行环境，包括操作系统、网络环境以及 Java 运行环境，为系统运行提供最基础的软件环境支持。第二层为路由层，路由层用于在不同的 HPwsn 机器之间转发数据，使得系统能够运行在分布式 Web 环境中。上层是服务层，分为用户接口和发布/订阅服务两个模块。上述三层结构构成了 HPwsn 发布/订阅系统的主体，另外还有元数据管理与持久化模块、用户客户端模块以及性能监控与管理模块，它们结合在一起组成了 HPwsn 发布/订阅系统。

运行环境是系统运行最基本的保障，为系统运行提供最基础的软件环境支持，主要包括三个部分：操作系统、网络环境和 Java 运行环境。

本系统采用 Java 语言编写，Java 语言的跨平台特性在 HPwsn 发布/订阅系统中

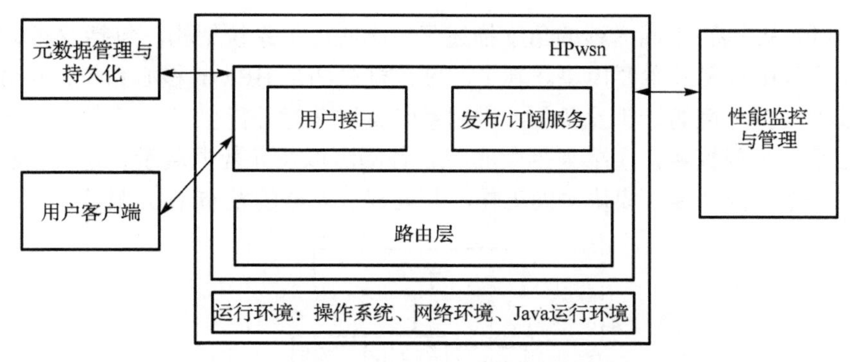

图 4-48　HPwsn 发布/订阅系统架构图

也得以体现，本系统除了元数据管理与持久化模块之外，都可以运行在 Windows 系列系统中，也可以运行在主流的 Linux 发行版本上。不过，在部署 HPwsn 集群时，该模块只需部署在集群中的一台主机上，其他机器可以通过配置指向这台主机，获取元数据信息。

由于 HPwsn 通常以集群形式部署在 Web 环境中，所以网络环境的支持是系统正常运行的基本保障之一，并且网络类型的选择和网络质量的好坏直接关系到系统的服务质量。

路由层为整个系统提供高效的分布式数据转发。路由层是一个独立的模块，但是有两点需要说明。

(1)通过路由层与服务层之间的数据接口，到达服务层的每一条消息最终都会递交给路由层，由路由层决定处理策略，例如，当路由层从服务层收到一条通知消息时，会判断在网络中的其他 HPwsn 系统中是否有相应的订阅，若没有则丢弃消息，若有则转发消息。数据到达目的主机后，会由路由层向服务层递交，由服务层负责将数据递交给用户(订阅者)。

(2)路由层在转发消息时，根据源地址和目的地址的拓扑关系，会选择不同的传输层协议(TCP 或者 UDP)。在使用 UDP 传输数据时，UDP 包一般不能超过 8KB。为了解决大数据包的传输问题，在服务层实现了分包发送和组包策略，使得用户在构建数据包时只关注数据本身，从数据发送的细节中解放出来，另外，还使得路由层在传输数据时不必考虑数据包的大小。

服务层分为两部分，用户接口模块和发布/订阅服务模块。其中用户接口是一个 Web Service 及其实现，供发布者或订阅者调用，而发布/订阅服务则相当于后台处理逻辑，用于完成发布/订阅功能。

HPwsn 系统启动时将自身发布成一个 Web Service，用户通过调用 Web Service 接口，将封装好的数据发送到服务层，发布/订阅服务接收到消息后，经过一定的流程，将消息交给对应的实现处理。这一部分是 HPwsn 发布/订阅系统中最核心的部分。

图 4-49 从发布/订阅流程的角度描述了更细粒度的系统架构，包括发布/订阅的主要流程及流程中涉及的主要模块。其中，虚线框内部是 HPwsn 核心系统，可独立部署在具备基础支持环境的计算设备上，占用系统资源并对外提供发布/订阅服务。虚线框外为核心系统外部模块，主要包括发布者、订阅者以及元数据展示、定义与存储等子模块。核心系统内外多个模块协同工作，共同提供完整的发布/订阅服务。

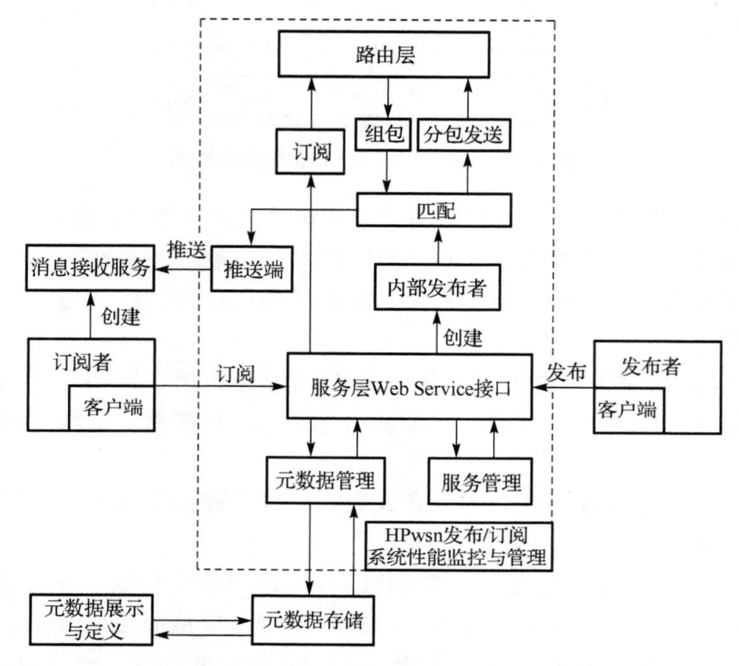

图 4-49 HPwsn 发布/订阅系统详细架构图

下面概要介绍系统各个流程、模块的设计。

1. 初始化

HPwsn 系统启动后，首先进行初始化，初始化流程如图 4-50 所示。在这个过程中，主要完成以下工作。

(1) 向分布式 Web 环境中的管理员注册，通知管理员自己加入集群。

(2) 启动元数据管理模块，从本地或远程持久化库中加载用户定义好的元数据信息。

(3) 启动服务管理模块，初始化系统资源。

(4) 发布 Web Service，对外提供服务。

2. 发布与订阅

系统初始化完成后，订阅者可以发起一个订阅流程，该流程共分为三步，首先，

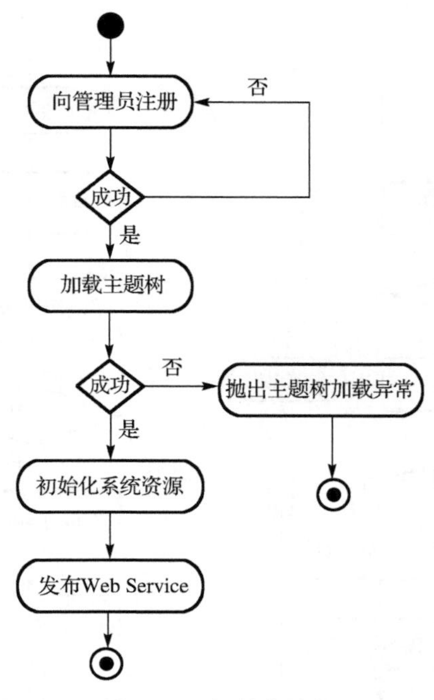

图 4-50　初始化流程

订阅者创建一个本地消息接收服务；其次，订阅者发起创建推送端点的请求，HPwsn 系统收到消息后根据要求创建推送端点，并返回创建状态。若创建推送端点成功，则订阅者应发起订阅请求，在这个过程中，系统记录并维护该订阅的信息，为其分配系统资源，将该订阅与之前创建的消息推送端点绑定，并返回订阅的创建状态。订阅过程的流程如图 4-51 所示。

系统初始化完成后，发布者也可以发起一个发布流程。首先，发布者通过某种方式感知真实或虚拟环境中发生的事件，并将其抽象为一种格式化的描述；其次，发布者调用客户端发送通知消息，HPwsn 系统收到通知消息后，解析消息并根据其主题在主题树中进行匹配，匹配成功后获取其订阅者列表，调用相应的推送端点逐一推送消息。发布过程的流程如图 4-52 所示。

推送端点模块负责向用户递交消息。在订阅流程中，推送端点在系统处理完创建推送端点请求后建立，并在创建订阅的过程中与相关订阅绑定。在发布流程中，当系统获取到当前通知消息的所有订阅者之后，会调用每个订阅对应的推送端点模块将消息发送给相应的订阅者。

在现有系统中，推送端点使用同步 HttpClient 发送消息，每发送一条消息，需要读取其响应获取状态信息，然后再发送下一条消息，这种同步发送消息的方式直接导致了发送效率不高，系统吞吐量过小的问题。在 HPwsn 系统中，采用异步结合

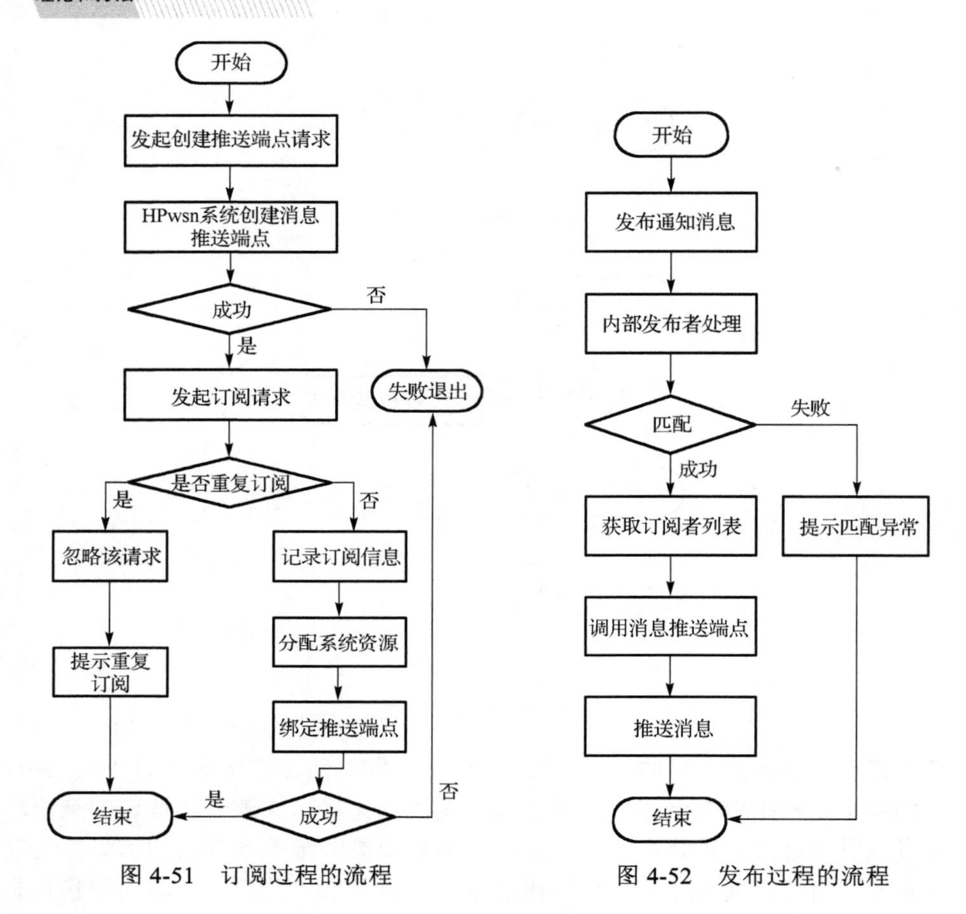

图 4-51　订阅过程的流程　　　　图 4-52　发布过程的流程

回调机制替代同步，即消息发送出去之后即刻返回，发送下一条消息，而消息接收端会调用推送端点提供的回调函数通知消息的发送状态。

这样设计的好处在于大幅提高了系统的消息吞吐量，并且依然能够获取消息发送状态，从而对复杂的网络状况及时作出反应。

3. 分包与组包

分包发送的目的在于解决路由层使用 UDP 转发数据时数据包大小受限的问题。为了解决这个问题，HPwsn 系统在服务层向路由层递交消息时，添加了拆包模块，而在路由层向服务层递交消息时，添加了组包模块。

为了能够进行正确组包，需要在拆包端向消息体中添加一些附加信息，包括用于标识一条完整消息的<Identification>标签和拆包信息标签<Package>。

拆包流程如图 4-53 所示。

组包流程如图 4-54 所示。服务层收到路由层递交的消息后，会首先解析其分包附加标签的信息，以此为根据，决定下一步是直接进行匹配并向用户递交消息，还是启动组包进程进行组包。另外还有一点，每向一个组包进程中添加一个分包，就会检查当前组包进程是否已经获得所有分包，若是则进行组包，产生完整数据包。

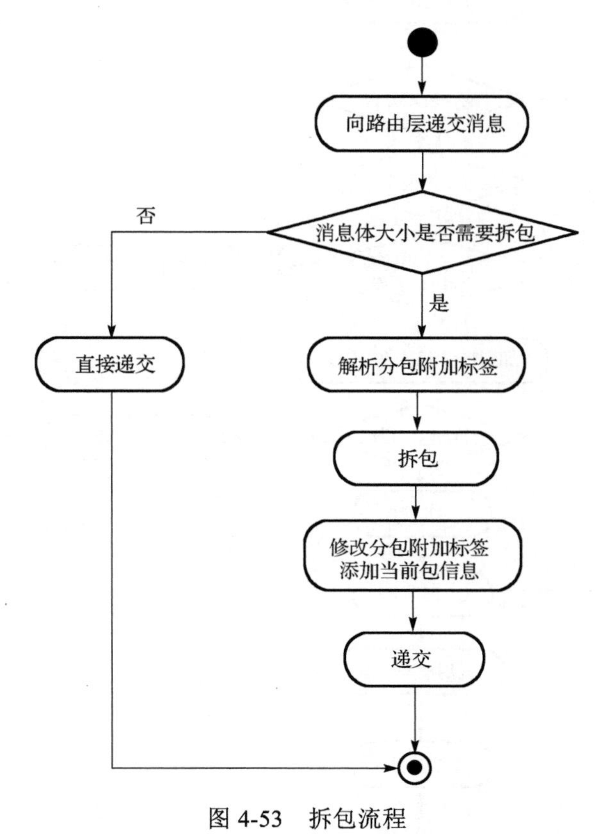

图 4-53　拆包流程

4. *发布者与订阅者*

发布者、订阅者是每一个发布/订阅系统中必不可少的角色，也是最重要的角色，发布/订阅系统的设计始终是围绕怎样将消息更快速、实时、稳定地从发布者处转发到订阅者处进行的。对于本系统，这两种角色就是系统的实际用户，在设计系统的时候，一方面，要向用户提供尽量丰富的接口，满足用户多样化的需求；另一方面，还要使用户尽可能地脱离技术细节，尽可能少地限制用户，最好能实现用户只需要知道自己想发什么数据，就能够使用该系统。

如果订阅者这个角色对发生在别处的某种事件感兴趣，那么它可以通过订阅这类事件的通知消息，获取这类事件的描述，而在本地定义接收到通知消息之后的处理逻辑。

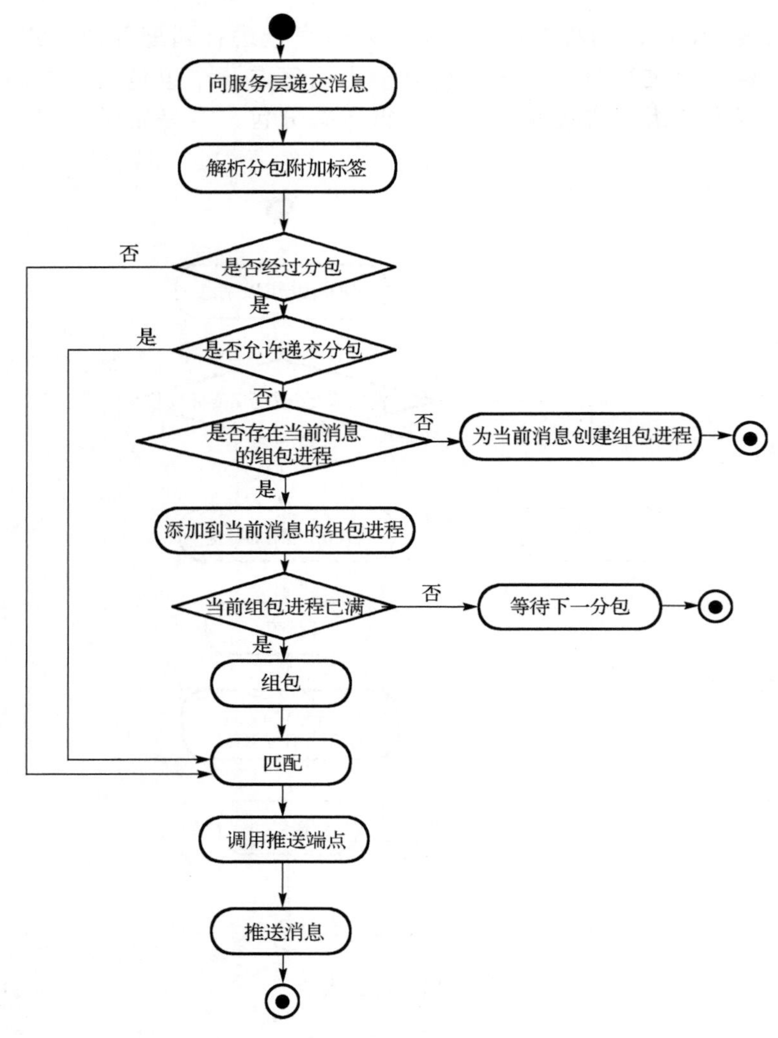

图 4-54 组包流程

由于要实现主动推送功能，不必周期性地向系统请求消息，所以在订阅者本地必须有一个消息接收服务。一个订阅者程序启动的时候，会首先发布一个 Web Service，作为本地消息接收服务，而在这个 Web Service 的实现中定义接收到系统推送的通知消息之后的处理逻辑。Web Service 发布成功后，订阅者会调用客户端的方法开始发起订阅请求，并在请求中携带本地消息接收服务的地址。实现这样的流程就构成了一个最简单的订阅者程序。

发布者扮演的是一个事件观察者的角色，它通过某种方式感知现实或虚拟世界中发生的事件(如传感器)，捕捉到事件后采用一定的格式进行描述，最后将这种描述包装成格式化的数据，调用客户端的方法发送到 HPwsn 系统中，这样就实现了一个简单的发布者程序。

5. 客户端模块

客户端模块，就是 HPwsn 系统向用户提供的一个工具模块。客户端能够完成的工作，完全可以在订阅者和发布者程序中完成，但是，由于这类工作具有普遍性，我们将它抽象出来，封装成一套 API，供用户调用，这样，用户在实现订阅者或者发布者程序时，就可以从技术细节的泥潭中解脱出来，只需要关注自身的数据。

以发布者为例，用户想要把自己的数据发送到系统中，首先，要将数据和主题封装成符合 WSN 规范的格式，因为 HPwsn 系统是基于 WSN 组件的，只有符合 WSN 规范的消息才能在 HPwsn 系统中正常处理。接着，要将 WSN 规范格式的消息再一次封装成 SOAP 消息，这样才能使用 HTTP 在网络中传输，而且这一步封装，要根据核心系统的 Web Service 接口定义进行。这个过程是比较复杂的。图 4-55 是一条构建好的 SOAP 消息。

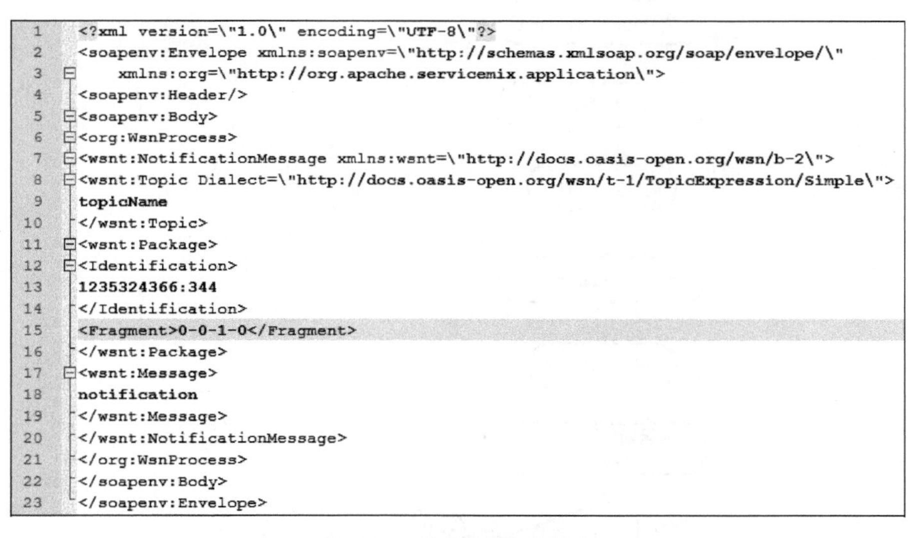

```
<?xml version=\"1.0\" encoding=\"UTF-8\"?>
<soapenv:Envelope xmlns:soapenv=\"http://schemas.xmlsoap.org/soap/envelope/\"
    xmlns:org=\"http://org.apache.servicemix.application\">
<soapenv:Header/>
<soapenv:Body>
<org:WsnProcess>
<wsnt:NotificationMessage xmlns:wsnt=\"http://docs.oasis-open.org/wsn/b-2\">
<wsnt:Topic Dialect=\"http://docs.oasis-open.org/wsn/t-1/TopicExpression/Simple\">
topicName
</wsnt:Topic>
<wsnt:Package>
<Identification>
1235324366:344
</Identification>
<Fragment>0-0-1-0</Fragment>
</wsnt:Package>
<wsnt:Message>
notification
</wsnt:Message>
</wsnt:NotificationMessage>
</org:WsnProcess>
</soapenv:Body>
</soapenv:Envelope>
```

图 4-55　完整的发布消息

在这条 SOAP 消息中，1～6 行以及 21～23 行为 SOAP 消息的包装部分，从第 6 行可以看出，SOAP 消息的包装是和核心系统的 Web Service 接口定义有关的。其余的 XML 标签都是 WSN 规范格式的包装，其中嵌入消息体中的 topicName 和 notification 字段就是要发布的消息对应的主题和内容。

显然，这个过程如果放到发布者和订阅者程序中去实现，则会给用户造成很大的困扰，用户必须熟知如何构建符合 WSN 规范的消息以及如何构建 SOAP 消息。

另外，这部分封装具有普适性，即针对不同的消息，封装的过程是一样的，所以，在 HPwsn 系统中，将这一类的消息封装和消息发送的过程封装在一起，向用户提供 API，用户在调用方法的时候只需要将消息主题和内容作为参数传进来就可以了。以发布通知消息为例，用户调用客户端方法的流程如图 4-56 所示。

与前面论述的核心系统内部的推送端点向订阅者消息接收服务推送消息类似，客户端利用 Apache HttpClient 向系统发送消息也是整个 HPwsn 系统的主要性能瓶颈之一。对于订阅消息，由于其数量较少，不必太关注性能问题，但是对于发布通知消息，客户端模块的性能就至关重要了。

经研究和测试，现有的基于 WSN 组件的发布/订阅系统，消息分发的性能都不是很高，为在 20～40 包每秒的数量级，这远远满足不了生产环境的需求。因此，在这个模块，本书采用了与推送端点同样的技术，通过异步消息发送结合回调机制实现消息的快速递交。

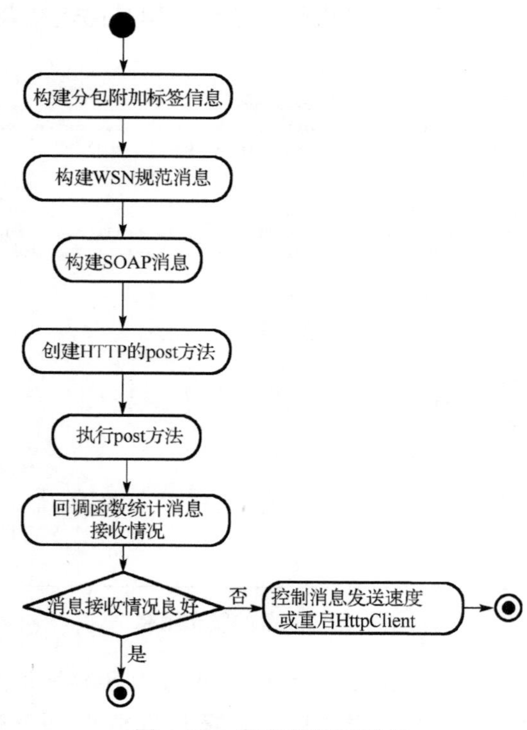

图 4-56　客户端调用流程

6. 性能监控与管理

当系统中同时有大量的通知消息到来时，HPwsn 系统的负荷会很大，占用的系统资源也会很多，这时候系统能不能长期、稳定地运行是一个很重要的问题。在系统的开发测试阶段，需要有一套标准来评价系统的稳定性和资源占用；在系统部署到实际生产环境中之后，需要一个检测模块监控系统的运行，便于及时发现问题和找出问题原因。这就是性能监控与管理模块的主要职责。

整个 HPwsn 系统都是基于 Java 语言开发的，而 JDK 自带了一套性能监控工具，这套工具完全能够满足本系统监控与管理的需求，因此，选用 JDK 自带的 Java VisualVM 来实现性能监控与管理模块。

7. 元数据管理

元数据就是用来描述数据的数据，在 HPwsn 系统中，最重要的元数据就是订阅信息。为了满足用户大批量、层次化的订阅需求，使用主题树来保存和管理订阅信息。

为了使用户更简单方便地定义、组织主题树信息，系统提供一个图形界面供用户使用，如图 4-57 所示。在该工具中，用户可以按照自身需求定制主题树。在数据库中存储的时候，所有主题树的根节点都有一个共同的虚拟父节点，这种结构类似于 Java 语言的单根继承，目的是方便在主题树中查找和匹配主题。另外，用户还可以为每一个主题制定路由转发的策略。

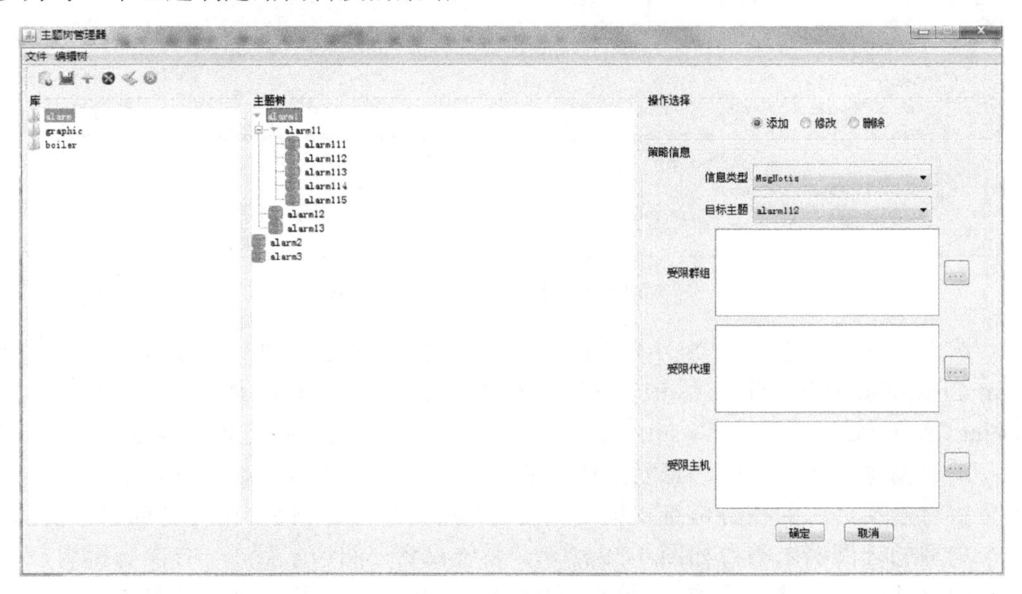

图 4-57　元数据定义、展示界面

在界面中定义好的所有数据最终都将存储在 OpenLDAP 数据库中。之所以选用 OpenLDAP 作为元信息的持久化库，是因为它采用树形结构保存数据，非常适合数据的树形展示，并且可以直接将 Java 对象序列化之后存入数据库，代码与数据库之间不存在数据结构映射的过程，非常方便。不过在这里，必须强调一下要时刻注意存取序列化数据的一致性问题。

4.4.3 服务接口实现

本节内容主要包括数据格式的设计与实现、服务层实现与外围模块实现。

1. 数据格式定义

由前面的论述可知，发布者和订阅者与核心系统之间交互的数据是基于 SOAP 和 XML 格式的，在本系统中，涉及的数据主要是消息，包括创建推送端点消息、请求订阅消息、取消订阅消息、发布通知消息，下面主要对这四种消息的格式进行说明。

创建推送端点的请求由订阅者发起，在订阅流程中，它位于订阅者创建本地消息接收服务之后，发起订阅请求之前，目的是为即将发起的订阅请求申请到相应的服务资源。系统收到该请求后，根据请求内容创建相应的推送端点，并返回推送端点的创建状态和地址给订阅者。一个典型的创建推送端点的请求消息如图 4-58 所示。

```
1   <?xml version=\"1.0\" encoding=\"UTF-8\"?>
2   <env:Envelope xmlns:env=\"http://schemas.xmlsoap.org/soap/envelope/\"
3       xmlns:org=\"http://org.apache.servicemix.application\">
4   <env:Body>
5   <org:WsnProcess>
6   <wsnt:CreatePullPoint xmlns:wsnt=\"http://docs.oasis-open.org/wsn/b-2\">
7   </wsnt:CreatePullPoint>
8   </org:WsnProcess>
9   </env:Body>
10  </env:Envelope>
```

图 4-58　创建推送端点的请求消息

这是一条封装好的 SOAP 消息，用于请求系统创建一个推送端点，以 wsnt:CreatePullPoint 作为标识，不带参数。该请求也可以是带参数的，放在<wsnt:CreatePullPoint>与</wsnt:CreatePullPoint>之间，用于指定推送端点的名字。

请求创建推送端点的消息收到成功的返回后，订阅者会发起订阅请求。订阅请求负责将本次订阅的核心信息发送给系统，并在系统中为订阅分配完整的服务资源。一个典型的订阅请求消息如图 4-59 所示。系统收到订阅请求后，一方面解析用户的订阅信息并实现存储和维护；另一方面创建订阅实体，并将订阅实体与之前创建的推送端点实现绑定。

从图 4-59 中可以看出，除去 SOAP 消息的包装，消息体中主要携带三部分信息。首先是<wsa:Address></wsa:Address>标签，其内容为前一步创建推送端点请求的返回值，即系统为该订阅创建的推送端点的地址；其次是<wsnt:TopicExpression>

</wsnt:TopicExpression>标签，其内容为订阅者对自身订阅兴趣的表达；最后是<wsnt:SubscriberAddress></wsnt:SubscriberAddress>标签，其中包含的内容是订阅者发布的本地消息接收服务的地址，在 HPwsn 系统中就是一个 Web Service 的统一资源定位符(Uniform Resource Locator，URL)。

```
1   <?xml version=\"1.0\" encoding=\"UTF-8\"?>
2   <soapenv:Envelope xmlns:soapenv=\"http://schemas.xmlsoap.org/soap/envelope/\"
3       xmlns:org=\"http://org.apache.servicemix.application\">
4   <soapenv:Header/>
5   <soapenv:Body>
6   <org:WsnProcess>
7   <wsnt:Subscribe xmlns:wsnt=\"http://docs.oasis-open.org/wsn/b-2\"
8       xmlns:wsa=\"http://www.w3.org/2005/08/addressing\">
9   <wsnt:ConsumerReference>
10  <wsa:Address>
11  endpoint:this.endpointAddr
12  </wsa:Address>
13  </wsnt:ConsumerReference>
14  <wsnt:Filter>
15  <wsnt:TopicExpression Dialect=\"http://docs.oasis-open.org/wsn/t-1/TopicExpression/Simple\">
16  topic
17  </wsnt:TopicExpression>
18  </wsnt:Filter>
19  <wsnt:SubscriberAddress>
20  this.localServiceAddr
21  </wsnt:SubscriberAddress>
22  </wsnt:Subscribe>
23  </org:WsnProcess>
24  </soapenv:Body>
25  </soapenv:Envelope>
```

图 4-59　订阅请求消息

在订阅者需要变更订阅兴趣时，不仅要发起对新主题的订阅请求，还要取消之前发起的相应订阅，通知系统释放为过期订阅分配的资源，并停止向该订阅者推送与之前主题相关的通知消息。一个典型的取消订阅消息如图 4-60 所示。

```
1   <env:Envelope xmlns:env=\"http://schemas.xmlsoap.org/soap/envelope/\"
2       xmlns:wsnt=\"http://docs.oasis-open.org/wsn/b-2\" xmlns:wsa=\"http://www.w3.org/2005/08/addressing\">
3   <env:Header>
4   <wsa:Action>
5   http://docs.oasis-open.org/wsn/bw-2/SubscriptionManager/UnsubscribeRequest
6   </wsa:Action>
7   <wsa:To>
8   this.subscriptionAddr;
9   </wsa:To>
10  </env:Header>
11  <env:Body>
12  <wsnt:Unsubscribe>
13  </wsnt:Unsubscribe>
14  </env:Body>
15  </env:Envelope>
```

图 4-60　取消订阅消息

图 4-60 中的<wsa:To></wsa:To>标签指明该订阅(要取消)的订阅端点地址。系统收到取消订阅的请求后，会首先在主题树中删除该订阅，然后释放之前为该订阅分配的资源，包括绑定的推送端点。

发布者生成格式化的通知消息之后，需要调用客户端的方法将消息发送到系统中。在客户端中会对发布消息进行封装，其中主要封装的信息为该通知消息绑定的主题，以及通知消息的数据。一个典型的发布通知消息如图 4-61 所示。

```
1  <?xml version=\"1.0\" encoding=\"UTF-8\"?>
2  <soapenv:Envelope xmlns:soapenv=\"http://schemas.xmlsoap.org/soap/envelope/\"
3      xmlns:org=\"http://org.apache.servicemix.application\">
4  <soapenv:Header/>
5  <soapenv:Body>
6  <org:WsnProcess>
7  <wsnt:NotificationMessage xmlns:wsnt=\"http://docs.oasis-open.org/wsn/b-2\">
8  <wsnt:Topic Dialect=\"http://docs.oasis-open.org/wsn/t-1/TopicExpression/Simple\">
9  topicName
10 </wsnt:Topic>
11 <wsnt:Package>
12 <Identification>
13 1235324366:344
14 </Identification>
15 <Fragment>0-0-1-0</Fragment>
16 </wsnt:Package>
17 <wsnt:Message>
18 notification
19 </wsnt:Message>
20 </wsnt:NotificationMessage>
21 </org:WsnProcess>
22 </soapenv:Body>
23 </soapenv:Envelope>
```

图 4-61 通知消息

通知消息中的内容主要有三部分：<wsnt:Topic></wsnt:Topic>标签指明当前通知消息绑定的主题，<wsnt:Package></wsnt:Package>标签携带的信息用于实现分包发送和组包，<wsnt:Message> </wsnt:Message>指明通知消息的数据，即发布者想要发布到系统中的信息。

2. HPwsn 服务层接口

HPwsn 既可以部署在容器中，也可以从系统中剥离出来，成为一个可独立部署运行的 Java 应用程序。

为使系统在独立运行时正常对外提供服务，HPwsn 系统会在应用中发布 Web Service。系统的用户，如发布者和订阅者，都可以通过调用 Web Service 来获取系统提供的发布/订阅服务。

1) IWsnProcess 接口

该接口是 Web Service 的接口，定义了 Web Service 的名字、消息处理方法以及接收的参数类型。

2) WsnProcessImpl 类

WsnProcessImpl 类实现了 IWsnProcess 接口，完成的主要功能如下。

(1) public void init() 方法。

该方法负责在系统启动时初始化系统资源，其流程如图 4-62 所示。

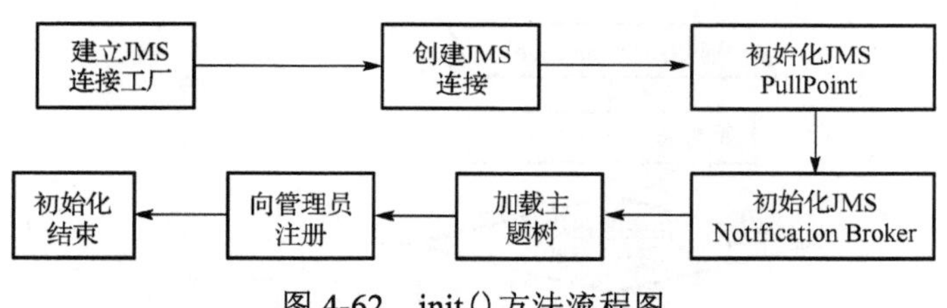

图 4-62　init() 方法流程图

从图 4-62 中可以看出，init() 方法一开始首先初始化 Java 消息、服务(Java Message Service，JMS)资源，也就是说，HPwsn 发布/订阅系统整体上是建立在 JMS 技术之上的，核心系统的内部是基于 JMS 消息发布者实现的，在此基础之上进行了多层次的封装，以提供用户友好的发布/订阅服务。

JMS 资源初始化完成之后，init() 方法会从 OpenLDAP 数据库加载主题树信息，并以树状结构保存在内存中。最后，系统向分布式 Web 环境中的管理员注册，告知管理员又有一台 HPwsn 主机加入了某个集群。管理员收到消息之后修改当前 HPwsn 网络的拓扑结构并与该主机始终维持一个心跳消息，以判断该主机的生存状态。

(2) public static void readTopicTree (String root_path) 方法。

该方法负责从 OpenLDAP 数据库中加载主题信息，并将它存储在树形结构中。在 OpenLDAP 数据库中，数据是按照树形结构存储的，因此，加载主题树的过程就是遍历 OpenLDAP 中的主题树，取出并存储在内存中的主题树中。

为完成这个过程，可以使用树的层序遍历算法。创建一个队列，队列中存储的节点的共同特征是，都已经被访问过但其孩子节点都还没有被访问过，若其孩子节点都已经被访问过，则将该节点从队列中移出。这样，当队列为空时，就遍历了树中的所有节点。

(3) public String WsnProcess (String message) 方法。

该方法是 Web Service 接口中定义的接收消息的方法，message 就是订阅者或者发布者发送到系统中的消息。该方法相当于所有消息的入口，不同的消息在其中进行分类，然后调用不同的方法进行具体的处理。

(4) public fast_Notify (String message) 方法。

该方法扮演内部发布者的角色。发布者发布的通知消息在 WsnProcess 方法中解析并分类之后，交由该方法处理。

该方法首先解析通知消息的主题，并在主题树中匹配该主题，若匹配不成功，则提示异常，发布者发布的主题在系统中并不存在；若匹配成功，则查看该主题的订阅者列表，看是否有订阅者对该主题感兴趣，没有则将消息丢弃，若有则创建 JMS 发布者，将消息发送给 JMSSubscription 类中的 onMessage (Message jmsMessage) 方法处理。图 4-63 显示了该处理流程。

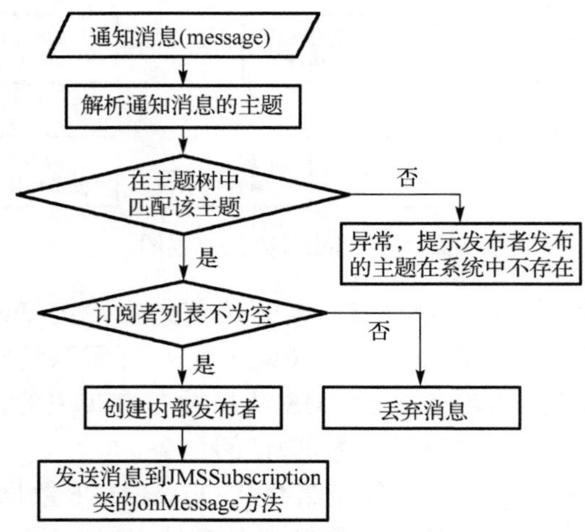

图 4-63 fast_Notify 方法流程图

3. 发布/订阅

发布/订阅功能的实现是发布/订阅系统的核心，该模块实现了对创建推送端点消息、订阅消息、取消订阅消息以及发布消息等消息的处理。一个典型的订阅过程时序图如图 4-64 所示。

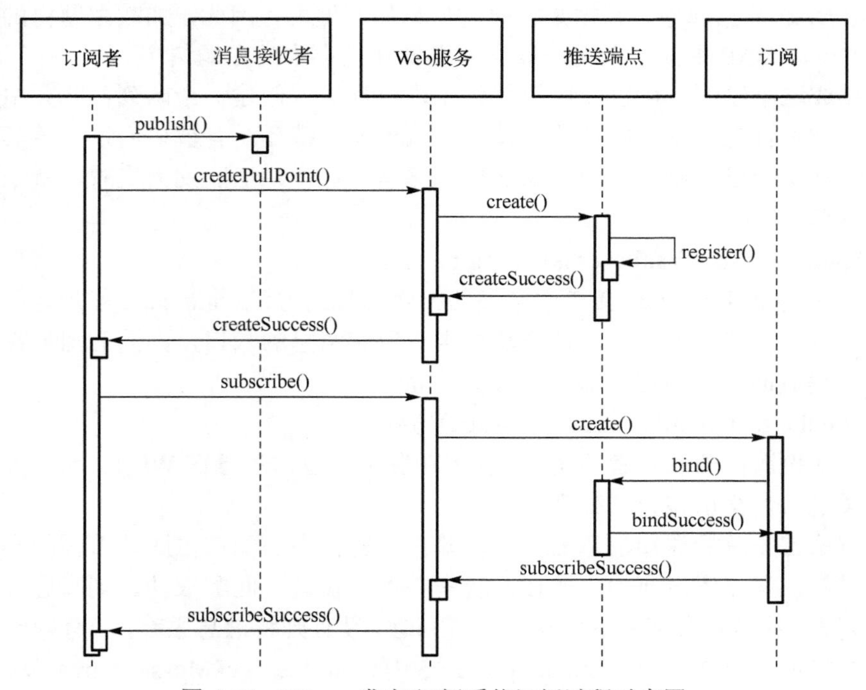

图 4-64 HPwsn 发布/订阅系统订阅过程时序图

在创建订阅实体的过程中，有几个问题需要考虑。

(1) 如何处理重复的订阅请求。重复订阅，指的是在发布/订阅系统的一个生命周期中，一个消息接收服务向系统多次发起对同一个主题的订阅请求。显然，重复订阅是毫无意义的，应该防止将有限的系统资源重复分配给同一个订阅关系。由于允许一个消息接收服务订阅多个主题，在订阅者发起创建推送端点的过程中，仅根据消息接收服务地址无法判断是否是重复订阅，所以，对重复订阅的处理只能放在创建订阅实体的过程中。系统收到订阅者创建订阅的请求后，会根据内部存储的订阅信息匹配当前的订阅，判断该订阅是否是重复订阅，若是，则跳出当前订阅逻辑，并释放上一个步骤中为该订阅创建的推送端点等资源。重复订阅消息的处理流程如图 4-65 所示。

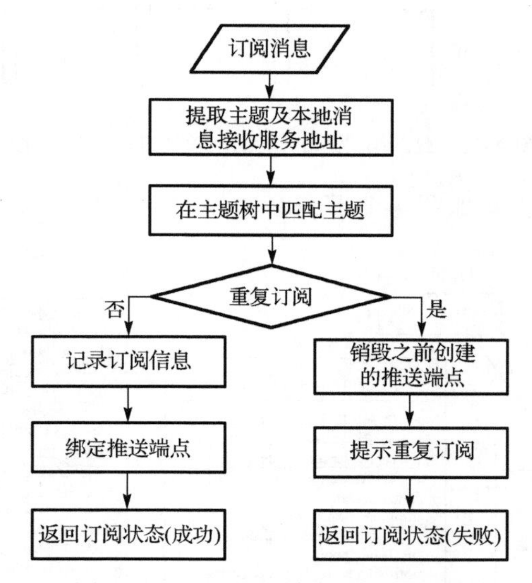

图 4-65　重复订阅消息的处理流程

(2) 订阅信息的存储。系统在处理订阅请求的过程中，必须实现订阅信息的存储，以便于查询和匹配。如何存储订阅信息，采用什么样的数据结构来存储，将会在后面的元数据管理与存储模块详细说明。

一个典型的发布过程如图 4-66 所示。

在发布过程中，发布者首先按照一定的规则构建一条通知消息，用以描述真实或虚拟世界中的事件，将通知消息及其对应的主题打包封装成 SOAP 消息，发送到系统中。系统收到通知消息后，首先解析其主题，根据主题创建内部发布者，将消息发送给发布消息处理逻辑，在这个模块，系统会根据当前通知消息的主题以及系统中存储的订阅信息完成匹配，从而获得当前通知消息的所有订阅者信息，遍历其订阅者列表，调用订阅者关联的推送端点，将消息推送到订阅者的消息接收服务，完成发布过程。

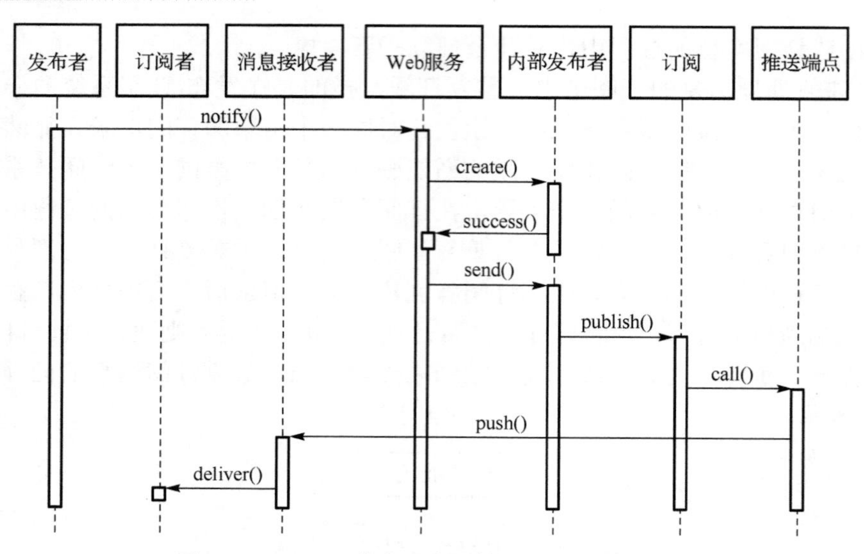

图 4-66　HPwsn 发布/订阅系统发布过程时序图

发布/订阅模块的类图如图 4-67 所示。

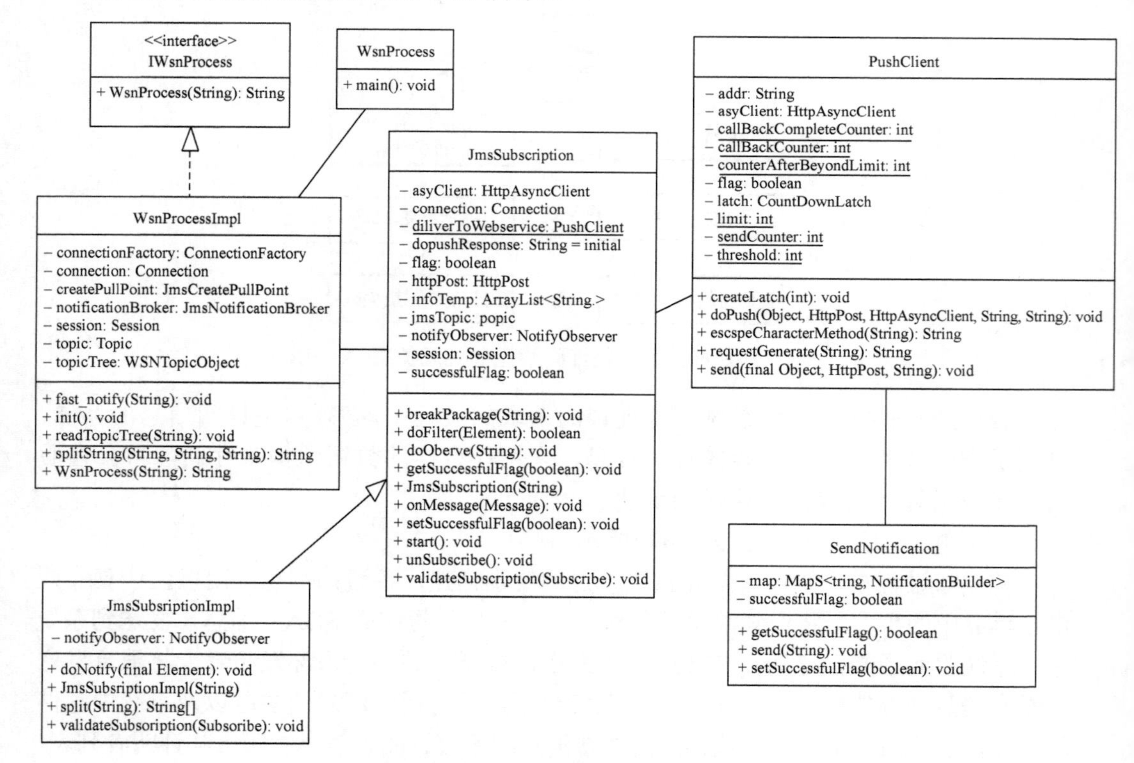

图 4-67　发布/订阅模块的类图

4. 子功能模块

在发布/订阅过程中，涉及很多子功能模块，HPwsn 系统的高性能和高可靠性的特点在这些子功能模块的设计与实现中体现得非常明显。

(1) 内部发布者模块。

这是处理通知消息的流程中涉及的一个子模块，其主要职责是在通知消息到达系统后，对其进行预处理，提取主题等信息，然后创建一个 JMS 发布者，将消息送给通知消息的处理逻辑。该模块的设计初衷是避免直接操作通知消息处理模块，这样在大量通知消息到达系统中时，起到一个减轻系统压力、缓冲输入的作用。内部发布者扮演 JMS 消息发布者的角色，而通知消息处理模块扮演 JMS 消息接收者的角色。

添加内部发布者模块在一定程度上可以加快系统处理通知消息的速度，其原理在于利用 JMS 通道传送消息的性能较高，相对于系统通过 Web Service 接收通知消息的速度要高出很多。

(2) 取消订阅模块。

这是发布/订阅系统应提供的一个基本功能，但是主动推送型发布/订阅系统在实现取消订阅功能时，只是删除了订阅信息，没有释放之前为该订阅分配的资源，如创建的推送端点。

在 HPwsn 系统中，取消订阅实现了彻底的订阅资源释放，类似于重复订阅的处理流程，在收到取消订阅请求后，会释放与该订阅相关的推送端点，并删除订阅信息。

(3) 推送端模块。

推送端模块位于通知消息处理流程的末端，主要功能是向用户递交通知消息。其输入是通知消息的消息体和目的地址，该目的地址就是订阅者的消息接收服务地址。

对于比较小的消息推送需求来说，推送端模块的逻辑比较简单，但是，当大量的通知消息不间断地需要发送给订阅者的时候，该模块的设计就需要考虑性能的问题。

在现有的主动推送型发布/订阅系统中，推送端采用 Apache HttpClient 模块(基于 Java 语言的一套 HTTP 以及相关协议的工具集)发送消息，并且采用同步调用方式。对于同步调用方式，发送者一方的线程在发出消息后一直等待服务端返回的结果，如果服务端的处理时间比较长则请求端线程将一直处于等待状态。这种调用方式严重影响了发布/订阅系统的消息吞吐量，是系统的主要瓶颈之一。

基于这种现状，本书的 HPwsn 系统提出了一种能够实现自动回调的异步调用方式，在快速发送消息的同时，在发送端针对接收端的消息处理状况进行及时的处理。异步处理时序图如图 4-68 所示。

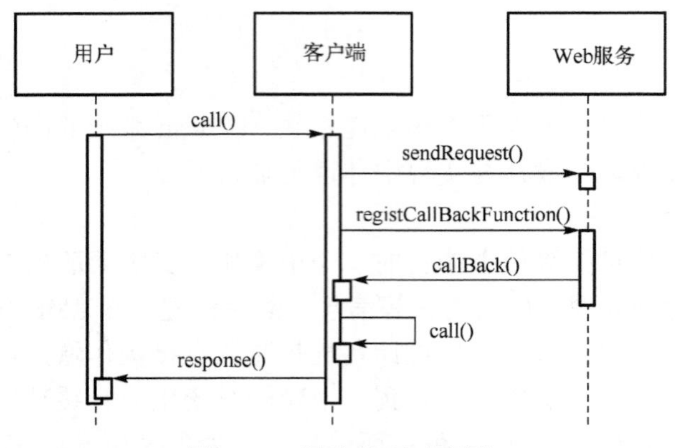

图 4-68　异步处理时序图

为了实现自动回调机制，必须进行回调注册，即将各回调函数的地址作为参数，随消息一起发送到服务端，发送消息后马上可以释放发送端线程，处理其他事务或继续发送下一条消息。当接收并处理完请求消息后，会根据回调函数的地址调用回调函数，将处理结果的有关信息发送给请求方，触发后续的处理逻辑。

采用这种异步+回调的方式发送消息，一方面，发送端线程不用等待服务端处理消息，大大提高了系统消息吞吐量；另一方面，接收端及时地将消息的处理结果反馈给请求端，以便发送端及时地根据消息处理结果调整消息发送策略。另外，开发者还可以很容易地修改后续处理逻辑，加强对消息发送过程的监控和管理。

(4) 分包发送与组包模块。

该模块是核心系统的内部模块，这个模块的设计源于实际部署运行 HPwsn 系统的时候遇到的问题，该问题是由路由层进行数据转发时的协议选取策略引起的。

路由层在选择数据转发使用的协议时，对于集群间的数据转发，使用 TCP，而对于集群内的数据转发则使用 UDP(用户也可通过配置的方式干预协议选取策略)。在使用 UDP 传输数据时，受限于操作系统的套接字缓冲区大小，UDP 包一般不能超过 8KB。为了解决大数据包的传输问题，需要进行分包与组包。

为了标识分包信息，在每条消息中增加了 package 属性和 identification 属性。identification 属性用于唯一标识一条消息，package 属性用于存储分包信息，由 8 位标志位组成，格式如图 4-69 所示。

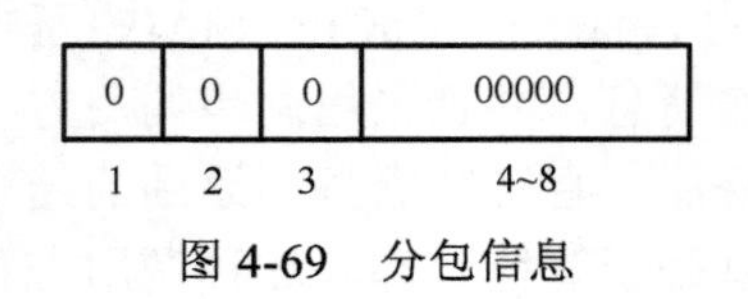

图 4-69　分包信息

其中，第 1 位标识该条消息是否被分包，1 代表分包，0 代表不分包。

第 2 位标识该分包后面是否还有更多的分包，1 代表有，0 代表没有。

第 3 位标识在接收端是否允许将各个分包单独向用户递交，1 代表允许，0 代表不允许。

第 4～8 位标识该分包相对于第一个分包的偏移量，该偏移量的取值范围为 0～99999。

在发送端，若发现数据包过大，则将该消息分包，每一个数据包都携带上述分包信息。接收端收到消息后，首先解析消息的 package 属性，若该消息没有经过分包，或者允许将各个分包单独向用户推送，则直接启动推送流程；否则解析消息的 identification 属性，根据消息 ID 查看系统中是否存在该条消息的组包流程，若存在，加入该流程，若不存在，则为这条消息启动一个新的组包流程。

HPwsn 系统设计过程中，考虑到实际生产环境的需要，采用 5 位数字标识分包偏移量，并提供可配置的分包大小，设 UDP 分包最大为 8KB，则该系统能够传输的数据包大小为 800MB，能够满足绝大部分应用环境的需要。

另外，由于 UDP 是不保证交付的，所以在组包逻辑中加入了超时判断，解决组包流程可能出现死状态的问题。

系统收到并处理一条通知消息时，在向路由递交之前，系统会判断该数据包的大小是否超过了配置的分包大小，若是，则将其拆包；否则直接向路由递交，拆包函数的流程图如图 4-70 所示。

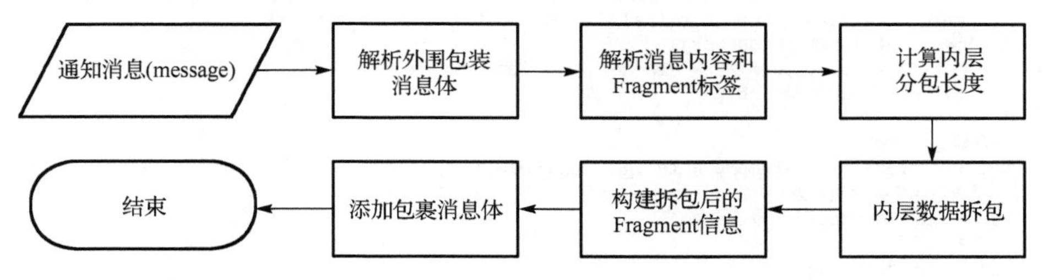

图 4-70　拆包函数的流程图

在拆包函数中，首先会解析外围包装消息体。只有满足 WSN 规范格式的消息才能被正确处理，因此，拆包的时候，拆的不是消息外面包裹着的 WSN 规范，而是其中用户发送的数据，将数据拆成一个个小包之后，还要给它们裹上 WSN 规范格式，消息才能继续处理。

其次，解析消息内容(即用户发送的数据)与 Fragment 标签，对于没有经过拆包的消息，其 Fragment 标签中的内容是没有意义的，只是一个初始化值，在拆包的过程中，需要为每一个分包打上不同的 Fragment 标签值。

然后计算内层数据拆包长度。之前配置的分包长度针对一条包裹好的通知消息，相应的内部数据的拆包长度在这部分进行计算。按照计算好的分包长度对内层数据进行分包，并将其存储在一个列表中。在这个过程中，每条拆包消息对应的 Fragment 标签信息也得以构建。

最后，为每条拆好的内部数据包裹上 WSN 规范信息，拆包过程结束。

在接收端，服务层收到路由层递交的消息后，会判断这条消息是不是一个经过拆包的消息(这些信息都包含在消息的 Fragment 标签中)，若不是，则去掉拆包信息，然后调用推送端点向用户递交，这样保证了拆包组包过程对用户是不可见的；若是，则启动组包流程。组包部分的代码如图 4-71 所示。

```
String fragment = message.split("<Fragment>")[1].split("</Fragment>")[0];
System.out.println("[Fragment:]" + fragment);
String[] splitFragment = fragment.split("-");

StringBuilder s = new StringBuilder("[splitFragment:]");
for(int i=0;i<splitFragment.length;i++){
    s.append(splitFragment[i]);
    s.append(" ");
}

//若该消息未经过分片或者该消息允许递交断包，则直接递交
if(Integer.parseInt(splitFragment[0]) == 0 || Integer.parseInt(splitFragment[2]) == 1){
    //去掉拆包信息
    notification = message.split("<wsnt:Package>")[0] + message.split("</wsnt:Package>")[1];
}else{
    //解析该分包的id，确认其属于哪一条消息
    String hashCode = message.split("<Identification>")[1].split("</Identification>")[0];
    System.out.println("hashcode: " + hashCode);
    //判断这条消息是否正在组包，否的话就启动组包过程
    System.out.println("true or false? " + map.containsKey(hashCode));
    if(!map.containsKey(hashCode)){
        NotificationBuilder nb = new NotificationBuilder();
        map.put(hashCode, nb);
    }
    //获取组包对象
    NotificationBuilder tempNb = map.get(hashCode);
    //将消息递交给组包对象
    tempNb.setTempMessage(message);
    //拆掉分包
    tempNb.breakMessage();
    //解析消息
    tempNb.parse();
    //判断是否获取到一条消息的所有分包，是则组包
    if(tempNb.isReadyToBuild()){
        notification = tempNb.build();
        map.remove(hashCode);
    }
}
```

图 4-71　组包逻辑

从代码中可以看出，组包模块收到从路由递交的消息之后，首先解析出<wsnt:Package>标签，其中包括<Fragment>标签和<Identification>标签，<Fragment>标签中携带拆包信息，<Identification>标签中的信息可以唯一标识一条未经拆包的消息，而对于一条消息被拆分后的若干个分包，<Identification>标签的内容是一样的。

解析出<wsnt:Package>标签中的所有内容后，程序会对当前消息的性质进行判断，若是一条完整的消息或者允许向用户递交不完整包，则在去掉<wsnt:Package>标签的信息后直接调用推送端点向用户推送消息，否则启动组包流程。

5. 元数据管理

元数据，就是用来描述数据的数据，主要是描述数据属性的信息，在本书的 HPwsn 系统中，也存在这样的元数据，其中最重要的元数据就是订阅信息。如何存储系统中的订阅信息，实现快速地查找和匹配，同时向用户提供丰富的表达自身兴趣的能力，是 HPwsn 系统必须解决的问题。

现有的基于 WSN 组件的发布/订阅系统，订阅条件的匹配是基于简单主题的，发布者发布的每一条消息都有其对应的主题，若该主题与订阅者描述的兴趣完全匹配，则系统将这条消息推送给订阅者。从实现上来说，采用的订阅表结构如图 4-72 所示。对于订阅/取消订阅请求，涉及元数据处理模块的操作仅仅是修改相应主题对应的订阅者列表即可；对于通知消息，首先获取相应主题对应的订阅者列表，然后遍历该列表，向每一个订阅者推送消息。

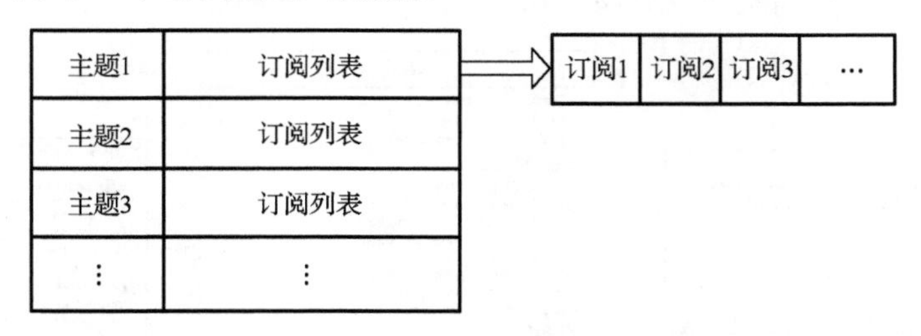

图 4-72　订阅表

这样的主题组织方式优点是实现简单，匹配效率高，但是不能满足实际环境中大批量、层次化的主题订阅需求。主题树中的每一个节点的存储结构如图 4-73 所示。

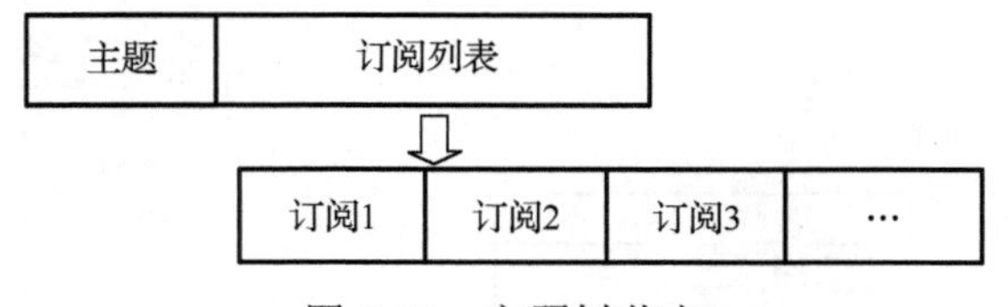

图 4-73　主题树节点

节点存储的关键字是主题，每个主题对应一个订阅者列表，其中存储了所有订阅这个主题的订阅者。

主题描述格式为 A:B:C，每层主题以冒号隔开。主题匹配算法如算法 4-2 所示。

算法 4-2　主题匹配算法。

Input: topicPath[], root

Output: topicNode

(1)　topicNode←root

(2)　for i←0 to length[topicPath]−1

```
(3)     if topicNode.topicName=topiocPath[i]
(4)         for j←0 to length[topicNode.childList]−1
(5)             if topicNode.childList[j].topicName=topicPath[i+1]
(6)                 topicNode←topicNode.childList[j]
(7)                 break
(8)             else
(9)                 then error"match faild."
(10)    else
(11)        then error"match faild"
```

在上述过程中，为了尽可能地优化系统处理通知消息的性能，将遍历主题树的任务放在了订阅过程中，由于订阅消息的数量远远小于发布消息的数量，所以这种设计是合理的，能够大大提高系统整体的性能。

元数据管理模块的类图如图 4-74 所示。

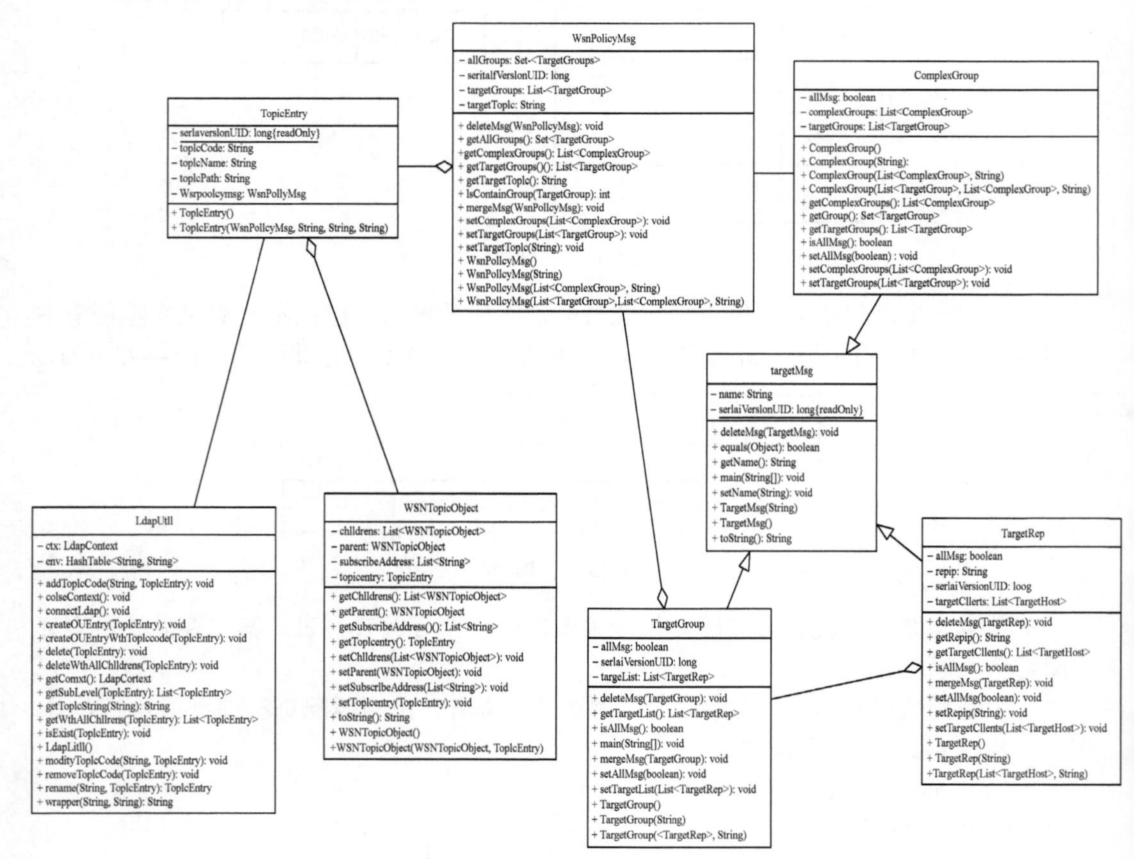

图 4-74　元数据管理模块的类图

4.5 管理控制台

整个系统除了前面所述的功能模块，还需要具有方便易用的管理系统，以便对其进行配置、部署、监控、诊断、恢复等。图 4-75 描述了系统管理控制台的整体架构，主要包括 6 个部分：订阅管理接口、策略管理接口、设备管理接口、流量管理接口、拓扑管理接口和元数据管理。

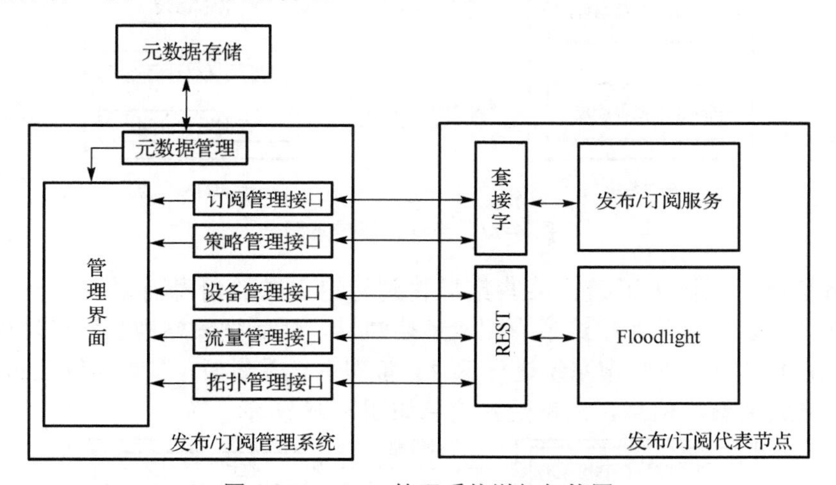

图 4-75 DEBS 管理系统详细架构图

发布/订阅管理系统启动后，会首先完成一个初始化过程，该过程如图 4-76 所示。在这个过程中，主要完成以下工作。

(1) 向配置文件读取初始参数信息，并赋值于变量中。

(2) 启动套接字服务，监听是否有新发布/订阅节点加入系统中。

(3) 启动订阅信息监听服务，监听节点的订阅信息变化。

(4) 读取 LDAP 中的主题信息，并启动一个套接字服务，用以把主题信息发送给新启动的发布/订阅节点。

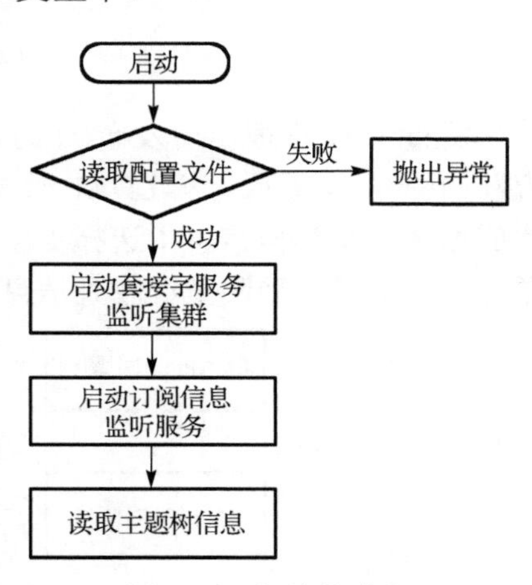

图 4-76 初始化流程

在订阅者发起一个订阅流程的过程中，系统会记录并维护该订阅的信息，为其分配系统资源，将该订阅与对应的消息推送端点绑定，并在用户订阅成功后，把用户的订阅信息同步到管理器上。

用户订阅信息在发布/订阅系统管理中起着至关重要的作用，当管理员发现某个用户的订阅有异常情况时，管理员可以通过获取用户的所有订阅消息进行分析，对该节点的部分订阅主题进行策略控制，进而使系统趋于稳定。发布/订阅系统的订阅信息管理是由管理系统根据用户单击选择节点，向发布/订阅节点发送请求获取订阅主题并保存及展示于界面上的过程。用户使用节点的IP地址及端口号，与其建立套接字(Socket)连接，获取该节点的用户的订阅主题。订阅信息查询过程如图4-77所示。

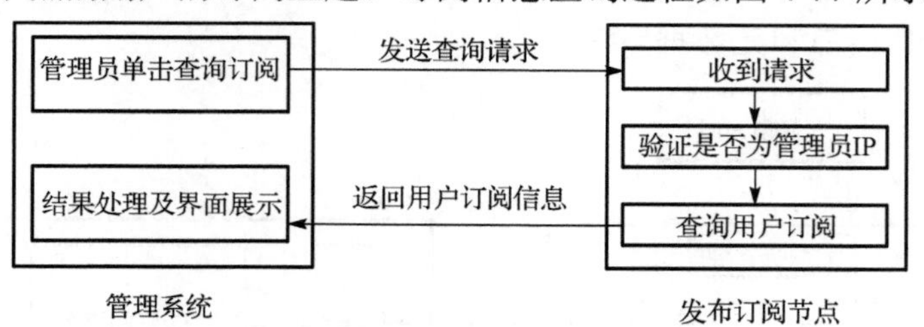

图4-77 查询订阅信息图

策略是指管理员为了禁止某些集群收到特定主题的消息而采用的一种解决方案。管理员可以在管理系统给节点配置策略消息，然后把策略消息发送给该节点由节点执行。策略同时在管理系统进行保存，管理系统重启后，节点向管理员注册时，会向管理员索要策略信息。策略配置信息如图4-78所示。

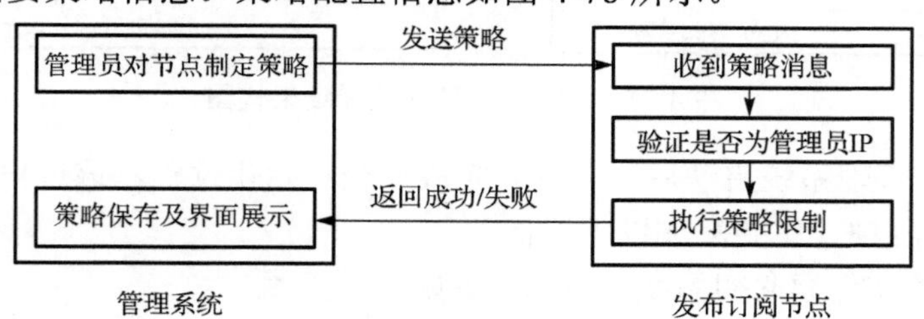

图4-78 策略配置信息

发布/订阅管理器向发布/订阅节点发送策略消息，创建策略消息的相关操作与流程如图4-79所示。从LDAP数据库中获取主题树信息后，选择需要受限的主题；然后再从所有集群信息中选择受限集群；最后通过程序的封装，生成策略消息，发送给受限集群。受限集群收到消息后更新自己的路由表和策略库。

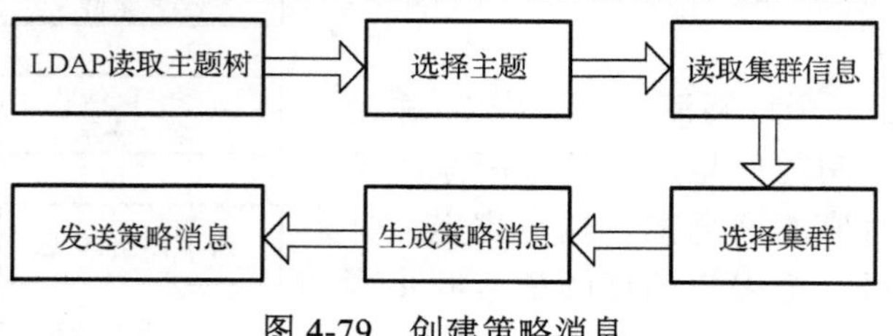

图4-79 创建策略消息

管理员可以根据实际情况发布策略信息来约束主题订阅者的操作，或者限制主题的传播，将信息局限在某一个范围内。管理员在发布策略信息时，需要依据策略信息的协议，指明策略信息的各个元素的值，然后发布到与其所连接的发布/订阅节点上。

发布/订阅节点接收到策略消息后，提取出消息中的受限主题和受限集群。然后根据策略信息的各元素的值，修改该受限主题的路由表，以使管理员发布的策略生效。此外，由于信息发布者既可以针对某一主题制定策略，也可以取消该主题的策略，所以策略消息也是可变的，即会对策略库进行修改操作。策略库的更新操作包括添加新策略、删除已有的策略、更新已有的策略、查询策略信息等，如图 4-80 所示。

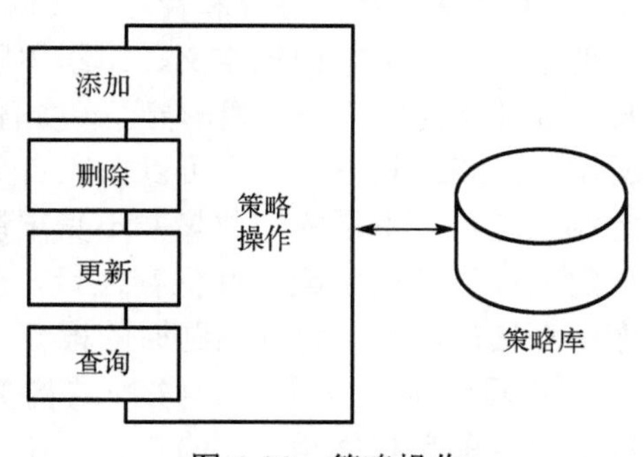

图 4-80　策略操作

设备管理的流程与订阅及策略管理的流程差异比较大，管理员获取设备信息主要是从搭设在发布/订阅系统代表节点(集群中的 Master)的控制器中获取，对于软件定义网络(Software Defined Network，SDN)设备，本书采用 Floodlight 控制器，控制器收集本集群中的设备信息，并对外提供 REST 接口，管理员通过对外的 REST 接口获取设备信息。必须注意的是，本书中的发布/订阅系统的每个集群都会搭建一个控制器，该控制器只控制本集群内的节点和设备。管理服务器收到相关设备信息后，经过 JSON(JavaScript Object Notation)数据的解析，把结果展示于界面上。设备信息获取如图 4-81 所示。

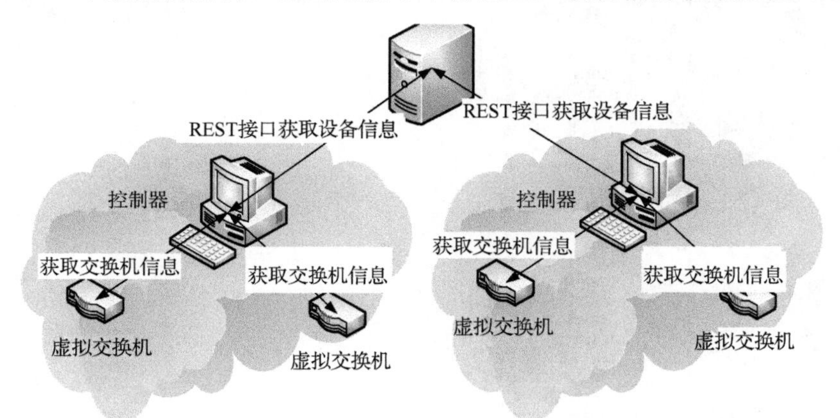

图 4-81　获取设备信息图

流量信息管理方式与上述设备管理方式类似，同样地，流量信息会从控制器中获取，其中流量信息包括集群内的总流量、单个交换机的流量、单个交换机各个分级队列的流量信息。在获取流量信息后可以制定相应的转发策略，以避免出现一个地方特别拥塞、其他的地方又特别空闲的情况。

现有的拓扑图要么只基于硬件，要么只基于软件，而在发布/订阅管理中，硬件和软件都是有可能出现各种各样的问题的，而管理者对全局的硬件和软件的拓扑信息没有一个全面的考虑。本书中的拓扑管理是根据控制器的连接信息管理接口，并借助原发布/订阅系统中的拓扑管理绘制出全局的拓扑图，以供管理员掌握系统的全局信息，获取连接信息。采用 REST 接口，经过对设备之间的连接信息进行解析，绘制出拓扑图。拓扑管理流程如图 4-82 所示。

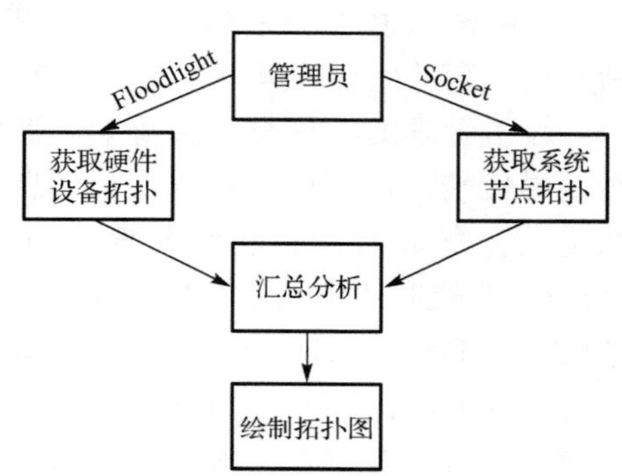

图 4-82 拓扑管理流程图

为了满足用户大批量、层次化的订阅需求，可使用主题树来保存和管理订阅信息。为了使用户更简单方便地定义、组织主题树信息，管理器提供了一个图形界面，如图 4-83 所示。在该工具中，用户可以按照自身需求定制主题树。主题树的数量并不受限制，用户定义好所有的主题树并保存之后，在数据库中存储的时候，所有主题树的根节点都有一个共同的虚拟父节点，这种结构类似于 Java 语言的单根继承，目的是方便在主题树中查找和匹配主题。

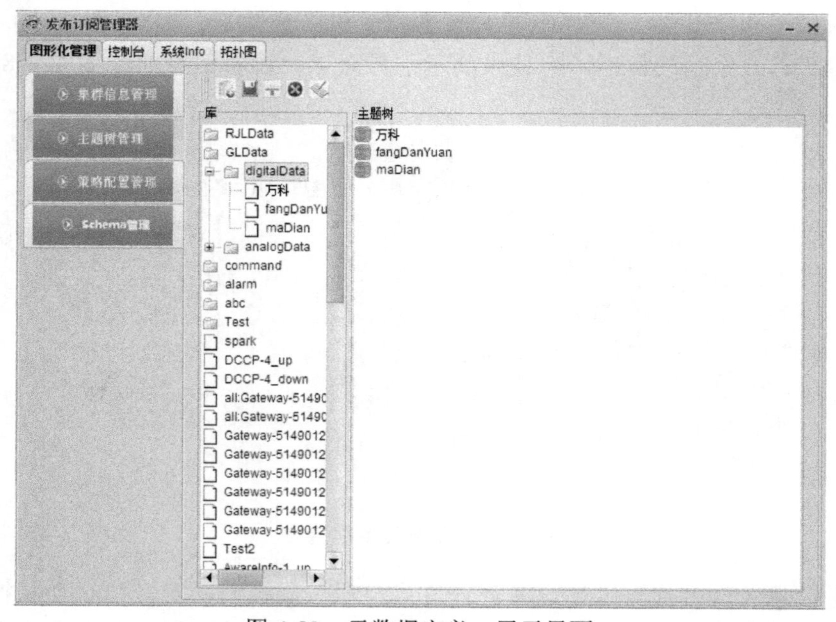

图 4-83 元数据定义、展示界面

在界面中定义好的所有数据最终都将存储在 OpenLDAP 数据库中，这是因为 OpenLDAP 采用树形结构保存数据，非常适合数据的树形展示，并且可以直接将 Java 对象序列化之后存入数据库，代码与数据库之间不存在数据结构映射的过程，非常方便。

4.6 服 务 生 成

分布式物联网服务通信基础设施包含以服务原则设计的发布/订阅系统、挂接在发布/订阅系统上的多个服务容器和多个服务编程环境。本节主要阐述如何基于事件驱动的通信架构设计与生成物联网服务，即服务编程环境的设计。

4.6.1 需求分析

服务开发者通常需要花费很大一部分精力编写非核心代码，如重复编写相似框架、接口代码，同时很难利用自己之前已经实现过的服务来实现新的服务，代码复用率低，更加困难的是为应对需求变化而带来的服务系统的改变。为了提高开发效率与代码复用率，开发者需要一个能满足可视化开发且自动生成服务相关代码框架，组合现有服务为新服务等功能的服务生成管理平台。服务生成的用例图如图 4-84 所示。

系统中服务主要是 Web 服务，创建 Web 服务的时候需要先创建 WSDL 服务描述文件来确定接口、动作、协议以及参数数据类型等。其中数据类型描述文件是 XML Schema 文件，即 XSD 文件。为了方便设计文件，需要提供可视化设计功能。所见即所得的设计方式让用户设计只要关心整体的数据结构，不需要过多地注意语法等细节，避免一些不必要的错误。

设计创建 XML Schema 文件时经常会创建复杂数据类型，而 Eclipse 平台只提供一些基本数据类型，所以需要开发人员自行设计所需复杂数据类型。在不断开发过程中，数据类型会不断增加，数量可能非常庞大。为了提高代码复用率，该系统需要支持在新建数据结构描述文件时能够引用已经存在的复杂数据类型的功能，包括当前工程内的以及整个分布式环境中的数据结构类型。

设计创建 WSDL 服务描述文件时，需要设定接口的参数类型。同样为了符合研究目的，系统需要支持 WSDL 文件引用分布式环境中存在的数据结构描述文件即 XSD 文件的功能。

由于每个开发人员的编程风格各不相同，造成生成的服务在接口等方面不统一，这样就会给后续的服务开发或者服务重用造成连接引用等方面的困难，所以系统需要具有根据 WSDL 服务描述文件自动生成风格统一的服务组件 Java 代码框架的功能。开发人员在生成的 Java 代码框架中添加自己的实现代码、添加注解等即可实现一个服务组件。

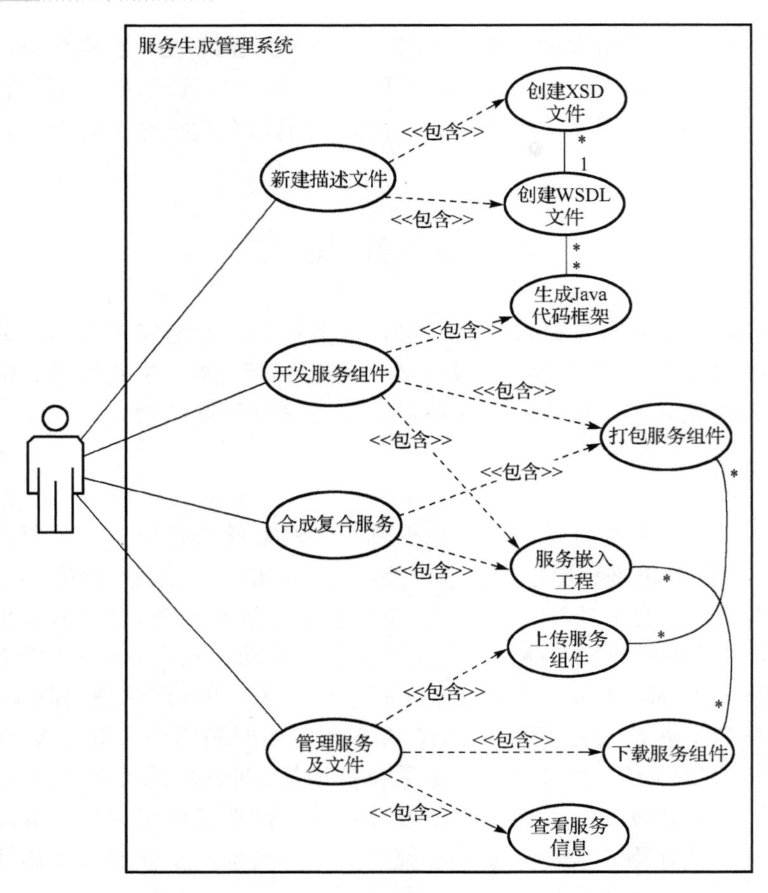

图 4-84　系统用例图

SCA（Service Component Architecture）服务组件最小运行基本单位是Composite，而开发人员一般将更小的粒度Component作为开发基本单位。当多人开发同一个Composite时，每个人负责若干Component，最后将各个Component组合成Composite，那么就需要将开发人员的代码以Component为单位进行存储，即对组件进行打包上传到服务器，所以系统需要支持将最小粒度组件上传到分布式环境中的服务器的功能。当合成Composite时，需要先建立好Composite内部组件逻辑及组件间的引用接口契约等配置，然后将各个已经编写好的Component实现嵌入相应的Component内。此时，需要将之前上传到服务器上的代码下载并嵌入工程中，所以系统还需要支持最小粒度组件代码的下载和嵌入工程的功能。

本书在合成服务时是以SOA工具平台（SOA Tools Platform，STP）为基础的，由于该平台缺少分布式环境下的服务管理功能以及在服务合成方面也有所欠缺，为了适应本书的需求需要对其进行功能提升。

对于普通的 Web 服务开发和合成需要完善以下功能。首先，为了便于对服务组件的管理，需要对服务进行打包，打包后的服务能够部署到运行时环境(Tuscany)中。其次，能够对以 Composite 为单位的代码进行上传。这是为了方便合成复合服务时，将 Composite 嵌入另一个 Composite 中。在合成过程嵌入代码的过程中，需要有能支持嵌入 Composite 的功能。

对于服务通信基础设施中的服务，由于其对实时性和高效性要求较高，所以在 STP 的基础上，添加基于事件的服务合成功能。利用 Actor 模型思想完成该功能，对服务组件的接口、端口进行统一管理，将服务的请求分配到各个合适的服务端口并通过对服务间调用的组织，从而形成一个符合服务需求的新服务。

从上述功能需求分析过程可以看出，本系统需要对已经开发好的服务组件及其相关数据结构、服务描述文件进行统一分类管理，因此需要利用数据库对服务及其相关描述文件的存储位置、类别、名称等基本信息进行存储。

由于某个领域的服务很大可能被同一个领域的其他服务引用，所以分类的一个方面是根据服务应用领域。同时由于 SCA 服务有多种不同粒度的组件，如 Component、Composite、Domain，它们之间被复用的方式是不同的，所以也要在此方面进行分类管理以区分粒度。服务描述文件 WSDL 是对服务组件的描述，XML Schema 文件是对服务组件的接口参数数据结构的描述，所以它们也可以根据应用领域来区分，同时还要区分文件是 WSDL 还是 XML Schema。

存储了服务组件和文件的基本信息之后，为了提供给开发人员使用，首先需要让开发人员看到数据库中到底存储了哪些已经开发好的组件、设计好的服务描述文件或者数据结构描述文件，所以系统需要提供展示数据库中存储的信息并清晰地展现分类结果的功能。

开发人员得到了数据库中的存储信息后，最终目的就是使用这些已经存在的服务组件和描述文件。因此系统需要提供给开发人员复用这些信息的功能。系统需要提供从远端服务器将数据库信息下载到本地指定位置的功能。

为了使得开发人员开发的服务组件或者描述文件能够提供给他人复用，需要将服务组件和描述文件放到所有开发人员共享的地方即远端服务器，并将基本信息添加到数据库中。

随着开发时间的推移，SCA 服务组件和描述文件的数量肯定会越来越多，为了快速地在众多服务组件或者描述文件中找到自己想要的，系统需要提供搜索的功能。另外，由于开发人员可能不能确定自己需要的具体服务组件或者描述文件的名称，所以，搜索功能需要支持对于名称、类别、功能以及复用次数的模糊匹配搜索。

本系统的一个特点就是尽可能地可视化开发，在可视化开发中，系统应该对开发人员作出的反应及时给出反馈，以便开发人员更好地工作。

在本系统中，应该主要考虑几个方面的错误处理：首先，管理部件中文件服务是否真实存在；其次，在填写响应表单时相应数据是否填写规范；再次，每次关键操作(上传服务文件等)是否顺利完成；最后，数据库操作是否顺利完成等。具体的处理方法是弹出信息提示框以提醒开发人员注意，抛出异常中断操作等。

为了提高开发效率，一方面可以尽量提高开发编写代码速度，如自动生成统一的 Java 代码框架以及 SCA 服务装配的自动化；另一方面就是提高代码的复用率，减少因为代码重复编写而浪费的时间。

本系统中的服务主要是服务通信基础设施中的服务，即物联网中的服务，这类服务有较高的实时性，并且需求变化快，需要支持事件触发。而目前 STP 不能很好地支持此类服务的开发，所以系统需要添加基于事件的服务开发功能。

本系统主要供开发人员利用 SCA 编程模型来开发符合 SOA 理念的服务，其中包括服务组件、服务描述文件等。由于开发人员众多，并且可能在不同的地理位置上，所以开发好的服务要放置于分布式服务器上来供使用者远程调用部署。图 4-85 是本系统的应用环境示意图。

本系统需要部署在每个开发人员的主机上，且每个主机与服务器相联系。在一个主服务器上建立数据库存储服务及其相关描述文件的基本信息，同时在本地创建一个本地数据库记录本地的服务及其描述文件的基本信息。

从图 4-85 中可以看到，每个开发人员的主机都与远端服务器相联系。开发人员可以在自己的主机上进行服务的开发，可以通过远程调用、下载等方式来复用其他开发人员的服务组件或者描述文件等，同样也可以上传自己的服务组件或者描述文件等来供他人使用，而服务器对外提供服务给使用者来调用或者部署。实际的分布式环境可能要更复杂，当基于事件的服务合成时，网络可能会产生阻塞等问题，所

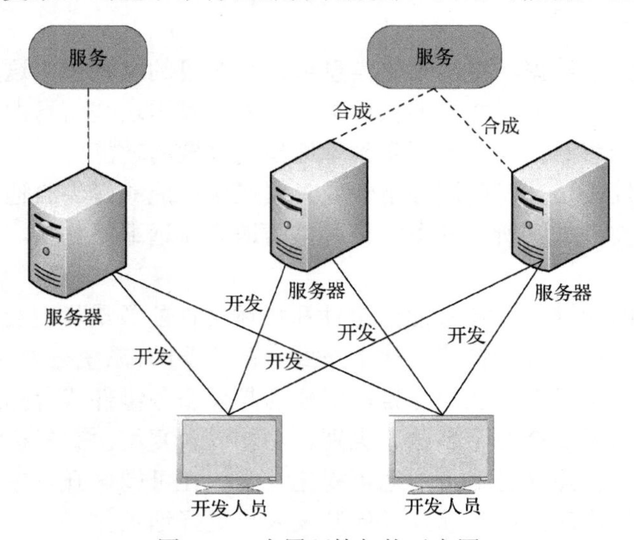

图 4-85　应用环境架构示意图

以需要解决服务通信基础设施中服务的高实时性要求。这个可以通过添加前面介绍的基于 WS-Notification 的 HPwsn 发布/订阅中间件(接口)来解决。

4.6.2　系统设计

以 Eclipse 为基础平台，服务生成平台的所有部件都以插件的形式建立在 Eclipse 平台基础之上。为了管理服务组件及其相关描述文件，需要建立数据库对基本信息进行记录。为了记录分布式环境中服务器上的服务信息，需要在一个总的服务器上创建一个总数据库，同时为了记录开发人员在本地主机上未上传到服务器上的描述文件信息需要建立一个本地数据库。

本系统在功能上主要包含四个部件：①WSDL 和 XML Schema 文件的生成部件，该部件提供图形化界面来生成 WSDL 及其相关的 XML Schema 文件，其中 WSDL 文件是一个用来描述 Web 服务和说明如何与 Web 服务通信的 XML 文件，XML Schema 文件用来描述输入输出数据结构；②单一服务组件生成部件，提供图形化操作、从 WSDL 文件直接生成 Java 代码框架、打包单一服务组件的功能；③复合服务生成部件，提供基于 STP 以及事件的复合服务合成功能；④服务组件及相关描述文件管理部件，提供将上述提到的文件和服务上传到分布式服务器中或者从分布式服务器上下载、展示已经存储的服务组件及文件的基本信息等功能，该部件是与数据库交互信息的部件。本系统基础架构如图 4-86 所示。

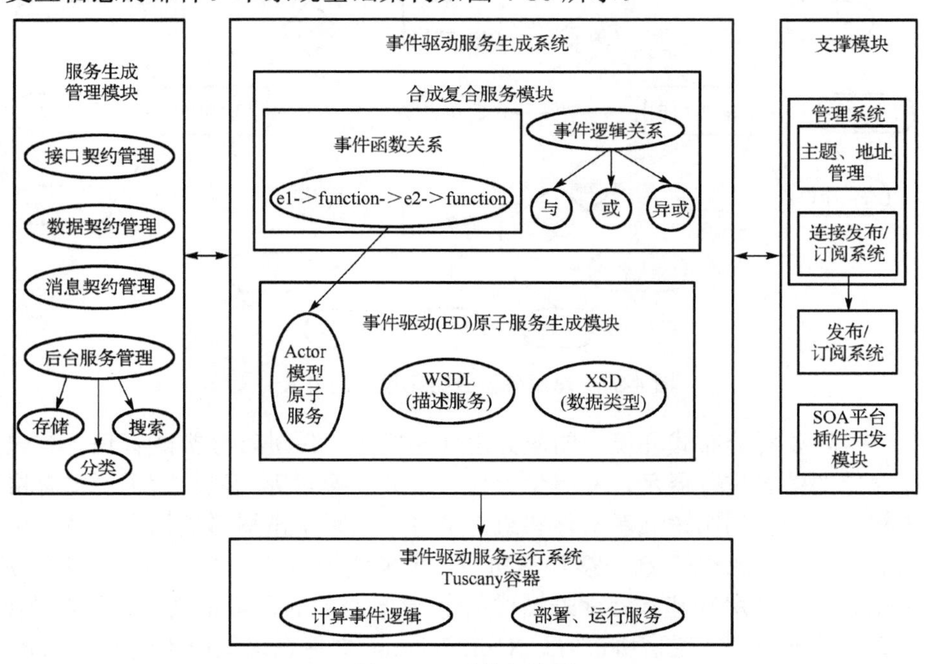

图 4-86　系统架构图

服务组件存储在分布式服务器上，单个服务组件既可以作为部署单元提供给部署部件部署到运行时(Tuscany)环境中，也可以作为子服务嵌入组合服务组件中。在基于事件的组合服务开发中，通过发布/订阅系统进行服务的发布和订阅消息传递，内部合成通过 Actor 模型来实现并对服务进行统一管理和分配。

随着操作系统从 DOS 至 Windows 的转移，应用程序的开发平台也由纯文本编程迁移到可视化编程。当使用可视化编程工具实现同样的功能时，程序开发人员只需在工作区里面简单地单击或者拖动控件，效率更加高效。

根据对存储对象的信息分析，服务组件与描述文件都需要当成一个实体来记录，两者之间的关系是一个描述文件可能对应多个服务实现，但是一个服务实现只能对应一个描述文件。由于要进行分类管理，而可能分类有很多种，所以需要对类别抽象出一个实体来记录，其与服务组件和描述文件的关系是一对多的关系。本系统的基础环境是分布式的，服务器的数量可能很多，所以也需要对其抽象出一个实体来进行描述，其与服务组件和描述文件的关系也是一对多的。本地数据库中不涉及服务器信息，只是记录本地的服务和描述文件，因此本地数据库不需要服务器实体。由此总服务器数据库设计的 E-R 图如图 4-87 所示，本地数据库设计的 E-R 图如图 4-88 所示。

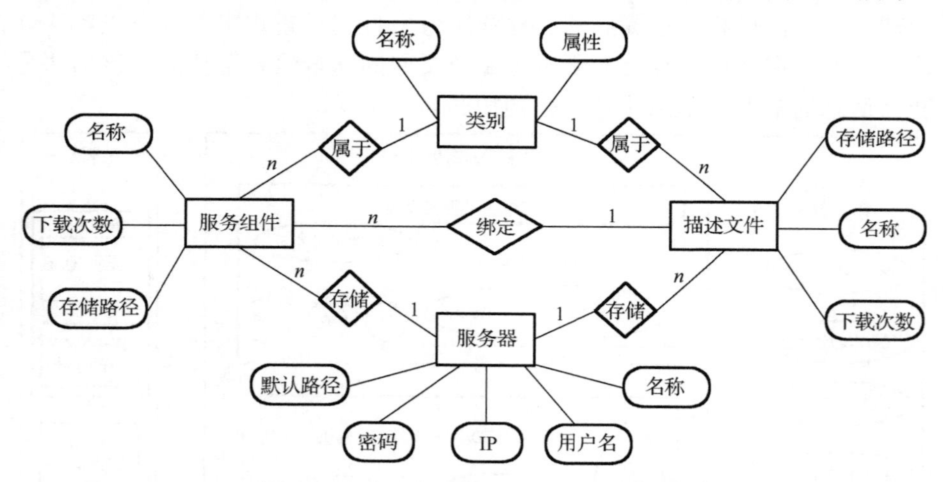

图 4-87　总服务器数据库设计的 E-R 图

管理模块要对分布式环境中的服务组件和描述文件进行分类式管理。首先要对数据库存储的信息进行展示，并提供上传、下载、搜索等功能。为了更加有层次，本系统构造树形结构图来展示文件和组件信息，同时单击树形结构中的节点可实现信息获取、刷新、上传/下载、搜索等功能。本模块的内部功能结构如图 4-89 所示。

WSDL 文件利用其基本元素来描述某个 Web 服务的元素定义、执行的操作、使用的消息、数据类型、通信协议等。XML Schema 文件在这里用来定义 WSDL 文件中操作定义的输入输出数据结构。两种文件在本系统中的关系如图 4-90 所示。通过

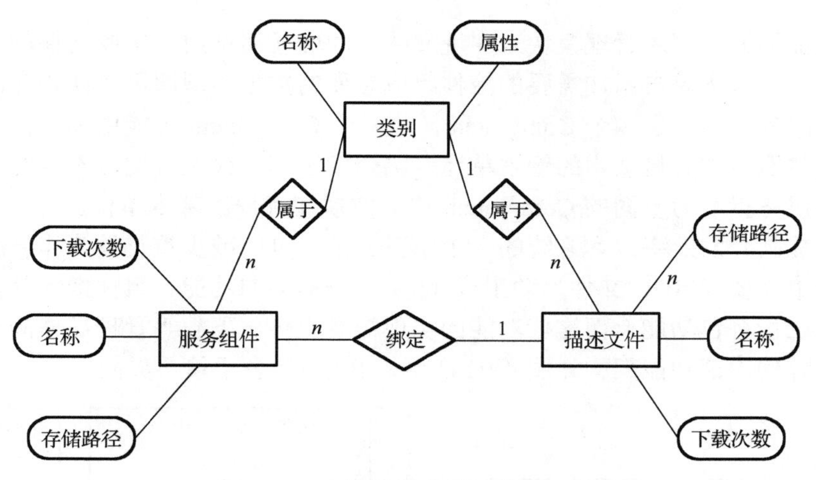

图 4-88　本地数据库设计的 E-R 图

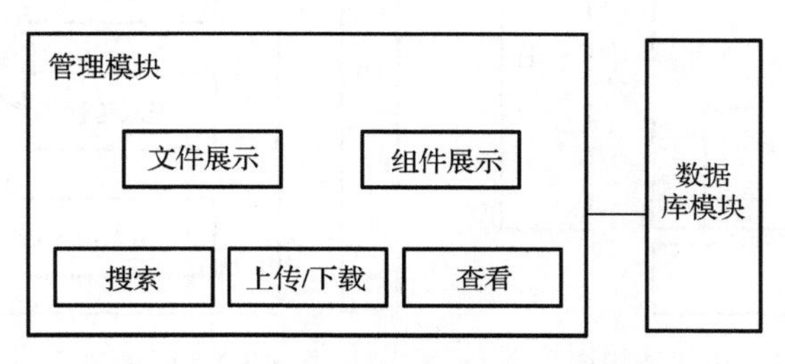

图 4-89　管理模块功能结构图

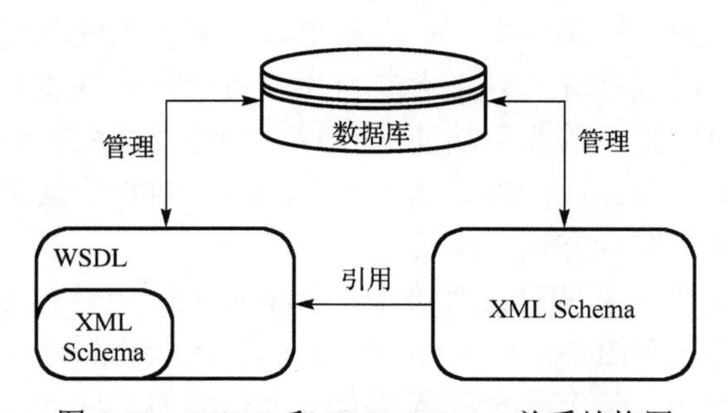

图 4-90　WSDL 和 XML Schema 关系结构图

数据库来管理已经存在的文件；生成模块在生成文件时，通过管理模块来实现文件之间的引用；XML Schema 文件中的数据类型可以引用其他文件中的类型，WSDL 文件可以在文件内部创建 XML Schema，同时也可以引用已经存在的 XML Schema 文件内的数据类型。

管理模块主要利用 Eclipse 自带的插件功能，其基本功能结构如图 4-91 所示。XML 插件主要用来生成 XSD 文件，WSDL 插件用来生成 WSDL 文件，其中的数据结构类型能够通过调用管理模块来实现文件之间的互相引用。生成文件的插件支持可视化开发，只需单击添加需要的控件组成想要的数据类型即可实现相应的源码。

单一服务可能包含多个 Component，而多个 Component 可能由多个人来共同完成。如果将服务作为最基本的管理单元，耦合度过高，很难分配给不同的人。所以本系统将服务拆解为不同的 Component 作为实现和管理的基本单位。

为了提高开发效率，本系统的一个宗旨就是尽可能减少重复性工作，所以服务生成过程中需要 WSDL 文件自动生成 Java 代码框架的功能、组件嵌入服务工程功能、服务工程打包功能。而这些功能的实现需要上传、下载等管理部件的协助。服务生成部件的内部功能架构如图 4-92 所示，其中 UI 表示用户界面。

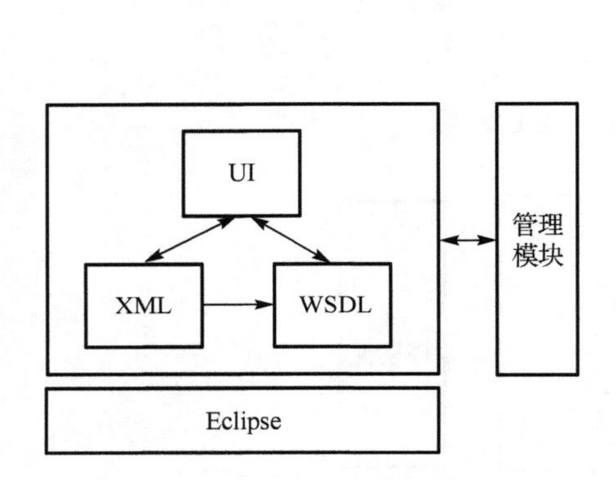

图 4-91　文件生成功能结构图

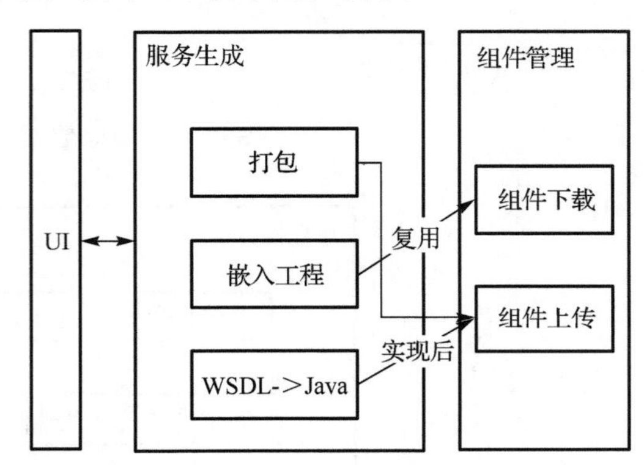

图 4-92　服务生成模块功能架构图

一般企业的特定业务解决方案，是由多个单一服务组件依据某种契约组合而成的组合服务。这些应用程序既可以包含专门为该应用程序创建的新服务，也可以包含来自现有系统和应用程序的业务功能(作为组合应用程序的一部分来重用)。本部件提供两种方式来组合服务：一种是基于 Eclipse 的 STP 依据某种契约来实现；另一种是基于事件的服务组合方式来实现。

基于 STP 实现的方式有两种组件类型：Component 组件类型和 Composite 组件类型。Component 是服务组件，Composite 是由几个 Component 或者 Composite 组合而成的组合服务组件。每个单一服务都有一个相应的 Composite 文件描述该服务组件内部消息通信逻辑，以及输入输出数据类型等配置信息。本系统通过管理部件下载已有的单一服务到本地指定路径，并通过界面化配置 Composite 文件来进行服务组合。

基于事件的服务组合方式主要是基于 Actor 编程模型来实现的。主要设计原理为：首先将现存服务的访问端口、服务主题以及服务访问接口等访问服务所必需的基本信息进行统一管理，对外发布给开发人员来组合服务；然后每个开发人员都会被分配一个 Actor 对象进行服务组合请求，这个对象会根据开发人员的操作发送响应的请求；Actor对象发送的请求其实都是在一个ChatRoom内完成的，而ChatRoom会与发布/订阅系统进行通信；发布/订阅系统通过对通信内容的分析分类等反馈请求结果；最终所有的请求和反馈会组合成一个大的服务解决方案。其原理图如图4-93所示。

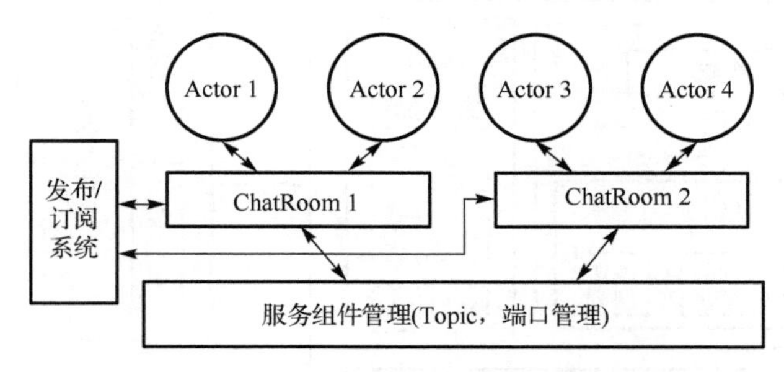

图4-93　基于事件服务组合原理图

4.6.3　服务部署运行

服务部署运行的整体流程如图4-94所示。通过服务配置功能，可将已有的服务以SCA组件的形式分布式部署在集群中各节点的Tuscany容器中，通过管理平台进行服务的增加删除、启动关闭、参数设置等操作。然后在用户请求到来时，通过均衡器结合当前各节点运行现状将任务请求分配到各服务节点。最后节点上的Tuscany容器在处理任务时，可根据需要采用实例池的方式对当前请求进行处理。

整体方案如图4-95所示。集群中的各节点上均部署有Tuscany环境，通过Tuscany运行不同的服务。服务管理平台可以通过各种操作对各节点的服务进行管理和部署。平台启动以后，首先通过读取数据库检查当前各节点的运行情况；运行过程中，平台会随时监测各节点当前的运行状态。管理员可以通过平台对各节点当前运行的服务进行重新启动或者停止服务的运行。平台中的服务列表显示了当前提供服务组件的服务器上可供部署的所有服务。管理员根据需要可以在服务列表中选择服务，在节点列表中选择需要部署该服务的节点，进行特定节点上服务的部署和配置操作。

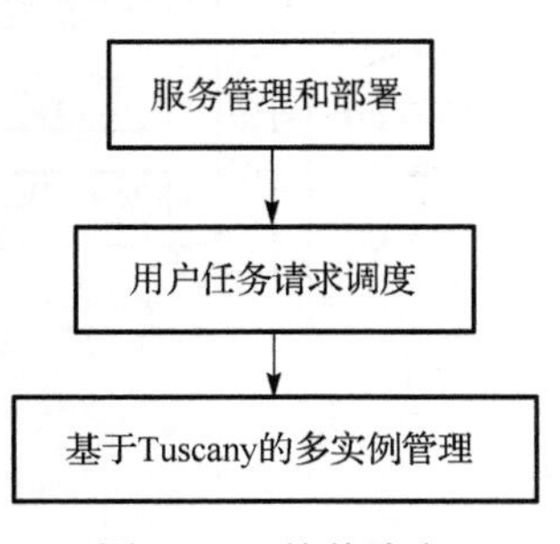

图4-94　整体流程

在通过平台进行服务的部署时，应判断该节点上是否已存在该服务，若没有，则子节点应首先从服务库中进行服务组件的下载。下载到指定目录后，管理员通过控制平台再进行服务组件的配置和部署。在配置和部署过程中，管理员需要对该服务组件所依赖的服务、所占用的端口号等进行设定。部署到Tuscany容器中后，管

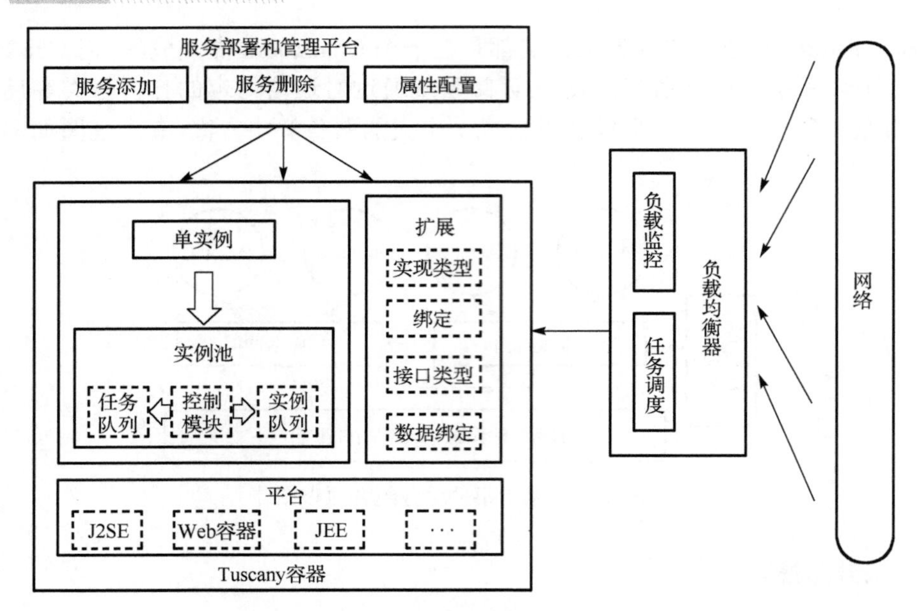

图 4-95 方案概要设计

理员可选择服务进行启动，然后就可以对该服务进行访问和调用。服务管理平台模块图如图 4-96 所示。

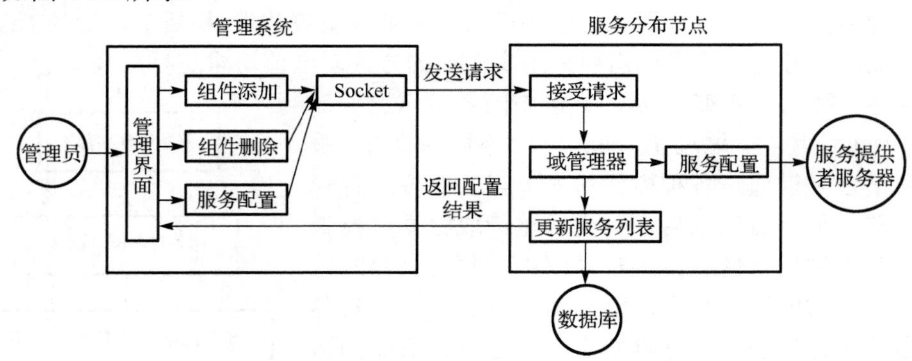

图 4-96 服务管理平台模块图

管理员在进行某服务器节点上的服务删除时，首先应判断当前服务的运行状态。若服务正在运行，则先停止该服务的运行，成功停止后再进行节点上组件的移除。

分布式环境中存在着多台服务器节点，每台服务器上都通过 Tuscany 容器运行着不同的服务实例。系统中任务的调度直接影响着系统的性能和处理能力。当处理大量并发任务请求时，服务器集群的负载均衡器如何才能合理有效地分配任务，最大限度地实现资源的合理利用和调度，实现整个系统的负载均衡，是设计过程中必须考虑的问题之一。

负载均衡是实现多台服务器协同工作和任务高并发请求处理的手段，可以极大地提高服务器的性能，充分利用资源。负载均衡的主要目标是通过均衡任务来进行工作负载的分配、优化资源的利用率、缩短任务的平均响应时间以达到最小化整个系统的资源开销。因此，通过均衡集群中各服务器节点的工作负载，达到最大限度的负载均衡是调度算法应研究的内容。基于负载均衡考虑的主要目标如下。

(1) 性能改进：在一个合理的成本开销范围内实现整个系统最大化的性能提升，在可接受的延迟条件下，尽量减少任务的响应时间。

(2) 任务均衡：系统中各节点的任务均衡。

(3) 容错能力：运行中，当系统部分功能出现差错时，系统应具备容错的基本能力。

(4) 可变性：根据分布式系统的参数配置能够自适应地进行性能的修改和扩充。

(5) 系统稳定性：系统应该在一定程度上能够应付某一时刻并发的大量访问，不能在服务调用数上涨时发生瘫痪。

在分布式通信基础设施机器集群中，各节点分布着不同的数据，提供着不同的服务，在处理客户端的任务请求时，应该选择合适的负载均衡策略，高效地组织和利用各机器节点的处理能力，对大量异构资源进行合理分配，以最大限度地提高集群的资源利用率和负载均衡。

集群管理节点管理和维护多个服务节点的状态，在选择服务节点提供相应服务时，需要考虑各服务节点的负载，系统中的各个服务节点的负载不能相差太大。所有的服务器节点都会周期性地向集群管理节点发送负载报告，集群管理节点会建立并维护包含这些信息的服务节点状态表，在收到用户的任务请求时，根据负载均衡算法，选择出一台合适的服务节点进行服务。

资源调度模块通过实时地获取各服务器的当前负载状态和数据分布情况，把客户端的任务请求动态合理地分配到各个服务器。引入反馈机制，通过检测每一个节点的实时负载和响应能力，不断调整任务分布的比例，在考虑数据分布的情况下实时地把负载请求调度到综合负载最轻的服务器上，尽量避免服务器利用率严重倾斜。

动态反馈负载均衡算法考虑服务器的实时负载和响应情况，不断调整服务器间处理请求的比例，以此来避免个别节点在超载时依然收到大量要求。图 4-97 显示了该算法的整体框架：在服务器管理节点上运行着监控程序，监控程序负责监控和收集集群中各个服务器的负载信息，监控程序可以根据多个负载参数值计算综合负载值，然后负载均衡器会根

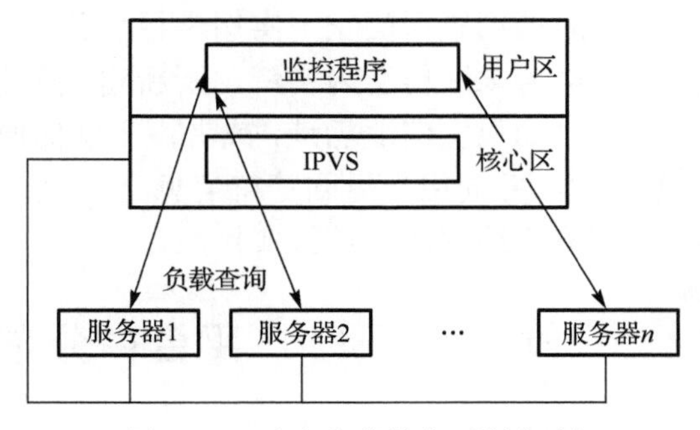

图 4-97　动态负载均衡反馈机制

据各个服务器的综合负载值选择当前调度服务最为合适的服务器，并将该请求分配到该服务器上。

整体调度过程如下。

(1)用户发起服务请求，期望得到服务响应。

(2)负载均衡器在完成一个服务请求调度分配后，持续地从队列中接收访问请求，并对其进行处理，核心是新请求和以往请求后续的“粘着”请求。

(3)为了提高服务质量，负载均衡器会根据集群中各服务器节点的数据分布情况和运行情况进行负载均衡。经过负载均衡处理后的访问将被定位到一个具体的服务节点。

系统基于 Tuscany 已有的实例处理机制进行多实例管理，如图 4-98 所示。

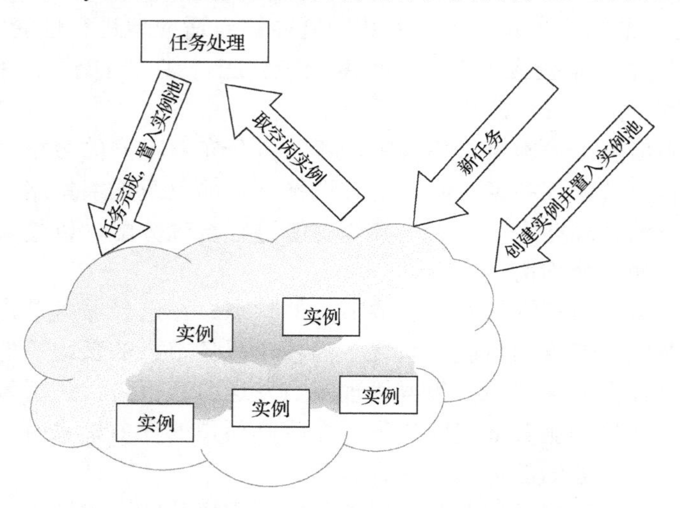

图 4-98　实例池模型

实例池的任务是负责这些实例的初始化、创建、销毁。具体工作如下。

(1)系统初始时创建若干实例，并放入实例池。

(2)当有用户的服务请求到达时，从实例池中取出空闲实例。

(3)调用取得的空闲实例进行任务的处理。

(4)若未取得空闲实例，则新建一个实例，并放入实例池，执行给定的任务。

(5)如果实例池已满，或者由于别的原因创建失败，则将待处理的任务放入待处理队列，并向用户返回等待信息。

(6)系统关闭，销毁实例池。

4.7　平台中分布式实时数据服务

分布式物联网服务通信基础设施中的分布式实时数据服务为平台的后台数据库

支撑，采用基于内存的软实时约束数据库以满足物联网实时性需求，同时加入了分布式管理，便于进行事件缓存、元数据缓存、可靠性备份数据缓存。

4.7.1 分布式实时数据服务设计

分布式实时数据服务主要划分为四大功能模块：数据库客户端、元数据服务器、分布式代理和数据中心，如图 4-99 所示。每个功能模块各司其职，相互协作，为数据存储和查询提供基础服务。数据库客户端主要提供可视界面给系统用户以增、删、改、查底层分布式物联网系统实时数据库中的数据；元数据服务器主要对每个物理节点的功能、数据与状态进行描述与管理，并提供统一的逻辑视图给其他模块使用，管理员通过元数据服务器统一管理其他各模块；分布式代理充当中间路由的角色，分发不同业务的数据到不同的数据节点；数据中心持久化存储物联网系统中所有的数据，它由多个数据存储节点集群而成，每个数据节点可以进行不同的配置，彼此相互独立。

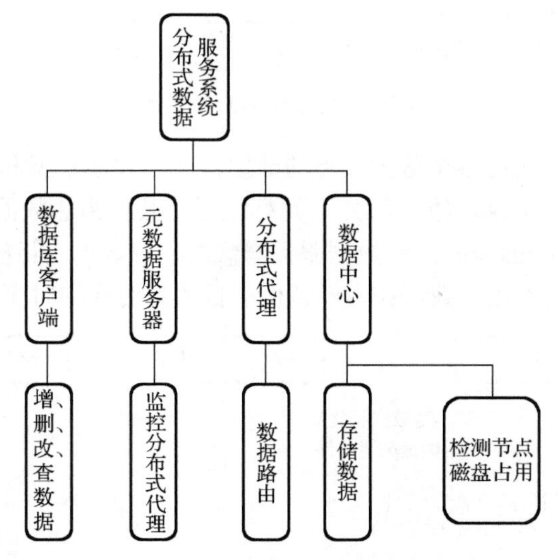

图 4-99 分布式实时数据服务系统模块图

分布式数据服务系统的数据存储由两部分组成：远程数据中心的数据存储和本地数据备份存储。由底层传感器过来的数据，一部分存储在远程数据中心，同时会在对应的传感器本地保留一份，这样数据库客户端在本地启动的时候不需要连接远程数据中心就能获取相关数据，减少了网络传输的负担，提高了应用的快速响应能力。

客户端启动的具体流程图如图 4-100 所示。首先会从元数据服务器下载本地数据服务列表和正在运行的分布式代理服务列表的配置文件，根据配置文件判断客户端是否从本地启动，如果是，则客户端直接访问本地数据服务系统即可获取相关数据；如果没有从本地启动数据服务，说明当前主机不需要访问本地缓存的实时数据，那么当前主机通过分布式代理访问远程数据中心获取相关数据。

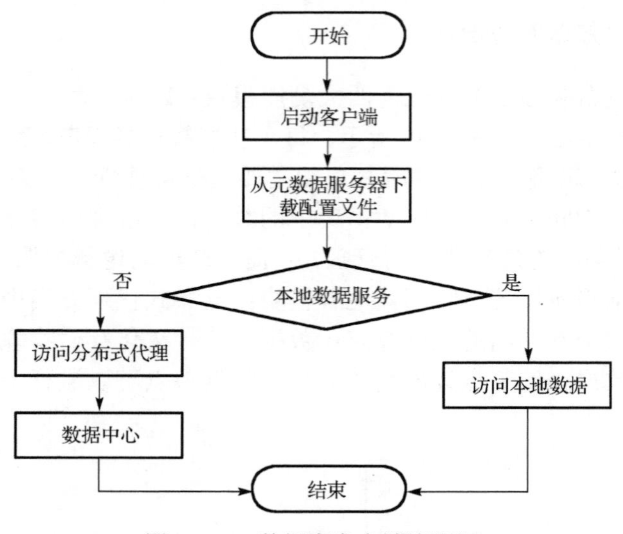

图 4-100　数据库客户端流程图

客户端启动后，会访问各个数据节点的数据，包括本地数据和远程数据。当客户端查看远程数据超过一定次数时(如 10 次)，则标记远程数据为热数据，同时通知元数据服务器修改路由规则文件 rule.xml。元数据服务器修改 rule.xml，推送最新的配置文件到远程分布式代理，从而达到远程数据在本地备份的目的。对应的时序图如图 4-101 所示。

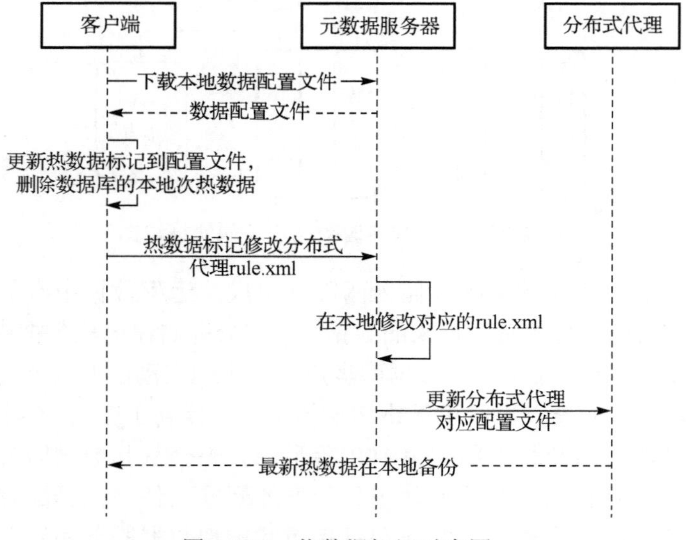

图 4-101　热数据标记时序图

热数据缓存在内存中，以实时数据服务方式供本地访问，多个热数据源构成分布式实时数据服务。客户端检查要标记的热数据是否和本地热数据配置文件的热数据相符，如果是，则表明远程数据已经在本地备份，不需要再进行任何热数据的修改；如果不是，则更新本地热数据配置文件，删除次热数据在本地的备份，同时连接元数据服务器修改分布式代理的规则配置文件 rule.xml，定期将更新推送到远程的分布式代理，之后从传感器过来的与热数据相关的数据将会在本地也备份一份。

分布式代理处于应用程序和数据库系统之间，承担一个中间件的角色，相当于一个结构化查询语言(Structured Query Language，SQL)请求的路由器，具有读写分离、数据切片、负载均衡和并发请求多台数据库并合并结果的功能。底层的数据存储对上层的数据库客户端透明，访问数据中心的数据通过分布式代理，分布式代理解析过滤 SQL 语句，然后路由到目标数据库节点，查询数据并返回查询结果。

分布式代理是数据总线的数据接入数据中心的入口，如果上游的传感器数据频繁接入，那么单个的分布式代理难免成为系统数据接入的瓶颈。为了解决这一问题，分布式代理在同样的配置下进行水平扩展，不管是数据库客户端还是接收消息的应用都可以通过任意分布式代理访问数据中心，降低了单个分布式代理的负载压力。

管理多个正常运行的分布式代理的过程如图 4-102 所示。多个分布式代理会每隔一分钟(可配置)报告自己的心跳给元数据服务器，元数据服务器获取当前运行的分布式代理列表。当客户端启动时，元数据服务器提供给数据库客户端下载当前运行的分布式代理列表，客户端通过分布式代理列表访问数据中心。

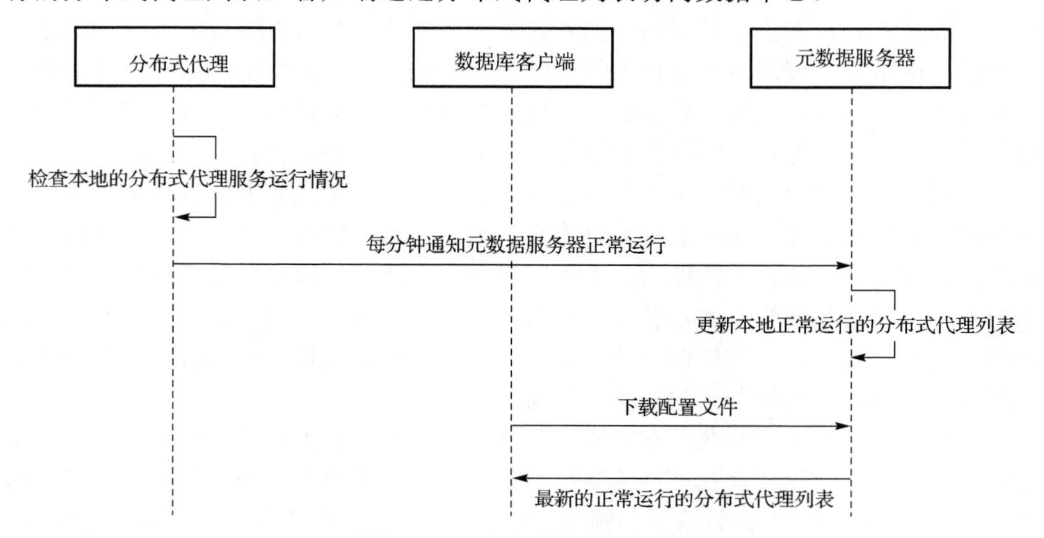

图 4-102　分布式代理时序图

元数据服务器承担着中心管理者的角色，管理者可以通过元数据服务器控制系统的全局状态，统筹管理数据库客户端、分布式代理和数据中心各节点，如图 4-103 所示。

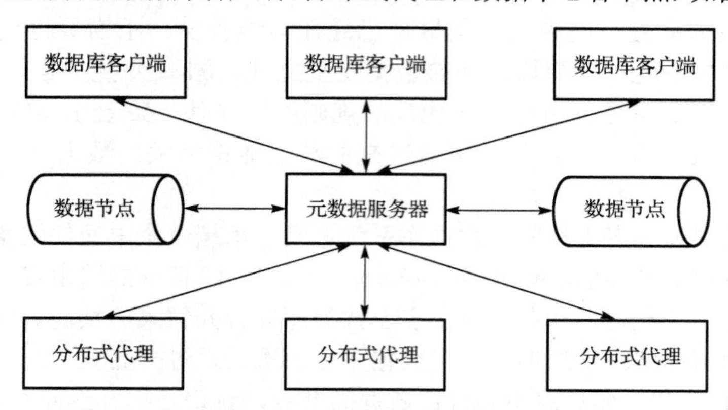

图 4-103　元数据服务器架构图

对数据库客户端而言，提供需要的配置文件下载，主要包括本地数据服务列表和正在运行的分布式代理列表；同时接受数据库客户端热数据标记的请求，修改相应的配置文件，主要是对切分规则配置文件 rule.xml 的修改。

对分布式代理而言，一方面负责修改本地相应的数据节点配置文件和切分规则配置文件，定期推送最新的配置文件到远程分布式代理，从而控制数据节点的变动和传感器数据的切分去向，另一方面通过心跳信息与分布式代理通信，监控当前分布式代理的运行情况。

对数据中心而言，随着应用数据量的增大，单个数据节点有可能没有办法承受日益扩张的数据。管理者需要监控每个数据节点的磁盘使用情况，从而在合适的时候采取相应的措施。元数据服务器会获取数据中心每个数据节点的磁盘使用情况，提供管理者何时增加数据节点或者删除数据节点等决策的依据。

数据库客户端启动时，会从元数据库服务器下载与本地数据服务和分布式代理列表相关的配置文件，用户通过数据库客户端访问远程数据。为了降低网络传输开销的同时提高应用快速响应能力，数据库客户端会通过元数据服务器标记远程数据为热数据，将远程数据在本地备份；分布式代理会报告自己的心跳信息给元数据服务器，元数据服务器会推送最新的配置文件到远程分布式代理；元数据服务器会显示远程数据中心各数据节点的磁盘占用情况。

数据中心主要用来持久化存储来自传感器的数据，以支持归档与统计报表等功能。不同来源的数据存储在不同的数据节点，这样单个节点的故障只会丢失局部的数据，不会造成全局大批量数据的损失。为了配合分布式代理水平切分数据的情况，对于每个数据节点需要设置片键，分布式代理依据不同的片键范围来决定传感器数据最终的存储节点。

单个数据节点在写入数据的时候一般会上锁，造成读取数据的操作被阻塞，这样会导致查询过慢。对物联网服务平台中分布式数据服务系统而言，系统的响应能力是非常重要的，为此，对数据中心的每个数据节点设置读写分离，所有的数据写入操作由主节点完成，所有的数据读取操作由从节点完成，这样数据的读写操作相互分离，降低了单个数据节点的存取压力，提高了系统读取数据的速度。

随着应用越来越大，用户越来越多，访问量越来越大，数据量也会随之越来越多，可能很快会超过单个数据节点服务器的磁盘容量。此种情况必须要能对数据进行拆分，利用更多的廉价的硬件资源来解决单机性能极限的难题。拆分后数据存储在不同的数据节点，不同的数据节点随着数据量的增大会有数据迁移，以达到自动平衡的目的。另外，将数据进行水平拆分后，每个索引的体积也随之减小。由于一般数据库的索引都采用 B 树结构，索引体积减小后，树的高度降低，索引深度也会随之减小，索引查找的速度也就提高了。对于一些比较消耗时间的统计查询，数据水平拆分后，计算量也就被分摊到多个机器上，利用分布式并行计算提高了查询速度。

元数据服务器以界面展示数据中心各节点的磁盘使用情况，以方便管理者在发现异常时及时采取相应的措施。具体的时序图如图 4-104 所示。元数据服务器有一个单独的视图界面展示数据中心各节点的磁盘占用情况，刷新此视图界面，元数据服务器会访问本地关于数据中心各节点的配置，通过数据节点的 IP 地址和服务端口号访问数据中心各节点，查询并返回各节点下所有数据库的磁盘占用情况，在元数据服务器端以列表的方式展示出来。

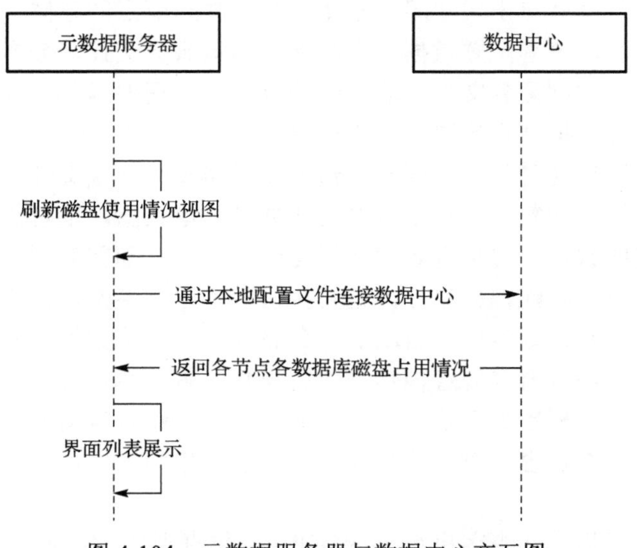

图 4-104　元数据服务器与数据中心交互图

4.7.2 分布式实时数据服务实现

服务于物联网服务平台的分布式实时数据服务系统架构如图 4-105 所示。

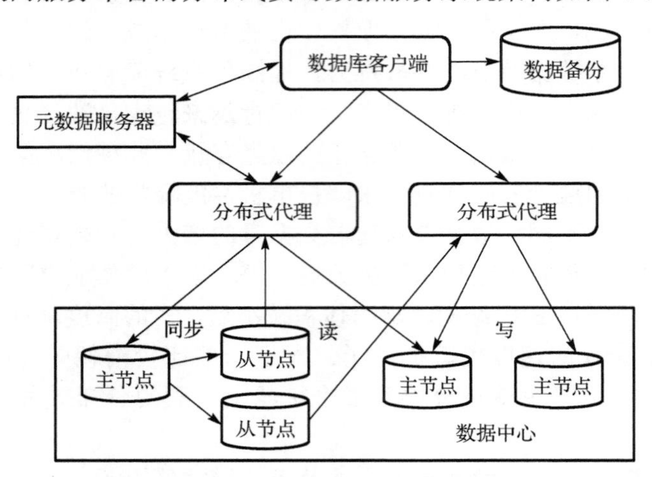

图 4-105 分布式数据服务系统架构

该架构主要由四部分组成：数据库客户端负责提供对外查看底层数据的界面接口，用户可以通过数据库客户端增、删、改、查存储在数据服务库里面的数据；分布式代理相当于 SQL 路由，按照关键字映射数据到不同的数据节点；数据中心负责存储数据，每个数据节点对应不同业务区的数据，数据节点之间松耦合，相互之间彼此独立，单个数据节点出现故障，不影响其他数据节点的存储；元数据服务器担任中心管理的角色，统筹配置数据库客户端的本地服务文件，分布式代理的数据节点配置文件和切分规则配置文件，监控远程分布式代理的运行情况，同时提供管理者查看数据中心各数据节点的磁盘占用情况。

数据库客户端启动时从元数据服务器下载所需要的配置文件，然后用户通过数据库客户端查看期望的数据。如果查看的数据是本地数据，则直接在本地备份数据服务库获取相应的数据；如果查看的数据是远程数据，则首先判断远程数据是否与本地的热数据标记相匹配，如果是，则直接访问本地的备份数据服务库获取相应的远程数据，如果不是，则客户端自动通过分布式代理连接数据中心，通过数据中心获取数据。元数据服务器全局管控数据库客户端、数据库代理和数据中心。

通过此分布式数据服务系统，可以方便快速地存储和查询不同业务区的数据，支持水平扩展、动态扩容。对于用户而言，方便操作和使用；对于管理者而言，方便统一管理。

数据库客户端基于开源客户端 MonjaDB，提供直观的 MongoDB 数据操作接口，界面如图 4-106 所示。界面共有六个视图，其中数据库列表视图以树形结构显示当前连接下的数据库和数据表列表信息；数据项表显示当前集合的数据项，数据库详细信息显示当前连接下所有数据库的具体信息，数据集合详细信息显示当前数据库下所有数据集合的详细信息；数据项编辑器视图用于编辑数据集合的某一个项记录，包括值和类型；数据库操作视图显示所有对数据库的历史操作命令；操作保存视图可以让用户自定义常用的数据库操作命令；JavaScript on MongoDB 视图用于以 JavaScript 命令修改数据库里面的数据。

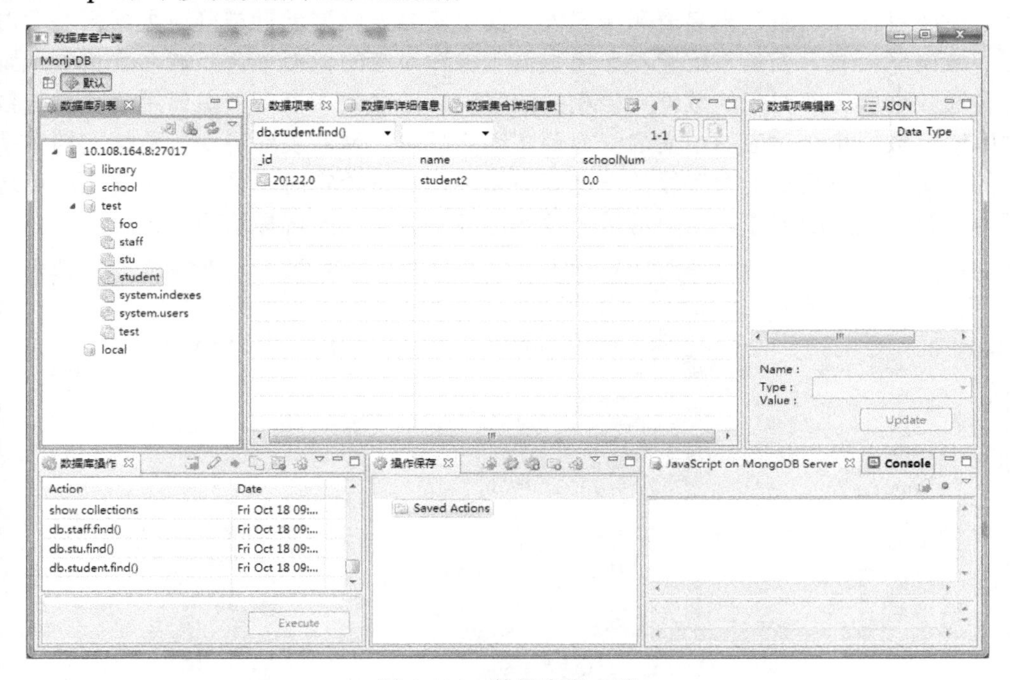

图 4-106 数据库客户端

数据库客户端启动时，连接元数据服务器下载需要的配置文件，其中包括：①分布式环境下本地数据服务列表，包括服务别名、服务 IP 地址、服务端口号、切分关键字，主要用于数据服务是否从本地启动的依据；②分布式环境下正常运行的分布式代理 amoeba（一个以 MySQL 为底层数据存储，并对应用提供 MySQL 协议接口的代理）群的连接信息，包括 amoeba 服务 IP 地址和服务端口号，客户端通过分布式代理 amoeba 连接数据中心各个数据节点。

当用户查看远程数据超过一定次数时（目前是 10 次），则标记远程数据为热数据，同时通知元数据服务器修改 rule.xml，从而达到远程数据在本地备份的目的，如图 4-107 所示。在本地备份数据服务库热数据只保留一份，而不是持续增长，这意味着客户端会根据用户对某份数据访问的频繁程度更新热数据标记文件，与此同时在本地数据服务库删除之前保存的旧热数据，只保存当前最热的远程数据。

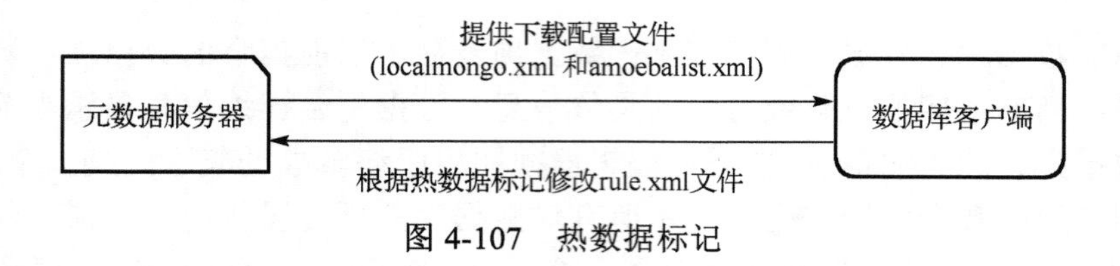

图 4-107 热数据标记

另外，为了本地化与配置相关的数据集合，设置专门的配置库，如图 4-108 所示，主要包括库名表、表名表和域名表。其中库名表负责配置与普通数据服务库对应的数据库，表名表负责配置与普通数据服务库对应的数据集合，域名表负责配置与普通数据服务库对应的数据文档相关的字段。库名表和表名表主要用来映射与数据库或者数据集合对应的中文名，方便本地化显示；域名表除了映射数据文档中字段的中文名，还负责配置字段的一些其他属性，如是否实时、是否是可选项、可选项内容等。通过配置库，用户可以更改普通数据服务库的可显示项。

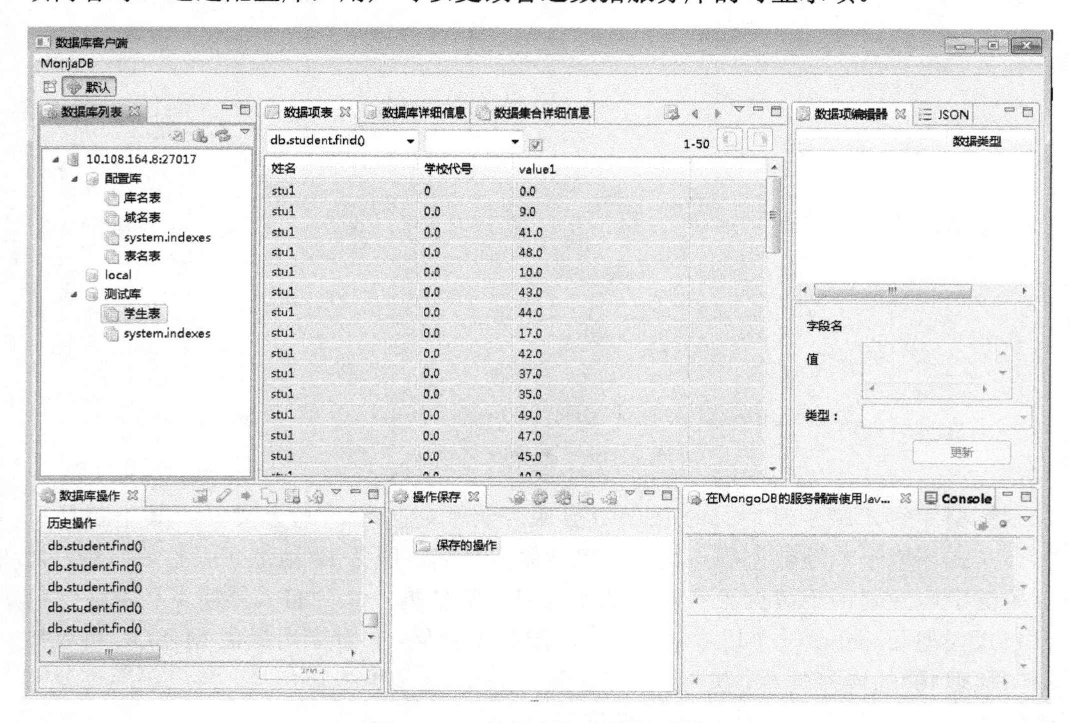

图 4-108 数据库客户端配置图

整个客户端的关键类图如图 4-109 所示。其中 MDBTree 主要负责数据库列表的展示；MDBList、MCollectionList、MDocumentList 主要显示数据库、数据集合、数据项的具体信息；Receiver 是客户端从元数据服务器下载配置文件类；MFilterDialog 用来过滤用户想要查看的数据；HotDataHandler 用来记录当前的热数据标记；LoadConfig 将从元数据服务器下载的配置文件提供给客户端使用，包括本地 MongoDB 服务和正在运行的分布式代理 amoeba 列表；CleanMinorHot 用来动态删除次热数据，在本地服务库只保留一份最常使用的远程数据；HotDataClient 主要推送客户端的热数据标记请求到元数据服务器，修改 rule.xml 配置文件，从而更新本地的备份热数据。

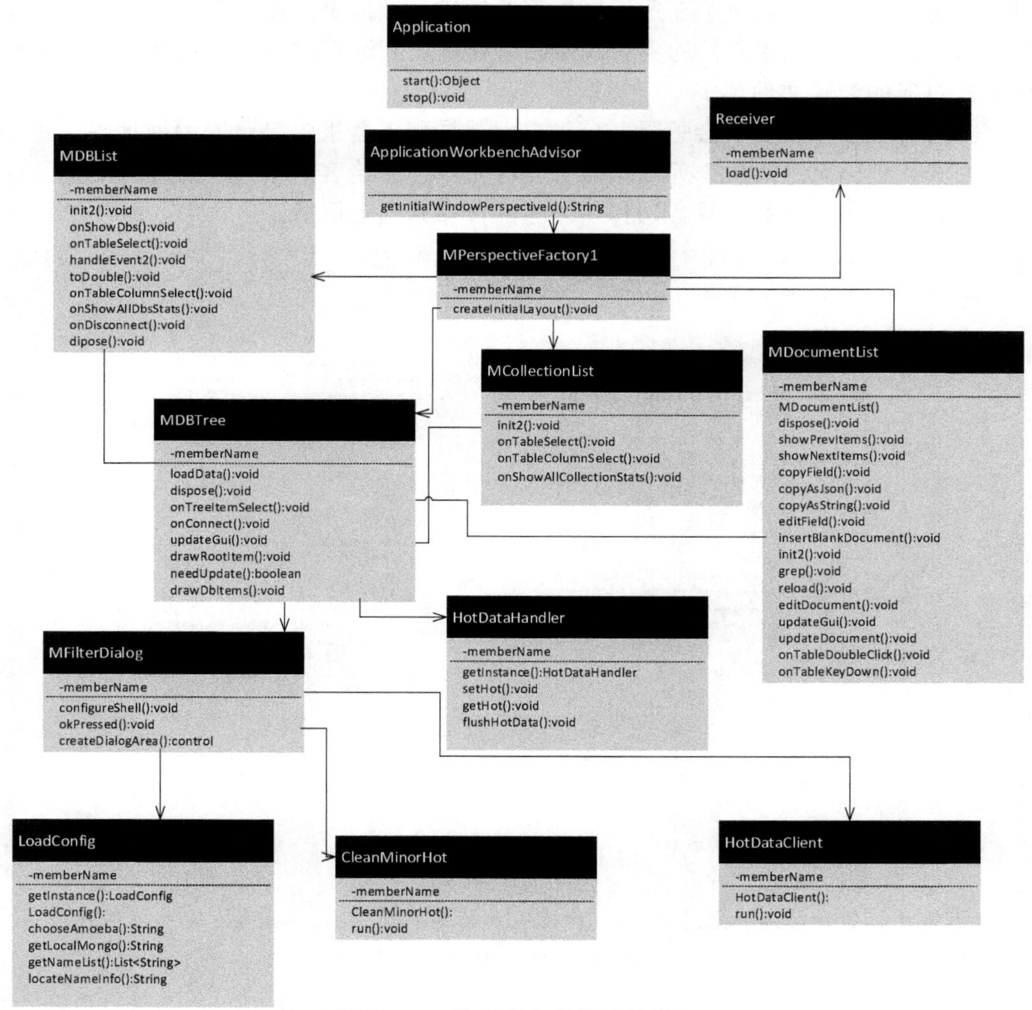

图 4-109　数据库客户端关键类图

元数据服务器充当中心管理者的角色，可以统筹管理数据库客户端、分布式代理和数据中心各节点。元数据服务器以良好的界面方便管理者进行查看和配置，共包括四个视图：本地数据服务配置视图、正在运行的分布式代理查看视图、分布式代理文件配置文件和数据中心各节点磁盘占用情况查看视图。

元数据服务器每隔一分钟会扫描关于分布式代理的配置文件，如果客户端请求修改了配置文件或者管理员手动修改了配置文件，则会立即将更新推送到所有的远程分布式代理 amoeba，修改对应的本地配置文件，包括 dbServer.xml 和 rule.xml。其中，dbServer.xml 主要负责配置 DB 节点，rule.xml 主要负责数据切分的路由规则以及读写规则等。如图 4-110 所示，管理者通过元数据服务器修改 dbServer.xml 或者 rule.xml，对于配置文件的更新或修改会被推送到远程的分布式代理，修改远程分布式对应的配置文件。

分布式代理 amoeba 会每隔一分钟向元数据服务器报告自己的运行状态。如果有分布式代理因意外宕机，元数据服务器会更新提供给客户端下载的配置文件，这样客户端连接数据中心时只会选择可运行的分布式代理服务。

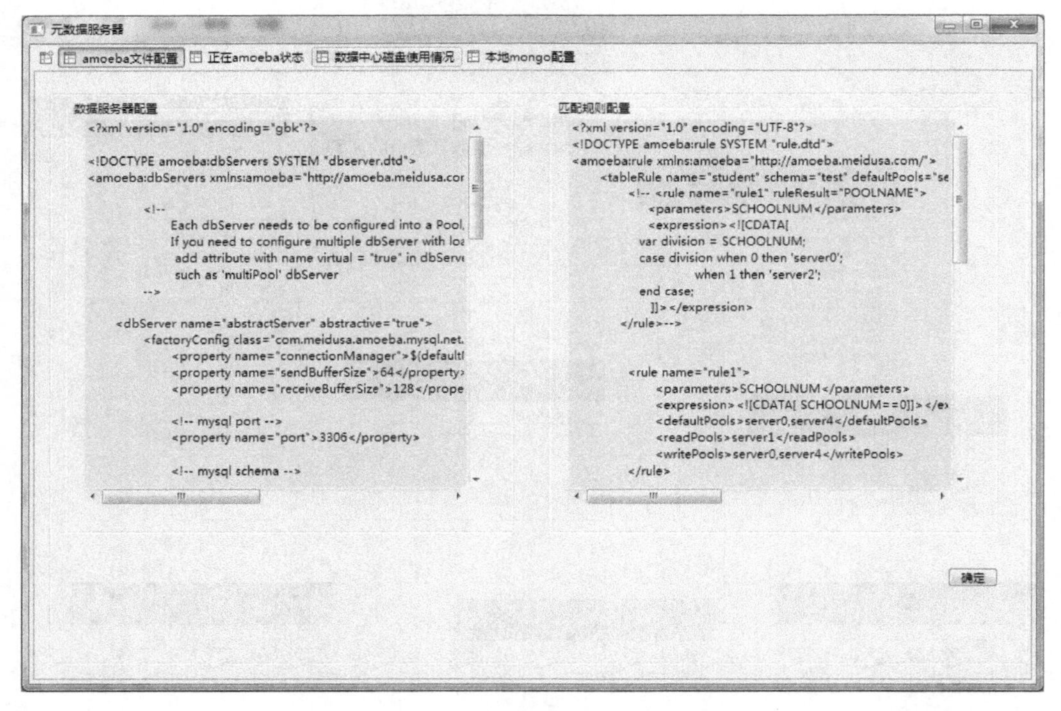

图 4-110　分布式代理文件配置视图

元数据服务器会获取当前分布式数据服务系统下所有数据节点的各数据库的磁盘占用情况。管理员依据此数据来判断是否增加新的数据节点，界面如图 4-111 所示。

元数据服务器的关键类图如图 4-112 所示。其中 MongoList 用于展示本地数据环境的 MongoDB 配置列表；AmoebaStatus 用于显示可用于连接数据中心的 amoeba 服务列表；AmoebaConfig 用来配置分布式代理 amoeba 的两个关键性配置文件 rule.xml 和 dbServer.xml；DataCenter 显示元数据服务器所控制的数据中心各数据节

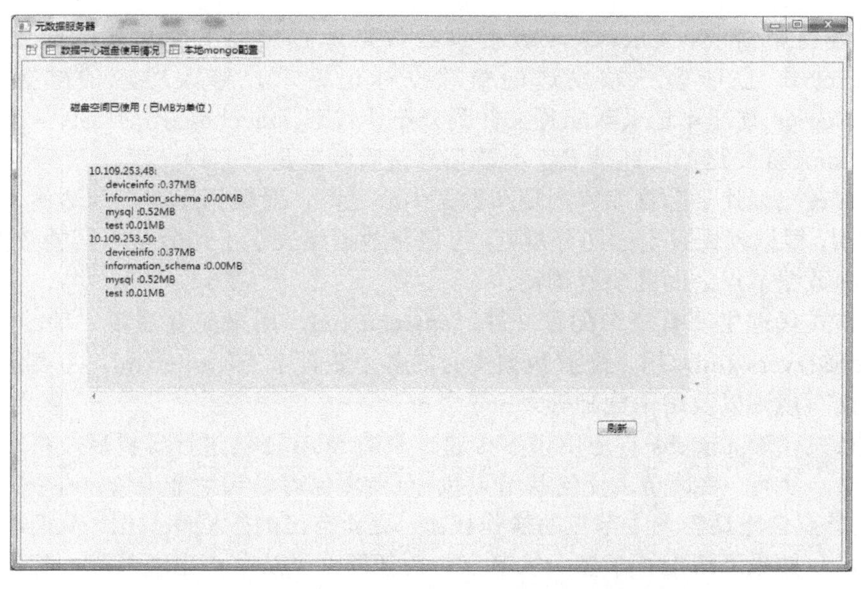

图 4-111　数据中心各节点磁盘占用情况视图

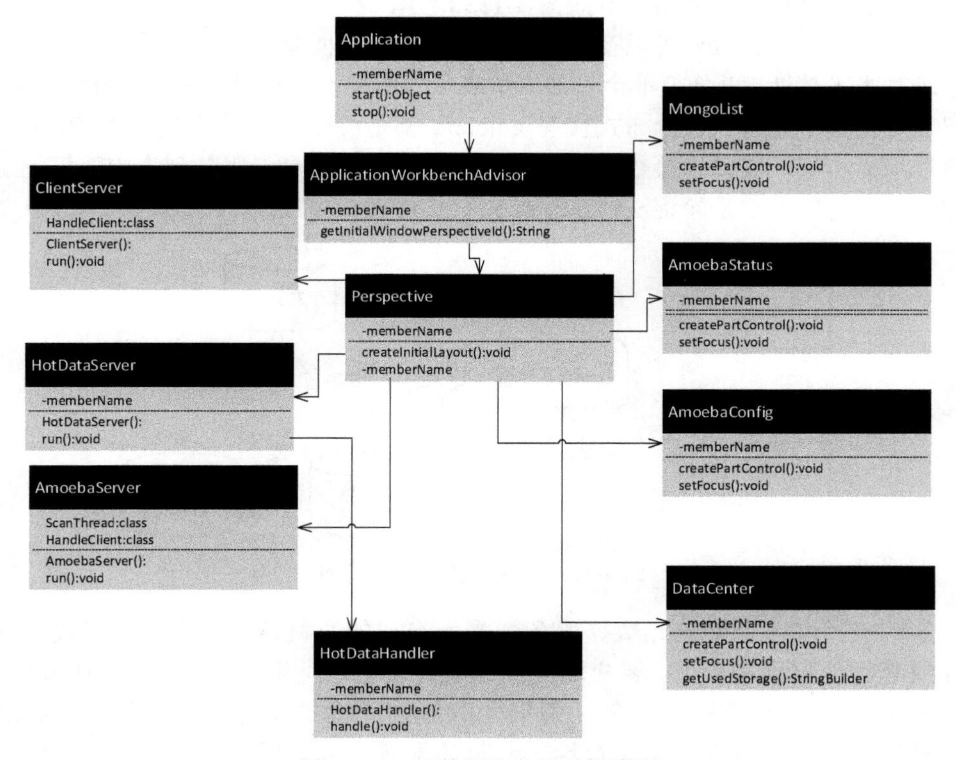

图 4-112　元数据服务器关键类图

点的磁盘使用情况；ClientServer 提供给数据库客户端下载需要的配置文件；HotDataServer 监听客户端发送的热数据标记请求，修改对应的配置文件；AmoebaServer 推送本地最新配置文件到分布式代理 amoeba，同时接收从远程分布式代理 amoeba 传送的心跳信息，心跳信息接收频率是一分钟一次。

分布式代理处于数据库客户端和数据中心之间，对数据库客户端透明，相当于 SQL 路由，根据预先设定的切分规则，可以将数据库表水平切分至不同的数据节点，保证不同数据节点之间的负载均衡。

分布式代理主要有三个配置文件：amoeba.xml，用来配置需要启动的 amoeba 服务；dbServers.xml，用来配置数据中心的各个数据节点；rule.xml，主要定义数据切分的读写规则以及路由规则等。

分布式代理 amoeba 将应用程序传递过来的 SQL 语句进行解析后，将写请求路由到主节点执行，将读请求交给从节点执行(当然也可以到主节点读，这个完全看配置)。从节点会定期轮询主节点的操作日志，更新自己的数据库数据，从而和主节点保持同步。如果系统配置了多个从节点，则任意某个从节点出现故障，都不会导致整个系统瘫痪而不能正常工作，分布式代理 amoeba 能主动地将读请求交给其他正常运行的从节点执行，应用场景如图 4-113 所示。

分布式代理 amoeba 可以在不同机器上启动多个同时运行，并且进行相同的配置来进行水平扩展，以分担单个机器的负载压力和提高可用性。对于应用程序来说，客户端连接其中任何一台分布式代理 amoeba 都是可以的，所以需要在应用端有一个负载均衡机制，需要连接数据库时从分布式代理 amoeba 服务列表中随机挑选一台即可。目前的做法是轮询法静态选择分布式代理。

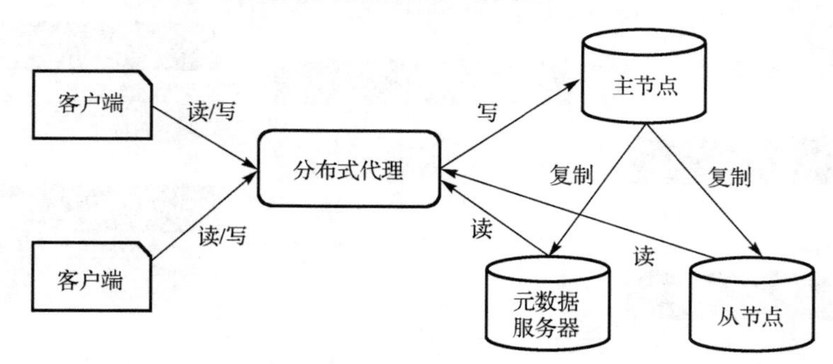

图 4-113 分布式代理服务架构

分布式代理需定期向元数据服务器报告自己的心跳信息，确保分布式代理因意外或者其他原因中断时，客户端能够知道此信息，其关键类图如图 4-114 所示。AmoebaClient 主要有两个功能：每隔一分钟向元数据服务器报告自己的心跳信息；同时监听元数据服务器是否推送最新的配置文件，如果有，则更新本地对应的配置文件。AmoebaHandler 用来判断当前主机的分布式代理 amoeba 服务是否正常运行。

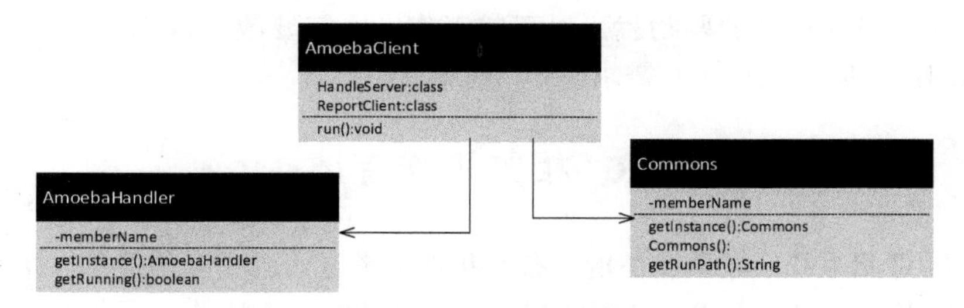

图 4-114　分布式代理与元数据服务器交互类图

底层数据存储由文档数据库 MongoDB 提供，MongDB 支持 Schema-Free，面向集合存储，数据被分成不同的组存储在不同的数据集中，定义为一个集合，集合的概念类似于关系型数据库里的表,不同的集合在数据库中都有一个独一无二的标识,并且可以容纳无限数量的文档，每个文档类似关系型数据库里的记录，每个文档之间不必使用完全相同的格式。

针对分布式数据服务系统服务应用的不同情况，数据中心的数据节点提供两种不同的配置。

(1)针对数据增长缓慢或者基本不增长的情况，对每个节点设置读写分离机制。不同的主节点代表不同的存储节点，每个主节点可以有对应的从节点池进行主辅同步。主节点记录所有执行的操作，从节点定期轮询主节点获取这些操作，然后执行这些操作，保持与主节点的同步。概括来讲，主节点负责写入，从节点用做备份数据源，为读取提供数据，降低了主节点的压力，增强了安全性。

主节点和从节点的服务进程配置如图 4-115 所示。主节点启动主要配置服务端口号以及数据路径和日志路径，从节点启动除了配置服务端口号以及数据路径和日志路径，还必须配置从节点所服务的主节点的 IP 地址以及服务端口号。

```
master启动:
mongod --dbpath "C:\Program Files\mongodb-win32-i386-2.2.3\data\db\master"
--port 20000 --master
--logpath "C:\Program Files\mongodb-win32-i386-2.2.3\data\log\master\MongoDB.txt"
--rest --install --serviceName "MongoDBMaster"

slave启动:
mongod --dbpath "C:\Program Files\mongodb-win32-i386-2.2.3\data\db\slave"
--port 20001 --slave --source 10.109.254.180:20000
--logpath "C:\Program Files\mongodb-win32-i386-2.2.3\data\log\slave\MongoDB.txt"
--rest --install --serviceName "MongoDBSlave"
```

图 4-115　主从节点配置

(2)针对数据增长快速的应用，对每个节点进行集群处理，支持动态扩容、自动平衡数据以及透明地使用接口。可以从单个服务节点平滑升级，动态增加或者删除节点，从而应对数据快速增长的需求。集群内部的节点间自动平衡各自的数据量，从而避免在少数节点集中负载，而在自动平衡过程中可以正常读写数据库。对数据客户端而言，使用正常的驱动就可以正常工作，不需要改动内部程序。MongoDB的分片机制可以完美支持这一需求。

4.8 相关工作综述

在发布/订阅系统中，事件是指发布者和订阅者之间所交互的信息，订阅是指订阅者对事件表达兴趣的方式。订阅模型定义了系统能够支持的订阅条件，指明了订阅者如何表达对事件子集的兴趣[1]。

发布/订阅系统的订阅模型分类很多，本节讨论最重要的两种模式：基于主题的发布/订阅模式和基于内容的发布/订阅模式[2, 3]。

最早的发布/订阅模式是基于主题的，该模式被许多工业级的解决方案所实现(例如，TIB/RV[4]、iBus[5]，以及 Vitria 的中间件产品[6]，Talarian 的中间件[7])，并形成了一些技术规范，如 CORBA 通知服务[8]、OMG DDS 规范[9]、高级消息队列协议[10, 11]、WSN 规范[12]等。

参与者可以发布事件，也可以订阅由关键字表示的主题。主题非常类似于分组的概念，这种相似性并不奇怪，因为最初的一些提供发布/订阅的交互系统是基于 Isis[13]的组通信工具包，订阅模式也就自然地基于组。所以，订阅一个主题 T 可以视为成为 T 组成员，相应地，发布主题 T 的事件也就是广播给所有主题 T 的成员。尽管组和主题有着类似的抽象，但它们通常是与不同的应用领域相关联的：分组用于保证在局域网中一个关键组件的复制品之间的强一致性，而主题用于大规模分布式交互模式。

主题模型很容易理解，只依靠字符串作为关键字划分事件空间，具有平台互操作性。增强的基于主题的各种变体模式已经被各种不同的系统提出。最有效的改进是使用层次结构来组织主题。大多数基于主题的引擎提供了分级寻址，它允许程序员根据包含关系来组织主题。订阅者在订阅上层主题时，即涵盖了下层的各主题。主题的名称，通常表示为类似 URL 的符号。大多数系统允许主题名称包含通配符，以允许对名称匹配一组给定关键字的主题进行发布和订阅，提供了一次性订阅或发布多个主题的可能。

基于主题的发布/订阅模式扩展了通道的概念，对事件内容按照主题进行分类；可以把主题看做事件的一个特殊的属性。基于这种粗粒度的划分，可以利用网络层组播技术(在支持 IP 组播的网络域中)或者应用层组播技术，把一个主题映射到一个组播树，从而实现将事件分发给所有的订阅者。

在基于主题的系统中，事件匹配被规约为简单的表查找；当表的规模很大时，可以采用分布式哈希表(DHT)技术，如 Chord[14]、Pastry[15]、Tapestry[16]等。基于主题的发布/订阅系统的路由算法，核心技术是组播树的构建，可以使用 IP 组播技术和应用层组播技术。由于其实现简单高效，吸引很多研究者开发各种原型系统。早期关于发布/订阅系统的研究工作，大都关注于实现一个实际的分布式系统，比较知名的原型系统有 Bayeux[17]、Scribe[18]、Tera[19]、Corona(Cornell Online News Aggregator)[20]、NICE[21]等。在该领域的理论研究工作还有待深入开展。

由于基于主题的发布/订阅系统实现简单高效，此类系统得到了较为广泛的部署应用。随着该模式的广泛应用，系统应用规模的不断扩大，将一个主题映射到一个组播树的模式固然简单，但是这种朴素的方法也开始暴露出其不足，例如，系统总路由成本过高[22]，而且可能会形成系统中某些节点过载的同时某些节点却很空闲[23]。总的来说，对于覆盖网络的构建与事件路由算法的设计，缺乏理论研究成果的指导。自 2007 年开始，IBM 以色列海法研究院的 Chockler、美国亚利桑那州立大学的 Onus、加拿大多伦多大学的 Chen 等研究人员对基于主题的发布/订阅覆盖网络最优构造算法开展了一系列研究工作，开始获得一些理论上的研究成果，以更好地指导工程实践活动[24-28]。

由于基于主题的发布/订阅系统实现简洁高效并天然地支持多播等特性，该技术也吸引了互联网路由技术研究者的兴趣。欧盟 FP7 的 PSIRP 项目组在 2009 年 SIGCOMM(Special Interest Group on Data Communication)上发表了使用发布/订阅路由技术来取代 IP 从而重新设计互联网架构的方案[29]，并使网络具有缓存能力[30,31]。基于主题的发布/订阅类型代表静态模式，只提供了有限的表达力。基于内容的发布/订阅模式通过引入基于事件实际内容的订阅方案，改善了发布/订阅系统的表达能力。换而言之，事件不是以一些预定义的外部标准(如主题名称)分类，而是根据事件本身的属性。

基于内容的订阅，可以根据事件的属性从多个维度选择过滤条件，不需要受到预定义的主题的约束，订阅者获得更大的灵活性。但是，丰富的表现力和选择性订阅增加了事件匹配算法的复杂度，带来了路由性能下降，特别是如果系统中接收到大量的订阅信息，则节点的订阅表将会快速增长，可能会超出节点的处理能力。节点的过载将导致系统吞吐量的急剧下降，端到端延时的增加，从而大大限制了其应用规模。

基于内容的发布/订阅系统虽然具有很强的表达能力，但也使其复杂度大大增加；复杂而昂贵的过滤和路由算法限制了其大规模应用。基于内容的路由算法的研究工作一直吸引着大量的研究者，例如，IBM 研究院的 Gryphon 项目[32, 33]、美国科罗拉多大学的 SIENA 系统[34, 35]、美国普林斯顿大学的 DADI(Discovery, Analysis and Dissemination of Information)项目[36]、加拿大多伦多大学的 PADRES 项目[37]、美国加州大学圣巴巴拉分校 Meghdoot[38]等。

分布式发布/订阅系统最核心的机制是事件路由机制，与其相关的技术主要包括三个部分：订阅信息管理技术、事件匹配技术、事件转发(event forwarding)技术。这三种技术在事件路由机制的设计中相互影响、协同工作，发挥着不同的作用。

订阅信息管理技术就是如何用尽量小的订阅表、尽量少的网络流量，来完成订阅信息的管理工作。

事件匹配是指，给定一条事件数据和一个订阅条件，判定该事件是否符合订阅条件的过程。在实际系统中，事件匹配的概念就是给定一个订阅表，订阅表包含一组订阅条件，当一条事件数据产生时，匹配算法可以计算出与该事件匹配的订阅。发布/订阅系统的事件匹配算法需要判定一条事件数据需要发给哪些订阅。现有事件匹配算法可以分为两大类：基于计数的算法(counting-based algorithm)和基于树的算法(tree-based algorithm)[39]。

事件的传送(event delivery)效率依赖于两个方面的因素：①事件匹配算法的效率；②事件转发的路径选择。这两个因素分别代表了计算与通信两个方面。

事件路由的主要问题是算法的可伸缩性(scalability)。可伸缩性好是指，发布/订阅覆盖网络中节点个数、订阅数量、事件发布数量的大规模增加都不会带来严重的性能下降。

研究者提出了各种方案来改进订阅信息管理技术，从而减小订阅表的规模，降低订阅表内存消耗，提高事件匹配的速度。主要有订阅的覆盖算法、吸收算法、合并算法[40-42]。

首先通过订阅信息管理技术来减小订阅表规模，同时，通过提高事件匹配算法的性能来提高匹配速度。最初，一些经典的规则匹配算法(如 Rete 算法)用来实现基于内容的事件匹配，但是随着系统规模的增大，传统算法在可伸缩性方面的不足开始暴露出来。研究者开始设计更高效的匹配算法[43-45]，如 BE-Tree[46, 47]算法；甚至考虑用 FPGA 硬件来实现这些算法[48]，以提高事件匹配速度。

在网络通信方面，为了减少端到端的通信时延，一方面是减少事件转发过程中在覆盖网络中的跳数，例如，对于最小最大时延而言，就是减小覆盖网络拓扑图的直径(diameter)；另一方面是减少每跳的时延，具体而言，就是希望覆盖网络拓扑与底层网络拓扑尽量匹配[49-51]。

虽然基于内容的发布/订阅系统在一定的范围内取得了成功，但是仍然面对很多挑战。目前，仍然缺乏真正能够在互联网规模上大规模部署的具有可伸缩性的路由算法。

随着互联网的发展，在 20 世纪 90 年代中期，分布式发布/订阅系统开始得到研究者的关注。SIENA[52]、Gryphon[53]、JEDI[54]等项目是最早的一些研究项目。后来，Rebacca[55]、PADRES[56]等项目也得到了广泛的关注。

近几年，发布/订阅模式在未来互联网架构中也开始扮演日益重要的角色，欧盟的 FP7 和美国自然科学基金有多个项目投入到该领域的研究。

研究者开始考虑将发布/订阅模式作为一种基础的通信模式，来取代 IP 的 Unicast 模式。早期的研究项目包括欧盟 FP7 的 PSIRP 项目(2008—2010)[57]、PARC(Palo Alto Research Center)的 CCN 项目[58]、加州大学伯克利分校(UCB)的面向数据的网络架构(Data-Oriented Network Architecture，DONA)[59]系统等。随后，该领域聚集了越来越多的研究者和项目：美国自然科学基金项目 NDN(从 2010 至今)[60]，中国的 973 项目 SOFIA(2012—2016)，以及欧盟 FP7 中的 PURSUIT(2010—2013)[61]、PLAY(2010—2013)[62]、Convergence(2010—2013)[63]等。

欧盟 FP7 的 PLAY(2010—2013)项目[62]，其目标是开发和验证一个在大规模分布式异构服务系统中，基于动态的、复杂的、事件驱动交互模式的弹性可靠的 SOA。这种体系结构将使上下文信息能够在异构服务之间交换，并支持对执行过程的优化或个性化处理，得到情景驱动的自适应性。

主要的预期成果为 FOT(Federated Open Trusted)平台，具有以下特性：①异构服务之间采用事件驱动的交互模式；②该架构能够扩展到互联网规模；③满足服务质量的要求。

该平台分为以下几层。

(1)联邦制的中间件层：一个基于发布/订阅机制的对等覆盖网络，负责收集来自分布式异构服务的事件。

(2)分布式复杂事件处理器：基于云计算的弹性分布式复杂事件处理引擎，检测服务需要做出反应的感兴趣的情境。

(3)情境感知业务适配器：一个推荐引擎，以一个非预定义(Ad-hoc)的方式提出适应和改变运行中的业务流程和服务，以确保整个实例的一致性。

YMB(Yahoo! Message Broker)是一个基于主题的消息发布/订阅系统，是雅虎公司数据服务平台 PNUTS 的核心基础设施之一[64]。PNUTS 是一个分布式的数据存储平台，是雅虎公司的云计算基础设施的核心组件之一。PNUTS 使用 YMB 的发布/订阅机制来实现数据的复制与同步。

截止到 2011 年年初，雅虎已经有超过 100 种应用服务(大部分都是 2010—2011 年部署的)部署在 PNUTS 系统上，部署范围从最初的 4 个数据中心到后来的 18 个数据中心，系统规模从几十台服务器扩展到了几千台服务器[65]。

2011 年，谷歌公司发布了一个名叫 Thialfi 的大规模通知服务系统[66]。Thialfi 是一个互联网规模的基于主题的发布/订阅系统，运行在谷歌的多个数据中心，支持多种编程语言编写的应用程序，可以运行在多种平台上，用于互联网应用程序的客户端通知服务。在产品使用方面，该服务已经部署应用于几种流行的谷歌应用程序中，如 Chrome、Google Plus 和 Contacts 等。

在线部署评估证实[66]，Thialfi 是可伸缩的、高效的、健壮的系统。该服务可以扩展到数亿的用户规模和几十亿规模的数据对象，通常情况提供次秒级的延迟，即使存在各种各样的故障，也能够保证交付。

参 考 文 献

[1] 马建刚, 黄涛, 汪锦岭, 等. 面向大规模分布式计算发布订阅系统核心技术. 软件学报, 2006,

17(1): 134-147.

[2] Baldoni R, Querzoni L, Virgillito A. Distributed event routing in publish/subscribe communication systems: A survey. DIS, 2006.

[3] Martins J L, Duarte S. Routing algorithms for content-based publish/subscribe systems. IEEE Communications Surveys & Tutorials, 2010, 12(1): 39-58.

[4] TIBCO. TIB/Rendezvous(White Paper). 1999.

[5] Altherr M, Erzberg M, Maffeis S. Ibus—A software bus middleware for the java platform. Proceedings of the International Workshop on Reliable Middleware Systems, 1999: 49-65.

[6] Numnonda T, Poonsuph R. Publish/subscribe architecture with Web services. International Proceedings of Economics Development & Research, 2011:35-39.

[7] Talarian Corporation. Everything You Need to Know about Middleware: Mission-Critical Interprocess Communication. http://en.wikipedia.org/wiki/Talarian.

[8] Object Management Group. CORBA event service specification, version 1.1. OMG Document formal, 2001.

[9] OMG. Data Distribution Service (DDS) Specifications. http://portals.omg.org/dds[2016-6-1].

[10] AMQP Working Group. Advanced Message Queuing Protocol(AMQP). http://www.amqp.org[2016-6-1].

[11] Vinoski S. Advanced message queuing protocol. IEEE Internet Computing, 2006, 10(6): 87-89.

[12] OASIS. Web Services Notification(WSN) TC. http://www.oasis-open.org/committees/tc_home.php?wg_abbrev=wsn [2016-6-2].

[13] Birman K P, Cooper R, Joseph T A, et al. The Isis System Manual. New York: Cornell University, 1990.

[14] Stoica I, Morris R, Karger D, et al. Chord: A scalable peer-to-peer lookup service for internet applications. ACM SIGCOMM, San Diego, CA, 2001.

[15] Rowstron A, Druschel P. Pastry: Scalable, distributed object location and routing for large-scale peer-to-peer systems. 18th IFIP/ACM Int. Conf. Distributed Systems Platforms (Middleware 2001), 2001: 329-350.

[16] Zhao B, Kubiatowicz J, Joseph A. Tapestry: An Infrastructure for Fault-tolerant Wide-area Location and Routing. Berkeley: Univ. California, 2001.

[17] Zhuang S Q, Zhao B Y, Joseph A D, et al. Bayeux: An architecture for scalable and fault-tolerant wide-area data dissemination. 11th International Workshop on Network and Operating Systems Support for Digital Audio and Video, 2001: 11-20.

[18] Castro M, Druschel P, Kermarrec A, et al. Scribe: A large-scale and decentralized application-level multicast infrastructure. IEEE Journal on Selected Areas in Communications, 2002, 20(8): 1489-1499.

[19] Baldoni R, Beraldi R, Quema V, et al. Tera: Topic-based event routing for peer-to-peer

architectures. Proceedings of the 2007 Inaugural International Conference on Distributed Event-based Systems, 2007: 2-13.

[20] Ramasubramanian V, Peterson R, Sirer E. Corona: A high performance publish-subscribe system for the world wide web. Proceedings of the 3rd Conference on Networked Systems Design and Implementation, San Jose, CA, USA, 2006: 15-28.

[21] Banerjee S, Bhattacharjee B, Kommareddy C. Scalable application layer multicast. Proceedings of the ACM SIGCOMM 2002 Conference, 2002, 32(4): 205-217.

[22] Chockler G, Melamed R, Tock Y, et al. Spidercast: A scalable interest-aware overlay for topic-based pub/sub communication. Proceedings of the 2007 Inaugural International Conference on Distributed Event-based Systems, Toronto, 2007: 14-25.

[23] Chockler G, Melamed R, Tock Y, et al. Constructing scalable overlays for pub-sub with many topics. Proceedings of the 26th Annual ACM Symposium on Principles of Distributed Computing, Portland, 2007: 109-118.

[24] Onus M, Richa A W. Minimum maximum degree publish-subscribe overlay network design. IEEE INFOCOM 2009, 2009: 882-890.

[25] Onus M, Richa A W. Parameterized maximum and average degree approximation in topic-based publish-subscribe overlay network design. Proceedings of IEEE 30th International Conference on Distributed Computing Systems, Genoa, 2010: 644-652.

[26] Onus M, Richa A. Minimum maximum-degree publish-subscribe overlay network design. IEEE/ACM Transactions on Networking, 2011, 19(5): 1331-1343.

[27] Chen C, Jacobsen H, Vitenberg R. Divide and conquer algorithms for publish/subscribe overlay design. Proceedings of the 30th International Conference on Distributed Computing Systems. Columbus, 2010: 622-633.

[28] Chen C, Vitenberg R, Jacobsen H. Scaling construction of low fan-out overlays for topic-based publish/subscribe systems. Proceedings of the 31st International Conference on Distributed Computing Systems. Minneapolis, MN, USA, 2011: 225-236.

[29] Jokela P, Zahemszky A, Rothenberg C E, et al. Lipsin: Line speed publish/subscribe internetworking. Proceedings of the ACM SIGCOMM 2009 Conference on Data Communication, Barcelona, 2009: 195-206.

[30] Sourlas V, Flegkas P, Paschos G S, et al. Storing and replication in topic-based publish/subscribe networks. Proceedings of IEEE Globecom, Miami, USA, 2010: 1-5.

[31] Katsaros K V, Xylomenos G, Polyzos G C. MultiCache: An overlay architecture for information-centric networking. Computer Networks, 2011, 55(4): 936-947.

[32] Banavar G, Chandra T, Mukherjee B, et al. An efficient multicast protocol for content-based publish-subscribe systems. Proceedings of 19th IEEE International Conference on Distributed

Computing Systems, Austin, TX, USA, 1999: 262-272.

[33] Aguilera M K, Strom R E, Sturman D C, et al. Matching events in a content-based subscription system. PODC, 1999: 53-61.

[34] Carzaniga A, Rosenblum D S, Wolf A L. Design and evaluation of a wide-area event notification service. ACM Transactions on Computer Systems, 2001, 19(3): 332-383.

[35] Carzaniga A, Alexander L. Wolf: Forwarding in a content-based network. SIGCOMM, 2003: 163-174.

[36] Kale S, Hazan E, Cao F, et al. Analysis and algorithms for content-based event matching. ICDCS Workshops, 2005: 363-369.

[37] Cheung A K Y, Jacobsen H A. Load balancing Content-based publish/subscribe systems. ACM Transactions on Computer Systems, 2010, 28(4): 46-100.

[38] Gupta A, Sahin O, Agrawal D, et al. Meghdoot: Content-based publish/subscribe over P2P networks. Proceedings of the 5th ACM/IFIP/USENIX International Conference on Middleware, 2004: 254-273.

[39] Koldehofe B, Dürr F, Tariq M A, et al. The power of software-defined networking: Line-rate content-based routing using OpenFlow. ACM Proceedings of the 7th Workshop on Middleware for Next Generation Internet Computing, Montreal, Canada, 2012: 1-6.

[40] Jafarpour H, Mehrotra S, Venkatasubramanian N, et al. MICS: An efficient content space representation model for publish/subscribe systems. DEBS, 2009: 1-12.

[41] Zhao Y X, Wu J. Towards approximate event processing in a large-scale content-based network. ICDCS, 2011: 790-799.

[42] Jafarpour H, Hore B, Mehrotra S, et al. Subscription subsumption evaluation for content-based publish/subscribe systems.Proceedings of the 9th ACM/IFIP/USENIX International Conference on Middleware, 2008: 62-81.

[43] Machanavajjhala A, Vee E, Garofalakis M, et al. Scalable ranked publish/subscribe. Proceedings of the VLDB Endowment, 2008, 1(1): 451-462.

[44] Whang S E, Garcia-Molina H, Brower C, et al. Indexing boolean expressions. Proceedings of the VLDB Endowment, 2009, 2(1): 37-48.

[45] Fontoura M, Sadanandan S, Shanmugasundaram J, et al. Efficiently evaluating complex boolean expressions. Proceedings of the 2010 ACM SIGMOD International Conference on Management of Data, 2010: 3-14.

[46] Sadoghi M, Jacobsen H A. Be-tree: An index structure to efficiently match boolean expressions over high-dimensional discrete space. Proceedings of the 2011 ACM SIGMOD International Conference on Management of Data, 2011: 637-648.

[47] Sadoghi M, Jacobsen H A. Relevance matters: Capitalizing on less (top-k matching in

publish/subscribe). 2012 IEEE 28th International Conference on Data Engineering, 2012: 786-797.

[48] Sadoghi M, Singh H, Jacobsen H A. Fpga-ToPSS: Line-speed event processing on fpgas. Proceedings of the 5th ACM International Conference on Distributed Event-based System, 2011: 373-374.

[49] Dabek F, Cox R, Kaashoek F, et al. Vivaldi: A decentralized network coordinate system. ACM SIGCOMM Computer Communication Review, 2004, 34 (4): 15-26.

[50] Kwon M, Fahmy S. Path-aware overlay multicast. Computer Networks, 2005, 47 (1): 23-45.

[51] Jin X, Tu W, Chan S H G. Scalable and efficient end-to-end network topology inference. IEEE Transactions on Parallel and Distributed Systems, 2008, 19 (6): 837-850.

[52] Tarkoma S. Scalable internet event notification architectures (Siena). Science, 2002.

[53] IBM. Gryphon: Publish/Subscribe over Public Networks. Cambridge: IBM T.J. Watson Research Center, 2001.

[54] Cugola G, Di Nitto E, Fuggetta A. The JEDI event-based infrastructure and its application to the development of the OPSS WFMS. IEEE Transactions on Software Engineering, 2001, 27 (9): 827-850.

[55] Mühl G. Large-scale Content-based Publish-subscribe Systems. Darmstadt: Darmstadt University of Technology, 2002.

[56] EU. PADRES Project. http://msrg.org/project/PADRES[2016-6-1].

[57] The PSIRP Project's Member Institution. PSIRP Project. http://www.fPT-pursuit.eu/Pursuit Web [2016-6-1].

[58] PARC. PARC CCNx Project. http://blogs.parc.com/ccnx[2016-6-1].

[59] Koponen T, Chawla M, Chun B G, et al. A data-oriented (and beyond) network architecture. ACM SIGCOMM Computer Communication Review, 2007, 37 (4): 181-192.

[60] NDN Project Team. Named Data Networking (NDW). http://www.named-data.net[2016-6-1].

[61] EU. FP7 PURSUIT Project. http://www.fp7-pursuit.eu/PursuitWeb[2016-6-1].

[62] EU. PALY Project. http://cordis.europa.eu/projects/rcn/95864_en.html[2016-6-1].

[63] EU. Convergence Project. http://www.ict-convergence.eu[2016-6-1].

[64] Cooper B F, Ramakrishnan R, Srivastava U, et al. PNUTS: Yahoo!'s hosted data serving platform. Proceedings of the VLDB Endowment, 2008, 1 (2): 1277-1288.

[65] Silberstein A, Chen J, Lomax D, et al. Pnuts in flight: Web-scale data serving at yahoo. IEEE Internet Computing, 2012, 16 (1): 13-23.

[66] Adya A, Cooper G, Myers D, et al. Thialfi: A client notification service for internet-scale applications. Proceedings of the Twenty-Third ACM Symposium on Operating Systems Principles, 2011: 129-142.

第5章　可扩展物联网服务柔性化生成

5.1　引　　言

尽管在物联网领域实现了很多基于事件的应用，但是如何构建可扩展的物联网服务系统依然没有清晰的答案。在前述章节中，将物理世界中的物理实体引入信息世界，以物联网资源表示。在构建物联网服务时，将其集成到物联网服务模型中，作为信息基础。同时引入事件会话，来表示服务系统中的协同逻辑。给定这样的物联网事件模型后，其可扩展性是通过将一个服务的行为与其他服务的行为解耦来获得的。其中，高并发地执行服务实例是我们的第一个目标，将物联网业务流程分布化执行是我们的第二个目标，最后一个目标是确保每个分布单元的属性与整体属性相一致。在这种情况下，引入环境模型作为物联网属性计算前提，使用假设-确保规则计算整个系统的属性。最后，讨论如何基于事件的解耦属性，构建可扩展的物联网服务系统。在此过程中，物联网服务流程被分解为多个片断，每个服务中的协同逻辑被抽取出来，协同逻辑转化为事件的复合逻辑。

在物联网服务构建过程中，物联网资源不仅是信息模型，也是一个标准服务，提供对其属性的读写及其生命周期的管理控制。当这些物联网资源被标准化后，构建可扩展物联网资源依然需要解决如下三个问题。

(1) 存在多个物联网服务并发访问物理实体的实时属性或者对其进行控制的情况。因此，避免数据访问竞争是提高物联网服务扩展性的基础。

(2) 尽管每个物联网服务都是依照标准化、独立、可重用等面向服务的原则设计的，但是服务系统中的服务之间往往存在复杂的依赖关系。当众多分布式物理实体连接在一起、集成到数字空间时，服务解耦属性成为服务互联网的基础。尽管在事件驱动的方法学中，空间、时间与控制解耦方法被深入研究，但是如何保证服务之间的行为解耦没有深入探索。行为解耦是指，每个服务对事件的响应独立于其他服务的行为状态，即服务行为只与驱动事件和事件间的关系直接相关，而不与其他服务行为的具体执行过程直接关联。以事件作为不同服务行为的中介，使不同服务行为解耦，有利于每个服务独立演进，而将关注点放在事件关系上，这也是以信息为中心的方法，复杂事件处理将在事件驱动的物联网服务系统中扮演关键角色。因此，提高物联网服务独立并发执行度是系统可扩展的关键研究点之一。

(3) 物联网服务通常是分布式的，对其管理的物理设备和实体进行实时操作与管理。由多个物联网服务可构建物联网服务系统，若该物联网服务系统需要集中执行，则存在瓶颈与性能效率的问题。因此，如何将一个物联网业务流程进行分解，并实现分布式执行，是物联网服务系统可扩展的关键问题之一。物联网业务流程是通过将协同逻辑施加于多个物联网服务之上而得到的，因此，其分布执行的本质就是将协同逻辑部分分离出来，然后独立地评估这些协同逻辑，以评估结果来驱动这些原子服务。这也是物联网服务行为解耦方法之一，而且也是研究的难点之一。

对于第一个问题，其解决方案基于弱数据一致性假设。该假设是指，对一个物联网资源可能在不同的地点存在多个实例，对这些不同的实例，并不要求其属性在任意时刻具有同样的数值，只要求其在一段时间内具有接近的平均值。该假设合理性在于，传感器持续感知物理实体的属性，并持续地进行属性值更新，部分数据包的丢失不影响最终的数据一致性。对于关键事件的更新则通过可靠性协议保证。如前面章节所述，基于该假设为物联网系统建立分布式资源池，在每个地点的资源池中，对本地服务感兴趣的资源进行实例化与持续更新，从而支持物联网服务对资源访问本地化。

在分布式资源池基础上，使用发布/订阅通信模式作为服务交互的方法，使用事件驱动的方式设计物联网服务，这种服务是一种反应式服务，对到达的事件进行异步计算，计算完成后，异步的发布计算结果作为另一个事件，在此过程中，事件的消费者与发布者相互匿名。订阅者对自己感兴趣的事件，通过主题名向物联网通信基础设施表达自己的兴趣意图，发布者则通过主题名向物联网服务通信基础设施发布自己的事件，在此过程中，发布者并不知道哪些服务订阅了该事件，订阅者也不知晓哪些服务会发布自己感兴趣的事件。当订阅者的订阅主题与发布者发布的事件的主题匹配时，物联网服务通信基础设施会将匹配上的事件推送给订阅者。这种事件驱动的方法学为设计者设计可扩展的物联网服务提供了基础。但是仅依靠时间驱动方法学的时间、空间解耦特征并不足够，在服务行为中还存在许多不必要的约束与限制。我们需要进一步探索事件驱动方法学的解耦潜力，即关注服务实例的高并发、物联网业务流程的分布式执行，以及在整个业务流程中保障每个流程片段的属性。例如，文献[1]和文献[2]，也开展了这方面的研究。

在文献[1]中，Hens 等提出了基于分布式事件的流程碎片化方法，通过流程碎片化来实现流程的高可扩展性。流程根据任务划分成碎片，每个碎片装备一个开始事件与一个结束事件，装备这类事件的碎片作为一个独立的流程执行单元。尽管文献[1]的作者给出了高效的算法划分流程与部署流程片断，但是他们没有清楚而深入地讨论碎片流程中的数据流动过程，即如何向不同的流程碎片提供业务数据、环境数据、流程实例信息。这些数据流动可能是耗时与浪费带宽的，将抵消流程分布所带来的收益。信息交换的频繁度是高扩展分布式流程执行与高效数据访问集中式流程执行间权衡的关键，不解决信息交换问题，就不能真正解决流程分布的问题。本书的工作中，建立了分布式服务执行环境——统一消息空间，在其中，数据需求被显式建模，分布式资源池根据数据需求建立，事件流也通过聚合事件订阅来优化。

在文献[2]中，复杂事件处理服务用来计算流程所需要的高层事件。但是该工作中，未讨论流程分布的问题，更没有讨论流程中哪一部分适合使用复杂事件去处理。对于流程分布来说，信息交换是一个关键，另一个关键则是如何使用复杂事件服务处理其中的事件关系。遗憾的是文献[2]未能在这方面进行深入的阐述。在本书的工作中，建立事件关系协同工具，支持流程分解、协同逻辑抽取、协同逻辑执行，实现物联网业务流程的分布执行。

本章内容安排如下：5.2 节介绍物联网服务的构成及其基本模型；5.3 节介绍物联网服务的生成方法与生成过程；5.4 节介绍物联网服务属性计算与验证方法；5.5 节介绍物联网服务可扩展运行的方法；5.6 节介绍基本的物联网服务案例。

5.2 物联网服务定义

5.2.1 基于事件的物联网服务

物联网服务分为物联网资源服务和物联网应用服务。前者是指直接提供物联网设备属性读写和生命周期管理的服务，其可能是嵌入在物理系统中的，通过标准的服务接口对外提供物联网资源相关的服务；也可能是通过读写分离，基于分布式资源池，部署在主机上的服务。后者一般指基于基本的物联网资源服务构建的提供一类功能的物联网应用系统，同样对外提供标准的服务接口。它们的功能特点是，与物联网资源直接相关，涉及物理设备的操作、控制与协同，服务之间、服务与资源之间都是通过事件交互，提供异步解耦与实时响应。

事件是驱动物联网服务运行的基本机制，是资源与资源之间、资源与服务之间、服务与服务之间交互的基本载体，它包括资源更新事件、资源状态迁移事件、资源控制事件等，如图 5-1 所示。为了在不同的服务之间共享服务，服务被命名，称为事件主题，一个事件名称代表一类事件，存在多个事件实例具有相同的事件主题。多个事件主题可能构成一棵名称树，称为主题树，通过主题树增强了事件的描述能力，同样也增强了发布者与订阅者的表达能力。具体的事件定义如定义 5-1 所示。

定义 5-1 事件。事件定义为 event:: = topic_subject(topic_verbing,content)。

其中，topic_subject(topic_verbing) 构成了主题名，代表一类事件；content 通常由 XML Schema 定义，代表事件体。

在上述定义中，topic_verbing 可能为空。例如，在图 5-2 中，事件主题由 wsnt:Topic 元素指定，为 MaDian/Analogous/WaterTemperature/AlarmBoiler；事件内容通过 XML Schema 描述，由 wsnt:Message 元素指定，它包含一系列的“名称/值”对，如 Level/3 和 Value/98.5 等。当事件主题及其 Schema 确定后，该事件的结构就确定了，但是其

“名称/值”对中的具体“值”可能千变万化，形成不同的事件实例。在后面的内容中，当给定事件名称时，暗含其内容 Schema 也被定义。

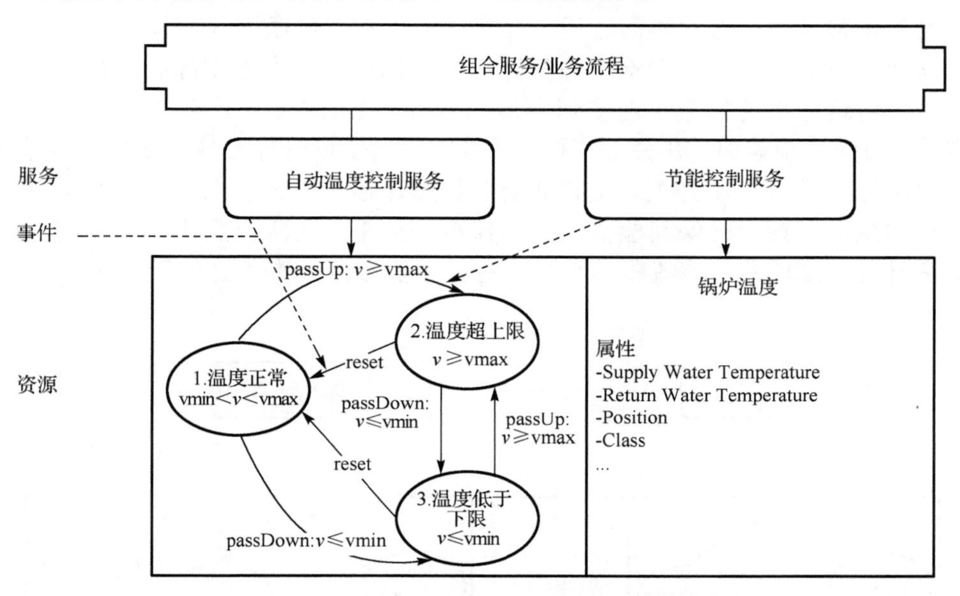

图 5-1　物联网资源与服务的关系

```
<env:Envelope xmlns:env="http://schemas.xmlsoap.org/soap/envelop/"
            xmlns:env="http://www.w3.org/2005/08/addressing/">
  <env:Body>
    <wsnt:Notify xmlns:wsnt="http://docs.oasis-open.org/wsn/b-2/">
      <wsnt:NotificationMessage>
        <wsnt:Topic Dialect=".../wsn/t-1/TopicExpression/Simple">
          MaDian/Analogous/WaterTemperature/Alarm
        </wsnt:Topic>
        <wsnt:Message>
          <TemperatureAlarm>
           <Location>MaDian boiler plant</location>
           <Measure Parameter>Degree Celcius</Measure Parameter>
           <Information>Over top limit</Information>
           <Value>98.5</Value>
           <Level>3</Level>
          </TemperatureAlarm>
        </wsnt:Message>
      </wsnt:NotificationMessage>
    </wsnt:Notify>
  </env:Body>
</env:Envelope>
```

图 5-2　事件实例

物联网服务基于物联网资源设计，基于分布式事件驱动服务运行。在一个物联网服务系统中，存在多个资源，这些资源需要相互协同，才能确保物理设备与物理设施正常运行。这种协同过程与需求，可以使用物联网业务流程表示。在一个物联网业务流程中，存在不同的资源与不同的服务，事件则起到“神经”系统的作用，将这些系统构造块连接到一起。例如，在图 5-3 中，存在开关与锅炉两个实体，当锅炉检修时，开关必须保持在断开状态，以确保维修人员的人身安全。电力设备控制服务控制开关，使其从闭合状态迁移到断开状态；锅炉维修服务维护锅炉的生命周期，确保其检修状态的保持与结束。这两个服务相互协同，构成锅炉房设备检修流程，该流程的正确运行，主要靠两个事件之间因果关系的确保来完成。

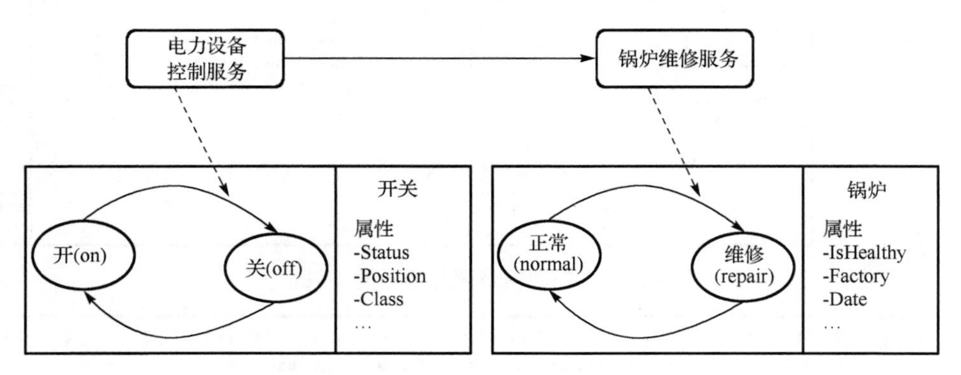

图 5-3　物联网资源与服务协同

5.2.2　事件会话

在基于主题的事件定义中，事件通过名称树表达事件间的相互关系，但是如何将用户所关心的不同类型事件组织在一起，缺乏方法。在物联网服务中的很多场合，如进行系列控制的事务表示时，需要组合一组服务确保执行的事务属性，即要么全部执行，要么全部不执行。因此，本书引入事件会话机制，进一步增强事件的表达能力，这是一种以事件为中心的方法，它可以用来协同多个物联网服务。

事件会话用来说明两个事件是否属于同一个服务会话，并基于事件内容中一系列的“名称/值”来定义。如果两个事件具有这些相同的“名称/值”对，那么两个事件便属于同一个会话，这些“名称/值”对构成事件会话的标识。一个服务中的函数是否属于该事件会话，则由该函数的前提条件决定，如果事件会话标识能够使服务函数的前提条件为真，那么该函数属于此服务会话。例如，服务动作 [Level = 3]AlarmTopic(content, Alarm) 能够对图 5-2 中的事件进行响应，是因为事件会话标识{Level/3}能够使服务函数 Alarm 的前提条件[Level = 3]为真。事件会话定义如定义 5-2 所示。

定义 5-2　事件会话。事件会话由一个标识事件的会话标识和多个由会话命题限定的服务函数组成：会话标识定义为一系列“名称/值”对，它构成了事件内容中“名称/值”对的子集；服务函数的会话命题表明，若会话标识中的“名称/值”对使得服务函数会话命题真(true)，则它们属于该会话。

一旦事件会话标识给定，就可以将不同服务的多个响应函数组织进同一个会话中，也可以将多个事件组织到一起。

5.2.3　事件驱动的物联网服务定义

每个物联网服务函数都是反应式的，即对到达的事件进行响应，也就是说物联网服务的计算逻辑基于到达的事件、物联网资源属性与状态而执行，受到达的事件驱动。在这种认知的基础上，物联网服务定义如定义 5-3 所示，其中，PA(ACT,PR)表示流程理论，它以物联网服务的函数集合 ACT 与描述物联网资源的资源命题集合 PR 为参数。

定义 5-3　物联网服务。物联网服务是一个五元组 $\text{IoTs}::=(\text{ACT},\text{PR},\text{SUB},\text{PUB},\psi)$，其中：ACT 是行为集；PR 是命题集，由三个部分组成，即 PR_{se} 会话命题集、PR_{re} 资源命题集和 PR_{in} 内部命题集；SUB 是订阅接口集，表示为 $[\varphi]n(e,f)$，其中，$\varphi\subseteq\text{PR}$，$n$ 是主题名，e 是名称为 n 的事件，$f\in\text{ACT}$ 是事件 e 的反应函数；PUB 是发布接口集，表示为 $[\varphi]\overline{n}(e,f)$，其中 $\varphi\subseteq\text{PR}$，$n$ 是主题名，e 是名称为 n 的事件，$f\in\text{ACT}$ 是产生事件 e 的函数；ψ 描述了物联网服务 IoTs 的行为。ψ 定义如下。

(1) 获取参数化进程理论 PA(PR,ACT)。

(2) 服务行为由 PA(PR,ACT) 中的进程表示，如 SUB 和 PUB 中的接口 $[\varphi]n(e,f)$ 都包含在进程中。

如图 5-4 所示，图 5-3 中两个服务用定义 5-2 的方式进行定义。电力设备控制服务有两个并行的服务接口，每个服务接口对应相应的实现函数 OffControlSession 和 OnControlSession，即订阅相应的事件，通过这两个函数对到达的服务进行响应，响应的结果，可能是发布事件也可能没有事件发布，这两个接口都存在事件发布的情况。事件会话{switcherId/x}用来确保可靠地操作电力开关设备，即必须 switcherId=x 为真时，刀闸/开关的控制命令{switcherId/x}才能执行。电力设备控制服务的行为构成 PA 中的一个进程。这两个被独立设计，当它们协同构成一个系统后，事件会话充当协同机制，由事件会话协同的设备检修服务 RemoteCS 则演变为 RepairS′。

```
RemoteCS=
        [switcherId=x;state=ON;]On2Off(switcherId,OffControlSession
          (switcherId)).[switcherId=x;state=OFF;]SwithcerOff(switcherId)|
        [switcherId=x;state=OFF;]Off2On(switcherId,OnControlSession
          (swithcerId)).[switcherId=x;state=ON;]SwithcerOn(switcherId)
RepairS=[;;]DeviceAbnormal(deviceId,BeginRepair(deviceId)).
          [;;]DeviceNormal(deviceId)|([;;]DeviceNormal(deviceId,
         NormalAction(deviceId))|[;;]Start(deviceId,NormalAction(deviceId))).
         DeviceInspection(deviceId,InspectDevice(deviceId)).
         (DeviceNormal(deviceId)+DeviceAbnormal(deviceId))
RepairS'=[swictherId=x;swictherId.state=OFF,e(SwitcherOff);]
           DeviceAbnormal(deviceId,BeginRepair(deviceId)).DeviceNormal(deviceId)|
           ([;swictherId.state=ON;]DeviceNormal(deviceId,NormalAction(deviceId))|
            [;swictherId.state=ON;]Start(deviceId,NormalAction(deviceId))).
           DeviceInspection(deviceId,InspectDevice(deviceId).
           (DeviceNormal(deviceId)+DeviceAbnormal(deviceId))
```

图 5-4 物联网服务

5.3 生成物联网服务

5.3.1 物联网服务需求表示

对于物联网服务来说，其具有严格特定的属性，如可靠性，是基本需求，使用手工方式一次性生成满足这些需求的服务是一件非常困难的事情。另外，我们也期望所生成的服务具有足够的灵活性，可以适应不同的环境。因此，本书采取声明式方法，逐步生成所需的物联网服务。在服务设计阶段，建立服务的声明模型，包括一个服务行为框架与多个服务实例模型。在服务部署阶段，该服务声明模型被细化，以适应服务部署环境。在运行阶段，服务扩展性被重点考虑，并允许用户运行时细化，即进行运行时定制，同时需要确保指定的属性不被违反。

本节讨论如何对物联网服务进行声明式建模。对于某个领域的应用来说，对其系统结构与基本的功能作用需要进行定义，采用 SoaML（Service-oriented Architecture Modeling Language）描述其服务体系结构[3]。服务体系结构是服务参与者的网络，这些服务参与者要么提供服务，要么消费服务。每个角色由一组功能定义，参与者实现其中某个角色，另外参与者可以有自己的子服务体系结构。

图 5-5 展示了这样的一个服务体系结构，在一个自动化生产线中，有机器人资源和加工机床等设备资源，这些资源协同后，共同完成自动化加工过程。机器人从输入传送带中抓取零配件，将这些零配件放到机床加工台上，机器人的控制与操作

用机器人动作服务表示；机床从输入槽口中取得零件，进行加工，加工完后，放到输出槽口中，进入传送带，机器人的控制与操作使用机床加工服务表示。这两种服务协同后，构成复合的加工制造服务。对于该制造服务，我们能够定义机器人与机床的基本角色和基本执行过程，但是很难直接描述一个完整和精确的服务行为。也就是说，在第一步，仅仅能描述一个服务行为框架，包含一个组成结构、基本功能和基本流程。

(1) 在制造服务中，列出物联网资源(机器人资源与机床资源)，使用事件连接两个服务，如机器人的放配件入槽口事件驱动机床加工服务，机床卸载加工好配件的事件也驱动机器人动作服务。这样的描述是框架式与声明式的。

(2) 生产线的生产节拍需要保持，这种需求可以单独通过属性定义来表述。其中的困难在于，在上述的资源和其服务中，可能有些事件动作不受外界控制，是由设备自动完成的。这里依旧采用声明式办法，声明事件之间需要保持某种关系，而不是直接排定事件间的关系，即在服务行为上声明约束。

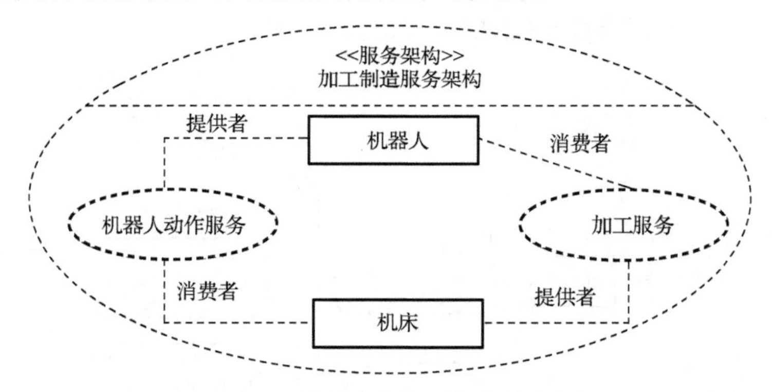

图 5-5　制造流水线服务体系结构

从以上的例子中可知，物联网服务声明模型包含一个服务行为框架和施加在服务实例上的约束，这些实例上的约束称为实例模型。在服务行为框架中，存在一个服务体系结构(包含参与者、角色和提供基本功能的服务)和表示基本服务交互行为的 EPC (Event-driven Process Chain)流程，该流程称为声明式流程，它注重事件间的基本关系，而不关注服务的实现函数。

本书使用 EPC 建模语言[4,5]图形化定义声明式的业务流程，其使用原则如下。

(1) EPC 函数节点未指向真正的服务函数，使用函数占位符来替代，即着重说明函数的动作前提与动作效果，其具体函数实现在部署阶段细化。函数占位符的前提条件常用资源状态描述。

(2) 事件是细粒度的，即事件可以使用名称树、事件会话增强表达力，EPC 事件间的逻辑关系“与”“或”“非”等都可以附加时间窗，以表示物联网的实时性要求。这些细粒度的事件表达能力为服务逐步细化提供了基础，即可以对事件细化，如事件树中子事件是对父事件的细化。

由上述讨论可知物联网资源与事件是整个业务流程建模中的“一等公民”，模型的本质是要说明在什么条件下，哪个资源被使用，其中事件相当于“神经脉冲”。对于 EPC 中的函数占位符，由资源表示的前提条件可以表示为(资源标识名称、资源状态、资源属性命题)。资源的属性命题表示该函数执行时，其资源的属性值必须使命题为真，如 supply water temperature > 80°C 。这样的 EPC 可称作复合物联网服务的需求描述，用 EPC-RS 表示，其图形化符号见表 5-1。

表 5-1　EPC 元素与图符

EPC元素	图形表示
事件	
函数	
逻辑连接符	
IoT资源	
组织单元	

图 5-6 所示是制造生产线业务流程，它对机器人资源与制造机床资源进行协同，保证生产节拍的正常进行。其中，函数为占位符，基本的事件-事件、事件函数、函数资源关系被确定，对于能否协同未进行任何阐述，称为声明性业务流程。EPC-RS 的定义如定义 5-4 所示。

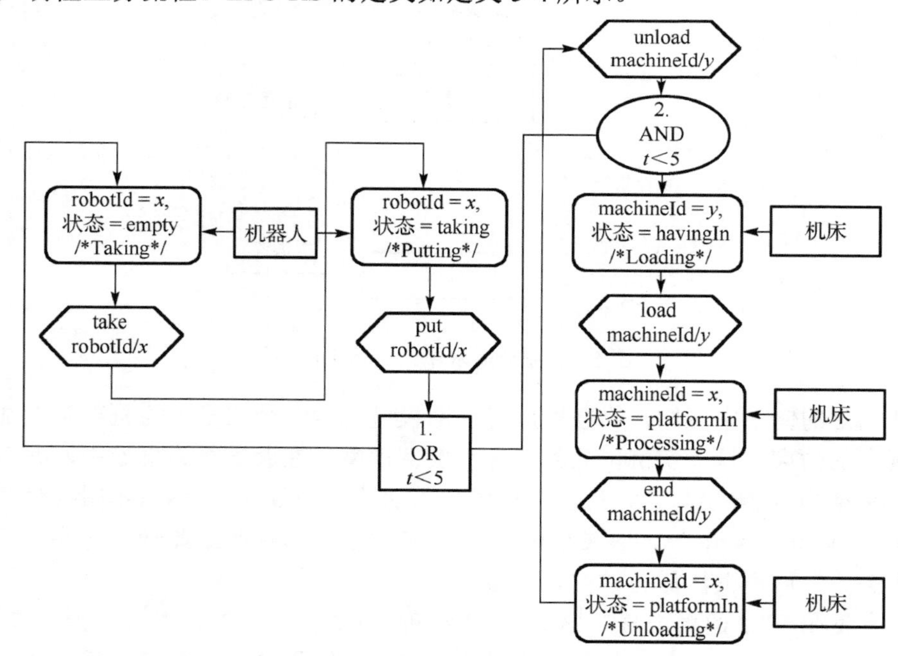

图 5-6　制造生产线业务流程

定义 5-4　EPC-RS。基于 EPC 的需求规范是一个五元组 EPC-RS ::= (E, R, C, F, A)，其中：E 既是事件集合又是事件会话标识；R 是资源集合；C 是连接器集合；F 是带注释的函数占位符集合，且每个函数占位符可附加上资源标识符和资源命题作为函数的前提条件和执行效果；A 是事件、连接器和函数占位符之间的弧集合。

对于图 5-6，其 EPC-RS 如下。

事件集合为

$$E=\{e_1=\text{take with session identifier being robotId}/x,\\ e_2=\text{put with session identifier being robotId}/x,\\ e_3=\text{load with session identifier being machineId}/y,\\ e_4=\text{end with session identifier being machineId}/y,\\ e_5=\text{unload with session identifier being machineId}/y\}$$

资源集合为

$$R=\{r_1=\text{robot with Id}/x, r_2=\text{machine with machineId}/y\}$$

连接器集合为

$$C=\{c_1=(1,\text{OR}),\ c_2=(2,\text{AND})\}$$

函数占位符集合为

$$F=\{f_1=(r_1\ \text{with state}=\text{empty}, /{*}\text{Taking}{*}/,),\\ f_2=(r_1\ \text{with state}=\text{taking}, /{*}\text{Putting}{*}/,),\\ f_3=(r_2\ \text{with state}=\text{havingIn}, /{*}\text{Loading}{*}/,),\\ f_4=(r_2\ \text{with state}=\text{platformIn}, /{*}\text{Processing}{*}/,),\\ f_5=(r_2\ \text{with state}=\text{platformIn}, /{*}\text{Unloading}{*}/,)\}$$

弧集合为

$$A=\{a_1=(e_1,f_2),\ a_2=(e_2,c_1),\ a_3=(c_1,f_1), a_4=(c_1,c_2), a_5=(f_1,e_1),\\ a_6=(f_2,e_2), a_7=(e_3,f_4),\ a_8=(e_4,f_5),\ a_9=(e_5,c_2), a_{10}=(c_2,f_3),\\ a_{11}=(f_3,e_3), a_{12}=(f_4,e_4),\ a_{13}=(f_5,e_5)\}$$

给定 EPC-RS，事件与事件的关系可以从中抽取出来，$E\cup C\cup F$ 中的元素称为节点。

定义 5-5　路径，事件链，函数前置集合与输入事件关系。设 EPC-RS ::= (E, R, C, F, A) 是一个 EPC，a、b 是 EPC-RS 中的两个节点。若存在一个有限的弧序列 $(a,n_1),(n_1,n_2),\cdots,(n_{k-1},n_k),(n_k,b)$，则称该序列为 a 和 b 之间的一条路径，记为 (a,b)。若路径 (a,b) 上的所有节点都属于 $E\cup C$，则称该路径为一个事件链。对于每个函数 f，其前置集合定义为

$\bullet f=\{n\mid(n,f)$ 是一条路径，且从 (n,f) 中移除 f 后其是一个事件链$\}$

函数 f 的前置集合中的所有节点都是事件和逻辑连接器，且这些事件由逻辑连接器连接，这称为函数 f 的输入事件关系，记为 $\bullet_e f$。

在图 5-6 的例子中，函数 f_3 前置集合为 $\bullet f_3 = \{e_2, e_5, c_1, c_2\}$，其输入的事件关系为 $\bullet_e f = e_2 \wedge e_5$。同样，函数的后置集合可以定义为

$$f\bullet = \{n \mid (f,n) \text{ 是一条路径，且从 } (f,n) \text{ 移除 } f \text{ 后它是一个事件链}\}$$

给定 EPC-RS，它的路径、事件关系、事件链、函数前置后置集合、输入事件关系均可以快速计算出来。

定义 5-6　语法正确的规范。设 EPC-RS: $=(E, R, C, F, A)$ 是一个 EPC[4]，当满足如下条件时，称它为语法正确的。

(1) EPC 中每个事件链都不是循环的，也就是说，对于 $a,b \in E \cup C$，不存在 (a,b) 和 (b,a)。

(2) 至少有一个开始事件和一个结束事件。

(3) 事件至多有一个入弧和一个出弧。

(4) EPC 中至少有一个函数占位符。

(5) 对于每个节点，存在一条从开始节点到它的路径和一条从它开始到结束节点的路径。

(6) 连接器有一个入弧和多个出弧，或多个入弧和一个出弧。

(7) 函数正好有一个入弧和一个出弧。如果在两个函数占位符之间存在一条路径，则它们之间必定存在事件。

给定复合物联网服务的行为框架 EPC-RS，即一个服务体系结构、一个物联网资源集合、一组基本服务和一个描述资源协同过程的声明式业务流程，使用服务实例模型说明服务属性和对其运行时行为进行限制，这种方法为服务允许运行时的服务行为改变与细化、服务的构建提供了灵活性。服务实例使用服务轨迹表示，即一系列被执行的流程活动。事件流结构与事件会话可以用来定义施加在服务实例上的约束，即定义必须满足的事件因果关系与互斥关系。因为服务实例模型是通过事件关系定义的，所以服务运行时改变可以通过事件及其关系的细化来完成。事件细化含义如下。

(1) 对于具有因果关系的两个事件，在两者之间插入另外一个独立的事件，形成包含三个事件的事件因果链，并不改变原来两个事件之间的因果关系，即可以通过增长事件因果关系链对事件关系进行细化。

(2) 对于事件树中的父子关系，子事件是对父事件进行细化；事件会话中涉及的资源也存在父子关系，同样可以借助资源的父子关系对事件会话进行细化。

(3) EPC 中的逻辑关系也可以扩展，要求不影响原逻辑关系的可满足性。

服务实例模型的定义如定义 5-7 所示。

定义 5-7　服务实例模型。一个服务实例模型 SIM 如下。

(1) 事件集 $E = \{e_i[\mathrm{se}_i]\}$。

(2) 声明实例行为的约束集 $\mathrm{CS} = \{\mathrm{flowS}_i\}$，其中，$\mathrm{flowS}_i$ 是包含因果关系 $\prec$、冲突关系#和事件会话命题 $\mathcal{R}$ 的流事件关系[6]。

对于图 5-6 中的例子，生产节拍的需求可以用服务实例模型表示。对于该业务流程，可能存在两种不同的运行状况，如图 5-7 所示，图 5-7(a)中，该实例能够确保生成过程正常进行，其中 counter = i 是事件会话标识符，用来确定服务实例和其运行周期。图 5-7(b)则展示了一个不能正常运行的服务实例，两个事件$put 会打乱整个加工节拍，造成这种情况的原因在于机器人资源中有部分状态与事件是不可控制的，需要通过可控制事件去间接调整不可控事件，如果没有进行这样的调节，就有可能出现图 5-7(b)的情形。服务实例模型则用来说明，图 5-7(b)的情形在运行时不允许发生。

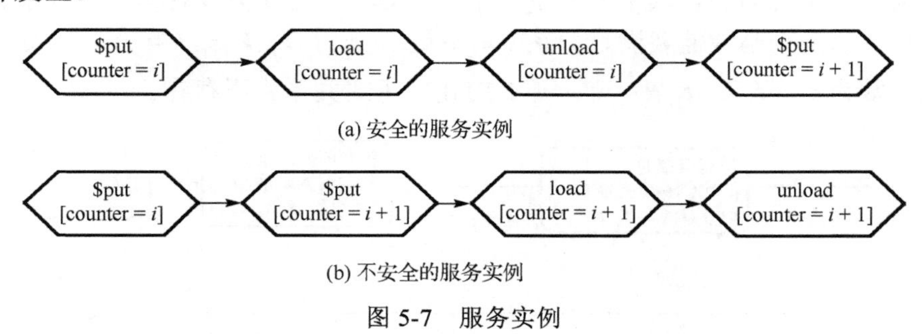

(a) 安全的服务实例

(b) 不安全的服务实例

图 5-7　服务实例

图 5-7(a)中的服务实例中的事件集合为

$$E = \{\text{put[counter} / i], \text{put[counter} / i+1], \text{load[counter} / i], \text{unload[counter} / i]\}$$

这些事件上的约束为

$$\begin{aligned}\text{CS} = \{&\text{put[counter} / i] \prec \text{load[counter} / i],\\ &\text{load[counter} / i] \prec \text{unload[counter} / i],\\ &\text{unload[counter} / i] \prec \text{put[counter} / i+1]\}\end{aligned}$$

定义 5-8　兼容轨迹。给定一个服务实例模型 SIM 和一条服务轨迹 trace = $< e_1[\text{se}_1],\cdots, e_n[\text{se}_n] >$，当下列条件满足时称轨迹 trace 与 SIM 兼容。

(1) trace 中所有事件都属于 SIM。

(2) 对于 SIM 中每个 flowS_i，trace 中不存在两个事件构成 flowS_i.#中的冲突关系。

(3) $\text{flowS}_i \mathscr{R}$ 不被 trace 违反。

该检查在父子事件细化条件下进行。

5.3.2　物联网服务计算需求的表示

在上述的服务行为框架中，流程的函数节点是用占位符表示的，这种做法暗示了将服务的计算逻辑与协同逻辑分离，即将服务函数与服务行为分开描述。对于服务函数的计算需求需要另外刻画，可以用重写规则或等式理论建模。

多个被协同的服务函数可以组成一系列的计算步骤。尽管这些函数被协同，呈现出服务行为的特点，但是服务计算步骤之间可能有自己的内在关系和约束。例如，在一个物联网服务流程中，存在远程控制服务，控制活动与激励活动可能被事件协同，但是这两个活动之间，存在计算逻辑上的约束关系，如图 5-8 所示。远程控制服务采取比例积分控制算法对设备进行控制调节，由于网络存在时延，需要在算法中考虑反馈时延补偿的问题，可以用函数 $c=f_1(k_p,k_i,\tau_1,R-y)$ 表达，其中 k_p、k_i 是控制系数，τ_1 是反馈时延，R 是设定值，y 是实际测量到的设备输出，c 是控制函数输出。激励可以用函数 $y=f_2(k_p,k_i,\tau_2,c,x)$ 表示，由于网络时延，同样需要在算法中考虑前向时延的问题，其中 τ_2 是前向通道时延，x 是物理设备输入，其余和控制函数类似。这两个函数需要满足关系 $y=f_2(k_p,k_i,\tau_2,f_1(k_p,k_i,\tau_1,R-y),x)$。如果选择的激励函数为 $c'=f_3(k_p,\tau_1,R-y)$，那么前述的等式关系将不存在。

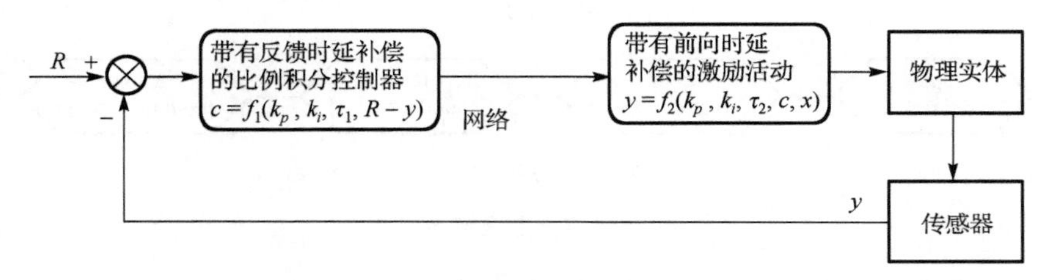

图 5-8　远程访问控制服务

为了描述计算需求，可以采用等式理论/重写规则，表达多个计算步骤之间的等式匹配关系[7]。也就是说，使用一些等式对计算需求进行抽象的刻画，它的解释则是这种抽象刻画与具体实现函数之间的一种映射。那么计算需求就是使用这种抽象的描述来刻画的。

5.3.3　物联网服务细化部署

在服务部署阶段，需要配置服务运行环境、建立单位组织结构、进行管理与授权等。在这个阶段，服务行为框架中的物联网资源模型被具体的资源实例取代，函数占位符被具体的服务函数取代，即需要进行函数绑定操作；服务实例模型则在服务运行阶段重点考虑。

为了完成函数绑定任务，应该比较 EPC-RS 与基本服务描述的前提条件、接口以及动作效果的差异。因此，绑定过程包括三步，第一步是将 EPC-RS 中的事件关系转化为合适的中间表示；第二步是将服务描述转化为中间描述；最后一步是进行比较，决定哪个服务参与该物联网服务流程。

给定一个 EPC-RS，能够计算其输入事件关系 $\bullet_e f$ 与其输出事件。给定服务模型，也可以计算其输入函数的前提条件与动作效果(见后续章节)。当将这些输入关系、前提与动作效果转化为统一表示后，其比较过程则十分直接，其基本原则是，服务函数的动作效果需要与函数占位符的动作效果一致，两者的前提条件才相容，即不存在矛盾。

对于绑定后的服务函数，需要考虑其前提条件与函数占位符完全匹配的问题，增加协同层，保证二者的一致性，详细的讨论见后续章节。

5.4　物联网服务属性计算

给定 EPC-RS 及其可执行的业务流程，需要验证其正确性，如不存在不可执行的问题[8]。另外，一个具体部署的物联网系统是否具有所定义的属性，也需要验证。

5.4.1　物联网属性计算的理论基础

物联网服务对外界环境和物理实体进行监视，实时获取其状态，并控制与调节物理设备使其满足特定的属性。因此，需要描述物联网服务动作的效果以及其动作的前提条件，而动作理论就是研究如何描述一个人造智能体执行影响物理世界的动作及动作推理满足特定需求[8]，本节采用动作理论来规范化描述物联网服务动作。动作理论主要解决 Frame 问题、Qualification 问题和 Ramification 问题。

Frame 问题是指，当物联网服务进行动作时，需要列举出其导致的物联网资源属性变化的情况，同时，还需要描述当该动作没有发生时，哪些物联网属性保持不变。如果针对每个动作罗列所有的物联网属性变化与不变化的情形，则会十分烦琐并易遗漏出错。Qualification 问题是指每个物联网服务动作都存在动作前提，但是在开放环境中，罗列一个动作的所有前提条件是非常困难的。Ramification 问题是指不同物联网服务动作之间不是相互独立的，存在相互约束关系，如何描述一个动作对另一个动作的影响，定义间接的动作效果也是一个困难问题。动作理论主要研究如何解决这些问题，具体可参考文献[8]，本书不深入讨论，只应用这些理论作为属性计算的起点。

本书采取层次化方法描述物联网服务动作效果，在底层对物联网资源进行描述，主要描述不同物联网资源属性在相应动作下的属性变化与保持情况，主要是解决物联网动作描述的 Frame 问题。由于一个物联网服务系统中，物联网资源众多，所以采用模块化描述原则，使每个资源有自己的本地时钟与作用范围，避免不同物联网资源与实例有相同的属性，同时，通过事件让不同资源间的时钟与属性同步。在上层的物联网业务流程层面着重描述其业务相关的动作前提与动作间的关系，通过事件关系刻画来定义间接的动作效果与条件，并通过控制器来扩展应用相关的流程描述。

事件 e_i 的发生用一阶谓词 $e(n_i[\mathrm{se}])$ 或 $e(e_i)$ 表示，其中 n_i 是事件的名称，se 是事件的会话标识。当对 $e(n_i[\mathrm{se}])$ 只进行真假赋值时，$e(n_i[\mathrm{se}])$ 可以看做命题 $\mathrm{pr}_{\mathrm{se}}$。资源

的属性可以用谓词 re(id, attr, val, time)表示，其中 id 是资源标识，attr 是属性名称，val 是属性值，time 是资源的本地时钟。资源状态由一些资源属性谓词定义。物联网资源的动作效果描述如下。

(1)资源属性和状态受范围标识符和本地时间戳约束，避免两个资源具有一样的状态和属性。

(2)诱导资源状态转换的动作列表记为 $(\mathrm{pr}_{\mathrm{re}-1}^{i}\wedge\cdots\wedge\mathrm{pr}_{\mathrm{re}-m}^{i})\wedge e(n_i[\mathrm{se}])\rightarrow(\mathrm{pr}_{\mathrm{re}-1}^{j}\wedge\cdots\wedge\mathrm{pr}_{\mathrm{re}-n}^{j})$，且多个动作可表示为一个组合事件 $n_i[\mathrm{se}]$。

(3)不发生改变的动作效果记为 $\neg e(n_i[\mathrm{se}])\rightarrow(\mathrm{re}(\mathrm{id},\mathrm{attr},\mathrm{val},\mathrm{time})=\mathrm{re}(\mathrm{id},\mathrm{attr},\mathrm{val},\mathrm{time}+1))$。

图 5-6 例子中的资源如图 5-9 所示，其中的机器人资源描述如下：

$$\Lambda_{i,\mathrm{rob}}=\{(\mathrm{rob.st}=\mathrm{empty})\wedge e(\mathrm{take})\rightarrow(\mathrm{rob.st}=\mathrm{taking}),(\mathrm{rob.st}=\mathrm{taking})\rightarrow e(\mathrm{pub}),e(\mathrm{pub})\rightarrow(\mathrm{rob.st}=\mathrm{empty})\}$$

其中，$(\mathrm{rob.st}=\mathrm{empty})\wedge e(\mathrm{take})\rightarrow(\mathrm{rob.st}=\mathrm{taking})$ 意味着当机器人处在手为空且接收到 take 事件时，会抓取零件，变为手占用；本地时钟与不变状态并未显式表示；其中 put 事件为不可控事件，用$put 表示。机床的资源描述如下：

$$\Lambda_{i,\mathrm{mac}}=\{(\mathrm{mac.st}=\mathrm{havingIn})\wedge e(\mathrm{load})\rightarrow(\mathrm{mac.st}=\mathrm{platformIn}),(\mathrm{mac.st}=\mathrm{platfromIn})\wedge e(\mathrm{unload})\rightarrow(\mathrm{mac.st}=\mathrm{outputbufferIn}),(\mathrm{mac.st}=\mathrm{platformIn})\rightarrow e(\mathrm{end}),(\mathrm{mac.st}=\mathrm{outputbufferIn})\rightarrow(\mathrm{mac.st}=\mathrm{platfromIn})\}$$

每个物理设备资源化后，也将其看做一个标准化资源服务，提供基本的资源属性、状态的读取与控制，这些服务既可能是嵌入在硬件设备中真实的服务，也可能是依赖于分布式资源池，部署在服务器上的虚拟服务，同时管控多个服务资源。因此，在模块资源描述基础上，每个资源服务描述如定义 5-9 所示。

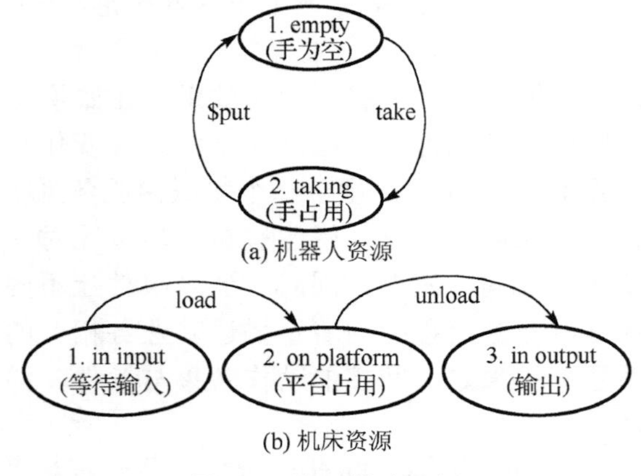

图 5-9 资源描述示例

定义 5-9　资源服务。资源服务是一个八元组 $(\mathrm{InE}, \mathrm{OtE}, \mathrm{PR}, S, T, O, Q, Q_0)$，$\mathrm{InE} \in \{0,1\}^n$ 是表示输入事件的布尔变量集合，$\mathrm{OtE} \in \{0,1\}^p$ 是表示输出事件的布尔变量集合，$\mathrm{PR} \in \{0,1\}^1$ 是表示资源属性的布尔变量集合，$S \in \{0,1\}^m$ 是表示状态的布尔变量，T 是状态迁移函数，O 是服务函数集合，$Q \subseteq \mathrm{PR}$ 是状态迁移条件的布尔集合，$Q_0 \subseteq \mathrm{PR}$ 用来定义初始状态。它们间的相互关系如下：

$$
\begin{aligned}
&(S', \mathrm{PR}') = T(S, X, \mathrm{PR}) \\
&Y = O(S, X, \mathrm{PR}) \\
&Q(S, X) \\
&Q_0(S)
\end{aligned}
$$

资源服务的运行过程可以表示为 $Q_0(S_0)$，$Q(S_i, x_i) \wedge (S_{i+1}, \mathrm{PR}_{i+1} = T(S_i, X_i, \mathrm{PR}_i)) \wedge (Y_{i+1} = O(S_i, X_i, \mathrm{PR}_i)$。一个变迁序列构成资源服务的一个运行轨迹，运行轨迹集合代表了运行时的资源服务。

对于外界的观察者来说有些事件与状态是不可控制的，可通过添加控制变量使其变得可控，即通过可控制变量来调节不可控变量，调控目标的实现依赖于外界输入的特点，如何具体修改资源服务在后续章节中详述。上层的业务流程规范化描述见 5.4.2 节。

5.4.2　环境建模

物联网资源是物理设备在信息空间的映射，被刻画为公共的基础知识，而物联网系统涉及服务交互与施加在外界环境和物理设备上的动作，动作执行效果与外界环境相关。因此，需要对物联网服务系统的运行环境进行刻画，才能计算系统在该运行环境中所能具有的属性。

物联网运行环境基本可以分为三类：完全理想的环境、被动环境、主动攻击环境。在完全理想的环境中，服务的运行不受任何干扰，即消息可以可靠未被篡改地发送给接收者。在被动环境中，攻击者不会伪造或修改消息，但是可能丢弃与改变消息的发送顺序。在主动攻击环境中，攻击者不但可能修改消息顺序，还可能伪造假消息。在这三种环境上增加不同的约束会得到更多的环境模型。本书以主动攻击环境(也称真实环境)为建模目标。

由于环境具有不可预测性和不可控制性，对环境的不同行为建模，定义其不同的动作，一般来说是困难的任务，或者说是不可能的任务。本书通过定义其能够观察得到的知识，以及它们根据所获知识的推理能力来建模环境。物联网属性是从环境的角度计算的，即该属性是环境知识的逻辑结论。

物联网业务流程可以看做一个复合服务，环境观察该服务的运行获取环境知识。服务的运行构成其轨迹集合，环境观察得到轨迹，即环境只能观察得到服务发送的事件，并不能知晓其内部执行情况。将环境观察所得的事件记为 Frame。例如，业务流程 $\mathrm{alarm}(e_1,\mathrm{fun}_1).\overline{\mathrm{command}}(e_2,\mathrm{fun}_2)$ 的执行轨迹为 $\mathrm{alarm}(e_1,\mathrm{fun}_1)$, $\overline{\mathrm{command}}(e_2,\mathrm{fun}_2)$ 记为 $\mathrm{alarm}(e_1,\mathrm{fun}_1) \mapsto \overline{\mathrm{command}}(e_2,\mathrm{fun}_2)$，其意是它接收一个告警事件 e_1，通过函数 fun_1 对设备的安全性进行评估，并使用函数 fun_2 来调节物理设备的运行，发布事件 e_2 对设备激励服务进行协同。环境则能观察得到事件 e_2，即 Frame 为 $\{e_2\}$。

将观察所得的事件进行索引即可得到真正的 Frame，即 $\varpi = \{w_1 \to m_1,\cdots,w_n \to m_n\}$，其中 $\{w_1,\cdots,w_n\}$ 是索引集合，$\{m_1,\cdots,m_n\}$ 是观察所得的事件集合，$w_i \to m_i$ 是指索引 w_i 指向第 i 个事件 m_i。

毫无疑问 Frame 与服务轨迹可观察部分的表达能力不一样。这是因为，在归结推理中，事件相关的术语使用没有顺序限制，但是在轨迹中这种限制是存在的。文献[9]中对这种情况进行了处理。在本书中，针对事件驱动服务和其设计原则，即基于事件驱动服务假设(见 5.5 节)，对其进行处理[10]。另外，计算等式是环境推理中的重要工具，如存在两个函数 $f(x)$ 和 $g(x)$，它们构成一个等式 $g(f(x)) = x$。若环境观察得到一个事件 $e = f(m)$，其中 m 是秘密的，若不使用等式，环境无法获知这个秘密，若将该等式放进环境的知识中，则 $g(e) = g(f(m)) = m$。

我们根据物联网业务流程来计算环境能够观察得到的知识，即设计算法对物联网业务流程进行转换。引入谓词 $K(w,m)$，表示环境观察得到事件 m，其索引为 w，参数 w 也可以是间接的索引，即可为其他事件。对于每个服务函数，环境可以用它们构造事件，即对于 n 元函数 f 引入相应的知识 $K(X_1,x_1),\cdots,K(X_n,x_n) \to K(f(X_1,\cdots,X_n), f(x_1,\cdots,x_n))$，其中，$X_1,\cdots,X_n$ 是新的各自不同的索引，$x_1,\cdots,x_n$ 是新的事件变量，它表示环境可以选择一些事件 $m_1,\cdots,m_n$ 和相应的索引 $w_1,\cdots,w_n$，它能够使用子句伪造事件 $f(m_1,\cdots,m_n)$，其索引为 $f(w_1,\cdots,w_n)$。

业务流程转换过程包含三部分：初始化、转换和推理。

在初始化阶段，环境将公共的术语、资源模型、函数和等式进行初始化，变成公共的基础知识。

初始化过程如下。

输入：公共术语 $n_1,\cdots$，IoT 资源模型 $\mathrm{Res}_1,\cdots$，函数 $f_1,\cdots$ 和等式 $s_1 = t_1,\cdots$。

输出：环境初始知识集 Λ_i。

(1) 将 Λ_i 置为空。

(2) 对于公共术语 $n_1,\cdots$，有 $\Lambda_i = \Lambda_i \cup \{\to K(n_1,n_1),\cdots\}$。

(3) 对于 IoT 资源模型 $\mathrm{Res}_1 = \{p_1 \wedge e(e_1) \to p_2,\cdots\},\cdots$，有 $\Lambda_i = \Lambda_i \cup \mathrm{Res}_1 \cup \cdots$，其中，$p_1 \wedge e(e_1) \to p_2$ 表示当事件 e_1 发生时，资源 Res_1 从状态 p_1 移至状态 p_2，也就是说，$e(e_1)$ 和 p_1、p_2 都是命题。

(4) 对于函数 $f_1,\cdots$，有 $\Lambda_i = \Lambda_i \cup \{K(X_i,x_1),\cdots,K(X_n,x_n) \to K(f_1(X_1,\cdots,X_n),$

$f_1(x_1,\cdots,x_n)),\cdots\}$，其中 $X_1,\cdots,X_n$ 是不同的索引，$x_1,\cdots,x_n$ 是新的变量。

(5) 对于等式 $s_1 = t_1,\cdots$，有 $\Lambda_i = \Lambda_i \cup \{\rightarrow s_1 = t_1,\cdots\}$，返回 Λ_i。

需要指出，上述初始化过程中得到的 IoT 资源知识只包括发生改变的动作效果，未改变的部分隐式作为基础知识。

例如，存在函数 encryption (publicKey, x) 和 decryption (privateKey, ciphertext)，其中公开的部分有 publicKey 与等式 decryption (privateKey, encryption (publicKey, x)) $= x$，私有秘密有 privateKey。那么初始知识如下。

(1) 对公共术语 publicKey，$\Lambda_i = \Lambda_i \cup \{\rightarrow K(\text{publicKey}, \text{publicKey})\}$。

(2) 对两个函数，$\Lambda_i = \Lambda_i \cup \{(K(X_1, x_1), K(X_2, x_2)) \rightarrow K(\text{encryption}(X_1, X_2), \text{encryption}(x_1, x_2)), (K(Y_1, y_1), K(Y_2, y_2)) \rightarrow K(\text{decryption}(Y_1, Y_2), \text{decrytion}(y_1, y_2))\}$。

(3) 对于等式，$\Lambda_i = \Lambda_i \cup \{\text{decryption}(\text{privateKey}, \text{encryption}(\text{publicKey}, x)) = x\}$。

给定初始知识集合 Λ，进程 P，资源谓词集合 PR，转换过程如下。

(1) 对于 P 中分配了合适索引 w_i 的 $[\varphi]\overline{t}(d,f)$，$\Lambda = \Lambda \cup \{\varphi \rightarrow K(w_i, f:t(d)[\text{session}]), K(w_i, t(d)[\text{session}]) \rightarrow e(t[\text{session}])\}$，其中 $\varphi \subseteq \text{PR}$ 是公开的。

(2) 对于 P 中分配了合适索引 w_i 的 $[\varphi]t(x, f(d_1,\cdots,d_{n-1},x):t'(x')[\text{session}]).\overline{t'}(x',)$，$\Lambda = \Lambda \cup \{\varphi \wedge K(X, t(x)) \rightarrow K(w_i, f(d_1,\cdots,d_{n-1},x):t'(x')[\text{session}]), K(w_i, t'(x')[\text{session}]) \rightarrow e(t'[\text{session}])\}$，其中，$\varphi \subseteq \text{PR}$ 是公开的。

(3) 对于 P 中的 $[\varphi]t(d, f: e[\text{session}])$，$\Lambda = \Lambda \cup \{\varphi \rightarrow e(e[\text{session}])\}$，其中 $\varphi \subseteq \text{PR}$ 是公开的。

$\rightarrow K(w_i, f:t(d)[\text{session}])$ 表示环境知晓事件 $t(d)[\text{session}]$，该事件由函数 f 生成，它返回事件名称 t，会话标识为 session。$[\varphi]t(x, f(d_1,\cdots,d_{n-1},x):t'(x')[\text{session}]).\overline{t'}(x',)$ 表示该进程首先接收事件 $t(x)$，以接收到的事件为参数调用函数 f，并将该函数返回的事件 $t'(x')$ 予以发布。它的转换 $\Lambda = \Lambda \cup \{\varphi \wedge K(X, t(x)) \rightarrow K(w_i, f(d_1,\cdots,d_{n-1},x):t'(x')[\text{session}]), K(w_i, t'(x')[\text{session}]) \rightarrow e(t'[\text{session}])\}$ 意味着 $\varphi \wedge K(X, t(x)) \rightarrow (t'(x')[\text{session}] = f(d_1,\cdots,d_{n-1},x)) \wedge K(w_i, t'(x')[\text{session}])$，即变量 x 被保留，允许环境给定任意值去测试服务的反馈。推理过程在 5.4.3 节讨论。

5.4.3 计算服务属性

对于外界的观察者来说，物联网服务资源中有些事件与状态是不可控制的，通过添加控制变量使其变得可控，即通过可控制变量来调节不可控变量，调控目标 g 实现依赖于外界输入的特点 assumption。对 5.4.2 节中物联网服务加以修正，并将业务流程中与每个服务相关的部分分解到该服务中，即物联网服务流程的初始化知识保持不变，流程中函数节点的前提条件与原服务中的动作条件合并，即原来的 $Q(X,C)$ 变为 $Q'(X,C)$，Y 被流程转换中的 $K(w,m)$ 取代，原来的流程转换集合中的

$e()$部分保持不变，相应的流程转换所得知识集合Λ变为Λ'。新的服务IoT_i表示为

$$
\left.\begin{array}{l}(S',\mathrm{PR}')=T(S,X,\mathrm{PR})\\ Y=O(S,X,\mathrm{PR})\\ Q(S,X)\\ Q_0(S)\end{array}\right. \quad \text{假设(assumption)用于保证目标 } g \text{ 的实现}
$$

对物联网业务流程P来说它包含若干个服务$\{\mathrm{IoT}_i\}$，它们的属性为$\{\mathrm{assumption}_i \to g_i\}$，整个业务流程的共同知识为$\Lambda'$，其属性为$\varphi$，可以将$\varphi$分解到每个服务属性中，则在所有服务知识与流程共同知识合集的基础上给定一个计算，服务属性与流程属性都成立。针对这种分布式服务协同组成系统的属性计算，采用Assume-Guarantee 规则来进行。

对称循环规则

$$
\frac{\begin{array}{c}P_1 \models (h_2 \to \varphi_1) \wedge h_1 \\ P_2 \models (h_1 \to \varphi_2) \wedge h_2\end{array}}{P_1 \mid P_2 \models \varphi_1 \wedge \varphi_2}
$$

其中，$P_1 \models (h_2 \to \varphi_1) \wedge h_1$ 表示服务P_1在环境中保持属性φ_1的前提条件是P_2在环境中能够承诺h_2；对服务P_2也是这样的。在这种情况下，两个服务的合成则保持系统的共同属性$\varphi_1 \wedge \varphi_2$。

该 Assume-Guarantee 规则是合理与完备的，其证明可以使用文献[11]中的知识集合划分理论。

5.5 物联网服务的可扩展运行

尽管我们逐步生成了物联网服务，验证了其属性，但是如何让其可扩展地运行依然存在三个难题需要解决：减少数据访问的竞争、高并发地运行服务实例、分布式执行物联网业务流程。本书建立了物联网服务运行平台来支撑解决这三个难题，如图 5-10 所示。底层的分布式资源池支持服务的高并发访问，中间层的服务运行环境见第 4 章，最上层的部分支撑服务分布式执行。

5.5.1 物联网服务实例的高并发

统一消息空间支持服务部署、服务路由等功能，但未直接支持高并发，本节讨论如何利用服务函数与数据之间的真依赖关系，提高系统并发度。

提高物联网服务实例并发度的基本思路如图 5-11 所示，每个服务有一个业务逻辑层，该层决定一个服务如何参与一个业务流程，每个 Pub/Sub 接口对应一个独立

的本地执行单元，多个执行单元共享一个业务逻辑层。如何分解服务行为、减少服务单元之间的相互依赖，是构建服务执行模型的关键。

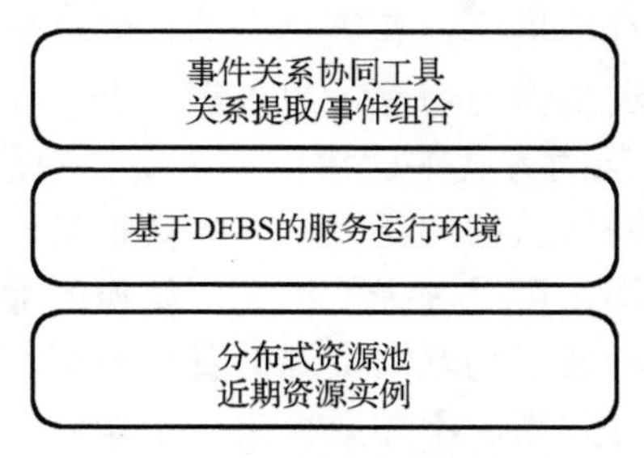

图 5-10　物联网服务运行平台

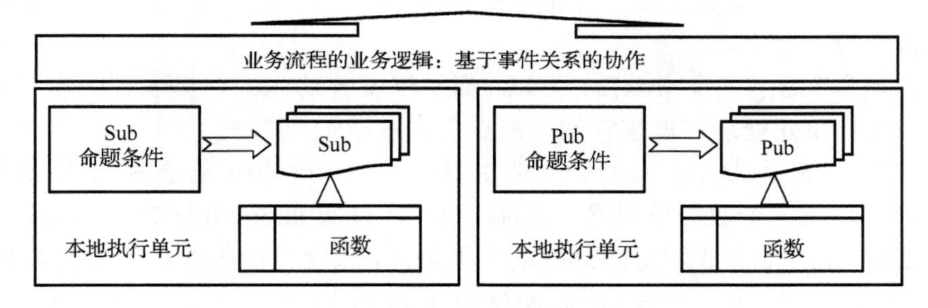

图 5-11　服务执行模型

业务行为的分解主要依赖协同分离的思想展开，其主要过程如下。

(1) 事件发布本身就代表了一个协同动作，该事件或者驱动服务函数或者是该函数的执行结果。

(2) 事件关系，如事件因果关系或矛盾关系，代表了协同逻辑，事件会话是一种细粒度的表示事件关系的机制。

(3) 在服务运行过程中保证事件关系，相当于根据协同逻辑协同物联网资源与物联网服务。

(4) 给定事件，事件关系可以计算，并可以使用服务形式化模型中的事件相关的命题与谓词表示。

分离协同逻辑就是从服务行为中提取事件和事件间的关系，并将它们作为独立的系统构造块。两个具有顺序执行关系的服务函数的分解是关键，其分解过程如下。

(1) 第一个动作当做独立的动作。

(2) 为了将第二个动作从序列中分解出来，第一个动作用一个事件表示，即用服务接口中的主题名称，以及卫士条件中的主题相关的命题表示。

(3) 在第二个动作条件的卫士条件中，加入一个命题，表示第一个动作的代表事件已经发生。代表事件的发生并不绝对意味着第一个事件执行了，只是表示协同逻辑满足了。也就是说，并不是直接关心动作执行的本身，而是关心协同逻辑的满足性。如果第一个动作的执行结果一定是第二个动作的前提条件，那么在建模时，就应该显式地将第一个动作结果作为命题，放入第二个动作的前提条件中。

(4) 然而，有更自然恰当的方式来建模第二个动作的前提条件，就是说物联网资源本身的变化就是第一个动作执行的结果，如果要把第一个动作的执行结果显式地表达出来作为建模要素，那么可以选择使用关于资源的命题来表示第二个动作的此类前提条件。如果建模时考虑了物联网资源的变化情况，那么在建立物联网服务执行模型时，只需要考虑事件关系，不需要再进一步做其他工作，如使用第一个动作执行后发出的事件等。

(5) 当第二个动作卫士条件通过加入协同关系而更新时，可以将第二个动作分离出来，作为独立动作。

该过程和文献[12]及文献[13]类似，都是将服务动作的前提条件与动作效果作为独立的建模单元处理，但是它们未重点关注发布/订阅模式。

一个事件表示为 t[session]，t 是主题名称，session 是事件会话标识，如 $\text{Level}=2$。对于一个服务模型 P_i，它的每个发布订阅 Pub/Sub 接口 $[\varphi]a$ 当做一个执行单元处理，其中 φ 代表了服务动作的前提条件，包含会话条件 φ_{se}、资源条件 φ_{re} 和内部条件 φ_{in}；动作 a 由发布订阅与服务函数构成，表示为 $t(e,f)$，$t(e)$ 或 $\overline{t}(e,f)$, $\overline{t}(e)$，当所有的前提条件为真时，a 被执行。在执行过程中，对前提条件进行扩展以包含分解的行为约束得到 $\overline{\varphi}$。分解过程如算法 5-1 所示。

算法 5-1 将服务模型转换为执行单元。

输入：服务模型 P_i。

输出：服务执行单元 $P_{E,i}$。

(1) 对于 P_i 中的 $[\varphi']a'.[\varphi]a$，$e(a'[\varphi'_{\text{se}}])$ 作为资源命题加入 $[\varphi]a$ 的 φ 中以获得 $[\overline{\varphi}]a$，其中，φ'_{se} 是会话命题 $[\varphi']a'$ 的集合，$e(a'[\varphi'_{\text{se}}])$ 的意思是事件 $a'[\varphi'_{\text{se}}]$ 已经发生。由此获得两个执行单元 $[\varphi']a'$ 和 $[\overline{\varphi}]a$，并将其插入集合 $P_{E,i}$。

(2) 对于 P_i 中的 $[\varphi'_a]a'.[\varphi'_b]b'+[\varphi_a]a.[\varphi_b]b$，$\neg e(a'[\varphi'_{\text{se}}])$ 加入 φ_a 和 φ_b 以获得 $[\overline{\varphi}_a]a$ 和 $[\overline{\varphi}_b]b$，同时 $\neg e(a[\varphi_{\text{se}}])$ 加入 φ'_a 和 φ'_b 以获取 $[\overline{\varphi'_a}]a'$ 和 $[\overline{\varphi'_b}]b'$。由此获得四个执行单元：$[\overline{\varphi}_a]a$，$[\overline{\varphi}_b]b$，$[\overline{\varphi'_a}]a'$，$[\overline{\varphi'_b}]b'$ 并将其插入集合 $P_{E,i}$。

(3) 对于 P_i 中的递归子过程 X，X 中的每个接口 $[\varphi]a$ 被附加上一个不可观察的进程实例标识 execution number 成为 $[\varphi]a$[execution number]，不可观察的进程实例标识在每次循环中都不一样。附加后的 X 按照 (1) 和 (2) 进行转换。

(4) 对于 P_i 中的两个并行动作，直接将其插入 $P_{E,i}$。其他形式的子过程都被忽略，且可以按照 (1) 和 (2) 进行处理。转换完成，算法返回。

在算法 5-1 中，顺序关系 $[\varphi']a'.[\varphi]a$ 被分解为事件的因果关系 $a'[\varphi'_{se}] < a[\varphi_{se}]$，选择关系 $[\varphi'_a]a'.[\varphi'_b]b' + [\varphi_a]a.[\varphi_b]b$ 被分解为事件之间的矛盾关系 $a'[\varphi'_{se}] \oplus a[\varphi_{se}]$。下面的例子是服务 RemoteCS 的分解。

```
RemoteCS =
  [switcherId = x;state = ON;instanceId = ins1]On2Off(switcherId,
    OffControlSession(switcherId))|
  [switcherId = x;state = OFF,e(On2Off[switcherId = x]);instanceId =
    ins1]SwithcerOff(switcherId)|
  [switcherId = x;state = OFF;instanceId = ins2]Off2On(switcherId,
    OnControlSession(swithcerId))|
  [switcherId = x;state = ON,e(Off2On[switcherId = x]);instanceId =
    ins2]SwithcerOn(switcherId)
```

对于一个服务模型，其分解转换也是一个 PA 进程，称为执行进程，动作之间的关系都是并行的，由 $P_{E,i}$ 表示，$P_{E,i} = \prod_j [\overline{\varphi}_j]a_j[\text{execution number}_j]$，$\prod$ 表示并发组合，即“|”。

算法 5-1 的合理性依赖于事件驱动 SOA 原则。也就是说每个服务函数是对到达事件的反映，与事件名称和内容相关，与其来源和其他数据无关，即服务函数可以基于事件安全运行。服务接口 $[\varphi]a$ 安全执行的安全含义如下。

(1) 当讨论事件关系时，服务动作 a(包含服务接口与服务函数的 $t(e,f)$ 或 $\overline{t}(e,f)$，简写为 $t(e)$ 或 $\overline{t}(e)$）都用事件表示，即用事件或事件会话表示。动作 a 代表事件的原因事件，也简称为动作 a 的原因事件。安全执行要求 a 的原因事件已发生，而它的矛盾事件未曾发生。

(2) 通过直接访问本地资源、到达的事件和服务实例信息，执行 $[\varphi]a$ 的数据依赖被满足。

EDSOA 基本假设：在 EDSOA 中，每个 Pub/Sub 服务接口的直接原因事件已发生且矛盾事件未发生，则可以被安全地执行，其中事件由事件名称与事件会话机制标识。

通常情况下，一个事件与其直接前提事件保持因果关系，并不表示它能够和自己的所有原因事件保持因果关系，这是因为以名称标识的事件是一类事件，一个直接原因事件也可能对应着一些具体事件，而不同的具体事件就可能存在不同的直接原因事件。上述的 EDSOA 假设则说明，如果一个事件与它的原因事件保持因果关系，则可以和其所有的原因事件保持因果关系。该假设的合理之处在于，服务设计者应根据 EDSOA 哲学来设计服务。如果存在一系列的因果链，则设计者应该使用事件会话机制来保持该种关系，或者保持因果链在实际上并无严格要求。根据这个假设，服务行为可以通过算法 5-1 来合理地分解，每个分离出去的动作可以在其前提为真的情况下，立即执行。

定理 5-1 给定服务模型 P 及其执行模型 P_E，P_E 可模拟 P, 但是 P 不能模拟 P_E。

证明 (1) P_E 模拟 P。

如果 P 执行动作 $[\varphi]a$，则 φ 应为 true。存在相应的执行单元 $[\overline{\varphi}]a[\text{number}]$，其中 $\overline{\varphi}$ 包含 φ 和如 $e(a'[\varphi'_{\text{se}}])$ 的过程结构命题 θ。$\overline{\varphi}$ 中的 φ 也为 true，θ 是如下的过程结构命题。

① 对于 $[\varphi']a'.[\varphi]a$，θ 为 $e(a'[\varphi'_{\text{se}}])$，当 a 发生时，$[\varphi']a'$ 必定已经发生，因此 $e(a'[\varphi'_{\text{se}}])$ 为 true。

② 对于 $[\varphi']a'+[\varphi]a$，θ 为 $\neg e(a'[\varphi'_{\text{se}}])$，当 a 发生时，$[\varphi']a'$ 必定还未发生，因此，$\neg e(a'[\varphi'_{\text{se}}])$ 为 true。

③ 对于递归子过程中的动作，仅仅 attachment 被附加，且过程结构命题如上所述。过程并行结构信息未包含在 $\overline{\varphi}$ 中。

(2) P 模拟 P_E。

如果 P_E 执行动作 $[\overline{\varphi}]a[\text{number}]$，则 $\overline{\varphi}$ 应为 true。存在相应的过程动作 $[\varphi]a$，其中 $\overline{\varphi}$ 包含 φ 和如 $e(a'[\varphi'_{\text{se}}])$ 的过程结构命题 θ。$\overline{\varphi}$ 中的 φ 也为 true。θ 是如下的过程结构命题。

对应 $[\varphi']a'.[\varphi]a$，θ 为 $e(a'[\varphi'_{\text{se}}])$。当 θ 为 true 时，并不意味着 $[\varphi']a'$ 已经发生，因为 $e(a'[\varphi'_{\text{se}}])$ 中的 a' 可能表示一个事件集合，φ'_{se} 可能为空，并且其他单元、子过程或过程都可能发送这些事件。也就是说，$[\varphi]a$ 是激活的，但 $[\varphi']a'$ 不是，因此 P 不能执行动作 a。例如，在 $[\varphi_a]a.[\varphi_b]b \mid [\varphi_c]c.[\varphi_a]a.[\varphi_d]d$ 中，$[\varphi_b]b$ 不能在动作序列 $c \to a \to d$ 发生之后发生。但是，在执行模型 $[\varphi_a]a.[\varphi_b]b \mid [\varphi_c]c.[\varphi_a]a.[\varphi_d]d$ 中，$[\varphi_b]b$ 有可能在正确的动作序列 $c \to a \to d$ 发生后被激活。证毕。

定理 5-1 的证明过程也间接暗示了 EDSOA 基本假设。服务容器维护服务函数的前提条件，并调度服务函数对到达的事件进行响应。当每个服务函数作为独立的执行单元时，服务容器可以对其进行并发调度，只要不存在前提条件限制，服务可以尽可能快地执行与调度。

5.5.2 物联网业务流程的分布式执行

一个物联网业务流程可以分割成多个分布式服务与一些基于事件的服务协同逻辑。与服务行为分解不同的是，若基于 5.5.1 节所述的方法，对服务业务流程进行分解，会存在事件关系不一致的问题。给定一个物联网业务流程 Pepc，从 Pepc 到服务执行模型转换如下。

(1) 服务 S 中的动作 $[\varphi]a$ 被编制到一个业务流程 Pepc 中，且其直接的原因事件

是 $a'[\varphi'_{se}]$。我们在 $[\varphi]a$ 中的 φ 中插入 $e(a'[\varphi'_{se}])$。

(2) 在服务 S 的业务逻辑层中，事件 $a'[\varphi'_{se}]$ 被监听。当事件 $a'[\varphi'_{se}]$ 出现时，业务逻辑层将 true 赋值给 $e(a'[\varphi'_{se}])$。

(3) 对于业务流程 Pepc 中的非确定性组合，如 $[\varphi'_a]a'.[\varphi'_b]b' + [\varphi_a]a.[\varphi_b]b$，当所有的事件都碰巧属于服务 S 时，该服务的业务逻辑层可以判定 $\neg e(a'[\varphi'_{se}])$ 或 $\neg e(a[\varphi_{se}])$ 谁为真，该判定可以根据事件 $a'[\varphi'_{se}]$ 与 $a[\varphi_{se}]$ 进行。该服务的业务逻辑层相当于一个仲裁者来避免 $\neg e(a'[\varphi'_{se}])$ 与 $\neg e(a[\varphi_{se}])$ 的赋值矛盾。

(4) 但是对于通常情况，所有事件都属于同一个事件的可能性较小，对于 $[\varphi']a' \oplus [\varphi]a$ 来说，需要从多个服务中选择一个仲裁者，由它决定 $\neg e(a'[\varphi'_{se}])$ 和 $\neg e(a[\varphi_{se}])$ 的赋值，并将赋值结果给这些相关服务。

从以上的讨论中可知，某个服务的业务逻辑层必须承担仲裁者的角色，解决分布式服务中事件关系不一致的问题。然而这种直观的方法是不方便的，因为需要一个分布式协议来协商这种一致性。关键的问题是让不同流程碎片都获得一致的事件关系，基于这种看法，原来的服务执行模型被修改，如图 5-12 所示。服务函数前置条件中的事件会话和事件关系被单独抽象出来，作为一个独立的执行实体，资源相关的前置条件则保持不变，资源前置条件根据本地化资源池评估其真值。被独立抽取出来的事件会话与事件关系，聚合为复合事件，引入复杂事件处理服务[14,15]进行统一处理，处理结果作为复合事件发布，避免分布式计算导致的事件关系不一致。为了避免事件关系评估的性能瓶颈，引入多个复杂事件处理实例，每个实例处理部分事件关系。复杂事件处理服务如第 3.4 节所述，其一般表示如下：

Rule=（Pattern, Window, RepeatTimes）

其中，Pattern 表示了事件间的逻辑关系，后两者分别表示事件的长度窗口和时间窗口。例如，事件 e_1 和 e_2 之间的矛盾关系可以逻辑地表示为 $(\neg e(e_1) \wedge e(e_2)) \vee (e(e_1) \wedge \neg e(e_2))$ [16]。

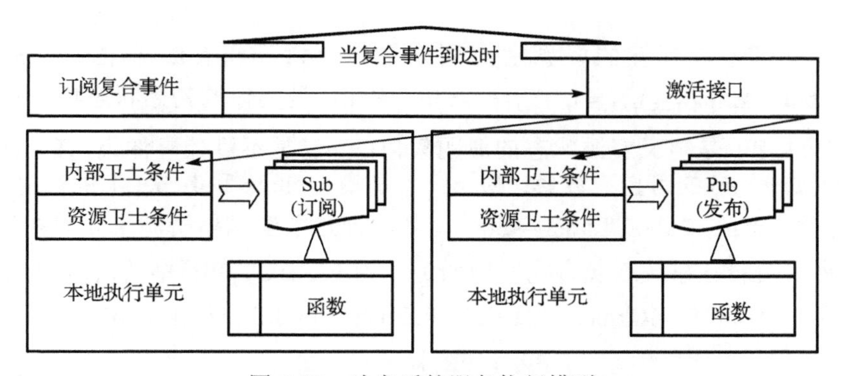

图 5-12　改良后的服务执行模型

5.5.3 分布式业务流程的属性保障

对于服务实例模型，本节采用基于计算机辅助的形式化方法进行服务细化，即 5.3 节服务属性推理方法，进行服务属性计算和完善。下面以物联网服务可执行问题为例，阐述服务属性细化问题。图 5-6 所示服务流程的服务实例如图 5-7(a)所示，即

$$p_{\text{safe}} = \{e(\text{put}[\text{counter}]) \to e(\text{load}[\text{counter}+1]).e(\text{load}[\text{counter}+1]) \\ \to e(\text{unload}[\text{counter}+1]).e(\text{unload}[\text{counter}+1]) \\ \to e(\text{put}[\text{counter}+1])\}$$

严格来讲，如果 $\text{sysModel} = \Lambda \cup \neg p_{\text{safe}}$ 被检查是不可满足的，则该属性被验证。本书引入控制变量来求解不可控问题，也就是获得控制器，通过调整可控的事件来控制物联网资源中的不可控事件，即为每个可控制事件，引入控制变量(或函数) $\delta(\delta(\text{preState}, \text{nextState}, \text{controllableEvennt}))$。引入控制变量的机器人资源如图 5-13 所示，其相应的知识变为

$$\Lambda_{i,\text{rob}} = \{(\text{rob}, \text{st} = \text{empty}) \wedge e(\text{take}) \wedge \delta \to (\text{rob.st} = \text{taking}), (\text{rob.st} = \text{taking}) \to \\ e(\text{put}), e(\text{put}) \to (\text{rob.st} = \text{empty})\}$$

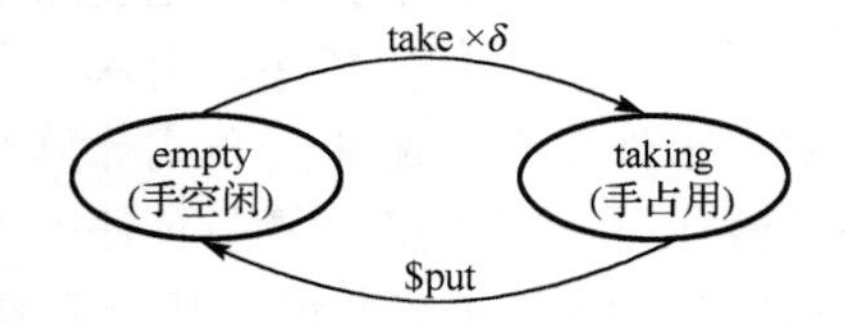

图 5-13 具有控制变量的机器人资源

引入控制变量后，可控制问题如定义 5-10 所示，即满足控制安全属性的控制变量赋值方案，它在真实环境中计算。

定义 5-10 环境观点定义的可控制问题。协调物联网资源的物联网服务系统定义如下。

(1) 带有可控制标签的资源生命周期是一个六元组 $\text{Life}_i ::= (\text{State}_0, \text{State}, \text{PR}, \text{Label}_u, \text{Label}_f, \text{Map}_{\text{S-L-S}})_i, i = 1, \cdots, n$，其中，$\text{State}_0$ 是实体的初始状态集，State 是资源的状态集；PR 是定义资源状态的命题集；Label_u 是不可控事件集，Label_f 是带有控制函数(如 $e \wedge \delta$)的可控事件集；$\text{Map}_{\text{S-L-S}}$ 是集合 State 和 Label 上的映射，用于定义状态转换：$\text{State} \times \text{Label}_u/\text{Label}_f \to \text{State}$。环境通过了解这些资源来获取知识 Λ_{res}。

(2) 物联网服务系统或复合物联网服务，用 PA(ACT, PR)中的进程表示，其中

$$\text{ACT} = \{(\text{Label}_u, \text{Label}_f)_i, \text{Publish}, \text{Subscribe} \mid i = 1, \cdots, n\}$$

$$\text{PR} = \{\text{PR}_i \mid i = 1, \cdots, n\}$$

环境通过观察服务获取知识 Λ_{process}。

(3)环境知识集为$\Lambda = \Lambda_{\text{res}} \cup \Lambda_{\text{process}} \cup \Lambda_{\text{function, equation}} \cup \Lambda_{\text{init}}$，其中，$\Lambda_{\text{function, equation}}$为关于函数和等式的知识，$\Lambda_{\text{init}}$包括初始知识。所需的安全$p_{\text{safe}}$是由FOL公式表示的一些事件关系。

为了使Λ中的p_{safe}有效，控制器会试图获取一个映射为控制函数$\{\delta_i\}$分配true/false值，映射如下：Contr: $\Lambda \times \{\delta_i$ / true or false$\} \rightarrow \Lambda'$，其中，通过为Λ中的控制函数$\{\delta_i\}$分配 true/false，环境知识集Λ变为Λ'，并保持$\Lambda' \cup \neg p_{\text{safe}}$是不可满足的。如何获取该映射就是一个可控制问题。

1. 在控制器与环境之间建立控制博弈游戏

为了求解可控制问题，本书在控制器与环境之间建立博弈游戏，如图5-14所示，过程描述如下。

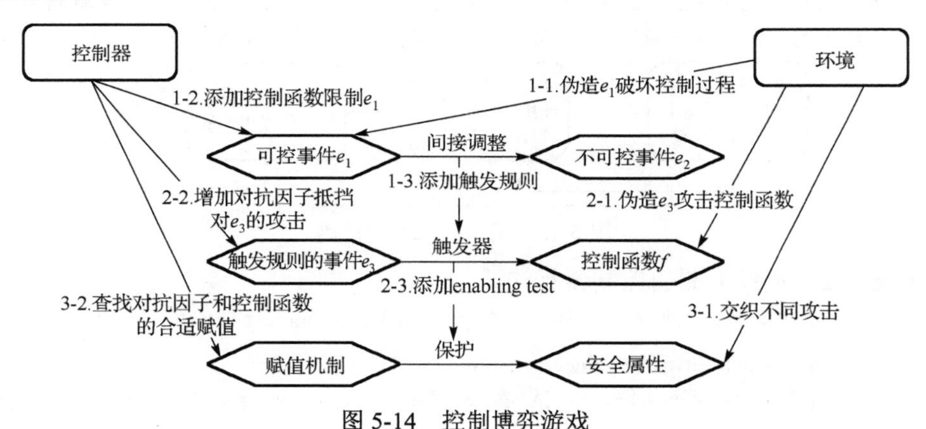

图5-14 控制博弈游戏

(1)如果环境伪造了一个可控制事件 e_1，控制器检查安全属性，并使用控制函数δ_1来限制由事件e_1标记的物联网资源状态转移，通过该种方法可以限制环境来驱动不可控事件e_2。

(2)通过在可控制事件 e_1 上施加控制函数δ_1，控制器尝试所有可能的路径去发现哪个事件的出现能够使能该控制函数δ_1，即为事件e_i添加触发规则$e(e_i) \rightarrow \delta_j$。对于触发规则中事件 e_i 的出现，增加测试变量$\delta_{i,j}$使$e(e_i) \rightarrow \delta_j$变为$e(e_i) \wedge \delta_{i,j} \rightarrow \delta_j$，那么控制可以通过开/关$\delta_{i,j}$来测试所有的触发规则。另外，触发规则$e(e_i) \rightarrow \delta_j$是公开的，环境本身也具有该知识，事件$e_i$则变为环境与控制博弈的关键，称为博弈事件。因此，测试变量$\delta_{i,j}$本身也用来抵抗对博弈事件e_3的伪造，测试变量因此称为对抗因子。对抗因子不被任何事件触发，环境不可伪造，只能由控制器根据安全目标赋值。

(3)对于物联网服务系统的每次运行，环境决定什么事件被伪造，控制器通过给对抗因子与控制函数的赋值来进行博弈。

对于 δ_j，引入的 $e(e_i)\wedge\delta_{i,j}\to\delta_j$ 称为 enabling test，相应的 $e(e_i)\to\delta_j$ 称为触发条件。对于每一个事件，原则上都可引入一个 enabling test，可以设计算法删减测试条件(本书对此不展开讨论)，基本原则如下。

(1)非自我循环。不存在一个事件，在其上附加控制函数触发其本身。

(2)非矛盾原则。如果两个事件相互矛盾，那么两者不能相互触发，不能通过施加控制函数在两者之间建立触发规则。

(3)非因果循环。如果一个事件是另外一个事件的果事件，那么果事件不可以触发原因事件。

2. 控制器求解算法

控制器求解算法如图 5-15 所示，它包含三个子算法：主算法为查找控制器算法，子算法为查找可能的控制器算法与安全证明算法，其中可能的博弈事件集合为 Eve_{Λ}，$(a\to b)\wedge(c\to d)$ 写成 $\{a\to b\}\cup\{c\to d\}$，表示为 $\{\neg a\vee b,\neg c\vee d\}$。

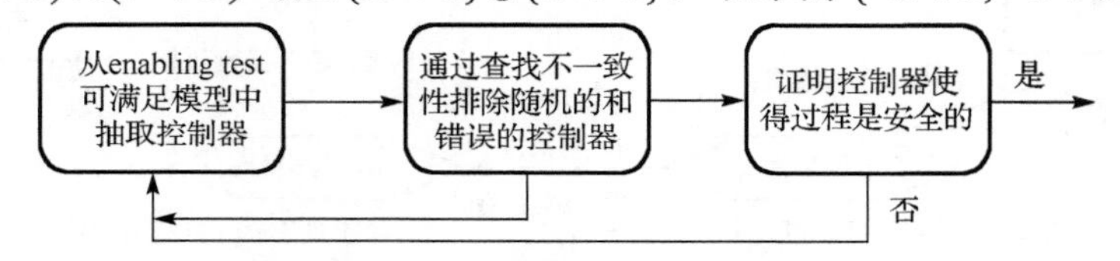

图 5-15 求解算法基本思路

算法 5-2 查找可能的控制器算法。

输入：环境知识 Λ，系统安全属性 p_{safe} 和 excluded enabling test $\overline{\mathrm{Test}}$。

输出：控制器 Contr 和新的 excluded enabling test $\overline{\mathrm{Test}'}$ 或不可控。

(1)对 Eve_{Λ} 中每个可能的事件 e_i 和它附带的控制函数 $\{\delta_j\}$，$\mathrm{test}_i=\vee_j((e(e_i)\wedge\delta_{i,j})\ \to\delta_j)$，然后为所有可能的事件获取所有的 enabling test $\mathrm{Test}=\vee_i\mathrm{test}_i$。

(2) $\mathrm{sysSat}=\Lambda\cup p_{\mathrm{safe}}\cup\mathrm{Test}\cup\overline{\mathrm{Test}}$。

(3)算法使用 SMT 解析器检查 sysSat 是否是可满足的，如果 sysSat 不可满足，则系统是不可控制的，算法返回不可控性。

(4)如果 sysSat 是可满足的，算法要求 SMT 解析器输出模型并创建一个空控制器 Contr。

(5)对 test_i 中的每个 enabling test $(e(e_i)\wedge\delta_{i,j})\to\delta_j$，如果 δ_j 和 $\delta_{i,j}$ 赋值为 true，算法在模型中计算 $\mathrm{Contr}=\mathrm{Contr}\wedge(e(e_i)\to\delta_j)$。通过迭代 $\mathrm{Test}=\{\mathrm{test}_i\}$ 中的所有元素，获得控制器 Contr。

(6)算法创建一个空集 $\overline{\mathrm{Test}'}$，并按如下过程计算。

① 对于 test_i 中的每个 $(e(e_i)\wedge\delta_{i,j})\to\delta_j$，如果输出模型中 δ_j 为 true，$\overline{\mathrm{Test}'}=\overline{\mathrm{Test}'}\wedge((e(e_i)\wedge\delta_{i,j})\to\delta_j)$。

② 否则，$\overline{\mathrm{Test}'}=\overline{\mathrm{Test}'}\wedge\neg((e(e_i)\wedge\delta_{i,j})\to\delta_j)$。

③ 算法迭代 $\mathrm{Test}=\{\mathrm{test}_i\}$ 中的每个元素来执行①和②。

(7)设 $\overline{\mathrm{Test}'}=\neg\overline{\mathrm{Test}'}$。

(8) 算法通过 SMT 解析器的增量调用来检查 $\Lambda \cup p_{\text{safe}} \cup \text{Contr}$ 的可满足性。若 $\Lambda \cup p_{\text{safe}} \cup \text{Contr}$ 是不可满足的，算法使用 $\overline{\text{Test}} = \overline{\text{Test}} \wedge \overline{\text{Test}'}$ 替代 $\overline{\text{Test}}$ ，并跳转到步骤(2)。

(9) 否则，算法返回 Contr 和 $\overline{\text{Test}'}$ 。

算法 5-3　安全证明算法。

输入：环境知识 Λ，系统安全属性 p_{safe} 和可能的控制器 Contr 。

输出：true 或 false。

(1) 设 $\text{sysModel} = \wedge \cup \text{Contr} \cup \neg p_{\text{safe}}$ 。

(2) 使用 SMT 解析器证明 sysModel 是不可满足的，也就是说，系统在 p_{safe} 保持时是安全的。

(3) 如果系统在 p_{safe} 保持时是安全的，则算法返回 true。

(4) 否则，算法返回 false。

算法 5-4　查找控制器算法。

输入：环境知识 Λ，系统安全属性 p_{safe} 。

输出：控制器 Contr 或不可控。

(1) 算法首先假设 excluded enabling test 集合 $\overline{\text{Test}}$ 为空。

(2) 算法使用、 p_{safe} 和 $\overline{\text{Test}}$ 作为输入调用查找可能的控制器算法。

(3) 若查找可能的控制器算法返回不可控，则算法返回不可控并停止。

(4) 若查找可能的控制器算法返回一个控制器 Contr 和新的 excluded enabling test $\overline{\text{Test}'}$，则算法使用 Λ，p_{safe} 和 Contr 作为输入调用安全证明算法。

(5) 如果安全证明算法返回 true，则算法返回 Contr 并停止。

(6) 如果安全证明算法返回 false，则算法假设 $\overline{\text{Test}} = \overline{\text{Test}} \cup \overline{\text{Test}'}$ 。

(7) 如果 $\overline{\text{Test}}$ 不能到达一个不动点，即所有可能的控制器都被尝试，则算法跳转到步骤(2)；否则算法返回不可控。

定理 5-2　查找控制器算法是正确的。

证明　通过归纳推理证明该定理，其中，查找一个控制器的迭代次数用来推理，并且如果查找控制器的算法停止了或者在下一次迭代开始前达到了一个不动点，则定理已经被证明是正确的。

(1) 最初，excluded enabling test 集合 $\overline{\text{Test}}$ 为空。最开始的步骤是在没有 excluded enabling test 的情况下为 $\text{sysSat} = \Lambda \cup p_{\text{safe}} \cup \text{Test}$ 查找一个模型，然后返回一个 excluded enabling test 集合或者证明从模型内 enabling test 中抽取的解决方案是有效的。没有使用 excluded enabling test 的第一步对于只进行模型查找并从模型证明控制器是简单正确的。

(2) 假设第 n 步查找是正确的，并且查找可能的控制器算法为下一个查找轮次返回一个新的 excluded enabling test 集合 $\overline{\text{Test}'}$ 。也就是说，第 n 步查找使用其前 $n-1$ 步的 excluded enabling test 集合来阻止再次查找之前步骤中找到的 sysSat 的模型，并在为 sysSat 查找新模型的过程中产生新的 $\overline{\text{Test}'}$ 。

(3)在第 $n+1$ 步查找中，应该证明算法也是正确的，也就是说，能够使用它前面 n 步的 excluded enabling test 集合来阻止再次查找之前步骤中找到的 sysSat 的模型。第 $n+1$ 步的查找控制器算法接收第 n 步的 $\overline{\text{Test}}$ 作为输入，这样只有 $\overline{\text{Test}'}$ 与上一步不一样。在第 n 步与 $n+1$ 步 $\overline{\text{Test}}$ 之间的区别是，第 n 步模型中的 enabling test 赋值应该被排除在第 $n+1$ 步模型之外，这样就只需要证明在查找第 $n+1$ 个模型过程中 excluded enabling test 集合 $\overline{\text{Test}'}$ 可以用来排除第 n 步的模型。不失一般性，假设 $\text{test}_i = ((e(e_i) \wedge \delta_{i,j_1}) \to \delta_{j_1}) \vee ((e(e_i) \wedge \delta_{i,j_2}) \to \delta_{j_2})$，它在第 n 个模型中按如下过程赋值。

① 对 $(\delta_{j_1} = \text{true})$ 和 $(\delta_{j_2} = \text{true})$，$(e(e_i) \to \delta_{j_1}) \wedge (e(e_i) \to \delta_{j_2})$ 代表第 n 步的触发，其相应的 enabling test 成为查找新的 sysSat 模型要排除在外的一个，即 $\overline{\text{Test}_i} = (e(e_i) \wedge \delta_{i,j_1} \to \delta_{j_1}) \wedge (e(e_i) \wedge \delta_{i,j_2} \to \delta_{j_2})$。

② 对 $(\delta_{j_1} = \text{true})$ 和 $(\delta_{j_2} = \text{false})$，反之亦然，$e(e_i) \to \delta_{j_1}$（或 $e(e_i) \to \delta_{j_2}$）代表第 n 步的触发，其相应的 enabling test 成为查找新的 sysSat 模型要排除在外的一个，即 $\overline{\text{Test}_i} = (e(e_i) \wedge \delta_{i,j_1} \to \delta_{j_1}) \wedge \neg(e(e_i) \wedge \delta_{i,j_2} \to \delta_{j_2})$。

③ 对 $(\delta_{j_1} = \text{false})$ 和 $(\delta_{j_2} = \text{false})$，第 n 步中没有 test_i 的触发，其相应的 enabling test 成为查找新的 sysSat 模型要排除在外的一个，即 $\overline{\text{Test}_i} = \neg(e(e_i) \wedge \delta_{i,j_1} \to \delta_{j_1}) \wedge \neg(e(e_i) \wedge \delta_{i,j_2} \to \delta_{j_2})$。

接下来，所有的 $\{\overline{\text{Test}_i}\}$ 可用来构建 excluded enabling test $\overline{\text{Test}'} = \neg(\wedge_i \overline{\text{Test}_i})$。得到 $\overline{\text{Test}'}$ 之后，第 $n+1$ 步的计算与第 n 步相同，其中，查找可能的控制器算法中的 $\text{sysSat} = \text{sysSat} \cup \overline{\text{Test}'}$ 要检查其与 $\overline{\text{Test}'}$ 是不同的。不失一般性，使用上述①、②和③中的 $\text{test}_i = ((e(e_i) \wedge \delta_{i,j_1}) \to \delta_{j_1}) \vee ((e(e_i) \wedge \delta_{i,j_2}) \to \delta_{j_2})$ 来看 sysSat 中的 excluded enabling test $\overline{\text{Test}'}$ 的工作，为了书写简化，其中的 $e(e_i) \wedge \delta_{i,j_1} \to \delta_{j_1}$ 和 $e(e_i) \wedge \delta_{i,j_2} \to \delta_{j_2}$ 分别以 A 和 B 表示，则 enabling test 就是 $A \vee B$，这样之前 $n-1$ 步产生的带有 excluded enabling test M 的 enabling test 就是 $(A \vee B) \wedge M = (A \vee B) \wedge ((A \vee B) \wedge \cdots \wedge_{n-2} (A \vee B) \wedge M)$，即只考虑 $A \vee B$ 而不根据“AND”关系扩展 M。将 M 作为一个占位符，其工作如下。

① excluded test 是 $\neg(A \wedge B)$，并且，在 sysSat 中，enabling test 和 the excluded ones 一起工作并变成 $(A \vee B) \wedge (\neg(A \wedge B)) \Rightarrow (\neg A \wedge B) \vee (A \wedge \neg B)$。

也就是说，在 $(A \wedge B)$ 没有被赋值的情况下，$(\neg A \wedge B)$ 或 $(A \wedge \neg B)$ 可能允许给出 true 赋值。

② excluded test 为 $\neg(A \wedge \neg B)$（对 $\neg(\neg A \wedge B)$ 是一样的），且在 sysSat 中，enabling test 和 the excluded ones 一起工作并变成 $(A \vee B) \wedge (\neg(A \wedge \neg B)) \Rightarrow (A \vee B) \wedge (\neg A \vee B) \Rightarrow (\neg A \wedge B) \vee (A \wedge B) \vee B$。

也就是说，在 $(A\wedge\neg B)$ 没有被赋值的情况下，$(\neg A\wedge B)$ 或 $(A\wedge B)$ 或 B 可能允许给出 true 赋值。

③ excluded test 为 $\neg(\neg A\wedge\neg B)$，且在 sysSat 中，enabling test 和 the excluded ones 一起工作并变成

$$(A\vee B)\wedge(\neg(\neg A\wedge\neg B))\Rightarrow(A\vee B)\wedge(A\vee B)\Rightarrow A\vee B\vee(A\wedge B)$$

也就是说，在 $(\neg A\wedge\neg B)$ 没有被赋值的情况下，A 或 B 或 $A\wedge B$ 可能允许给出 true 赋值。

总之，在第 n+1 步，第 n 步的模型在查找 sysSat 的新模型时被排除在外，这一点通过增加第 n 步的 excluded enabling test 集合到知识集 sysSat 中来实现。因此，定理得证。

修改后的制造业务流程如图 5-16 所示。

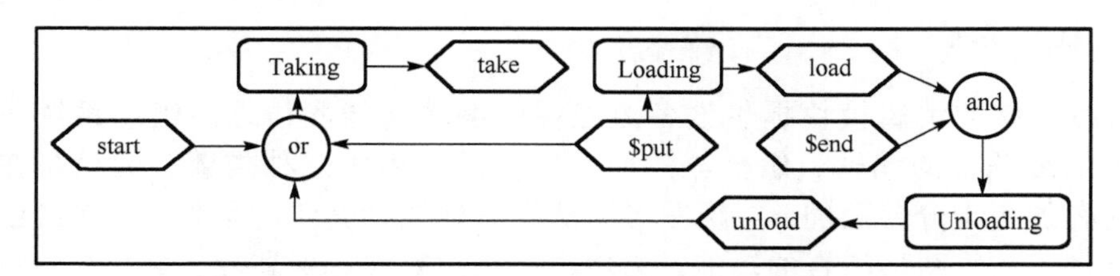

图 5-16　修改后的制造业务流程

5.6　物联网界面服务案例

物联网应用的人机界面，也是通过逐步细化的方式完成的。在设计阶段，领域工程师可以使用平台提供的工具制作领域图元和领域模板；在部署阶段，业务人员根据现场实际情况，完成人机界面制作，图元与实际物联网资源绑定；在运行阶段，允许人机界面服务演化，例如，煤矿中新巷道的开拓，并支持分布式部署。物联网人机界面服务是传统组态软件的扩展，采用面向服务原则松耦合设计、支持面向服务接口、事件驱动，因此，该服务也称为组态系统。

5.6.1　需求分析

在物联网中，组态系统处在自动控制系统的监控层，主要功能是提供设备数据和设备远程控制的人机操作界面。本书设计的组态系统使用视图层的服务组合，提供灵活的组态方式，让用户也可以通过组合物件的方式搭建设备监控图。

基于服务组合的组态系统需要提供设备图形的编辑、搭建、监视以及控制功能，如图 5-17 所示。由于设备监控图的编辑和搭建两项功能仅在新增设备或者设备更新

时使用，而且需要相对专业的设备监控图编辑人员，所以这两项功能由编辑模块实现。设备监控图的监视和控制两项功能使用较为频繁，所以由发布模块发布到网络中，提供更便捷的访问方式。

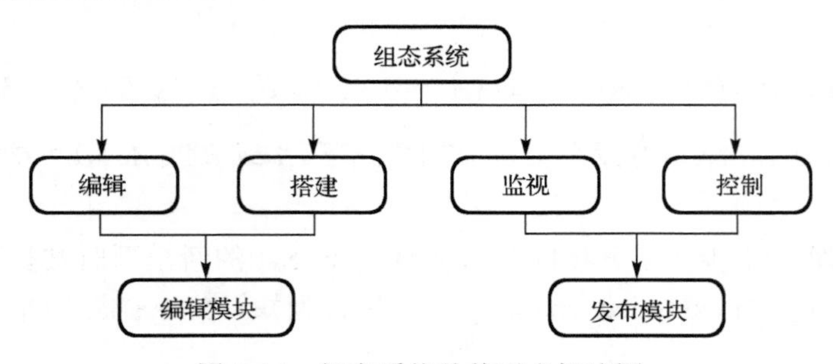

图 5-17　组态系统总体需求概述图

1. 编辑模块

组态系统的编辑模块提供设备监控图的编辑功能，传统的组态系统一般都仅提供二维图形的编辑、组合，然而，在实际应用中，种类繁多的设备在多个维度的叠加是十分普遍的，二维图形无法准确地描绘真实的场景。本系统的编辑模块提供了三维图形组合的功能，为用户提供更真实、更高效、更直观的设备监控方式。

编辑模块的用户群体是设备监控图的编辑人员。由于本模块采用三维组合，基本的图形物件都是三维图形，其设计和修改都比较烦琐，所以系统提供的基本三维物件图都将由专业的三维绘图人员创建。设备监控图的编辑人员不需要掌握任何三维图形的设计技术，只需要以类似搭积木的方式，将各个已设计好的三维图形物件拼接起来，即可编辑出完整的三维设备监控图。

功能性需求指出了编辑模块应该具备的功能，这些功能按照类别分成如下四个部分。

(1) 服务组合搭建。编辑模块需要实现物件的服务组合搭建功能，即通过类似搭积木的方式，实现表现层的服务组合，让用户通过拖拽物件的方式，完成设备监控图的编辑。这项功能包括以下一系列的步骤。首先，实现物件图形和服务各自独立的定义；然后，通过松耦合的方式，绑定图形和服务，形成可复用的资源；最后，当资源实例化之后，经过统一的协调安排，运行物件图形对应的服务。

(2) 三维图形物件。由于本模块的用户不一定具备设计三维图形的能力，所以需要提供一套领域相关的基本三维图形物件，并可通过导入功能实现整套导入系统。图形物件导入后，还可以进行管理，如重命名、删除、复制、分组、移动等操作。

本模块需要提供的三维图形基本编辑功能，以整个图形物件为对象，实现大小、颜色、材质、位置、高度的调整，以及图形的移动、翻转、重命名等功能。

(3) 操作方式。由于二维平面图可视角度有限、三维立体图不利于直接编辑，本模块采用二维与三维相结合的方式，在二维平面图中对图形进行编辑，在三维图中进行预览。除此之外，还提供文字列表形式的物件列表，提供更清晰、更全面的图形概况，让用户能够方便、快捷地绘制出三维设备监控图。

(4) 自定义种类。在现实场景中，多种设备在各个维度上的叠加会导致编辑以及发布后的控制出现困难，例如，不容易准确定位某个物件，或者想要同时操作多个物件比较麻烦。因此，有必要实现自定义种类功能，让多个有某种共同属性的物件归为一类，分类之后，无论它们具体的位置、大小有多大差异，都可以实现统一的控制，这个功能也可以称为水平分层。该功能的用例详细情况如表 5-2 所示。

表 5-2　自定义种类用例详细情况

参与者	系统
用例描述	将多个物件加入自定义的种类中
前置条件	已经创建自定义种类
详细描述	(1) 选择一个或多个物件； (2) 将所选物件加入已经创建的自定义种类下
后置条件	如果操作正确，所选物件正确加入某个自定义种类下，那么就可以通过控制该种类，实现对该种类下所有物件的统一控制

在本模块编辑完成后的设备监控图需要发布到发布模块才能提供远程访问，所以本模块还要提供便捷的发布方式，经过简单的配置，让用户能够直接将完成的图形发布到各种 Widget 中，之后用户就可以通过浏览器访问 Widget，查看发布好的图形。具体的用例详细情况如表 5-3 所示。

表 5-3　发布 Widget 功能用例详细情况

参与者	系统
用例描述	将设备监控图发布到发布模块
前置条件	设备监控图已经绘制完成，连接到发布模块的基本信息已经配置完成
详细描述	(1) 在菜单中，选择一种发布方式 (发布到网页或发布到地图)； (2) 如果选择的是发布到网页，则将当前设备监控图发布到发布模块的指定目录下； (3) 如果选择的是发布到地图，则将当前设备监控图的信息配置到地图中指定的坐标点上
后置条件	如果发布成功，当前设备监控图就会保存在发布模块中的指定位置，用户可以通过 Widget 访问刚刚发布的设备监控图

为了让设备监控图能够真实展现当前周边地理情况，本模块提供导入地图的功能，让用户可以从真实的地图中，查看、选取能够正确反映周边地理状况的图像，

作为底层图像插入当前设备监控图中，这个功能也可以称作垂直分层。具体的用例详细情况如表 5-4 所示。

表 5-4　导入地图功能用例详细情况

参与者	系统
用例描述	将地图导入当前设备监控图中
前置条件	描述当前周边地理情况的地图已经发布到 GeoServer 中，编辑模块的地图配置信息正确定位到周边图层
详细描述	(1)打开发布到地图向导； (2)在向导中，调整地图，选择合适的大小、位置，将选取完成的图片导入当前设备监控图
后置条件	如果导入成功，则所选的地图将会被放置在当前设备监控图下层

除此以外，编辑模块还需要满足易用、通用、可扩展等非功能性需求。

2. 发布模块

在传统的组态系统中，用户需要完全安装整套组态软件才能查看设备监控情况，然而，在实际应用中，并不是所有用户都需要整套软件的所有功能，而且有些配置稍低的计算机也无法流畅运行整套组态软件。因此，本书设计了一个基于 B/S 架构的发布模块，让用户只需要使用普通的浏览器就可以查看设备实时信息，还可通过服务组合的形式来控制设备，免去用户安装软件的烦琐过程，降低用户的使用成本。为了提高组态系统的通用性，使用 W3C Widgets 标准来封装发布的内容，使其不仅能在本系统的平台上运行，也能顺利地嵌入其他系统中。

由于发布模块是一个轻量级的 Web 应用，现阶段仅提供设备查看和简单的设备控制功能，设备图形的编辑工作仍然需要在组态系统的编辑模块实现，所以，当组态系统的绘图人员将绘制完成的设备监控图发布到发布模块之后，设备监控人员可以随时随地通过浏览器访问已发布的设备监控图。除此之外，封装好的 Widget 可以直接插入其他网页中，方便其他系统的用户查看设备状况。

功能性需求明确了发布模块应该具备的功能，这些功能按照类别分成如下六部分。

(1)服务组合平台。本系统提供一个可供外界访问的服务平台，用来支撑服务组合操作。在平台上，服务以 Widget 的形式展现，通过操作不同服务类型的 Widget，实现服务组合，达到控制具体设备的目的。

(2)Widget 封装。用 W3C Widgets 标准来统一封装发布的内容，本系统中的 Widget 主要分为图形 Widget 和控制 Widget，它们分别代表不同形式的服务。图形 Widget 用以展示设备实时状况，在本系统的服务组合平台上，控制 Widget 可以对图形 Widget 实行特定操作。此外，图形 Widget 还可以网页嵌入的形式独立运行在其他系统中。

(3) Widget 交互。Widget 实例之间要有交互的途径，特别是在本系统的平台上，后台交互的内容需要有对应的前端响应，以实现服务组合控制设备。

(4) Widget 管理。本系统提供各种 REST API，来实现对各种 Widget 的获取、发布、更新和删除操作。经过身份验证的用户将有权限通过这些接口实时地管理 Widget 和 Widget 实例，管理员还可以对参与者和 Widget 的各种属性进行修改设置。

(5) 语义推理查询。复杂的服务组合请求会被提交到语义推理部分进行查询，通过预先获取的相关语义信息，这种服务组合请求会被更准确、迅速地进行处理。

(6) 持久化。本系统中有多种需要持久化的数据。Widget 和 Widget 实例信息需要持久化到本系统后台的 MySQL 数据库，以保证系统的稳定运行。Widget 读取的设备信息需要从系统外的设备数据实时库 H2 获取。设备监控相关的资源模型也需要以文件的形式保存在本地存储中。

由于本系统的发布模块是 Web 应用，需要有良好的兼容性来保证本系统在不同操作系统和不同浏览器中正常显示和运行。因此系统在开发的过程中要有兼容性测试，以保证在主流版本的浏览器中能够正常使用。需要保证兼容性的浏览器及其对应版本有 Internet Explorer 11 及其以上版本、Mozilla Firefox 4.0 及其以上版本、Google Chrome 9.0 及其以上版本。

本系统为设备监控人员提供实时信息，因此需要能够长期稳定地运行并正常提供服务。除此之外，在开发测试过程中需要全面考虑各种情况，确保在各种用户操作、各种可能输入的情况下，系统能正常响应或正确提示错误信息。

发布后的 Widget 最终面向的用户是设备监控人员，为了方便他们的操作，系统要提供便于理解、学习和操作的界面和功能。本系统中的服务组合平台由简洁美观的组件构成，采用拖拽生成实例的方式，简化用户操作，通过 Widget 之间拖拽后的叠加实现 Widget 之间的服务组合界面交互并触发后台处理。

5.6.2 总体设计

本系统按照不同的用户群体和功能，主要分为两个独立模块：编辑模块和发布模块。系统总体概要设计如图 5-18 所示。

编辑模块基于 C/S 架构，为设备监控图的编辑人员提供编辑功能。本模块除了提供基于服务组合的组态软件功能，还提供自定义种类、导入地图以及多种发布模式等功能。编辑人员在本模块编辑完成设备监控图后，可以通过发布到地图或者发布到网页的方式，将图形发布到发布模块。

发布模块基于 B/S 架构，用户群体是设备监控图的查看人员，他们没有修改设备监控图的权限，只需要通过浏览器就可以查看已经绘制完成的设备监控图。设备监控图以 Widget 的形式发布，因此可以单独打开，也可以嵌入在其他网页中展示，为用户提供了便捷地查看方式。服务组合平台则提供了设备监控图的控制，用户可以通过拖拽 Widget 的方式，实现对设备监控图的各种控制操作。

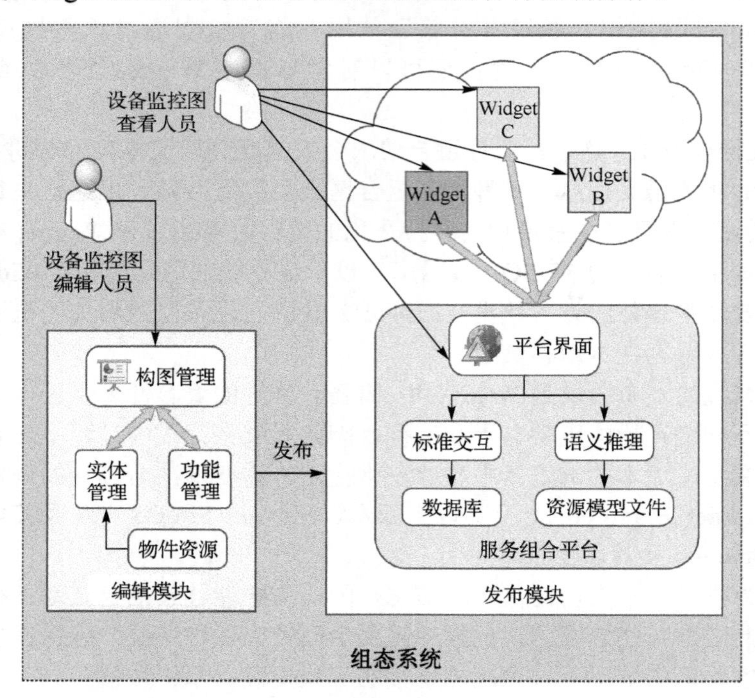

图 5-18　组态系统整体设计图

将组态系统的编辑和发布模块独立分开，让用户可以按照需求进行安装。设备监控图的编辑人员通常人数较少，只有他们需要安装整套系统。设备监控图的查看人员可以不需要安装任何软件，仅仅通过普通的浏览器就可以查看设备状况，这样不仅减少了硬件设施的投入，还可以实现更便捷的设备查看模式，因为除了计算机之外，设备查看人员还可以通过手机、平板电脑等安装有通用浏览器的设备，随时随地查看设备。

1. 编辑模块

编辑模块需要实现制作三维设备监控图的功能，三维图形的编辑对专业要求较高，从零开始编写此类软件所需成本较大，所以需要基于已有的三维图形软件来搭建本模块。

编辑模块使用表现层的服务组合，实现组态功能，并提供自定义种类、导入地图、多种方式发布 Widget 以及其他功能，如图 5-19 所示。

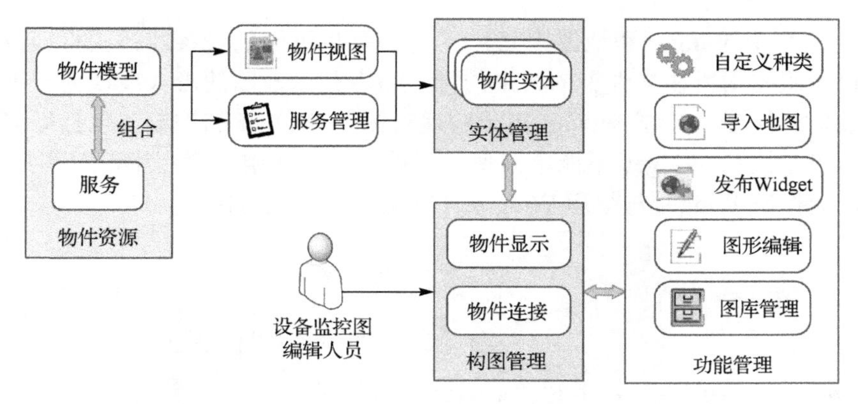

图 5-19　编辑模块总体架构图

编辑模块中，描述物件基本视图属性的物件模型和具体的服务是相互独立的，它们通过资源模型松耦合地组合在一起，形成可以重复使用的物件资源。物件资源类似于面向对象中的类，当用户使用物件资源绘制一个具体的物件时，该物件资源被实例化成物件实体，通过物件视图在视图管理中呈现一个具体的图形，同时，之前与之组合的服务也被激活，通过服务管理调用运行起来。实体管理部分管理着当前项目中所有的物件实体，构图管理部分负责所有实体物件的图形显示，以及物件之间的连接关系处理。在此基础上，用户可以对物件实例的各项基本属性进行编辑，还可以使用本模块的其他功能，如自定义种类、导入地图、多种方式发布 Widget、图形编辑、图库管理等。

2. 发布模块

发布模块的主要目的是提供通用、便捷的设备监控状况，为了保证通用性，本书使用 W3C Widgets 标准来封装发布内容，具体的发布则基于 Apache Wookie 实现。Apache Wookie 是一个开源的服务器端应用，提供 Widget 的上传、管理和发布。发布后的 Widget 可以直接访问，也可以嵌入到其他 Web 应用的网页中，实现了多种灵活的设备监控方式。同时还提供服务组合平台，用来实现 Widget 之间的服务组合交互。

组态系统的发布模块是一个 Web 应用，它将编辑模块绘制完成的设备监控图以 Widget 的形式发布到网络中，让用户可以直接查看，也可以将 Widget 嵌入其他网页中，还可以通过服务组合平台实现设备监控图的控制，发布模块的总体架构如图 5-20 所示。

发布模块主要包括 Widget 库和服务组合平台。

在 Widget 库中，Widget 主要分为图形 Widget 和控制 Widget。图形 Widget 用于展示设备监控图，可以在网页中直接打开查看，也可以嵌入其他网页中。图形

Widget 包括树形 Widget 和地图 Widget，它们提供不同的设备监控图打开方式，前者提供设备监控图所在文件夹的树形结构，后者则以地图的形式展现处于不同地理位置的设备监控图。控制 Widget 用于实现对图形 Widget 的控制，包括维修控制、置数控制等。控制 Widget 不能单独使用，需要在服务组合平台中，以拖拽 Widget 的方式，让控制 Widget 与图形 Widget 进行交互，实现控制。

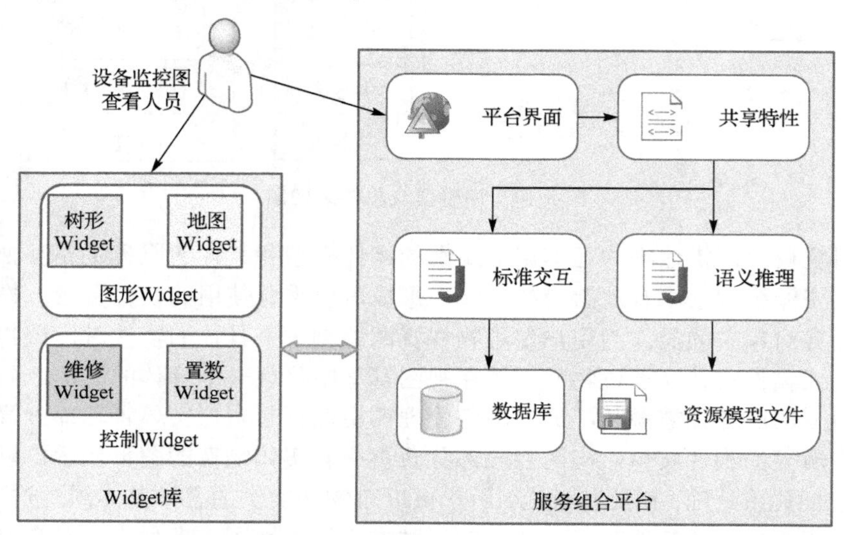

图 5-20　发布模块总体架构图

服务组合平台为 Widget 的服务组合交互提供支持。平台界面使用 HTML、JavaScript、CSS 等技术实现前端界面，共享特性提供所有 Widget 在平台中共享的交互功能。服务组合交互产生的后台请求分为两种：常规、简单的请求通过标准交互查询数据库进行处理；特殊、复杂的请求要经过对资源模型文件进行语义推理才能完成处理。

5.6.3　人机界面服务生成

本节简单介绍组态系统编辑模块的实现，分为服务组合搭建、自定义种类功能、导入地图功能和发布 Widget 四部分。

编辑模块采用典型的 MVC(Model-View-Control)模式，服务组合搭建的各部分在 MVC 中的分布设计如图 5-21 所示。

(1)模型层。模型层用于存储各种信息，包括物件模型、服务、物件资源和物件实体。

物件模型是一个具体物件的模型，包括其名称、描述、宽度、高度、颜色、材质等基本信息。服务则代表不同类型的服务，如普通传感器、文本传感器、多值服务等。物件模型和服务独立存在，它们可以通过资源模型文件的描述，绑定在一起，形成物件资源。

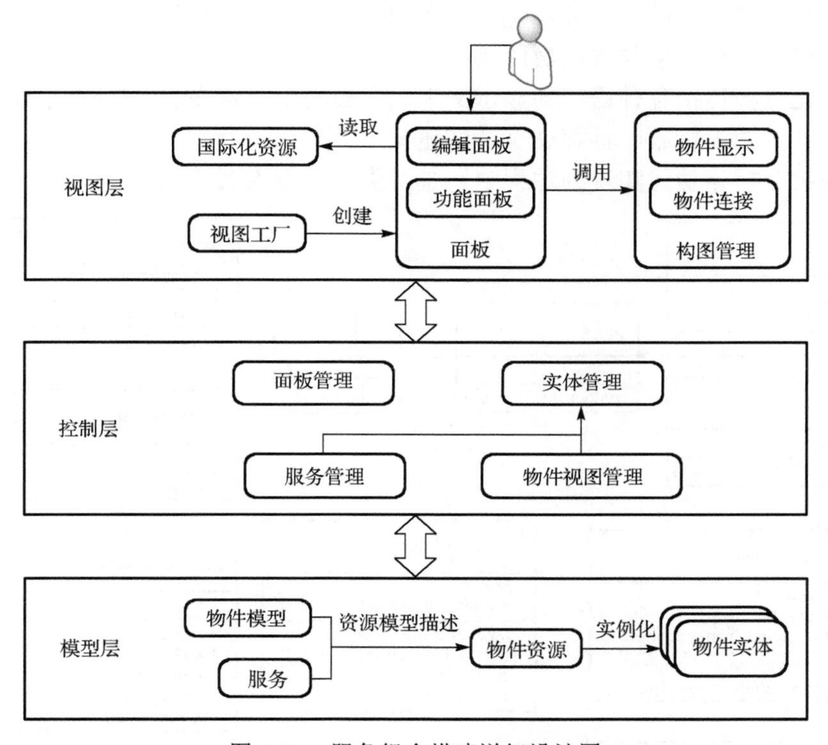

图 5-21　服务组合搭建详细设计图

物件资源类似于面向对象中的类，没有具体的赋值，它定义了一对绑定在一起的物件模型和服务。当物件资源被实例化之后，生成具体的物件实体，这时该物件的各种属性才会被赋值，服务才能够启动。

(2) 控制层。在控制层中，物件视图管理负责控制物件的各种属性，如物件大小、位置的设置与更新；服务管理负责服务对实体的控制，例如，普通传感器服务中，查询和获取传感器数值；实体管理则统一管理着当前所有的实体，按照服务的种类，使用多个线程池协调安排服务的运行；面板管理负责编辑面板和各种功能面板的控制。

(3) 视图层。视图层主要使用 java.awt 或者 javax.swing 包实现。

面板分为编辑面板和功能面板，前者是用户操作以及预览物件的二维和三维面板，后者是提供各项功能的面板，如自定义种类创建和添加的面板。面板调用构图管理实现服务组合的视觉展示，构图管理包括单个物件在服务运行时的显示以及多个物件之间的连接显示。

视图工厂管理视图的创建，使用了抽象工厂设计模式。所有面板的创建都要通过全局的控制器调用具体面板的控制器，由它调用全局视图工厂生成具体的面板。这种设计让主要视图的创建都被统一管理起来，方便对视图进行统一的修改或创建新视图，降低了控制层与视图层的耦合。

国际化资源包括各种语言的显示文字，主要用于显示在各个 Swing 面板或者组件上，如各种面板标题、标签文字、按钮文字等。

服务组合搭建功能实现的过程中，主要类图如图 5-22 所示。

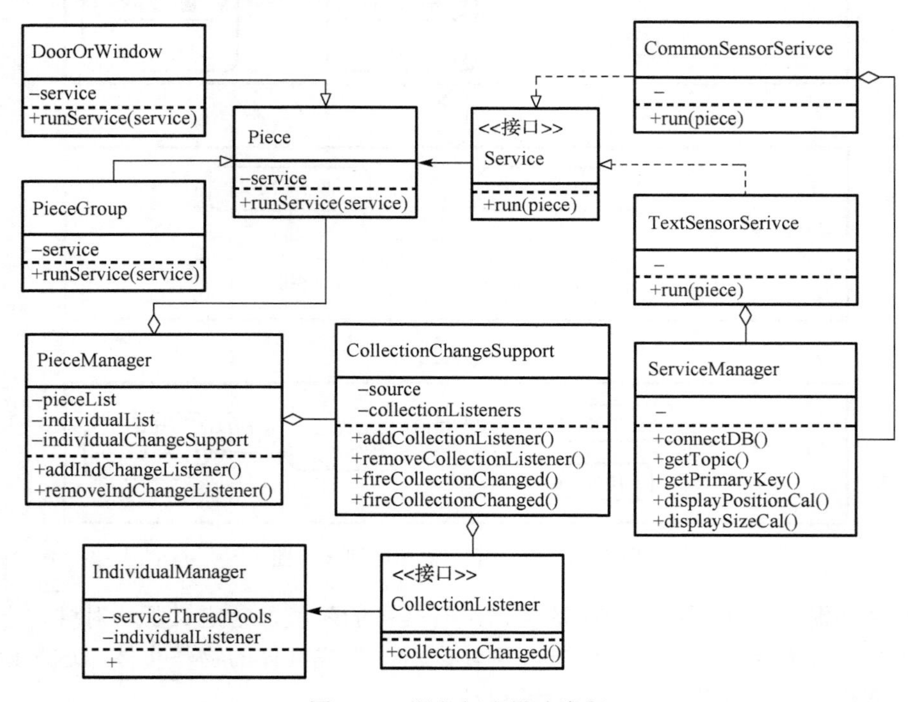

图 5-22　服务组合搭建类图

物件模型的基本类是 Piece，它是大多数普通物件的模型类，它的子类可以用于描述更为复杂的特殊类，例如，与墙体有特殊关系的门或窗、由多个物件组成的物件组合类等。

每个服务类都实现了 Service 接口，并各自重写了具体服务的 run 方法，例如，普通传感器服务的 run 方式是读取传感器数值并直接显示，而文本传感器服务的 run 方法是读取传感器数值，并显示对应的文字。服务类通用的公共方法在 ServiceManager 类中，例如，连接数据库、获取物件的主题和主键信息、计算服务显示的位置和大小等。

物件运行服务使用访问者设计模式，为物件和服务提供了松耦合的绑定。Piece

类是被访问者，它的 runService 方法实现了访问者模式中的授权访问(accept)功能，Service 接口的实现类是访问者，它们的 run 方法实现了访问者模式中的访问(visit)功能。当每个 Piece 实例被调用服务的时候，都会把它的 service 属性传入 runService 方法中，此处的 service 属性只是一个接口，并不确定它具体的实现，而 Piece 的实现已经确定了，所以是第一重派遣。当 runService 中调用了 service 的 run 方法时，service 的具体实现被确定，并执行具体服务的 run 方法，这里是第二重派遣。

PieceManager 类管理着当前所有的物件，包括没有绑定服务的普通物件和绑定了服务的物件实体，后者记录在实体集合 individualList 中，一旦该集合发生添加或者删除操作，都会触发所有监听了该集合的监听器响应。

实体管理类 IndividualManager 定义了实体集合的监听器 individualListener。它还为每种服务提供了单独的线程池 newSingleThreadExecutor，让所有实体的服务调用按照种类进入线程池，并保证每个种类的所有服务调用都在同一个线程上依次运行。

该功能让用户可以添加自己定义的种类，并将任意物件加入自定义的种类中，通过对自定义种类的操作，实现对该种类下所有物件的统一操作，例如，将若干个在空间上相距很远的设备加入同一个自定义种类中，就可以实现它们的统一隐藏或显示。该功能可以抽象地将具有共同特性的物件归为一类，方便它们的统一操作，实现设备监控图中的水平分层。

系统中可以有多个自定义种类和多个物件，在项目模型中，它们都存储在独立的表中，可以通过项目模型对外提供的方法进行创建、修改和删除操作。用户可以创建自定义种类，并给它命名。当若干三维物件加入某个自定义种类中时，该自定义种类的表中添加对这些三维物件的引用，并实时显示在自定义种类表中。通过对自定义种类表的操作，用户可以对某个自定义种类下的所有物件实行统一操作，如统一隐藏或显示。

自定义种类功能实现过程的主要类图如图 5-23 所示。

自定义种类功能的核心类是 CustomizedCategory，项目模型 Home 的 customizedCategoryList 属性是由 CustomizedCategory 组成的表，管理了当前项目中所有的自定义种类。CustomizedCategory 有两个主要属性：pieceList 和 custCateChangeSupport。

pieceList 是一个由基本物件类组成的表，该类实现了 Serializable、Selectable、Elevatable 三个接口。Serializable 是 java.io 包中用于标识序列化的语义接口。Selectable 接口提供了获取物件坐标、重合、移动等方法，用于实现物件在二维编辑平面图的选择。Elevatable 定义了水平高度的相关方法，用于实现物件在不同高度的移动。

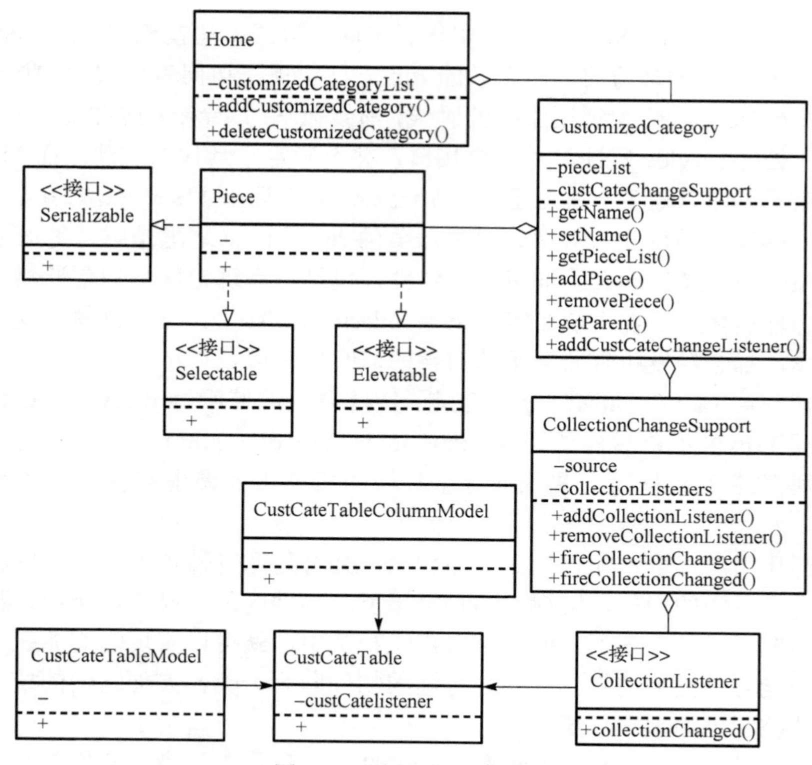

图 5-23　自定义种类类图

custCateChangeSupport 是一个泛型为基本物件的 CollectionChangeSupport，用于监听当前自定义种类成员集合（即 pieceList）发生变化时的事件。CollectionChangeSupport 类的主要属性为源 source 和一个由 CollectionListener 组成的表，因为同时会有多个地方在监听这个集合的变化。

在这里，监听该集合变化的是 CustCateTable 类的 tableSelectionListener。CustCateTable 类是自定义种类列表的模型类，列出了当前的自定义列表，以及列表中的物件。它的表模型是 CustCateTableModel，列模型是 CustCateTableColumnModel。当 CustCateTable 类的 tableSelectionListener 接收到自定义模型集合发生变化的事件时，会获取当前模型，并重新过滤和排序自定义种类，然后将列表中被选择的项目设置为用户在二维编辑平面图中选择的物件。

使用导入地图功能，用户可以打开并选择预设的地图，并将该地图作为当前设备监控图的背景使用。使用该功能，在原本仅局限于室内的设备监控图下，又添加了一层地图的信息，实现了垂直分层。功能设计如图 5-24 所示。

导入地图功能中的主要类图如图 5-25 所示。

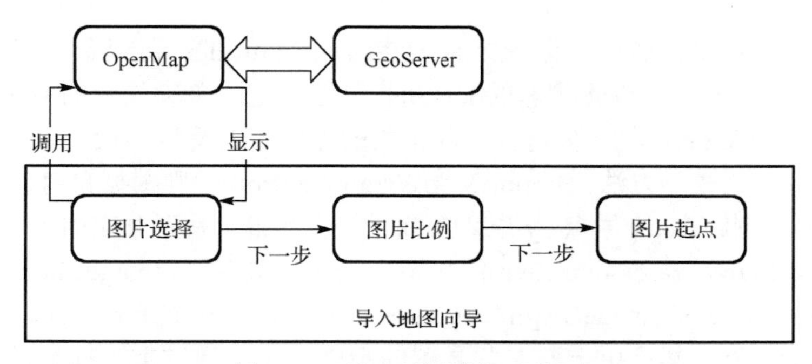

图 5-24　导入地图功能设计图

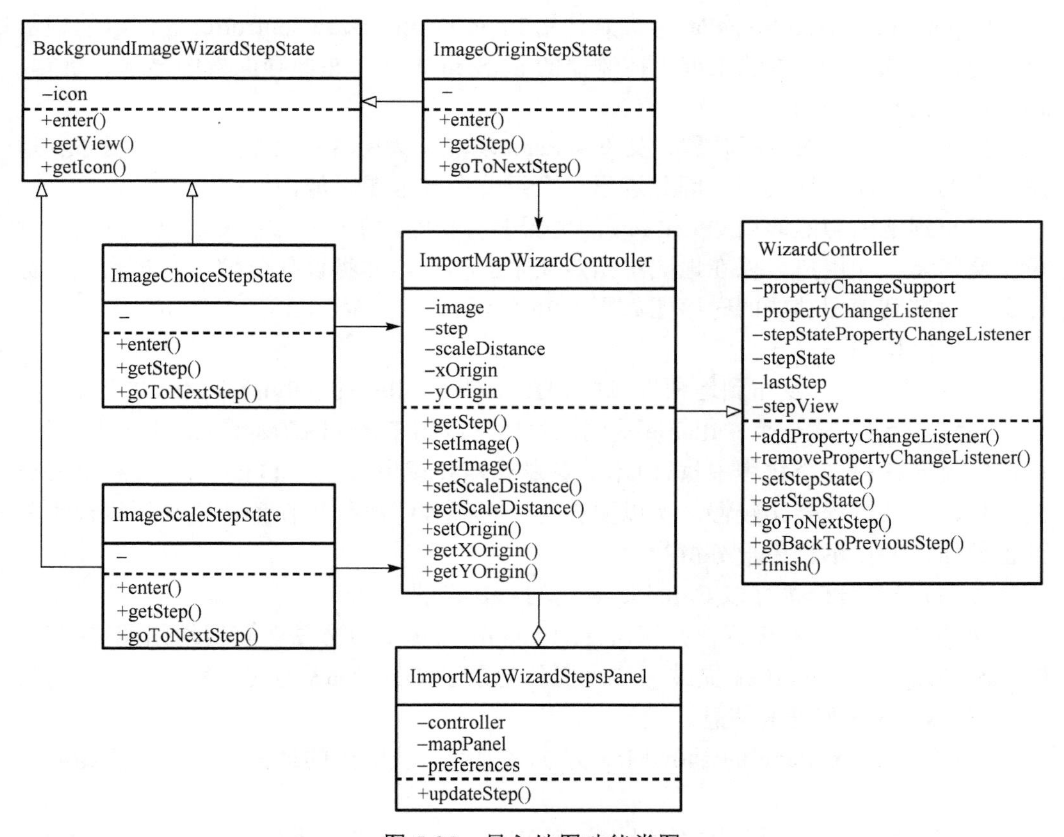

图 5-25　导入地图功能类图

导入地图功能的核心类是 ImportMapWizardController，用于控制导入地图向导。它继承自 WizardController，这是一个向导类的控制器，它的两个属性：propertyChangeSupport 和 propertyChangeListener 都是 java.beans 包中的类，前者用于管理一系列的监听器并将触发的 PropertyChangeEvents 派遣给它们，后者用于相应 bean 类的边界属性变化。除此之外，WizardController 还记录当前步骤状态的 stepState 属性、记录上一步骤状态的 lastStep 属性和记录步骤视图的 stepView 属性。WizardController 对外提供一系列监听器相关的方法，以及步骤设置、步骤获取、下一步、上一步、完成等方法。ImportMapWizardController 则根据自身的功能需求，增添了图片、比例距离、x 原点、y 原点等属性，并增加一系列对应的 getter 和 setter。

在 ImportMapWizardController 的构造方法中，创建了 ImageChoiceStepState、ImageScaleStepState 和 ImageOriginStepState 实例，它们都继承自 BackgroundImage-WizardStepState 类，都是用于添加背景图的步骤状态。通过重写标准的方法，每个类都可以自由设置进入该步骤时的操作、返回当前状态以及设置下一个步骤。

ImportMapWizardStepsPanel 类是使用 ImportMapWizardController 控制器的视图类，通过 updateStep 方法来调用控制器的 getStep 方法，在向导面板中显示、跳转、刷新不同的状态视图。

按照不同的发布目标位置，发布 Widget 功能分为两种：发布到网页和发布到地图，它们的实现过程类似，因此这里仅介绍发布到地图功能。

发布到地图功能调用 OpenMap 的地图编辑功能，打开发布在 GeoServer 上的预设图层信息，让用户可以在地图中指定某个坐标点，并将设备监控图发布到该坐标点上。发布到地图功能的时序图如图 5-26 所示。

具体流程如下。

(1) 用户单击“发布到地图”，调用 HomeController 的 publishToMap 方法。

(2) 该方法创建一个 Callable 实例，并把它放到 ThreadedTaskController 中执行，这样它就会在另一个线程中执行(本业务逻辑需要调用第三方的 jar 包获取线上发布的信息，打开过程会比较慢，所以要在另一个线程中执行该任务，原来的线程恢复到主界面，并提示让用户等待的信息)。

(3) 另一个线程执行该 Callable 实例的 call 方法。

(4) 取得全局用户偏好，并调用 get("mapProperties") 方法，获得地图配置信息，即 OpenMap 的 Properties 文件，这个文件记录了 OpenMap 的初始经纬度设置、组件、WMSServer 配置等信息。

(5) 调用 HomePane 的 showMap 方法，把刚才获取到的地图配置信息作为参数传入。

(6) 在 showMap 方法中，实例化一个 JFrame，并将其大小设置为当前屏幕大小。

(7) 再实例化一个 BasicMapPanel，把地图配置信息传入构造函数中。

(8) 调用 BasicMapPanel 实例的 create 方法，生成一个地图面板。

(9) 调用 JFrame 实例的 add 方法，把 BasicMapPanel 实例加入。

(10) 调用 JFrame 实例的 setVisible 方法，用户就可以看见全屏打开的 OpenMap 地图编辑面板了。

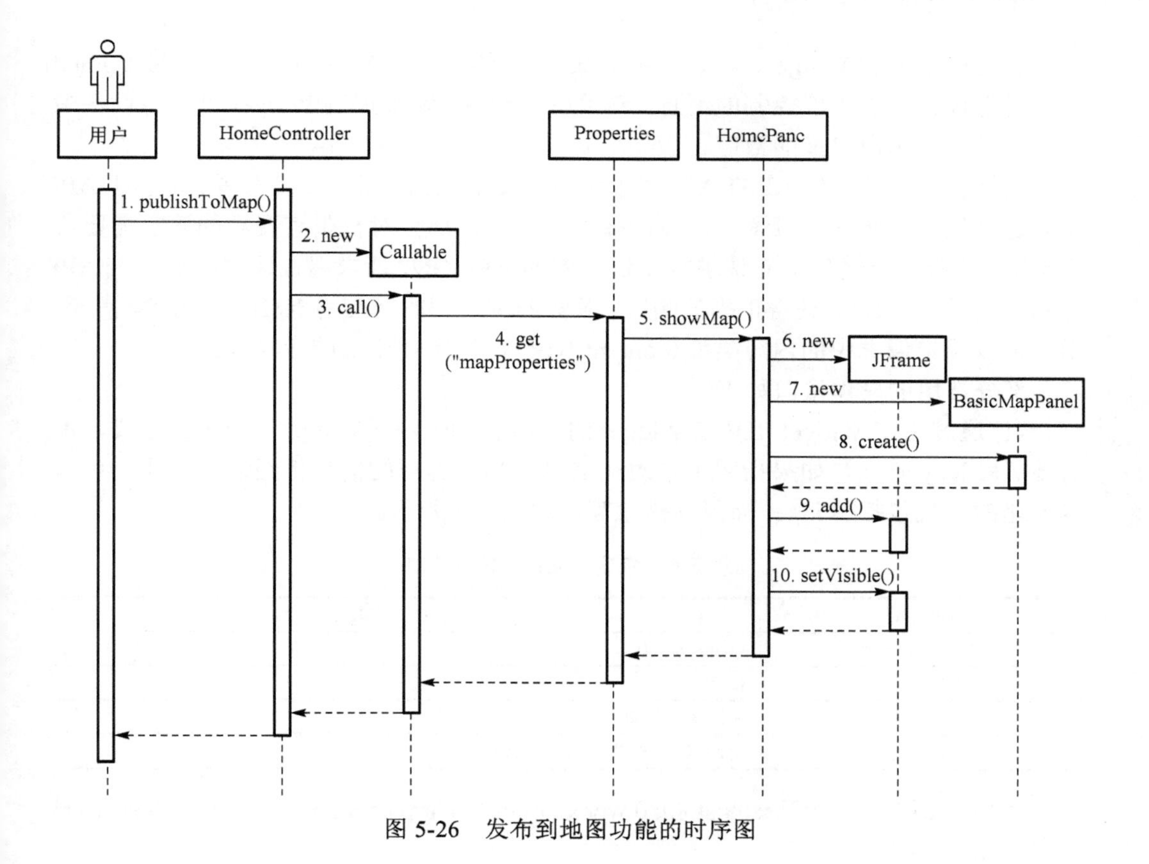

图 5-26　发布到地图功能的时序图

5.6.4　人机界面服务的部署运行

从组态系统发布模块的总体架构中可以看出，发布模块主要分为 Widget 库和服务组合平台两大部分，本节分别介绍 Widget 功能和服务组合平台的设计与实现。

系统使用的 Widget 按照 W3C Widgets 标准封装，不同种类的 Widget 代表不同类型的服务，现在主要有两种类型的 Widget：图形 Widget 和控制 Widget。

图形 Widget 用于展示设备监控实时状况，按照进入监控图的不同方式，图形 Widget 又细分为树形 Widget 和地图 Widget。树形 Widget 通过树形图的方式来展现监控图所在目录的结构，用户可以通过单击属性图的叶子节点来打开指定的监控图。地图 Widget 向用户展示由 GeoServer 发布的地图，通过单击地图上的坐标点，用户可以打开位于该坐标点的监控图。图形 Widget 可以打开的设备监控图有两种格式：显示二维矢量图的 SVG 格式和显示三维图的 OBJ 格式(包括对应的 MTL 文件以及引用图片)。

控制 Widget 用于在服务组合平台中实现对设备监控图的控制，按照不同的控制目的分为维修控制 Widget、置数控制 Widget 等。维修控制 Widget 可以向图形 Widget 中的所有设备发出维修控制的消息，停用所选设备；置数控制 Widget 可以将设备中的数值设置为用户定义的数值。

发布模块对外提供 REST API 用于对 Widget、Widget 实例、参与者、属性和 API Key 进行创建、删除、查询和修改的操作。其中，部分对权限有要求的请求需要身份验证，即服务端管理员向请求端发送有效的 API Key，请求端在请求中加入该 API Key，才能验证通过，获得正确的响应。服务器端返回的响应为 XML 或 JSON 格式，用户可以设定请求中的内容类型(content-type)，指定需要的响应格式。

部分常用的操作接口如下。

(1)通过指定 Widget ID(该 Widget 的 URL)获取某个 Widget 的 XML 形式，不需要 API Key 验证。如果指明了本地化信息，那么返回的信息将经过本地化，可以本地化的信息包括 Widget 标题、描述等，如表 5-5 所示。

表 5-5　指定 Widget 查询接口

API 描述	返回指定 Widget
访问 URL 地址	/widgets/{id}
HTTP 请求方法	GET
请求参数	本地语言标签
返回值	返回 XML 格式的指定 Widget

例如，请求 http://localhost:8080/wookie/widgets/http://test.bupt.edu.cn/widgets/test5 返回的 Widget 信息如下。

```
<widget id="http://test.bupt.edu.cn/widgets/test5" width="500"
        height="500" version="0.1">
    <name short="">test5</name>
    <description>test5</description>
    <icon src="http:// localhost:8080/wookie/deploy/test.bupt.edu.cn/
        widgets/test5/images/icon.png"/>
    <author>BUPT</author>
</widget>
```

(2)获取系统中所有可用 Widget 的 XML 形式，不需要 API Key 验证，如表 5-6 所示。

表 5-6　所有 Widget 查询接口

API 描述	返回所有可用 Widget
访问 URL 地址	/widgets
HTTP 请求方法	GET
请求参数	本地语言标签
返回值	返回 XML 格式的所有可用 Widget

(3) 获取 XML 格式的指定 Widget 实例，每个 Widget 实例由 Widget 实例 ID 和 API Key 确定，所以与 Widget 实例相关的 REST API 请求都需要提供 API Key。如果该实例不是被该 API Key 创建的，则返回错误码 403；如果该实例不存在，则返回 404，如表 5-7 所示。

表 5-7　指定 Widget 实例查询接口

API 描述	返回指定 Widget 实例
访问 URL 地址	/widgetinstances
HTTP 请求方法	GET
请求参数	idkey Widget 实例 ID api_key 对应的 API Key
返回值	返回 XML 格式的指定 Widget 实例

例如，请求 http://localhost:8080/wookie/widgetinstances?idkey= eq53z.sl.x6sTFkDxPs-MWsFE7i2QwY.eq.&api_key=TEST 返回的信息如下。

```
<widgetdata>
    <URL>http://localhost:8080/wookie/deploy/ test.bupt.edu.cn/
        widgets/test5/index.html?idkey=eq53z.sl.x6sTFkDxPs-
        MWsFE7i2QwY.eq.&proxy=http://localhost:8080/wookie/
        proxy&st=</URL>
    <identifier>eq53z.sl.x6sTFkDxPsMWsFE7i2QwY.eq.</identifier>
    <title>test5</title>
    <height>500</height>
    <width>500</width>
</widgetdata>
```

(4) 对指定的 Widget 实例进行暂停、恢复或者克隆操作。如果操作是克隆，则需要提供参数 cloneshareddatakey，如表 5-8 所示。

表 5-8　Widget 实例操作接口

API 描述	对指定 Widget 实例进行操作
访问 URL 地址	/widgetinstances
HTTP 请求方法	PUT
请求参数	requested 具体操作的类型：stopwidget、resumewidget 或 clone idkey Widget 实例 ID api_key 对应的 API Key

例如，请求 http://localhost:8080/wookie/widgetinstances?requestid= stopwidget&idkey= eq53z.sl.x6sTFkDxPsMWsFE7i2QwY.eq.&api_key=TEST 会暂停指定的 Widget 实例。

图形 Widget 的主要功能是显示设备监控图。按照不同的图形打开方式，图形

Widget 分为树形 Widget 和地图 Widget，两者查看监控图的过程类似，这里仅介绍树形 Widget 查看监控图的流程，该功能流程如图 5-27 所示。

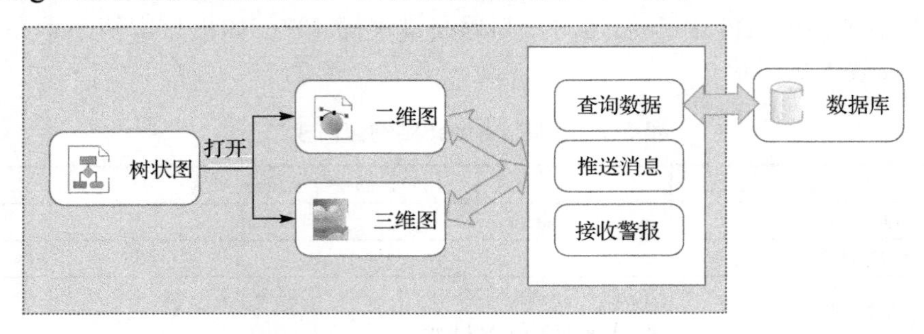

图 5-27　树形 Widget 查看监控图设计

用户通过 Widget 中的树状图打开二维图或者三维图，图形会按照一定的时间间隔访问后台，按照需要进行查询数据、推送消息、接收警报等操作，返回的数据也会按照一定的频率刷新出现在图形中。

组态系统的发布模块是基于 J2EE 的 Web 应用，前端页面采用 JavaScript、CSS 和 JSP 技术，服务端使用 Java Servlet 来处理 REST 请求，并使用 DWR（Direct Web Remoting）来实现 JavaScript 函数对 Java 函数的调用。表 5-9 对几个主要的 Servlet 进行了功能性介绍，表 5-10 列出了 DWR 远程调用的 Java 类及其功能介绍。

表 5-9　Servlet 功能介绍

Servlet 名称	主要功能说明
WidgetServlet	创建新 Widget、获取所有或者指定 Widget 的信息
WidgetInstancesServlet	对指定 Widget 实例进行创建、查看、暂停、恢复、克隆等操作
ApiKeyController	对 Widget 实例的 API Key 进行创建、更新、合并等操作
ParticipantServlet	对 Widget 的参与者进行加入或移除操作
PropertiesServlet	对 Widget 实例的指定属性进行创建、查看或者更新
UpdatesServlet	对所有或者指定 Widget 的更新进行获取、查看或者执行

表 5-10　DWR 调用函数介绍

DWR 类名	主要功能说明
WaveImpl	获取 Wave 中的参与者、观察者、主持者
WidgetImpl	获取用户偏好或元数据
WookieImpl	设置、修改共享数据，锁定、解锁、隐藏、显示
PlatformInit	获取平台配置信息，设置服务组合控制

树形 Widget 查看 SVG 图的时序图如图 5-28 所示。

发布模块的服务组合平台使用表现层的服务组合——Mashup 来实现服务的复用与交互。按照 Mashup 的信息来源分类，Mashup 可以分为三类：服务 Mashup、数据 Mashup、工具 Mashup。服务和数据 Mashup 分别是基于服务和数据的 Mashup，工具 Mashup 类似于服务 Mashup，但是它还结合了带有图形用户接口(Graphic User Interface，GUI)的用户应用，组件之间的整合是由用户界面驱动的应用函数产生的。本系统的发布模块中使用的是工具 Mashup，组件用 Widget 的形式来代表不同的服务，Mashup 交互则基于服务组合平台，服务组合平台提供了 Widget 间实现服务组合的环境，主要由 JavaScript 实现，控件使用的是 JQuery UI。通过一系列的前端 JavaScript 函数和后台的 Java 函数，服务组合平台可以实现不同复杂度的交互，其详细设计如图 5-29 所示。

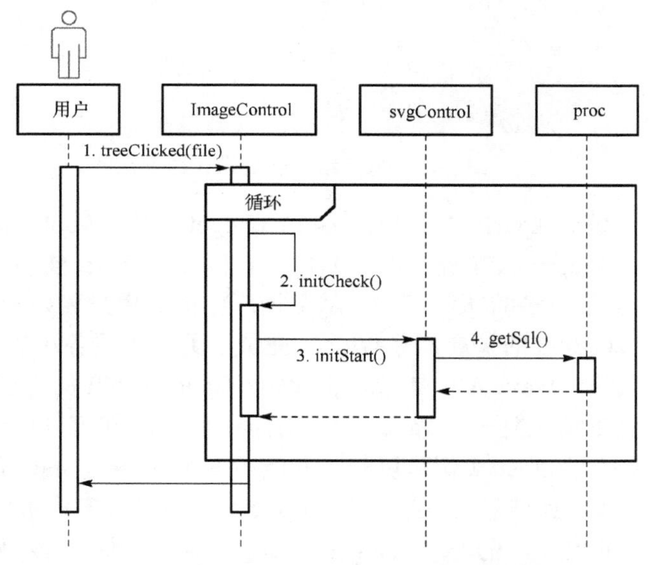

图 5-28　树形 Widget 查看 SVG 图的时序图

不同的 Widget 代表不同的服务，它们按照 W3C Widgets 标准封装，可以独立嵌套在任何其他网页。Widget 都有自己的特性，可以独立完成各自的功能，例如，地图 Widget 可以嵌套在报警系统的网页中，让用户可以方便地及时打开需要查看的设备监控图，并观察实时数据。

在服务平台上，平台界面为用户提供了简洁美观的组合界面，共享特性是所有 Widget 都可以使用的公共函数，为 Widget 之间的交互提供了视图上和功能上的支持，例如，两个拥有组合关系的 Widget 靠近一定距离时，会自动贴合在一起。在具体的 Widget 服务组合中，共享特性和 Widget 自有的特性同时生效，例如，当维修控制 Widget 被拖拽到视图 Widget 上时，视图 Widget 会变模糊，维修控制 Widget 边框会变成红色，并且向后台发送维修控制的请求。

后台有两种处理请求的方式：标准交互和语义推理，前者用于处理基本的交互，后者用于在资源模型中进行高效的语义推理查询。

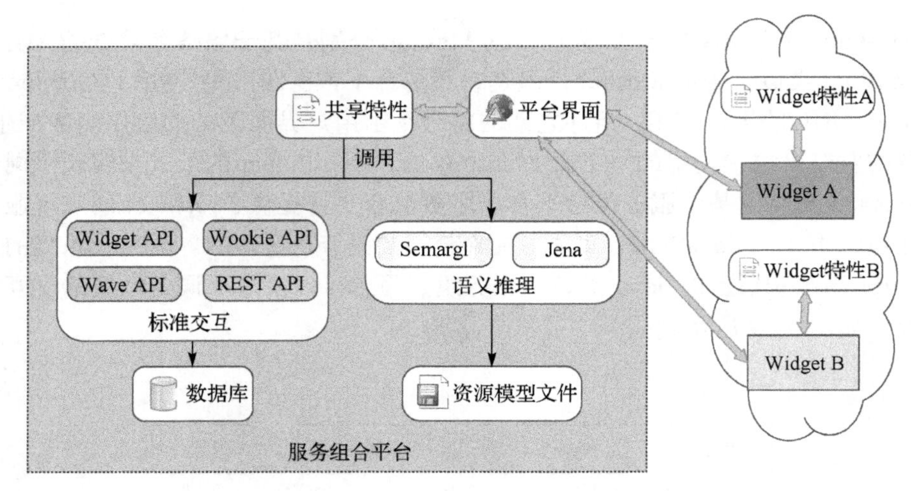

图 5-29 服务组合平台设计图

标准交互部分基于 Apache Wookie，包括 Widget API、Wookie API、Wave API 以及 REST API。Widget API 是 W3C Widgets 标准的 Java 实现，它为表现层的 JavaScript 函数提供了更多的功能，例如，从数据库中读取用户偏好和元数据。Wookie API 是 W3C Widgets 标准的扩展，为 Widget 提供了更多的服务端的功能，如锁定与解锁、显示与隐藏等。Wave API 是 Google Wave Gadgets API 的实现，为 Widget 提供了一个多用户的在线环境——Wave，让 Widget 实例之间可以实现分角色通信。在同一个 Wave 中的 Widget 实例可以修改和响应多个 State，State 是持久化的键值对，可以用来记录和传递信息。除此之外，Wave API 还提供多种角色的管理。REST API 提供了一系列的接口，用来对 Widget、Widget 实例、参与者和属性等信息进行增加、删除、查询和修改的操作。

语义推理部分在接收到请求后，会判断请求相关的资源模型文件类型。如果是 OWL 文件，则使用 Jena 直接读取，生成基于资源模型的 Model；如果是使用 RDFa 的标记语言，则先将 Semargl 的 JenaRdfaReader 注入，再使用 Jena 读取文件并生成 Model。对于不同的请求，创建不同的 SPARQL(Simple Protocol and RDF Query Language)查询，并在 Model 中进行语义推理，准确高效地查询出结果，并返回给前端部分。

为了更清晰地解释服务组合实现的过程，以维修服务为例，在 SVG 格式的维修控制图中，除了用于显示二维图形的 SVG 文件，另外标记设备 Topic 信息的语义节点，例如，<topic property="topic">方丹苑小区_2#气候补偿器_SWWD4</topic>。由于该元素不是 SVG 定义的元素，在 SVG 图形显示时，不会显示出来。但是在解析 RDFa 文件时，Jena 会获取此类语义信息，并生成 Model。所以可以在 Model 中查询所有设备的 Topic，使用的 SPARQL 语句如下。

```
PREFIX sp: <http://www.test.org/heatExchangeStation/SenseProperty/>
SELECT ?topic
WHERE {?contributor sp:topic ?topic . }
```

参考文献

[1] Hens P, Snoeck M, Poels G, et al. Process fragmentation, distribution and execution using an event-based interaction scheme. Journal of Systems and Software, 2014, 89: 170-192.

[2] Wieland M, Martin D, Kopp O, et al. SOEDA: A method for specification and implementation of applications on a service-oriented event-driven architecture. International Conference on Business Information Systems, 2009: 193-204.

[3] OMG. SoaML. http://www.omg.org/spec/SoaML[2013-12-12].

[4] Mendling J. Detection and prediction of errors in EPC business process models. Wirtschaftsuniversität Wien, 2007, 27(2):52-59.

[5] Scheer A W. ARIS: Business Process Modeling. 2nd ed. Berlin: Springer-Verlag, 1998.

[6] Atzori L, Iera A, Morabito G. The internet of things: A survey. Computer Networks, 2010, 54(15): 2787-2805.

[7] Baeten J C M, Basten T, Basten T, et al. Process Algebra: Equational Theories of Communicating Processes. Cambridge: Cambridge University Press, 2010.

[8] Reiter R. Knowledge in Action: Logical Foundations for Specifying and Implementing Dynamical Systems. Cambridge: MIT Press, 2001.

[9] Ciobâca S. Verification and Composition of Security Protocols with Applications to Electronic Voting. https://tel.archives-ouvertes.fr/tel-00661721[2014-6-1].

[10] Zhang Y, Chen J. Constructing scalable Internet of Things services based on their event - driven models. Concurrency and Computation: Practice and Experience, 2015, 27(17): 4819-4851.

[11] Amir E, McIlraith S. Partition-based logical reasoning for first-order and propositional theories. Artificial Intelligence, 2005, 162(1): 49-88.

[12] Abrial J R, Hallerstede S. Refinement, decomposition, and instantiation of discrete models: Application to Event-B. Fundamenta Informaticae, 2007, 77(1-2): 1-28.

[13] Klusch M, Fries B, Sycara K. Automated semantic web service discovery with OWLS-MX. Proceedings of the Fifth International Joint Conference on Autonomous Agents and Multiagent Systems, 2006: 915-922.

[14] Lundberg A. Leverage complex event processing to improve operational performance. Business Intelligence Journal, 2006, 11(1): 55-65.

[15] Gao F, Curry E, Bhiri S. Complex event service provision and composition based on event pattern matchmaking. Proceedings of the 8th ACM International Conference on Distributed Event-Based Systems, 2014: 71-82.

[16] Qiao X, Wu B, Liu Y, et al. Event-driven SOA based district heating service system with complex event processing capability. International Journal of Web Services Research (IJWSR), 2014, 11(1): 1-29.

第6章 物联网服务安全

6.1 服务安全基础

当使用面向服务的体系结构构建应用时，一个应用系统往往由多个分布式服务构成，而这些服务本身也许属于不同的安全主体，对服务的调用可能通过层层代理完成，服务提供者和服务消费者通过代理完全隔离开来[1]。因此，缺乏一个端到端的安全上下文来执行传统的安全保障机制。在 EDSOA[2]中，服务之间完全解耦[3]，服务消费者不知道“谁”在什么时间与地点消费了该服务，而服务消费者也不知道“谁”在什么时间与地点提供了该服务，服务之间是匿名、间接与多播的。这给物联网服务的安全设计带来了更大的挑战。

服务之间的调用与交互从传统的面向过程变化为面向文本，服务消息成为服务安全的基本载体，因此如何在服务消息中嵌入机密性与安全性是服务安全中需要解决的一个关键问题。服务消息安全不仅涉及消息本身的安全表示，还涉及文档部分内容安全的选择性安全，以及安全信息的文档化表示。服务安全也离不开安全基础设施提供的安全密钥服务与安全证书服务，因此，传统的安全基础设施所提供的安全功能也需要加以封装，变化为面向服务的结构，为服务安全提供基础。对于跨域的服务安全，需要建立信任链，以解决服务计算环境下建立服务之间的信任体系结构与安全令牌的传递机制等关于服务安全基础的关键问题。

对于物联网服务来说，仅仅让传统的安全机制在服务环境中正常运转起来是不够的。物联网服务往往涉及工业基础设施与社会服务基础设施，其安全性与信息系统安全性不完全相同。保障工业与社会基础设施在开放互联的情况下正常运行(可用性)是一个强制性约束，信息的机密性等信息安全需求变成了第二位的。要解决该安全性需求，需要从物联网服务安全生成、物联网服务运行时安全保障，以及安全评价方法等方面展开研究。

6.1.1 服务安全基础设施

XML公钥管理标准(XML Key Management Specification，XKMS)[4]是 W3C 推动的公钥基础设施功能的服务化。XKMS 由两种服务组成，包括密钥信息服务规范(XML Key Information Service Specification，X-KISS)和公钥注册服务规范(XML Key Registration Service Specification，X-KRSS)。前者规定公钥的定位和查询等服

务标准，后者规定公钥的注册服务等标准。XKMS 简化了公钥的注册、管理和查询服务等服务过程，降低了使用公钥基础设施(Public Key Infrastructure，PKI)建立信任关系的复杂度。

X-KISS 包括两个服务内容，即定位服务和有效性验证服务。定位服务相当于 PKI 中的目录服务功能，主要是获取指定用户的公钥证书及其相关的绑定信息，如 X.509 证书或者 PGP(Pretty Good Privacy)证书。例如，李明准备给张平发送一封利用 PGP 加密的邮件，但是不知道张平的加密密钥，李明可以通过张平的邮箱地址 pingzhang@bupt.edu.cn 调用定位服务，得到张平的 X.509 格式的证书。有效性验证服务是对公钥证书及其绑定信息的有效性进行检查。如果证书的颁发者有效，并且证书没有被注销，那么在有效的时间范围内，该服务返回证书有效的结果。

X-KRSS 用来管理密钥注册相关事宜，对用户密钥的整个生命周期进行维护与管理，其主要功能如下。

(1)注册：客户可以自己生成密钥对或请求服务产生密钥对，并将提供相关身份信息绑定到公钥证书上。

(2)更新：定期或按需更新以前注册的密钥与证书。

(3)注销：注销已经注册过的密钥对与公钥证书。

(4)恢复：对注册密钥对中丢失的私钥进行恢复。

服务安全基础设施除了需要基本的密钥服务功能，还需要支持安全信息在分布式服务间交换，如认证结果的交换、授权结果的交换、属性信息的交换等。这种需求与功能主要通过安全断言标记语言(Security Assertion Markup Language，SAML)来规定。

断言(assertion)是对主体相关事实的申明，该申明往往经过断言发布者签名。断言一般包括如下几部分：断言发布者、发布时间戳、主体(主体名称和安全域以及可选的公钥信息)、断言有效条件(如断言有效期)、可扩展的附加信息。图 6-1 给出了安全断言的一个例子。

```
<saml:Assertion
  MajorVersion="1"  MinorVersion="0"
  AssertionID="128.9.167.32.12345678"
  Issuer="Smith Corporation"
  IssueInstant="2001-12-03T10:02:00Z">
  <saml:Conditions
    NotBefore="2001-12-03T10:00:00Z"
    NotAfter="2001-12-03T10:05:00Z"  />
  <saml:AuthenticationStatement
    AuthenticationMethod="password"
    AuthenticationInstant="2001-12-03T10:02:00Z">
    <saml:Subject>
      <saml:NameIdentifier
        SecurityDomain="smithco.com"
        Name="joeuser"  />
    </saml:Subject>
  </saml:AuthenticationStatement>
</saml:Assertion>
```

图 6-1　认证断言示例

安全断言包括断言请求与断言响应两部分，断言消费者向断言提供者请求断言，如认证结果断言与授权断言等，断言提供者在检查断言消费者的请求后，返回响应断言，其运行环境与过程如图 6-2 所示。断言可以通过 SOAP 消息封装，通过 HTTP 传输，如图 6-3 所示。图 6-4 给出了一个授权断言的例子。

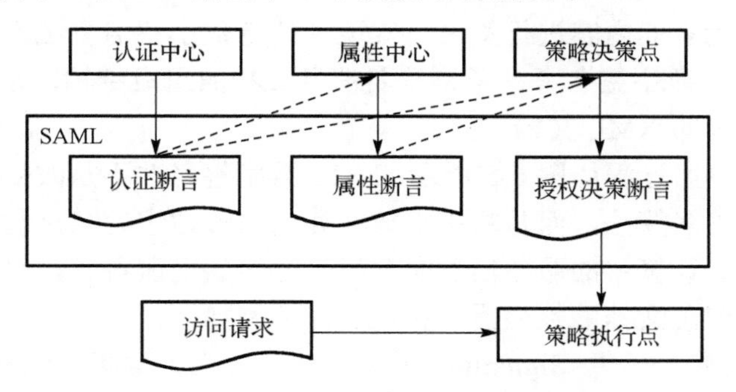

图 6-2　认证断言的运行过程

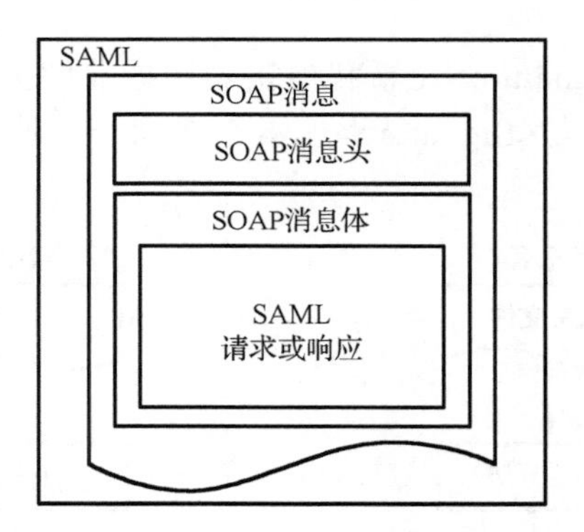

图 6-3　断言的封装与承载

```
<samlp:Request …>
  <samlp:AuthorizationQuery
    Resource= “http://jonesco.com/rpt_12345.htm” >
    <saml:Subject>
      <saml:NameIdentifier
        SecurityDomain= “smithco.com”
        Name= “joeuser”  />
    </saml:Subject>
    <saml:Actions Namespace= “http://…” >
      <saml:Action>Read</saml:Action>
    </saml:Actions>
    <saml:Evidence>
      <saml:Assertion>
        …some assertion…
      </saml:Assertion>
    </saml:Evidence>
  </samlp:AuthorizationQuery>
</samlp:Request>
```

图 6-4　授权断言的例子

6.1.2 消息安全

XML 数字签名规范(XML signature syntax and processing)[5]是 W3C 推出的服务消息签名标准。XML 数字签名不仅可以对消息文档进行签名，也可以对 XML 文档任意元素或任意元素的内容进行签名，实现了传统数字签名方法无法实现的细粒度签名。另外，XML 数字签名考虑了待签名消息文档的组成结构，签名过后的消息文档依然是格式良好的 XML 文档。

传统的数字签名过程如图 6-5 所示。XML 数字签名并不是改变传统的数字签名过程和其核心的签名算法，而是将重点放在如何将该数字签名过程与消息文档签名需求结合、为服务计算中的服务消息交互提供签名认证服务上。目前有三种方法将传统签名过程与消息文档的签名需求相结合，分别如下。

(1)封装式签名。提供<Signature>元素，将待签名的数据封装在该元素内部。

(2)被封装式签名。将<Signature>元素封装到被签名元素内部，被签名的数据充当了包含签名的信封。

(3)分离式签名。<Signature>元素和被签名数据彼此分离，被签名的数据可以是独立的消息文档，也可以与<Signature>元素存在同一个消息文档中，两者之间不存在封装与被封装的关系。

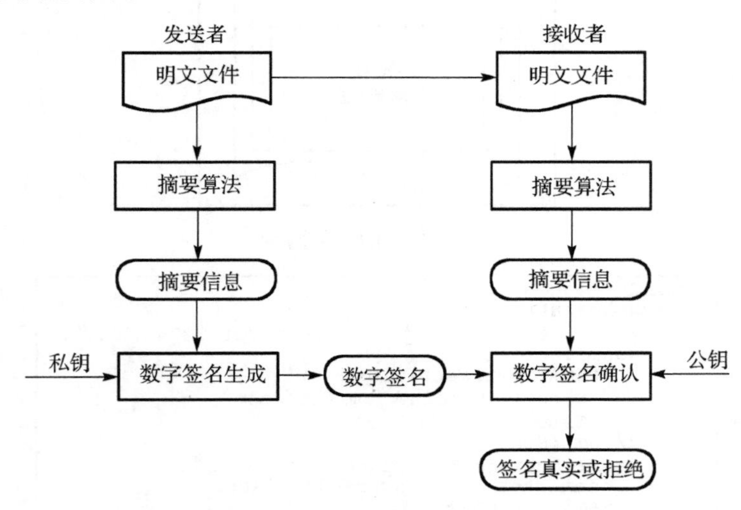

图 6-5 传统的数字签名过程

XML 数字签名包含一个根元素<Signature>，该元素包含四个子元素：<SignedInfo>、<SignatureValue>、<KeyInfo>、<Object>，其中，<SignedInfo>又包含三个子元素，即<CanonicalizationMethod>、<SignatureMethod>和<Reference>，如图 6-6 所示。

```
<Signature>
   <SignedInfo>
    <CanonicalizationMethod>
    <SignatureMethod>
   (<Reference(URL=)?>
        (<Transforms>)?
           <DigestMethod>
           <DigestValue>
       </Reference>)+
   </SignedInfo>
   <SignatureValue>
   <KeyInfo>?
   <Object>*
</Signatrue>
```

图 6-6 数字签名元素的结构

消息文档是基于文字标签格式的，相同的消息文档其表现方式可以差别极大。例如，增加空格并不影响两个文档的相等性。但是这两个文档的签名结果却是不同的，因为签名算法是针对比特的，为此，需要引入规范化过程消除引入空格导致的文档差异。

XML 文档规范化的目的是判定不同的消息文档在逻辑上是否相同，这对于消息文档加密，特别是数字签名来说是非常重要的。数字签名使用的哈希算法对数据变化非常敏感，即使一比特(或一个空格)更改也会产生不同的值。这虽然为数据完整性提供了认证，但对消息文件来说却增加了复杂性。有时虽然两个消息文档在逻辑上相等，但在确切文本表现形式上可能不同，例如，行定界符、空标记在属性中使用十六进制而不是名称，以及在特定情况下存在注释或注释变体等都不影响 XML 文件的逻辑结构，但却会产生不同的散列值。为解决这一问题，W3C 推出了 XML 的规范化规则，描述了生成规范化消息文档的方法，该方法用于解释消息文档允许的变体。消息文档规范化过程如下。

(1) 空白符的处理。XML 规范化要求将所有的空白符都转化成一个空白符。

(2) 属性值的处理。XML 规范化要求将所有的属性值都用双引号括起来。

(3) 编码方式。要求所有的其他编码方式都转化成 UTF-8 格式。

(4) 其他的 XML 处理过程与以上思想一致，使用完全的元素表示方式将不影响文档含义与显示的文档元素缩减或删除。

图 6-7 展示了规范化的消息文档示例。

消息文档的签名过程如下。

(1) 根据资源 URI 获取要签名文档的资源标识，不论要签名的数据是一个完整的文档还是 XML 文档中的一个片段。

(2) 将需要签名的文档数据包装到<Reference>元素中，并填充该元素。

(3) 构造<SignedInfo>元素。规范化<SignedInfo>所指向的需签名数据，并产生摘要。

(4) 对上述摘要进行签名。

(5) 将签名值插入<SignatureValue>元素中。

(6) 填充<KeyInfo>部分，获得完整的<Signature>元素。

```
<product Xmlns="http://www,myFictitious Company,com/product"
xmlns:sup="http://www.myFictitous Company,com/supplier"
classification="MeasuringInstruments/Electrical/Energy/" id= "P  184.435"
       name="rotating disc&quot;Energymeter&quot;">
<parts>
<part approved="yes" id ="P  184.675" name="bearing">
<sup: supplier id ="S  1753"></sup:supplier>
<sup: supplier id ="S  2341"></sup:supplier>
<sup: supplier id ="S  3276"></sup:supplier>
<comments> Part has been tested according to the specified standards.</comments>
</part>
<part approved="yet" id="P  184.871" name=" magnet">
<sup: supplier id ="S  3908"></sup:supplier>
<sup: supplier id ="S  4589"></sup:supplier>
<sup: supplier id ="S  1098"></sup:supplier>
<comments> Part has been tested according to the specified standards.</comments>
</part>
</parts>
</product>
```

图 6-7　规范化的消息文档示例

签名验证的过程与签名过程类似，计算摘要的过程基本相同，得到数据摘要后，使用签名者的公钥对签名数值进行验证，如果算法返回成功，则验证成功，反之验证失败。图 6-8 展示了消息文档的一个签名案例。

```
      <Signature xmlns="http://www,w3.org/2000/09/xmldsig# ">
<SignedInfo>
  <CanonicalizationMethod
  Algorithm="http:l/www,w3.org/TR/2001/REC-xml-c14n20010315">
  </CanonicalizationMethod>
  <SignatureMethod Algorithm="http://www, w3.org/200~/09/xmldsig#rsa-shal">
  </SignatureMethod>
  <Reference URI="#Res0">
    <DigestMethod Algorithm="http ://www.w3 .org/2000/09/xmldsig#sha1">
    </DigestMethod>
    <DigestValue>SytlSLP6mn+BB4gPF+nyHc4n4Xo=</DigestValue>
 </Reference>
</SignedInfo>
<Signature Value>
```

图 6-8　XML 文档签名案例

XML 文档加密规范与 XML 文档数字签名规范类似，它为消息文档提供机密性，既可以对整个消息文档加密，也可以对文档中部分内容加密，为消息文档提供细粒度的加密方法。元素<EncryptedData>和<EncryptedKey>是 XML 文档加密中的主要元素，前者用来封装加密的元素，后者用来封装加密所用到的密钥等相关信息。加密案例如图 6-9 所示。

```
<Claim  date="10-10-2005" clinicName="Health Care ltd">
<EncryptedData
       xmlns="http://www.w3.org/2001/04/xmlenc#"
       Type=http://www.w3.org/2001/04/xmlenc#Element
       Id="10-10-Visit-Claim">
  <EncryptionMethod
    Algorithm=http://www.w3.org/2001/04/xmlenc#tripledes-cbc/>
  <ds:KeyInfo xmlns:ds=http://www.w3.org/2000/09/xmldsig#>
      <ds:KeyValue>
         <ds:RSAKeyValue> …</ds:RSAKeyValue>
      </ds:KeyValue>
    </ds:KeyInfo>
   <CipherData>
     <CipherValue>fklasjlkfdoi=+</CipherValue>
   </CipherData>
  </EncryptedData>
</Claim>
```

图 6-9 XML 文档加密案例

消息文档被签名或加密后，需要传输出去，WS-Security 规范规定了如何在传输过程中将这些加密/签名部分与传输的文档(如 SOAP 文档)集成在一起。该规范定义了安全文档加密与签名所用的安全令牌如何包含在传输的消息中，以及如何在传输的消息中嵌入 XML 加密与签名。

WS-Security 提供的根元素为<wsse:Security>，能够包含的安全令牌包括用户名令牌、二进制安全令牌(如 X.509 证书)、XML 令牌(如 SAML 令牌)。图 6-10 给出了一个传输安全消息的示例。

6.1.3 信任框架与访问控制

1. WS-Federation 与 WS-Trust

为了在分布式多安全域的服务环境中构建应用，需要在它们之间建立信任关系。WS-Federation 规范定义如何在不同服务之间建立虚拟安全域，WS-Trust 规范则规定了信任建立协议与安全令牌表示，即 WS-Federation 虚拟安全域的建立依赖于 WS-Trust。

```
<S:Envelope>
    <S:Header>
        <wsse:Security>
  <! -  -  Security Token - - >
    <wsse:UsernameToken>
            …
          </wsse:UsernameToken >
<! -  - XML Signature - - >
          <ds:Signature>
            …
              <ds:Reference URI="#body">
            …
          </ds:Signature>
<! -  - XML Encryption Reference List - - >
          <xenc:RefereneList>
              <xenc:DataReference URI="#body"/>
          </xenc:RefereneList>
      </wsse:Security>
    </S:Header>
    <S:Body>
<! -  - XML Encryption Reference List - - >
     <xenc:EncryptedData Id="body" type="content">
         …
      </xenc:EncryptedData>
    </S:Body>
 </S:Envelope>
```

图 6-10 SOAP 安全案例

WS-Trust 包含两个方面的功能：其一是对安全令牌的处理，即如何签发、更新以及撤销安全令牌；其二是如何建立信任关系。

WS-Trust 定义了 STS(Security Token Service)支持生成与维护管理安全令牌。STS 是一种 Web 服务，实现由 WS-Trust 定义的服务接口，服务消费者可以使用该接口对安全令牌进行请求与操作。WS-Trust 涉及的安全令牌元素可以使用 WS-Security 来封装，安全性处理的策略则可用 WS-Policy 来指定。

WS-Trust 规范中最基本的一种操作是签发新令牌，如图 6-11 所示。从图 6-11 可以看出<wst:RequestSecurityToken>元素的基本构成，其包含的主要子元素含义如下。

(1)<wsp:AppliesTo>：所请求令牌能够使用的服务端点。

(2)<wst:Lifetime>：此令牌有效的时间区间。

(3)<wst:TokenType>：令牌类型。

(4)<wst:KeySize>：所请求的密钥的大小。

(5)<wst:ComputedKeyAlgorithm>：所用的密钥生成算法。

```
<soap:Envelope xmlns:soap="http://schemas.xmlsoap.org/soap/envelope/">
  <soap:Header>
    ...
  </soap:Header>
  <soap:Body xmlns:wsu=".../oasis-200401-wss-wssecurity-utility-1.0.xsd"
           wsu:Id="Id-7059772">
   <wst:RequestSecurityToken xmlns:wst="http://docs.oasis-open.org/ws-sx/ws-trust/200512">
   <wst:RequestType>http://.../ws-sx/ws-trust/200512/Issue</wst:RequestType>
     <wsp:AppliesTo xmlns:wsp="http://schemas.xmlsoap.org/ws/2004/09/policy">
       <wsa:EndpointReference xmlns:wsa="http://www.w3.org/2005/08/addressing">
         <wsa:Address>http://localhost:8800/cxf-seismicsc-signencr/</wsa:Address>
       </wsa:EndpointReference>
     </wsp:AppliesTo>
     <wst:Lifetime xmlns:wsu=".../oasis-200401-wss-wssecurity-utility-1.0.xsd">
       <wsu:Created>2010-05-12T10:33:22.774Z</wsu:Created>
       <wsu:Expires>2010-05-12T10:38:22.774Z</wsu:Expires>
     </wst:Lifetime>
     <wst:TokenType >http://docs.oasis-open.org/ws-sx/ws-secureconversation/
           200512/sct</wst:TokenType>
     <wst:KeySize>128</wst:KeySize>
     <wst:Entropy>
       <wst:BinarySecret Type="http://docs.oasis-open.org/ws-sx/ws-trust/200512/Nonce">
       kIYFB/u430k3PlOPfUtJ5A==
       </wst:BinarySecret>
     </wst:Entropy>
     <wst:ComputedKeyAlgorithm >http://.../ws-sx/ws-trust/200512/CK/PSHA1
           </wst:ComputedKeyAlgorithm>
   </wst:RequestSecurityToken>
  </soap:Body>
</soap:Envelope>
```

图 6-11　令牌请求案例

如果接收图 6-11 中请求的 STS 同意签发凭证，就返回一个响应，并将新签发的安全令牌包含在该响应中，图 6-12 展示了该安全响应。

STS 除了提供上述服务，还可以提供更新与撤销等服务。WS-Trust 还允许不通过 STS Web 服务接口直接在 SOAP 消息头内传输安全令牌。

WS-Federation 描述如何管理和代理异构联合的环境中的信任关系，建立虚拟安全域。它将用户的信任信息从一个安全域映射到另一个安全域，并对信任关系的使用者透明。此规范还定义了如何使用 WS-Security、WS-Policy、WS-Trust 和 WS-SecureConversation 等规范构建信任联合体。

WS-Federation 中信任关系可以是双方直接建立的信任关系，也可以是通过共同信任的第三方建立的间接信任关系，甚至是通过委托方式建立的信任链。参与信任关系建立的参与者主要有服务请求者、服务提供者和 STS。其中 STS 的主要功能是验证进入某安全域的请求者的安全凭证、评估提交的安全令牌可信性和充当身份提供者(Identity Provider，IdP)的角色。

```
<soap:Envelope xmlns:soap="http://schemas.xmlsoap.org/soap/envelope/">
  <soap:Header>
    ...
  </soap:Header>
  <soap:Body xmlns:wsu=".../oasis-200401-wss-wssecurity-utility-1.0.xsd"
      wsu:Id="Id-4824957">
    <wst:RequestSecurityTokenResponseCollection
        xmlns:wst="http://docs.oasis-open.org/ws-sx/ws-trust/200512">
      <wst:RequestSecurityTokenResponse>
        <wst:RequestedSecurityToken>
          <wsc:SecurityContextToken
              xmlns:wsc="http://docs.oasis-open.org/ws-sx/ws-secureconversation/200512"
              xmlns:wsu=".../oasis-200401-wss-wssecurity-utility-1.0.xsd"
              wsu:Id="sctId-A167EB2B526E0894DA12736604029099">
            <wsc:Identifier>A167EB2B526E0894DA12736604029098</wsc:Identifier>
          </wsc:SecurityContextToken>
        </wst:RequestedSecurityToken>
        <wst:RequestedAttachedReference>
          <wsse:SecurityTokenReference
            xmlns:wsse=".../oasis-200401-wss-wssecurity-secext-1.0.xsd">
            <wsse:Reference xmlns:wsse=".../oasis-200401-wss-wssecurity-secext-1.0.xsd"
                URI="#sctId-A167EB2B526E0894DA12736604029099"
                ValueType=".../ws-sx/ws-secureconversation/200512/sct"/>
          </wsse:SecurityTokenReference>
        </wst:RequestedAttachedReference>
        <wst:RequestedUnattachedReference>
          <wsse:SecurityTokenReference
            xmlns:wsse=".../oasis-200401-wss-wssecurity-secext-1.0.xsd">
            <wsse:Reference xmlns:wsse=".../oasis-200401-wss-wssecurity-secext-1.0.xsd"
            URI="A167EB2B526E0894DA12736604029098"
            ValueType=".../ws-sx/ws-secureconversation/200512/sct"/>
          </wsse:SecurityTokenReference>
        </wst:RequestedUnattachedReference>
        <wst:Lifetime xmlns:wsu=".../oasis-200401-wss-wssecurity-utility-1.0.xsd">
          <wsu:Created>2010-05-12T10:33:22.909Z</wsu:Created>
          <wsu:Expires>2010-05-12T10:38:22.909Z</wsu:Expires>
        </wst:Lifetime>
        <wst:RequestedProofToken>
          <wst:ComputedKey
          >http://docs.oasis-open.org/ws-sx/ws-trust/200512/CK/PSHA1</wst:ComputedKey>
        </wst:RequestedProofToken>
        <wst:Entropy>
          <wst:BinarySecret Type="http://docs.oasis-open.org/ws-sx/ws-trust/200512/Nonce"
          >DpkK6qcELTO8dlPdDHMi2A==</wst:BinarySecret>
        </wst:Entropy>
      </wst:RequestSecurityTokenResponse>
    </wst:RequestSecurityTokenResponseCollection>
  </soap:Body>
</soap:Envelope>
```

图 6-12 安全令牌请求响应案例

使用 WS-Federation 规范能够建立一个虚拟的安全域，“登录”联盟中任一成员的最终用户可以有效地登录所有的安全域。WS-Federation 规范定义了一个模型和消息集合，用于在不同信任域间代理信任并联合身份和身份验证信息。WS-Federation 支持假名模型，允许使用代理生成的“别名”来保护用户的隐私。图 6-13 是常见的跨两个安全域的、基于直接信任关系的安全令牌请求与服务访问的过程，其基本过程如下。

(1) 服务请求者利用 WS-MetadataExchange 中定义的机制获取所访问服务的安全策略，此策略指定了从何处获取其安全令牌。

(2) 根据所获得的策略，服务请求者首先利用 WS-Trust 中定义的<RequestSecurityToken>机制从自己安全域的 IP/STS 处请求获取安全令牌。

(3) 服务请求者安全域中的 IP/STS 服务接收到该请求后，利用 WS-Trust 中所规定的<RequestSecurityTokenResponse>机制给服务请求者签发安全令牌。

(4) 服务请求者根据已获得的安全令牌，利用<RequestSecurityToken>机制到服务安全域的 IP/STS 处请求获取资源访问安全令牌。

(5) 服务安全域的 IP/STS 对请求者的安全令牌进行验证，并利用 WS-Trust 中定义的<RequestSecurityTokenResponse>机制给服务请求者签发服务资源访问令牌。由于两个 IP/STS 已建立了直接的信任关系，Web 服务的 IP/STS 可直接验证请求者令牌的有效性。

(6) 请求者利用 WS-Security 中定义的机制，将安全令牌插入到一个 SOAP 消息的头部，发送给所请求的 Web 服务。

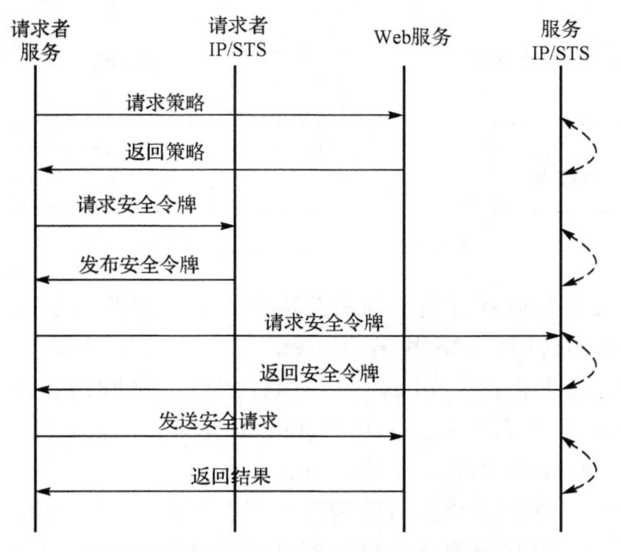

图 6-13　跨域安全令牌请求与服务访问

(7) Web 服务检查请求 SOAP 消息后，返回一个 SOAP 消息响应，允许或拒绝请求访问所请求的服务。

2. XACML

XACML (eXtensible Access Control Markup Language) [6]是一种基于 XML 的访问控制标记语言，该规范针对分布式环境中的访问控制需求，提供框架标准与语言标准，并有面向 Web 服务的版本。XACML 规范与另一个结构化信息标准促进组织 (Organization for the Advancement of Structured Information Standards，OASIS) 标准 SAML 协同工作。

XACML 在框架上定义了策略管理点 (Policy Administration Point，PAP)、策略信息点 (Policy Information Point，PIP)、策略决策点 (Policy Decision Point，PDP) 和策略执行点 (Policy Enforcement Point，PEP) 等构件的体系结构，能够在分布式的环境中根据资源、请求者和环境的属性 (而不仅仅是局部身份) 动态地评估访问请求，并进行授权决策，如图 6-14 所示。

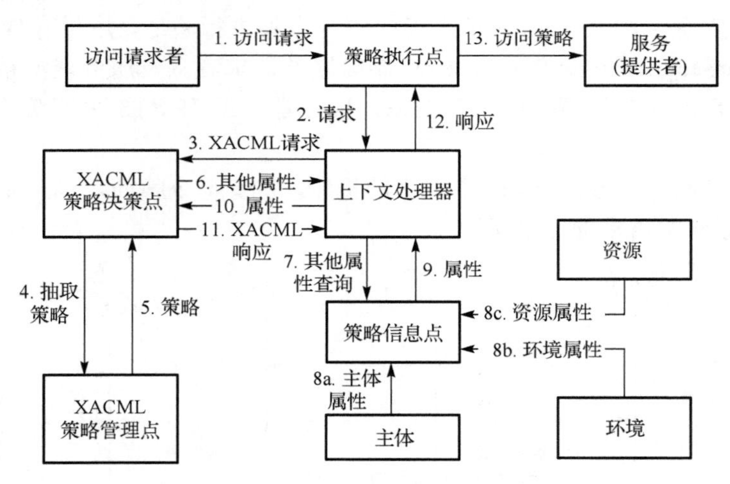

图 6-14　XACML 访问控制框架

XACML 定义的策略语言和访问决策语言，主要包括三个高层的策略元素：规则 (rule)、策略 (policy) 和策略集 (policyset)，每条 rule 由条件 (condition)、结果 (effect)、目标 (target) 组成；policy 由目标、规则、规则组合算法 (rule-combining algorithm) 等组成；三个高层元素都包含 target 元素，target 由主体 (subject)、资源 (resource)、动作 (action) 组成，如图 6-15 所示。

基于 XACML 规范制定的访问控制策略可能存在冲突，该冲突可能来源于多个 PAP 为相同资源制定不同的策略，也可能是同一个策略的不同规则——可能有的规则允许用户访问，而另一个规则不允许访问。因此需要一个组合算法来解决这种决策冲突。在 XACML 规范中规定了 4 种类型的组合算法，即拒绝优先算法、许可优先算法、首次应用(first-applicable)算法和唯一应用算法。在这些算法中，除了唯一应用算法只适用于策略组合外，其他适用于规则组合算法和策略组合算法。

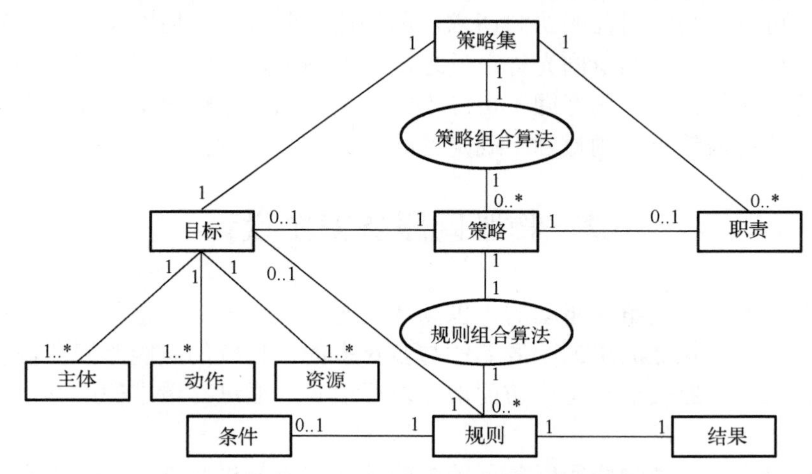

图 6-15　XACML 访问控制策略语言组成结构

(1)拒绝优先算法。拒绝优先算法的基本思路是一旦存在一条规则或者策略应用于当前访问请求，且其评估认为应该拒绝这次访问，则返回结果为拒绝。如果在处理某一规则或者策略过程中出现了错误，并且这个规则或者策略要求对访问请求进行拒绝，同时也没有其他规则或者策略的评估结果是拒绝，则返回结果为不确定。如果在处理过程中没有规则或者策略的评估结果为拒绝，并且至少有一条规则或者策略的评估结果是许可，同时在处理过程中效用为拒绝的规则或者策略没有出现错误，则返回结果为许可。如果所有的规则中没有一条规则或者策略可以应用于当前访问请求，则返回结果为不可应用。

(2)许可优先算法。许可优先算法的基本思路是如果整个策略集中，存在一条规则或策略应用于当前访问请求，可以评估得到许可的结果，则应用该规则，并返回许可的结果。如果在处理某一规则或者策略过程中出现了错误，并且这个规则或者策略的效用是许可，同时没有其他规则或者策略的应用结果是许可，则返回结果为不确定。如果在处理过程中，整个策略集中，没有规则或者策略可以应用于当前的请求，且评估结果为许可，同时至少有一条规则或者策略的应用结果是拒绝，而且在处理过程中没有出现错误，则返回结果为拒绝。如果应用所有的规则中没有一条规则或者策略可以应用，则返回结果为不可应用。

(3)首次应用算法。首次应用算法基本思路是在使用一组规则或者策略评估访问请求的过程中，只要找到一条规则或策略可以应用于当前的访问请求，则立即使用该规则或策略进行评估，并直接返回评估结果。如果整个策略集中，不存在任何一条规则或者策略可以应用于当前的访问请求，则返回不可应用结果；如果在处理规则或者策略的过程中出错，则返回不确定的结果。

(4)唯一应用算法。唯一应用算法只适用于策略级别，其含义是所有策略中只存在一个策略可以应用于目前的访问请求。如果这一条可以应用的策略，针对访问请求的评估结果为允许，则返回允许；反之，则返回否定。如果不存在一条策略可以应用于当前的访问请求，则返回不可应用的结果；如果策略集中存在多个策略可以应用于当前的访问请求，则返回不确定的结果。

6.2 物联网服务安全设计

物联网服务往往是事件驱动的，以满足实时、主动需求。事件驱动方法学导致服务之间的交互往往是间接的、匿名的与多对多的，传统的万能监视器假设不再有效，即不存在一个监视器对每个访问请求进行检查，通过对请求的丢弃，达到拒绝访问的效果。

为了解决事件驱动物联网服务系统中的访问控制与机密性等安全需求，将底层的服务通信基础设施的通信能力集成到安全解决方案中，进行跨层设计，实现物联网服务的安全。

6.2.1 基于属性的访问控制策略

采用基于属性的访问控制模型进行授权策略制定与方案设计。

定义 6-1 属性元组。主体 S 属性为 $s_k=(\mathrm{s\_attr}_k,\mathrm{op}_k,\mathrm{value}_k)$，$1\leqslant k\leqslant K$，客体 O 属性为 $o_n=(\mathrm{o\_attr}_n,\mathrm{op}_n,\mathrm{value}_n)$，$1\leqslant n\leqslant N$，其中，s_attr 和 o_attr 表示属性名，value 是属性值，$\mathrm{op}\in\{=,<,>,\leqslant,\geqslant,\mathrm{in}\}$ 是属性操作符。行为属性可以是客体属性之一。则元组 $<s_1,s_2,\cdots,s_K>$ 或 $<o_1,o_2,\cdots,o_N>$ 称为属性元组，元组中属性间的关系是连接（逻辑交）。主体 S 可以表示为属性元组集合 $\{<s_1,s_2,\cdots,s_K>\}$，客体 O 表示为 $\{<o_1,o_2,\cdots,o_N>\}$。

定义 6-2 授权规则。基于属性的规则为 $\mathrm{rule}=(<s_1,s_2,\cdots,s_k>,<o_1,o_2,\cdots,o_n>)$，规则 rule 中第 j 个主体属性记为 $\mathrm{rule}.s_j$，第 j 个客体属性记为 $\mathrm{rule}.o_j$。

一个访问控制策略 AP_i 可以定义为一组规则集合，如 $\mathrm{AP}_i=\bigcup_{j=1}^{L}\mathrm{rule}_{i,j}$，其中规则 $\mathrm{rule}_{i,j}$ 是策略 AP_i 中的第 j 个元素。例如，在一个物联网应用中，存在一个远程设备控制服务，它发布的控制指令事件的主题名称为 t_3，针对该主题制定的访问控制策略为 $\mathrm{AP}=\{(<(\mathrm{role},=,\mathrm{Control\ Agent})>,<(\mathrm{topic},=,\mathrm{Control\ Instruction})>)\}$。在该访问控制策略中，有一个授权规则 $(<(\mathrm{role},=,\mathrm{Control\ Agent})>,<(\mathrm{topic},=,\mathrm{Control\ Instruction})>)$，其

含义是，如果一个服务具有属性 $<(\text{role},=,\text{Control Agent})>$，那么该服务能够读取该控制指令事件。该规则中主体属性是 $<(\text{role},=,\text{Control Agent})>$，客体属性是 $<(\text{topic},=,\text{Control Instruction})>$。

令 Γ 代表一个策略中的主体属性，称为访问控制表达式。给定一个授权策略 $\text{AP}=\text{rule}_1\cup\cdots\cup\text{rule}_l$，其访问控制表达式 Γ 表示为 $\Gamma=(w_{1,1}\wedge\cdots\wedge w_{1,n_1})\vee\cdots\vee(w_{l,1}\wedge\cdots\wedge w_{l,n_l})$，其中，$w_{i,j}::=\text{"}s\_\text{attr}_{i,j}=\text{value}_{i,j}\text{"},\ 1\leqslant i\leqslant l,\ 1\leqslant j\leqslant n_l$，“$\wedge$”表示逻辑与，“$\vee$”表示逻辑或。

定义 6-3　满足访问控制表达式。若一个主体属性表达式 $\gamma=(w_{1,1}\wedge\cdots\wedge w_{1,n_1'})\vee\cdots\vee(w_{l',1}\wedge\cdots\wedge w_{l',n_{l'}'})$ 满足 Γ，记 $\Gamma(\gamma)=1$，否则记 $\Gamma(\gamma)=0$。

$\Gamma(\gamma)=1$ 的计算如下。

对 Γ 中的 $(w_{i,1}\wedge\cdots\wedge w_{i,n_i}),1\leqslant i\leqslant l$，在 γ 中存在一个 $(w_{j,1}\wedge\cdots\wedge w_{j,n_j'}),1\leqslant j\leqslant l'$ 满足：

对 $(w_{i,1}\wedge\cdots\wedge w_{i,n_i})$ 中的每一个 $w_{i,x},1\leqslant x\leqslant n_i$，存在一个 $w_{j,x'},1\leqslant x\leqslant n_j'$ 满足 $w_{j,x'}=w_{i,x}$。

将这些 $(w_{i,1}\wedge\cdots\wedge w_{i,n_i})$ 加入集合 Δ 中，记 Δ 为 $\Gamma\cap\gamma$，即 $\Gamma\cap\gamma=\Delta$。若 Δ 非空，就认为 γ 和 Γ 是匹配的，即 $\Gamma(\gamma)=1$。

例如，上述策略 $\text{AP}=(<(\text{role},=,\text{Control Agent})>,<(\text{topic},=,\text{Control Instruction})>)$ 中的访问控制表达式是 $\Gamma=(\text{"role}=\text{Control Agent"})$。一个激励服务的属性是 $\text{SA}=\{<(\text{role},=,\text{Control Agent})>,<(\text{role},=,\text{Monitor Agent})>\}$，那么获得的主体属性表达式为 $\gamma=(\text{"role}=\text{Control Agent"})\vee(\text{"role}=\text{Monitor Agent"})$，得到 $\Gamma\cap\gamma=\Delta=\{(\text{"role}=\text{Control Agent"})\}$。因此，$\Gamma(\gamma)=1$ 意味着激励服务能够读取控制指令事件。

6.2.2　事件驱动的智能电网服务案例

事件驱动的智能电网服务使用时间同步的测量与控制技术来提高智能电网的效率与稳定性[7,8]。具有精确时间戳的智能电网感知测量值，如断路器状态、母线电压、有功等为电力系统提供了一个大的整体态势图，依据这种内谐时间同步的感知数据，调度员能够准确及时地对电网异常情况进行处理。事件驱动的智能电网服务运行结构如图 6-16 所示。在图 6-16 中，一个事件驱动的通知代理网络承担智能电网中的服务通信功能，它将从每个变电站中感知测量所得的内谐实时数据多对多地实时传递给不同的调度控制中心。在一个变电站中，多个 PMU(Phasor Measurement Units)测量获得时间同步的电网运行状态值，PDC(Phasor Data Concentrators)则收集这些时间同步的测量值。PDC 同时也提供控制功能，作为底层的子站服务。在控制调度中心，大量的服务相互协同，如事件分析服务、人机接口服务、状态估计服务等，实现智能电网的高效可靠管控。

在智能电网中，新能源越来越多地接入电网，其发电状况的不稳定性，给电网带来的影响是以前电网不曾经历过的，其导致的不稳定性需要有更强的电网实时状态感知与调控能力。另外，用电需求的增加也导致长距离输电情况变得常见，这种多变性也需要使用更快的协同反馈控制措施解决。使用这些可以精确事件同步的采集与设备控制，可以使控制同步，态势感知更精确实时，这些都为电网的稳定性提供了前提。例如，传统的 SCADA 系统电网态势更新的速度是秒级的，这对于引入新能源造成的振荡，其慢的数据更新率，可能不足以检测这种危险现象。智能电网中，新的检测设备如 PMU 和事件驱动的实时响应物联网服务为应对这种需求提供了选项。

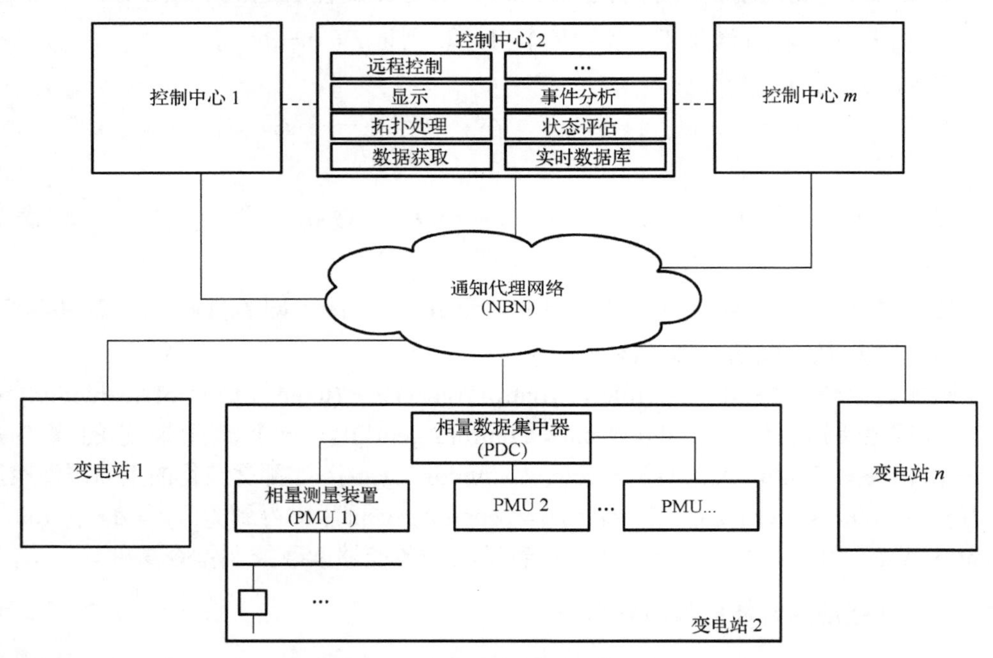

图 6-16　事件驱动的智能电网服务

在这种事件驱动的服务架构中，物联网服务通过事件实时地相互协作，进行电网的分布式调控。图 6-17 展示了这种依靠 NBN 进行分布式协同的物联网服务案例。

图 6-17 是简化的事件驱动物联网服务构成的电网 SCADA 系统，它包含六个物联网服务：数据采集与控制代理(MCA)服务、事件分析(EA)服务、人机接口(HMI)服务、远程控制(RC)服务、告警(Warn)服务、资源模型(RM)服务。MCA 从远程终端设备(Remote Terminal Unit，RTU)与 PMU 收集感知数据与施加调控，数据从该服务起源后，整个事件流如图 6-17(b)所示。其流动过程如下。

(1) MCA 服务(S_1)发布的感知数据(主题 t_1)被 HMI 服务(S_3)接收。HMI 服务以图片和表格的形式显示感知数据给值班人员。

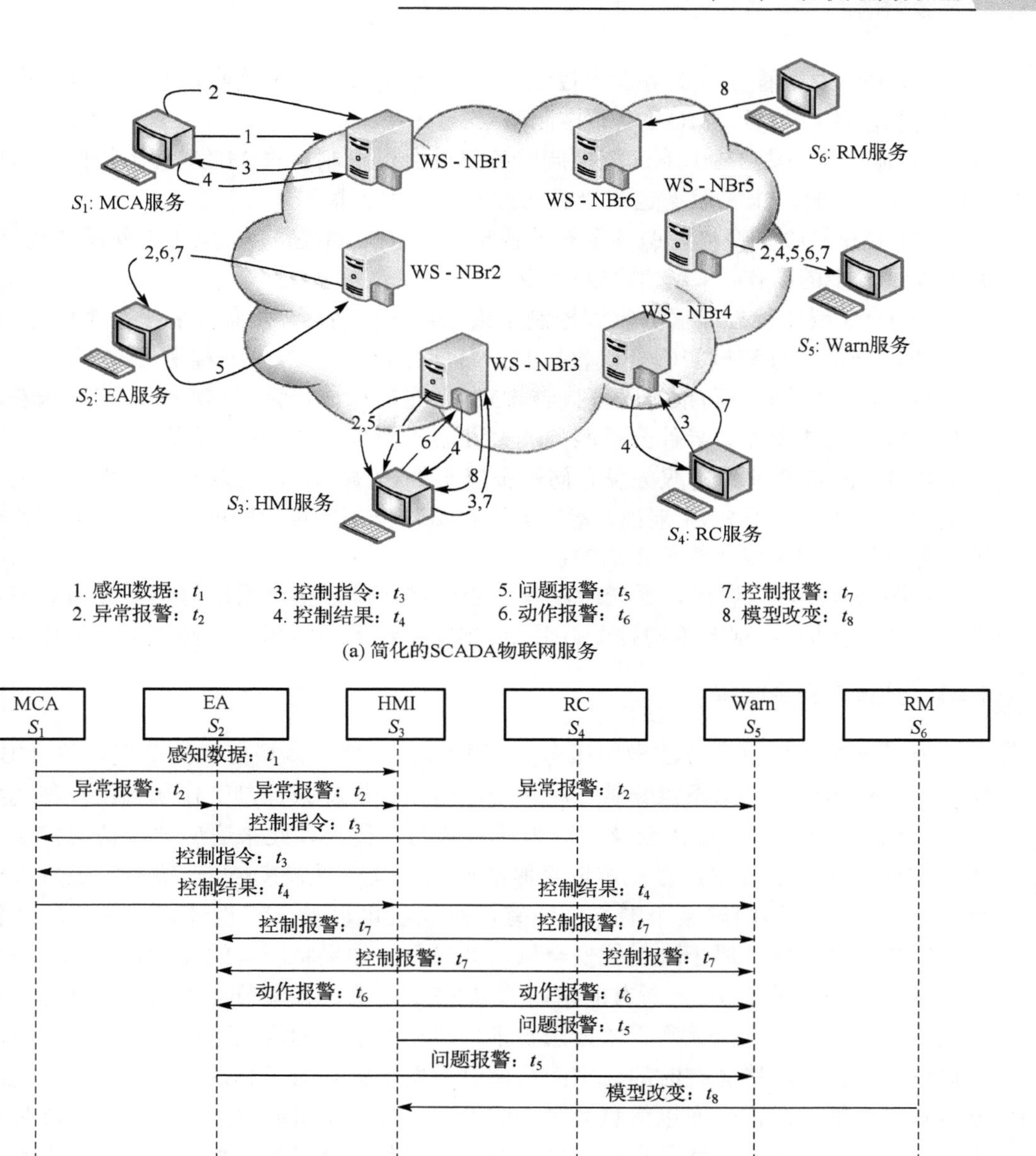

(a) 简化的SCADA物联网服务

(b) SCADA服务中的事件流

图 6-17　简化的 SCADA 物联网服务系统

(2) MCA 服务(S_1)发布的异常报警(主题 t_2)被 HMI(S_3)、事件分析服务(S_2)、报警服务(S_5)接收。HMI 服务用图片和表格的形式显示报警给值班人员。同时，报警服务将以不同方式，如光、声、语音、电子邮件等通知负责人。事件分析服务将分析事件，以评估设备的安全状态。

(3) HMI 或远程控制服务发出控制指令(主题 t_3)，MCA 接收该命令。按照命令执行完相应的控制后，MCA 发布控制结果。

(4) 命令发布者 HMI 或远程控制服务通过会话机制接收 MCA 发布的控制结果(主题 t_4)。同时，报警服务也将接收的控制结果用于报警。

(5) HMI 接收资源模型服务发布的模型改变事件(主题 t_8)，用于更新图的构造，并引发进一步的动作，如产生控制命令。

(6) HMI 或远程控制服务收到控制结果并对其评估后，发布控制报警事件(主题 t_7)，事件分析服务和报警服务接收控制报警，并和步骤(2)中一样进行响应。

(7) 事件分析服务和报警服务接收 HMI 发布的动作告警(主题 t_6)，这意味着调度员进行了某些操作。事件分析服务和报警服务和步骤(2)中一样发出响应

(8) HMI 或事件分析服务发布问题报警事件(主题 t_5)，这意味着电力系统处于严重危险状态。对于 HMI 来说，意味着操作员作出了严重危险的决策；对于事件分析服务来说，意味着计算机作出的决策。

从图 6-17 可以看出，系统中没有中心编排点进行整个系统协同，分布式服务平等地相互协同，实现监视与控制，其中 NBN 起到底层实际的事件路由交付作用。

6.2.3 分布式安全框架

为了解决事件驱动方法学中服务之间匿名、间接、多播交互的情况，将 NBN 作为一个整体域。但这不意味着，将传统的访问合法检查控制工作从端用户移动到 NBN 的代理节点中，让代理节点成为端系统的一员，以此来适应传统访问控制方法。这种方法并不可取，存在难以克服的问题。其一是，NBN 一般是第三方提供或者公用的，并不归属某个端系统所有，端系统可以使用其设计好的服务功能接口，但是 NBN 并不属于端系统安全域。其二是，如果将所有的控制功能都代理给 NBN 中的代理节点(NB)，所有的访问都以 NBN 中的该代理节点为入口，则存在瓶颈效应。最关键的一点就是，该方法与事件驱动方法学的原则不相适应，未能将服务提供者与服务消费者在时间、空间与控制维度解耦。为了解决这些问题，在设计分布式安全框架时，采取以信息为中心的做法，将安全机制嵌入事件中，使事件成为自组织、自包含、自解释有意义独立的实体，其安全机制的执行不依赖于端系统的安全上下文。在这种情况下，NBN 在路由该事件时，就可以根据事件内嵌的机制，决定是否将事件交付给事件订阅者，如果事件订阅者具有该权限，NBN 就将该事件交付给订阅者，反之则不交付。

为了实现上述以信息为中心的服务安全机制，使用同态加密算法将安全策略嵌入事件中，同时实现访问控制与机密性；集成 NBN 的路由与事件交付功能，NBN 在事件交付时，根据嵌入在事件中的安全策略，在不揭示事件明文的情况下，通过同态运算，透明地决策是否正常交付事件给事件订阅者。其基本思路如图 6-18 所示。

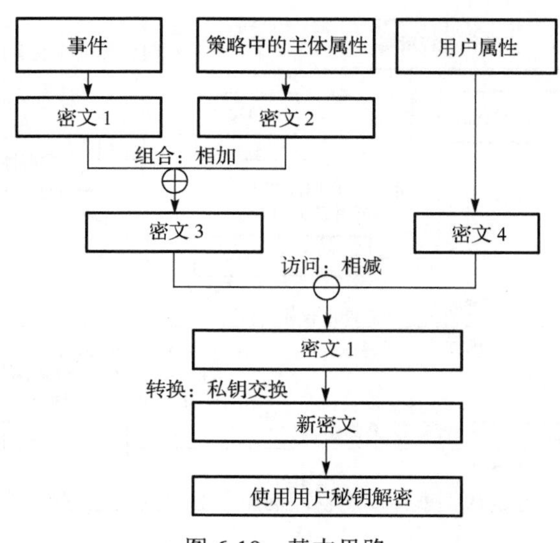

图 6-18　基本思路

通过图 6-18 可知，将策略的密文与事件的密文相加实现策略嵌入，如果订阅者的属性与安全策略中的属性相同，则通过密文相减，除去策略附加与随机遮掩部分。NBN 中的 NB 如果决定将事件交付给订阅者，它可以执行密钥转换算法，接收者则可以使用自己的密钥恢复事件，从而实现机密性与访问控制的融合安全机制。但是也需要知晓，同态性不仅给了设计者以强大的工具，同时也给了攻击者通过同态运算修改属性、交错与组合不同的密文进行安全攻击的可能。因此，防止同态性攻击是事件驱动物联网安全方案的设计重点。

考虑同态攻击，本书设计的事件驱动物联网服务分布式安全框架如图 6-19 所示。在该框架中，每个参与者都具有自己的公钥/私钥密钥对，在授权阶段，事件拥有者选择随机数作为参与服务协同业务的自身标识，并以该随机标识为基础，将事件的授权策略转化为密文方式的数据访问策略(DAP)。订阅者的主体属性也可转换为密文，称为主体密文策略(SEP)。在 NBN 中，代理节点可以对 DAP 与 SEP 进行比较运算，进行策略执行，如密文转换与相减的操作等。在运行时，发布者将安全策略嵌入事件中，代理节点则进行密钥转换操作和密文同态操作，从而完成安全策略的执行。

6.2.4　基础的同态加密方案

文献[9]中提供的同态加密算法是选择明文攻击(Chosen-Plaintext Attack，CPA)安全的，并依赖于 RLWE (Ring Learning with Errors)假设。本节以此算法作为事件驱动物联网服务安全方案的加解密操作基础，并按照安全方案需求，对该算法进行重写。

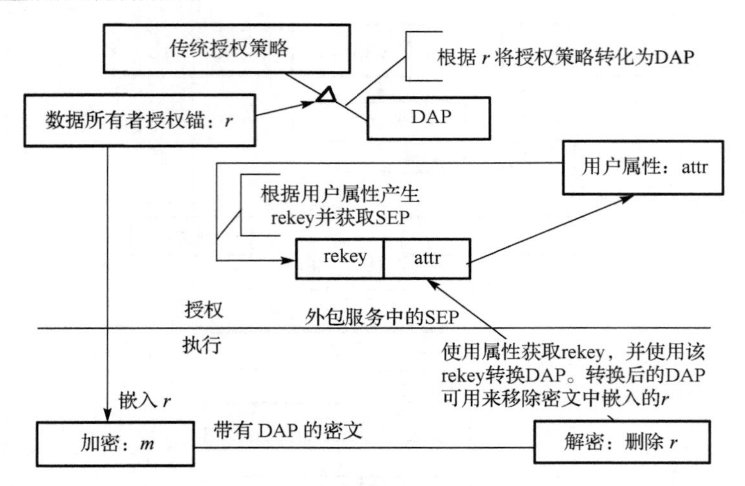

图 6-19　事件驱动物联网服务分布式安全框架

该加密方案只支持一次乘法操作，一个质数 $t<q$ 定义了消息空间 $R_t = Z_t[X]/f(x)$，其中 $Z_t[X]$ 是整数多项式，系数是 $[0,t)$ 的整数，R_t 是模 $f(x)$ 和 t 的整数多项式的环。可以借鉴文献[10]中的消息编码算法，来优化性能，同态加密算法如下。

FHE.Setup(1^λ)：输入安全参数 λ，合适地选择维数 d，d 是 2 的幂；模 q 是个素数且 $q=1(\bmod\ 2d)$；$R=Z_q[X]/(x^d+1)$，R 是模 x^d+1 和 q 的整数多项式环；素数 t 定义了消息空间；R 上的错误分布 χ 子对数地依赖 q（$d=\Omega(\lambda\cdot\log(q/B))$），为了确保该机制是基于 RLWE 实例得到 2^λ 安全抵御已知攻击。设 $N=\log q$，$\text{params}=(q,d,\chi)$。

FHE.SecretKeyGen(params)：取 $s'\leftarrow\chi$，设 $\text{sk}=\boldsymbol{s}\leftarrow(1,s')\in R^2$。

FHE.PublicKeyGen(params, sk)：输入私钥 $\text{sk}=\boldsymbol{s}\leftarrow(1,s')$，其中 $s[0]=1$，$s'\in R$，params 是安全参数。生成矩阵 $\boldsymbol{A}'\leftarrow R^{N\times1}$，其中向量 $\boldsymbol{e}\leftarrow\chi^N$，$\boldsymbol{b}\leftarrow \boldsymbol{A}'s'+t\boldsymbol{e}$。设 $\boldsymbol{A}$ 是包含 $\boldsymbol{b}$ 和 $-\boldsymbol{A}'$ 的 2 列矩阵（观察得 $\boldsymbol{A}\cdot s=t\boldsymbol{e}$），设公钥 $\text{pk}=\boldsymbol{A}$。

FHE.Enc(params,pk,m)：为了加密消息 $m\in R_t$，设 $\boldsymbol{m}=(m,0)\in R^2$，取样 $\boldsymbol{r}\leftarrow R_t^N$，输出密文 $\boldsymbol{c}\leftarrow\boldsymbol{m}+\boldsymbol{A}^{\mathrm{T}}r\in R^2$。

FHE.Dec(params ,sk,c)：如果 $\boldsymbol{c}$ 的长度大于 N，输出 $\boldsymbol{m}\leftarrow[[<\boldsymbol{c},\boldsymbol{s}>]_q]_t$ 或 $\boldsymbol{m}\leftarrow[[<\boldsymbol{c},\boldsymbol{s}\otimes\boldsymbol{s}>]_q]_t$，其中 $<,>$ 标记两个向量的点积，$[]_q$ 标记 $\bmod q$。

FHE.Add(params ,pk ,c_1 ,c_2)：输入两个相同公钥加密下的密文，设 $\boldsymbol{c}_3=\boldsymbol{c}_1+\boldsymbol{c}_2$。

FHE.Mult(params, pk, c_1 ,c_2)：输入两个相同公钥加密下的密文。私钥下的新密文 $\overline{\boldsymbol{s}}=\boldsymbol{s}\otimes\boldsymbol{s}$，是线性等式 $L_{c_1,c_2}^{\text{long}}(\boldsymbol{x}\otimes\boldsymbol{x})$ 的 $\boldsymbol{c}_3$ 的系数向量，其中 $L_{c_1,c_2}^{\text{long}}(\boldsymbol{x}\otimes\boldsymbol{x})=<\boldsymbol{c}_1,\boldsymbol{x}>\cdot<\boldsymbol{c}_1,\boldsymbol{x}>$，$\boldsymbol{x}\otimes\boldsymbol{x}$ 是 $\boldsymbol{x}$ 的张量，$\boldsymbol{c}_3=(c_1[0]c_2[0],c_1[0]c_2[1]+c_1[1]c_2[0],c_1[1]c_2[1])$。

该算法能够正确工作，因为

$$
\begin{aligned}
[[<\boldsymbol{c},\boldsymbol{s}>]_q]_t &= [[(\boldsymbol{m}^{\mathrm{T}}+\boldsymbol{r}^{\mathrm{T}}\boldsymbol{A})\cdot\boldsymbol{s}]_q]_t \\
&= [[m+t\cdot\boldsymbol{r}^{\mathrm{T}}\boldsymbol{e}]_q]_t \\
&= [m+t\boldsymbol{r}^{\mathrm{T}}\boldsymbol{e}]_t \\
&= m
\end{aligned}
$$

密钥转换一般包含两步，第一步是以订阅者的公钥和发布者的私钥为输入，生成转换密钥；第二步是使用转换密钥和发布者发布的事件密文，将事件密文改变为由订阅者公钥加密的事件密文。在本书的密钥转换方案中，用到了两个函数。

（1）$\text{BitDecomp}(x)$：$\boldsymbol{x}\in R^n$，$\boldsymbol{x}=\sum_{j\in\{0,\cdots,\lfloor\log q\rfloor\}}2^j\mu_j,\ \mu_j\in R_2^n$，设 $L=n\lceil\log q\rceil$，输出 $(\mu_1,\cdots,\mu_{\lfloor\log q\rfloor})\in R_2^L$。

（2）$\text{Powersof}\,2(x)$：$\boldsymbol{x}\in R^n$，输出 $(\boldsymbol{x},2\boldsymbol{x},\cdots,2^{\lfloor\log q\rfloor}\boldsymbol{x})\in R_q^L$。

对等长向量 $\boldsymbol{c}$、$\boldsymbol{s}$，有 $<\text{BitDecomp}(\boldsymbol{c}),\text{Powersof}\,2(\boldsymbol{s})>=<\boldsymbol{c},\boldsymbol{s}>\bmod q$。

密钥转换方案如下。

$\text{Proxy.KeyGen}(i,j)$：i 生成密钥 $(\text{sk}_i,\text{pk}_i)$，$j$ 生成 $(\text{sk}_j,\text{pk}_j)$，$\mathbf{pk}_j=(\boldsymbol{b}_j,-\boldsymbol{A}'_j)\in R^{N\times 2}$。

$\text{Proxy.ReKeyGen}(\text{sk}_i,\text{pk}'_j)$：$i$ 随机选择 $\boldsymbol{e}'\leftarrow\chi^{3N}$，$\boldsymbol{B}_j\in R_2^{3N\times N}$，计算 $\mathbf{pk}'_j=(\boldsymbol{b}'_j,\boldsymbol{A}''_j)=(\boldsymbol{B}_j\cdot\boldsymbol{b}_j,\boldsymbol{B}_j\cdot(-\boldsymbol{A}'_j))$，$\text{rekey}_{i\to j}=(\boldsymbol{b}'_j+\text{Powersof}\,2(\mathbf{sk}_i\otimes\mathbf{sk}_i)+t\cdot\boldsymbol{e}',\boldsymbol{A}''_j)$。

$\text{Proxy.Enc}(\text{pk}_i,m)$：$c=\text{FHE.Enc}(\text{pk}_i,m)$。

$\text{Proxy.SwitchKey}(\text{rekey},c)$：$c'=\text{BitDecomp}(c)\cdot\text{rekey}_{i\to j}$。

$\text{Proxy.Dec}(\text{sk}_j,c')$：$m=\text{FHE.Dec}(\text{sk}_j,c')$。

密钥转换方案是正确的，因为

$$
\begin{aligned}
<\boldsymbol{c}',\mathbf{sk}_j> &= \text{BitDecomp}(\boldsymbol{c})^{\mathrm{T}}\cdot\text{rekey}_{i\to j}\cdot\boldsymbol{s}_j \\
&= \text{BitDecomp}(\boldsymbol{c})^{\mathrm{T}}\cdot((\boldsymbol{B}_j\cdot\boldsymbol{e}+\boldsymbol{e}')t+\text{Powersof}\,2(\boldsymbol{s}_i\otimes\boldsymbol{s}_i)) \\
&= t\cdot<\text{BitDecomp}(\boldsymbol{c}),(\boldsymbol{B}_j\cdot\boldsymbol{e}+\boldsymbol{e}')>+<\text{BitDecomp}(\boldsymbol{c}),\text{Powers of 2}(\boldsymbol{s}_i\otimes\boldsymbol{s}_i)> \\
&= t\cdot<\text{BitDecomp}(\boldsymbol{c}),(\boldsymbol{B}_j\cdot\boldsymbol{e}+\boldsymbol{e}')>+<\boldsymbol{c},\boldsymbol{s}_i\otimes\boldsymbol{s}_i> \\
&= t\cdot<\text{BitDecomp}(\boldsymbol{c}),(\boldsymbol{B}_j\cdot\boldsymbol{e}+\boldsymbol{e}')>+<\boldsymbol{c},\boldsymbol{s}_i>
\end{aligned}
$$

6.2.5　分布式安全方案

在事件驱动分布式物联网服务安全方案中，每个参与者都有自己的公钥与私钥对，在同态加密算法基础上实现以数据为中心的安全方案，满足物联网服务匿名、间接、多播的需求，其特点是融合访问控制与加密性为一体、解耦安全上下文、分布式执行安全机制。

事件驱动物联网服务的安全实现方案如图 6-20 所示。本方案中所用到的符号如

表 6-1 所示。在图 6-20 中，图的右栏是计算订阅者 j 的属性 SEP 过程，中间栏是为事件 tp 计算其访问控制策略 DAP 的过程。NBN 中的代理节点使用 DAP 和 SEP 消除密文中的随机遮掩数据与策略数据，并进行密钥转换。由图 6-20 可知：①在一个访问控制表达式中合取项的所有属性被绑定到一个相同的随机数上，该绑定通过哈希函数实现，这样即使两个属性合取项相同，它们的 DAP 也不同；②如果订阅者的属性与事件访问控制策略相同，订阅者能够去除嵌入的随机数与安全策略，恢复事件明文；③订阅者的属性转化成 SEP，而且不同的 SEP 可以按需组合。

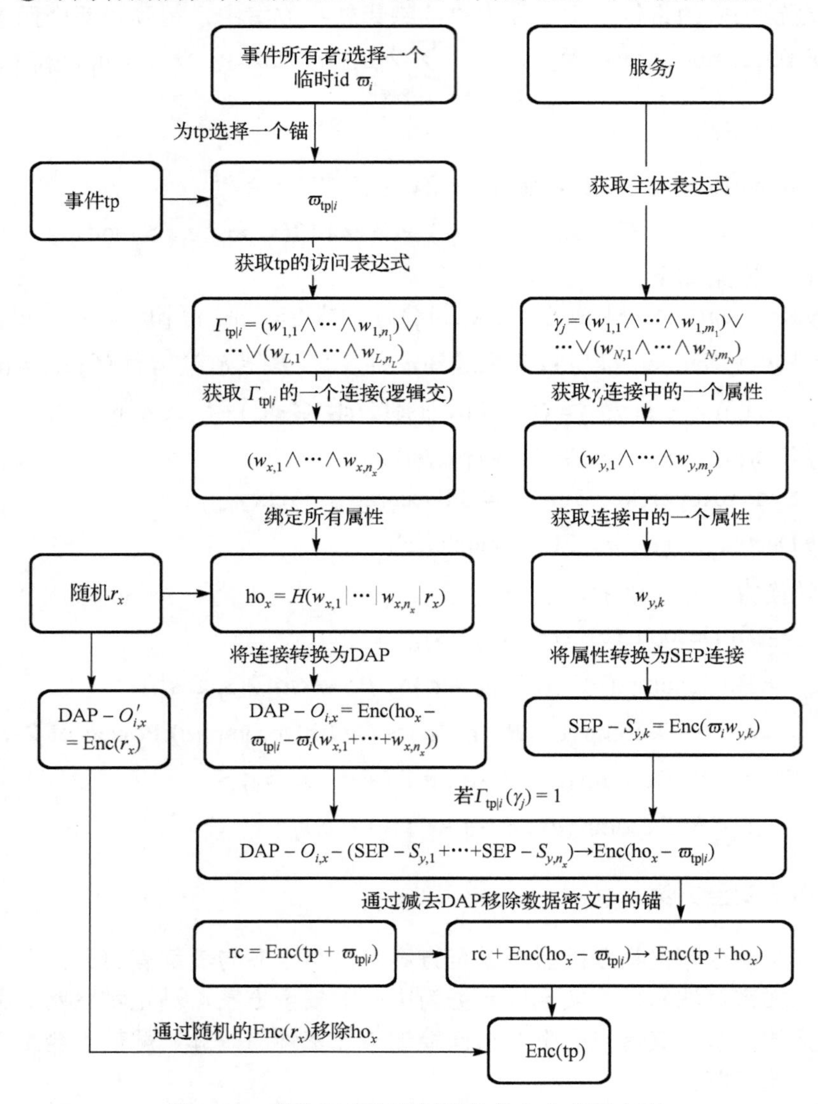

图 6-20 事件驱动物联网服务的安全实现方案

表 6-1 符号表

符号	含义	符号	含义
tp	事件类型	$\varpi_{\text{tp}\|i}$	用于 tp 的锚
i	事件所有者(生产者)	ϖ_i	用于 i 的临时标识
j	消费者	DAP $-O$	DAP
$\Gamma_{\text{tp}\|i}$	tp 的访问表达式	SEP $-S$	SEP
γ_j	j 的主题表达式	$H()$	密码散列函数
ho_x	将所有属性绑定到一个连接中：binder	Enc()	加密函数

假设事件发布者为i,发布的事件为tp,它的访问控制表达式为$\Gamma_{\text{tp}|i}=(w_{1,1}\wedge\cdots\wedge w_{1,n_1})\vee\cdots\vee(w_{L,1}\wedge\cdots\wedge w_{L,n_L})$，订阅者 j 的属性表达式为$\gamma_j=(w_{1,1}\wedge\cdots\wedge w_{1,m_1})\vee\cdots\vee(w_{N,1}\wedge\cdots\wedge w_{N,m_N})$，则安全方案执行过程如下。

1)初始化阶段

对事件tp，其所有者 i 准备一个秘密随机值$\varpi_{\text{tp}|i}\in R_t$作为授权锚。同时她/他还有一个密钥对，并选择一个秘密随机值$\varpi_i\in R_t$作为临时标识。消费者 j 的密钥对是$(\text{pk}_j,\text{sk}_j)$。

2)授权阶段

(1)DAP。

$$
\begin{aligned}
&\text{For}\quad x=1\quad \text{to}\quad L\\
&\quad r_x\in_R R_t,\ \ \text{DAP}-O'_{i,x}=\text{Proxy.Enc}(\text{pk}_i,r_x)\\
&\quad \text{ho}_x=H(w_{x,1}|\cdots|w_{x,n_x}|r_x)\\
&\quad \text{DAP}-O_{i,x}=\text{Proxy.Enc}(\text{pk}_i,\text{ho}_x-\varpi_{\text{tp}|i}-\varpi_i(w_{x,1}+\cdots+w_{x,n_x}))\\
&\quad \text{DAP}-O_i=\{(\text{EP}-O_{i,x},\text{EP}-O'_{i,x})\,|\,1\leqslant x\leqslant L\}
\end{aligned}
$$

(2)SEP。消费者 j 的属性为$\gamma_j=(w_{1,1}\wedge\cdots\wedge w_{1,m_1})\vee\cdots\vee(w_{N,1}\wedge\cdots\wedge w_{N,m_N})$。事件所有者根据$\text{pk}_j$和$(\text{pk}_i,\text{sk}_i)$，生成一个交换密钥$\text{rekey}_{i\to j}$，并将其部署到NB上。

$$
\begin{aligned}
&\text{For}\quad y=1\quad \text{to}\quad N\\
&\quad \lambda_y\in_R R_t,\ \ \text{SEP}-S'_{j,y}=\text{Proxy.Enc}(\text{pk}_j,\lambda_y)\\
&\quad\text{For}\quad x=1\quad \text{to}\quad m_y\\
&\quad\quad \text{hs}_{j,y,x}=H(w_{y,x}|\lambda_y)\\
&\quad\quad\quad \text{SEP}-S_{j,y,x|i}=\text{Proxy.Enc}(\text{pk}_j,\text{hs}_{j,y,x}+\varpi_i w_{y,x})\\
&\quad\quad\quad\quad \text{SEP}-S_{j,y|i}=(\text{SEP}-S'_{j,y},\{\text{SEP}-S_{j,y,x|i}\,|\,1\leqslant x\leqslant m_y\})\\
&\quad \text{SEP}-S_{j|i}=\{\text{SEP}-S_{j,y|i}\,|\,1\leqslant y\leqslant N\}
\end{aligned}
$$

3) 执行阶段

(1) 发布事件。当事件所有者 i 发布事件 e 时，对 e 进行加密，嵌入 $\varpi_{\text{tp}|i}$，然后将嵌入式密文 $c=\text{Enc}(\text{pk}_i, e+\varpi_{\text{tp}|i})$ 发布到 DEBS 系统。

(2) 接收事件。当 NB 从服务 j 收到加密事件时，检查是否满足 $\Gamma_{\text{tp}|i}(\gamma_j)=1$。如果是，则计算 $\Delta=\Gamma_{\text{tp}|i}\cap\gamma_j$。然后从 Δ 中选择一个元素，即获取 $(\text{SEP}-S'_{j,y|i}, \{\text{SEP}-S_{j,y,x|i} \mid 1\leqslant x\leqslant n_k\leqslant m_y\})$ 和 $\text{DAP}-O_{i,k}$，接下来，计算

$$c'=\text{DAP}-O_{i,k}+c$$

$$c''=\text{Proxy.SwitchKey}(\text{rekey}_{i\to j}, c')$$

$$c'''=c''+(\text{SEP}-S_{j,y,x|i}+\cdots+\text{SEP}-S_{j,y,m|i})$$

$$c_2=\text{Proxy.SwitchKey}(\text{rekey}_{i\to j}, \text{DAP}-O'_{i,x})$$

$$c=(c_1,c_2,c_3)=(\text{SEP}-S'_{j,y,x|i}, c_2, c''')$$

(3) 消费者服务 j 使用私密密钥从 $c=(c_1,c_2,c_3)$ 恢复数据，即

$$c'=\text{Proxy.Dec}(\text{sk}_j, c_3)$$

$$r_1=\text{Proxy.Dec}(\text{sk}_j, c_1)$$

$$r_2=\text{Proxy.Dec}(\text{sk}_j, c_2)$$

$$\text{ho}_x=H(w_{x,1}\mid\cdots\mid w_{x,n_x}\mid r_1),\quad \text{hs}_{j|i}=H(w_{x,1}\mid r_2)+\cdots+H(w_{x,n_x}\mid r_2)$$

$$e=c'-\text{ho}_x-\text{hs}_{j,y|i}$$

对于该方案的攻击主要有如下几类：①NBN 中的代理者利用存储的转换密钥、DAP 和 SEP，进行组合攻击，或者事件订阅者单独进行组合攻击，使未被授权的订阅者获取事件明文；②NBN 中的代理与事件订阅者合谋，试图获取未经授权的事件。对于第一种类型的攻击，NB 虽然能够将 DAP 密文转换为订阅者的密文，但是由于它没有订阅者的私钥，所以只依靠自身不能移去密文中的 ho_x；而 ho_x 是通过散列函数计算的，直接猜测的概率可以忽略。事件订阅者本身无法获得 ϖ_i 来计算 $\varpi_i w_{y,x}$，因此事件订阅者自身不能交织属性获得额外的授权。对于第二种攻击，该安全方案不能抵御，因此本书假设，NBN 中是半诚实的，即它可能尝试进行 DAP、SEP 等组合，并将修改后的密文发送给接收者，但是不会与事件订阅者直接合谋。

6.2.6 身份服务与身份认证

在上述事件驱动的物联网服务安全方案中，阐述了访问控制与机密性融合安全机制的实现，但是如何识别用户及其属性，从而完成授权过程，则没有叙述。本节将阐述如何提供身份服务和进行身份认证。

在面向服务的体系结构中，个人通常使用身份服务提供身份信息，该身份信息一般由一组属性表示[11, 12]。基于用户为中心的原则，身份管理系统一般分为基于关系和基于凭证的[13, 14]。在基于关系的身份系统中，身份服务扮演了关键角色，参与到每个身份相关的事务中，将身份信息传递给服务提供者。用户只能依赖身份服务提供身份信息与控制属性。相反，在基于凭证的身份系统中，用户从身份服务得到一个长期的凭证，并在本地存储该凭证。这样，用户可以直接使用这些凭证，并依赖这些凭证提供身份信息，这种情况下，身份服务不必每次都参与身份相关事务。不过，在这两种情况下，用户都需要参与每个身份相关的事务。

以上两种用户为中心的身份提供模式，都为用户个人信息隐私管理提供了基础与便利。它们主要的优点是用户可以控制个人数据扩散。这个优点同样也是缺点，也就是说用户需要参与每一个涉及身份信息的事务。本书设计一个统一身份管理系统，将基于关系与基于凭证的两种身份服务模式结合在一起，并允许身份被代理，使得用户可以在一定范围内从身份服务的事务中解脱出来，在代理过程中保持用户身份信息的隐私。

以基于凭证的身份服务模式作为构建统一身份管理系统的出发点，首先设计一个假名生成系统，实现假名自生成，将身份服务在线的需求弱化，并实现假名可代理。在此基础上扩展 WS-Federation[15]，将假名管理系统与 WS-Federation 中基于关系的身份管理方案集成，实现统一身份管理服务。在该过程中，隐私属性、最小数据泄露、匿名撤销都是很关键的技术挑战。

1. *身份代理模型*

统一身份管理系统中的代理模型的参与者包括：身份服务 IdP(它签发身份凭证)、用户 u(获得身份凭证)、用户 v(作为用户 u 的代理者，可能是一个服务提供者)以及服务提供者。在我们的模型中，用户 u 首先获得身份凭证，然后自生成多个假名，并将一个假名代理给用户 v，用户 v 使用该假名请求对用户进行访问。

代理模型如图 6-21 所示，它包含六个子过程。

安装：身份服务生成系统参数和系统公开/私密密钥对。

证书签发：身份服务将秘密凭证授权给用户 u。

生成假名：用户 u 根据其秘密凭证和时间戳生成一个当前时间的新假名。两个假名不可链接，且只需要松散时间同步。

签名保证：用户 u 在包含代理周期、代理假名和要访问服务的保证上签名。用户 v 根据它的私密密钥和保证签名获取代理密钥。

代理签名：用户 v 生成代表用户 u 的代理签名。

代理验证：身份服务验证来自用户 v 的代理签名和用户 u 的授权。

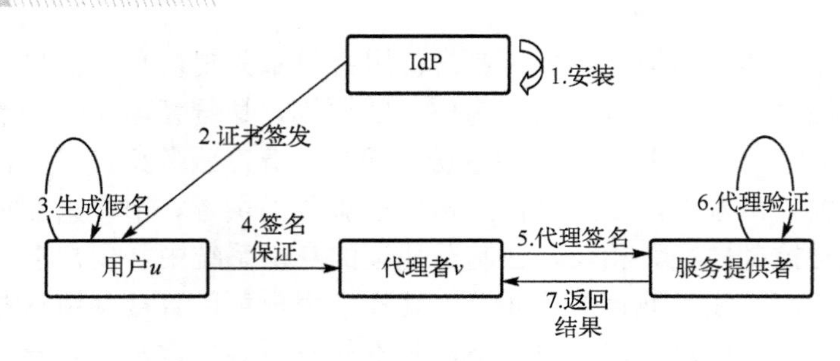

图 6-21 代理模型

2. 统一身份管理系统

在统一身份管理系统中，不同的安全域联合在一起，并存在一个身份管理元系统辅助用户管理自己的身份信息，如图 6-22 所示。用户使用个人身份元系统登录本地安全域，本地安全域与服务 B 所在的安全域相互信任，当用户访问服务 C 时，它生成假名，让服务 B 匿名代理用户，去组合服务 B 和 C，完成服务访问。

图 6-22 具体运行过程如下。

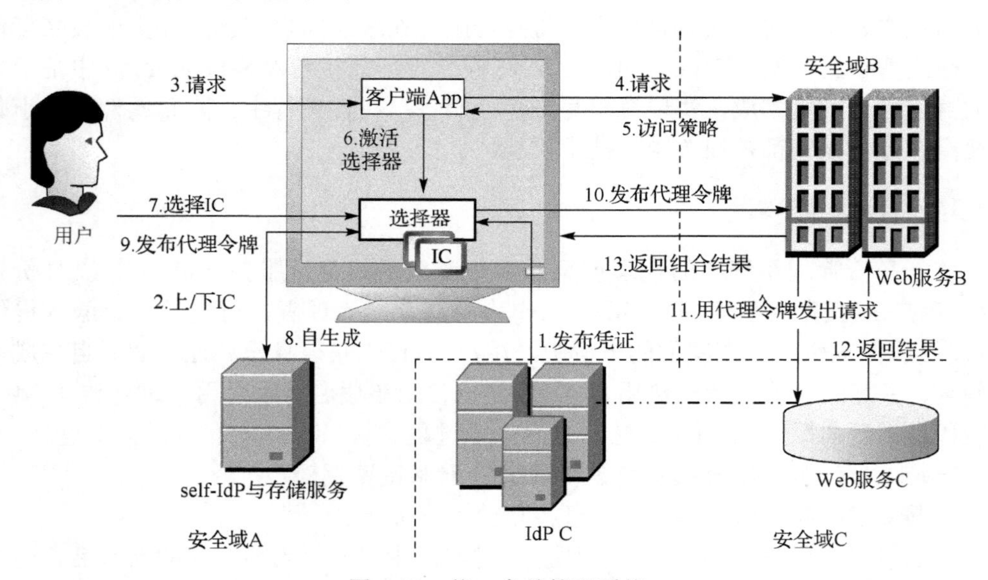

图 6-22 统一身份管理系统

(1)若请求者没有存储访问资源 C(Web 服务 C)的凭证，则安全域 A 中的 IdP C 下发秘密凭证给请求者。也就是说，代理模型中的凭证签发子协议在 IdP C 和请求者的选择器之间执行。

(2)私密凭证作为个人身份元系统的一部分存储在请求者的存储服务上。

(3) 请求者进行复合资源请求(涉及 Web 服务 B 和 C)。服务 B 在安全域 B 中，服务 C 在安全域 C 中。

(4) 客户端应用程序使用从 IdP A 获取的短期凭证发出请求。IdP A 和 IdP B 互相信任，IdP B 位于安全域 B 中。

(5) 服务 B 发现请求是复合的，包含了服务 C，则返回一个访问控制策略，该策略指明请求者应该授权他对应的权限使其能有效地与服务 C 交互。

(6) 客户端应用程序激活选择器，让用户通过可视窗口选择一个信息卡(IC)。

(7) 请求者根据访问策略使用其选择器选择一个合适的 IC。

(8) 请求者的 self-IdP 使用代理模型中的假名生成子协议基于自身存储的凭证自生成假名。

(9)～(10) 请求者元系统使用代理模型中的签名保证子协议下发对应于自生成假名的代理令牌。

(11) 服务 B 使用代理模型中的代理签名子协议签名去往域 C 中 IdP 的访问令牌请求。域 C 中的 IdP 使用代理模型中的代理验证子协议验证该请求。如果验证成功，则将访问令牌返回给请求者。服务 B 使用该访问令牌发布资源服务请求。

(12)～(13) 资源将服务响应返回给代理，代理将组合的服务响应返回给请求者。

统一身份管理系统中，一个核心的组件是假名自生成方案 Π_{sig}，该假名方案中身份服务为用户 u 生成身份凭证 Cre；用户 u 通过访问 Cre 来生成假名对 $(P_u,\overline{P}_u)$；不需要身份服务再次签发 Cre，用户 u 能够基于已有的凭证更新 $(P_u,\overline{P}_u)$。用户 u 在不同的服务访问中使用假名来阻止将不同的事务联系到一起。Π_{sig} 的模型如表 6-2 所示。

表 6-2　假名生成模型

PGen	产生系统参数 param 和主密钥 $ms = s$
Gen	通过身份服务 IdP 为用户 u 生成证书 Cre
$\Delta-$Gen	由用户 u 执行，产生假名 $(P_u,\overline{P}_u)$ 和相应的密钥值 μ'
Sign	以用户私钥 (μ,μ',S_u) 和消息 m 作为输入，返回 m 在 (μ,μ',S_u) 下的签名
Verify	以用户 u 的假名 $(P_u,\overline{P}_u)$、组织公钥 (W,W_i)、消息 m 和签名 sig 作为输入，返回 1 或 0

在假名模型实现方案中，身份服务周期性地发布一组自己的限制公钥 $\{W_i,\cdots,W_j\}$，该公钥与时间更新周期 $\{\text{slot}_i,\cdots,\text{slot}_j\}$ 对应，一个新的限制公钥与一个时间周期相对应，时间函数 $T(\text{time})$ 以时间 time 为输入，输出时间周期，假名模型的实现方案如定义 6-4 所示。

定义 6-4　Π_{sig} 由以下 5 个算法组成。

$\text{PGen}(1^{\kappa})$：建立 G_1,G_2,e 及 $P\in G_1$；选择加密哈希函数 $H_1,H_2:\{0,1\}^*\to G_1$；计

算 $Q_i = H_1(T(\text{time}_i))$；选择主密钥 $s \in_R Z_p$；计算组织公钥 $W = sP, W_i = sQ_i$；返回 $\text{ms} = s$，$\text{param} = (G_1, G_2, e, P, W, W_i, H_1, H_2)$。

$\text{Gen}(\text{ms}, \text{param}, u)$：$\mu \in_R Z_p$；$\text{Cre} = (\mu, S_u) = (\mu, 1/((s+\mu)P))$；返回 Cre；通过检查 $e(\mu P + W, S_u) = e(P, P)$，用户 u 可以验证正确性。

$\Delta - \text{Gen}(\text{Cre}, \text{param}, \text{time}_i)$：$Q_i = H_1(T(\text{time}_i))$，$\mu' \in_R Z_p$；$P_u = (\mu' + \mu)Q_i$，$\bar{P}_u = \mu' S_u$；返回 $((P_u, \bar{P}_u), \mu')$；用户 u 的密钥对 $(P_u, \bar{P}_u)/(\mu, \mu', S_u)$ 满足 $e(P_u + W_i, S_u) = e(Q_i, P)e(Q_i, S_u)^{\mu'} = e(Q_i, P)e(Q_i, \bar{P}_u)$。

$\text{Sign}(m, (P_u, \bar{P}_u), (\mu, \mu', S_u), \text{param}, \text{time}_i)$: $r, r' \in_R Z_p$; $R_{G_1} = rQ_i, R = [e(Q_i, P)e(Q_i, \bar{P}_u)]^{r'}$；$c = H_2(m \| R_{G_1} \| R \| P_u \| \bar{P}_u \| T(\text{time}_i))$；$z_1 = c(\mu' + \mu) + r$，$z_2 = c\mu' + r'$；返回 $\text{sig} = (c, z_1, z_2)$。

$\text{Verify}(m, \text{sig}, (P_u, \bar{P}_u), \text{param}, \text{time}_i)$：解析 $\text{sig} = (c, z_1, z_2)$；$Q_i = H_1(T(\text{time}_i))$；$\hat{R}_{G_1} = z_1 Q_i - cP_u$；$\hat{R} = [e(Q_i, P)e(Q, \bar{P}_u)]^{z_2} / e(P_u + W_i, \bar{P}_u)^c$；$\hat{c} = H_2(m \| \hat{R}_{G_1} \| \hat{R} \| P_u \| \bar{P}_u \| T(\text{time}_i))$；返回 $c \overset{?}{=} \hat{c}$。

上述的实现方案是正确的，假设 $\text{sig} = (c, z_1, z_2)$ 由算法 Sign 产生，则方案的正确性如下。

(1) $\hat{R}_{G_1 i} = z_1 Q_i - cP_u = (c(\mu' + \mu) + r)Q_i - c(\mu' + \mu)Q_i = rQ = R_{G_1}$。

(2) $\hat{R} = [e(Q_i, P)e(Q_i, \bar{P}_u)]^{z_2} / e(P_u + W_i, \bar{P}_u)^c = [e(Q_i, P)e(Q_i, \bar{P}_u)]^{c\mu'} [e(Q_i, P)e(Q_i, \bar{P}_u)]^{r'} / [e(P_u + W_i, \bar{P}_u)]^c$。

其中

$$
\begin{aligned}
[e(P_u + W_i, \bar{P}_u)]^c &= [e((\mu' + \mu)Q_i + sQ_i, \mu'/((s+\mu)P))]^c \\
&= [e(Q_i, \mu' P)e(\mu' Q_i, \mu'/(s+\mu)P)]^c = [e(Q_i, P)e(Q_i, \bar{P}_u)]^{c\mu'} \\
&\Rightarrow \hat{R} = [e(Q_i, P)e(Q_i, \bar{P}_u)]^{c\mu'} [e(Q_i, P)e(Q_i, \bar{P}_u)]^{r'} / [e(Q_i, P)\, e(Q_i, \bar{P}_u)]^{c\mu'} \\
&= [e(Q_i, P)e(Q_i, \bar{P}_u)]^{r'} = R
\end{aligned}
$$

也就是说，根据(1)和(2)，有 $c = \hat{c}$。

该假名方案由零知识证明转化而来[16]，证明者 u 和验证者 v 证明的知识 $(\mu + \mu', \mu')$ 满足如下等式：

$$
e(P_u + W_i, \bar{P}_u) = e((\mu' + \mu)Q_i + sQ_i, \mu'/((s+\mu)P)), \quad P_u = (\mu' + \mu)Q_i
$$

即

$$
e(P_u + W_i, \bar{P}_u) = [e(Q_i, P)e(Q_i, \bar{P}_u)]^{\mu'}, \quad P_u = (\mu' + \mu)Q_i
$$

证明过程如下。

(1) 证明者 u：取 $r, r' \in_R Z_p$，计算 $R_{G_1} = rQ_i$，$R = [e(Q_i, P)e(Q_i, \bar{P}_u)]^{r'}$，将 (R_{G_1}, R) 发送给验证程序 v。

(2) 验证者 v：接收 (R_{G_1}, R)，取 $c \in_R Z_p$，将 c 发送给证明器 u。

(3) 证明者 u：接收 c，计算 $z_1 = c(\mu' + \mu) + r$，$z_2 = c\mu' + r'$；将 (z_1, z_2) 发送给验证程序 v。

(4) 验证者 v：接收 (z_1, z_2)，通过检查 $z_1 Q_i = cP_u + R_{G_1}$ 和 $e(P_u + W_i, \overline{P}_u)^c R = [e(Q_i, P)e(Q_i, \overline{P}_u)]^{z_2}$ 验证正确性。

3. 与 WS-Federation 融合

在扩展 WS-Federation 融合基于凭证的身份管理模型的过程中，用到如下概念。

IdP：身份服务是一个实体，扮演终端请求者的身份验证服务和服务提供者的数据来源鉴别服务。IdP 是受信的第三方，用于维护请求者的某些身份信息。通过添加证书签发接口，最初的 IdP 可以签发秘密证书。

请求者：一个终端用户、应用程序或机器表示为一个数字身份，并且可能有多个合法数字身份——通过增加证书签发的签发方接口和 Signing-warrant 接口，最初的请求者可自生成假名并代理权限。

资源：资源是 Web 服务、服务提供商或任何有价值的东西。有时，它可以作为另一个请求者。通过增加代理签名接口和代理验证接口，最初的资源得到加强，可以对消息进行签名并对签名进行验证。当资源作为请求者时，通过增加 Signing-warrant 接口向其他资源代理权限。

在具体描述统一身份管理方案的部署以前，先看一个具体例子，明确基于凭证的身份管理的需求与特点，假设城市居民身份服务为 CIP (Citizen Identity Provider)，CIP 为李明 (Liming) 的一个数字身份证书 (用来证明其是该城市的居民)，图 6-23 展示了代理模型的应用和隐私性的保持，人民医院 (People-Health) 能够直接从化验中心 (Test-Center) 获得化验结果。

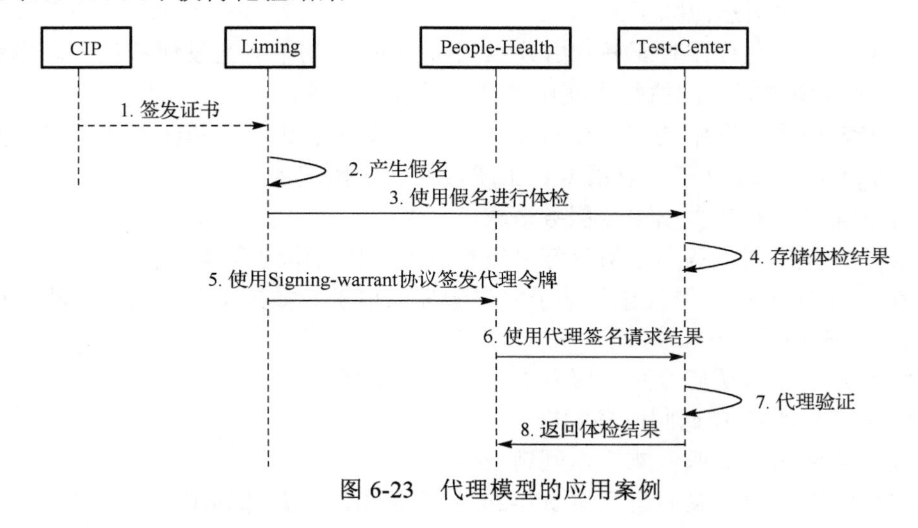

图 6-23　代理模型的应用案例

该例子运行如下。

(1) CIP 使用 Π_{sig} 中的 Gen 算法为李明签发一个秘密证书，也就是说，在 CIP 和李明间执行方案中的证书签发子服务。

(2) 李明采用 Π_{sig} 中的 $\Delta-$Gen 算法产生新假名 $(P_{Liming}, \overline{P}_{Liming})$，即李明执行方案中的假名生成子协议。

(3) 李明使用假名 $(P_{Liming}, \overline{P}_{Liming})$ 作为其身份在体检中心进行体检，通过使用 Π_{sig} 的 Sign 可以证明其公民身份(这一点在图中没有描述)。

(4) 由于李明使用了假名作为其身份标识，相关的体检中心在用户 $(P_{Liming}, \overline{P}_{Liming})$ 中存储其体检结果。

(5) 使用 Π_{sig} 的 Sign，李明对包含 $\overline{P}_{Liming}$、时间周期和体检中心名字的 m_w 进行签名。然后，李明将签名 α 和担保 m_w 发给人民医院使其可以获取代理密钥 (α, ν)。也就是说，在人民医院和李明之间执行方案中的 Signing-warrant 子协议。

(6) 根据 Π_{psig} 中的 PSign 算法，人民医院通过使用代理密钥 (α, ν) 签名请求消息，可以直接从体检中心请求体检结果。

(7) 当收到人民医院签名的请求消息后，相关的体检中心根据 Π_{psig} 中的 PVerify 算法验证相应的签名。

(8) 如果签名合法，就将存储的结果发送给人民医院。

图 6-24 展示了两种通用的部署统一身份方案到 WS-Federation 中的情形，其一是请求者安全域中的身份服务给用户颁发身份证书；另一种是某个服务安全域中的身份服务给用户颁发身份证书。

图 6-24(a) 中的消息流如下。

(1) 如果请求者没有存储证书，由域 A 中的 IdP 向请求者签发秘密证书。也就是说，在 IdP 和请求者之间执行方案中的证书签发子协议。

(2) 请求者使用方案中的假名生成子协议自生成基于其所存储证书的假名。然后，使用 Signing-warrant 子协议根据自生成假名签发代理令牌。

(3) 请求者向服务 B 发出组合服务请求。

(4) 服务 B 使用代理签名子协议签名发往域 C IdP 的访问令牌请求。

(5) 域 C 中的 IdP 使用代理验证子协议验证该请求。如果验证成功，就将访问令牌返回给域 B 中的服务。

(6) 服务 B 使用该访问令牌向服务 C 发出服务请求。

(7) 服务 C 向服务 B 返回服务响应。

(8) 服务 B 将组合的服务响应返回请求者。

图 6-24(b) 中代理方案的运行与图 6-24(a) 非常相近，具体如下。

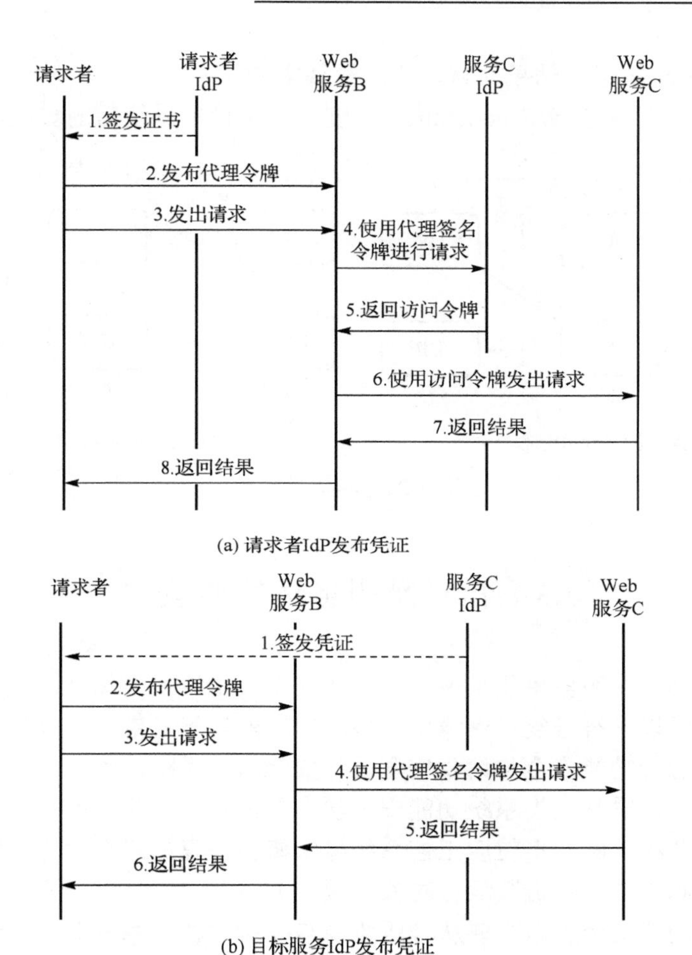

(a) 请求者IdP发布凭证

(b) 目标服务IdP发布凭证

图 6-24　部署场景

(1) 如果请求者没有存储访问域 C 的资源证书并且是受信的，域 C 中的 IdP 就给该请求者签发一个秘密证书。也就是说，在域 C 的 IdP 和请求者之间执行方案中的证书签发子协议。

(2) 请求者使用方案中的假名生成子协议自生成基于其所存储证书的假名。然后，使用 Signing-warrant 子协议根据自生成假名签发代理令牌。

(3) 请求者向服务发出组合服务请求。

(4) 服务 B 使用代理签名子协议签名请求域 C 资源的服务请求。由于证书是由域 C 中的 IdP 签发的，所以服务 C 可以直接验证服务 B 产生的签名，且服务 C 知道它的 IdP 的公钥。

(5) 服务 C 使用代理验证子协议验证该请求。如果验证成功，则将请求结果返回给服务 B。

(6)服务 B 组织组合结果并将其返回给请求者。

图 6-25 展示了融合 WS-Federation 与统一身份管理系统后的典型消息流情形。

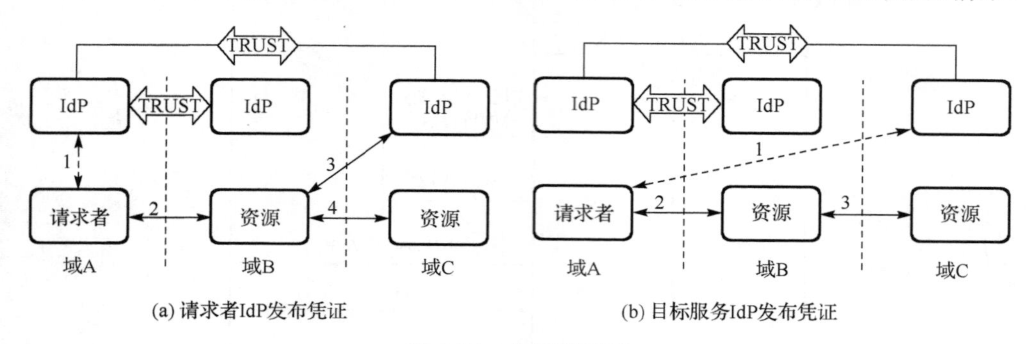

(a) 请求者IdP发布凭证　　(b) 目标服务IdP发布凭证

图 6-25　典型消息流

6.3　物联网服务运行时安全

对于工控物联网服务系统来说，需要在安全攻击特征未知时，及时发现系统的运行异常，并予以在线修复，保障生产系统的功能连续稳定，即以物理系统模型和状态为基础，融合功能安全与信息安全设计安全防护系统。因此，对工控物联网服务系统安全来说，需从工控系统功能安全状态与信息安全状态的可信收集、基于物理模型的异常分析诊断、多粒度工控系统异常修正恢复的三个角度，建立工控系统动态重构理论和方法，构造其运行时安全保护方案。

工控系统功能安全状态主要从其所监视与控制的物理系统获取，通过不同的传感器感知物理系统运行状况，抽取其功能异常事件。工控系统信息安全状态主要从工控系统本身及其运行环境获取。本书采用隔离的方式，防止安全防护系统本身被污染。虚拟化技术中的虚拟机监控器拥有高特权级并实现了虚拟机间隔离，提供了Out-of-Box[17, 18]的系统安全检测的思路，可解决 In-Host 难题。但是该技术还不能直接重建工控系统的行为语义。为此，本书进行两方面研究，一是为物理设备建立离散事件行为模型与连续行为模型；二是为控制过程建立理论模型。

工控系统安全防护方案的最终目标是保障基础物理系统正常运行，因此首先需要将物理系统引入数字空间中作为防护决策的基础。物理系统一般涉及离散事件与连续行为，需要对其进行离散变量与连续变量建模。另外，物理系统与工控系统相互作用，构成复杂的信息物理过程。本节根据安全防护的需求，对该信息物理系统进行分解，即根据动作理论，在底层物理系统层面，描述其变量间关系、状态迁移过程、每个状态的约束方程，核心是描述信息过程与物理过程交互时的稳态动作效果；在上层的工控系统层面，描述其动作前提、动作流程、动作关系，核心是描述控制目标导向的动态动作效果。对于多个工控系统的联合，采用模块化动作理论完成整个联合物理信息系统建模。

获取工控系统运行时状态后，以功能安全为目标和基础，在攻击特征未知时，验证工控系统是否处在异常状态中。具体来说，在线验证工控系统中每个控制动作或其执行是否符合功能安全规范，是否会导致物理系统处于危险状态，基本思路是采用形式化的方法穷举验证系统当前的状态和将来的后果。该项研究需要解决两个关键问题：一是建立合适的目标模型，充分反映工控系统的特点，包括环境攸关性、连续系统特征、物理系统中人的安全规则、物理系统安全描述等；二是运行时验证的实时性保证，由于工控系统是实时、安全攸关的系统，其实时性是一个硬约束，需要解决当系统规模扩展后的状态爆炸问题，应该采取分而治之的方法。

现有系统功能安全设计方案一般基于“所有输入”的封闭环境假设来检查系统是否具有不变属性。但是在互联网环境中，主动智能攻击占了主流，这种随机性假设粒度过粗。在动作理论中，认为列出开放系统运行环境中所有的动作及其动作效果是不可能的任务。另外，这种假设也无法刻画攻击者的具体攻击能力和手段，不利于安全方案设计。本书采用对抗博弈的方式刻画工控系统运行和主动环境攻击，安全保护效果是一种博弈结果。将安全防护系统从工控系统隔离开，作为一个独立的对抗旁观者，对处于不安全状态的工控系统进行校正。因此，采用虚拟通道运行环境模型，刻画工控系统与攻击环境的对抗过程，以及安全防护系统被隔离进行运行观测的过程，其特点是安全防护系统被隔离。在实际的观测中，获得真实的工控系统运行状态与物理系统运行状态，是后续分析决策的基础，采用取证式方法对可能被污染的状态进行比对分析，并对获得的运行证据进行可信度分级。

由于所获取的工控系统与物理系统运行状态具有不同的可信度，采取基于可信度标记的理论推理机制，其特点是以物理系统模型为基础，推导出当前动作可能的结果，并给予其可信度评价。为了满足推导的实时性要求，采用三种方法来解决：其一是边推理边进行可信度剪枝，而不是对推导出的结果进行可信度评价，将可信度评估设计为一个底层的可判定过程，可信度小于阈值的分枝被该过程自动舍弃；其二是采用分而治之的方法，根据物理系统中物理设备都既有自己的作用范围，也有联合的全局作用效果的特征，将推理过程按设备分解，并允许少量的推理交互；其三采用预测的方法，任何攻击或异常动作的动作效果显现往往经过一定的延迟，基于信息过程与物理过程交互模型，预测异常状态出现的趋势和时间，由于未来其他状态的不确定性，使用穷举方法进行预测，并给出其可信性估计。

本书提出物联网服务系统运行时安全保障的初步方案，希望起到抛砖引玉的作用，为深入完整的方案提供基础。

6.3.1 内存取证技术基础

在虚拟化平台技术中，新引入的虚拟化层通常称为虚拟机监控器(Virtual Machine Monitor，VMM)，又称为Hypervisor。VMM运行的环境，也就是真实的物理平台，称为宿主机，而虚拟出来的平台称为客户机，里面运行的系统也对应地称为客户机操作系统。

虚拟化技术的最重要部分就是VMM。VMM有多种实现方式。最常见的实现方式有软件虚拟化、硬件虚拟化、准虚拟化和全虚拟化。

纯软件虚拟化，就是用纯软件的方法在现有的物理平台基础上实现对物理平台的截获和模拟。

常见的软件虚拟机如QEMU，是通过纯软件的方法仿真x86平台处理器的指针、解码和执行，客户机的指令并不在物理平台上直接执行。由于所有的指令都是软件模拟的，所以性能往往比较差，但是可以在同一平台上模拟不同架构平台的虚拟机。

VMware的软件虚拟化使用了动态二进制翻译技术。VMM在可控制的范围内，允许客户机的指令在物理平台上直接执行。但是，客户机指令在运行前会被VMM扫描，其中突破VMM限制的指令会被动态替换为可以在物理平台上直接运行的安全指令，或者替换为对VMM的软件调用。这样做的好处是比纯软件模拟性能有大幅度的提升，但是同时也失去了跨平台的虚拟化能力。二进制翻译技术的过程如图6-26所示。

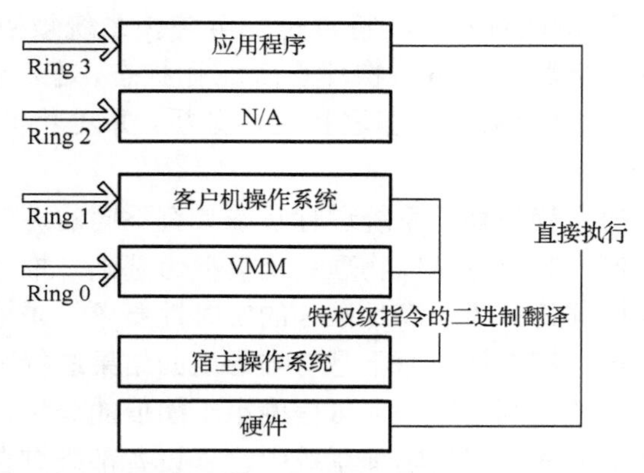

图6-26 二进制翻译技术的过程

在纯软件解决方案中，VMM在方案中处于传统操作系统的位置，操作系统处于传统系统中程序的位置。这样一来系统变得更加复杂，难以管理。系统的可靠性和安全性受到威胁。

硬件虚拟化，简而言之就是物理平台本身提供了对特殊指令截获和重定向的硬件支持。甚至，新的硬件会提供额外的资源来帮助软件进行对关键硬件资源的虚拟化，从而提升性能。

以 x86 平台的虚拟化为例，支持虚拟化技术的 x86 CPU 带有特别的优化过的指令集来控制虚拟化的过程，通过这些指令集，VMM 将客户机置于一种受限制的模式下运行，一旦客户机试图访问物理资源，硬件会暂停客户机的运行，并将控制权交给 VMM 处理。VMM 还可以利用硬件虚拟化的增强机制，将客户机在受限制模式下对一些特定资源的访问完全由硬件定向到 VMM 指定的虚拟化资源，这个过程不需要暂停客户机的运行和 VMM 软件的参与。

虚拟化硬件支持操作系统虚拟化运行，并且不需要二进制转换，减少了相关性能的开销，极大地简化了 VMM 设计，进而使 VMM 能够按照通用标准编写，性能更加强大。

需要说明的是，硬件虚拟化技术是一套解决方案。完整的情况需要 CPU、主板芯片组、基本输入/输出系统(Basic Input/Output System, BIOS)和软件的支持，如 VMM 软件或者某些操作系统本身。即使只是 CPU 支持虚拟化技术，在配合 VMM 软件的情况下，也会比完全不支持虚拟化技术的系统有更好的性能。

软件虚拟化可以在缺乏硬件虚拟化支持的平台上完全通过 VMM 软件实现对各个虚拟机的监控，以保证它们之间彼此独立和隔离。但是付出的代价是软件复杂度的增加和性能上的损失。减轻这种负担的一种方法就是，改动客户操作系统，使它以为自己运行在虚拟环境下，能够与 VMM 协同工作。这种方法就叫准虚拟化(para-virtualization)，也叫半虚拟化。本质上，准虚拟化弱化了对虚拟机特殊指令的被动截获要求，将其转化成客户机操作系统的主动通知。但是，准虚拟化需要修改客户机操作系统的源代码来实现主动通知。

与准虚拟化技术不同，全虚拟化为客户机提供了完整的虚拟 x86 平台，包括处理器、内存和外设，支持任何理论上可在真实物理平台上运行的操作系统，为虚拟机的配置提供了最大程度的灵活性。不需要对客户机操作系统进行任何修改即可正常运行任何非虚拟化环境中已存在基于 x86 平台的操作系统和软件，是全虚拟化无可比拟的优势。基于硬件的全虚拟化产品是未来虚拟化技术的核心。

利用 VMM 的特点，可以从新的思路来保障虚拟客户端的安全性。首先 VMM 具有虚拟化平台的高特权级，并且和虚拟客户端环境相隔离。这种隔离机制可以保障 VMM 自身的安全性，同时可以对处于不安全环境中的虚拟客户端进行有效的监控，确保其系统的安全性。VMM 可以通过内存获取工具进行内存分析，从而直接获得被监控虚拟客户端的系统内部状态，进而实时重构出其重要的内核信息，获取详尽的数据。然后将这些实时的数据传送给入侵检测系统进行详细的检测。这种在虚拟机外部监控虚拟机内部运行状态的方法称为虚拟机自省(Virtual Machine Introspection，VMI)[17-19]。

利用 VMI 技术的结构如图 6-27 所示。

在虚拟化平台中，VMI 技术主要由 VMM 组件控制与实现。VMM 首先创建出一个抽象层，并通过虚拟化虚拟出一台物理机器的硬件，将虚拟客户端实现为一台在逻辑上隔离的独立机器。这样 VMM 既保障了虚拟客户端的安全性，让 VMI 技术得到了可靠性，同时又实现了对虚拟客户端的隔离、自省和干预。

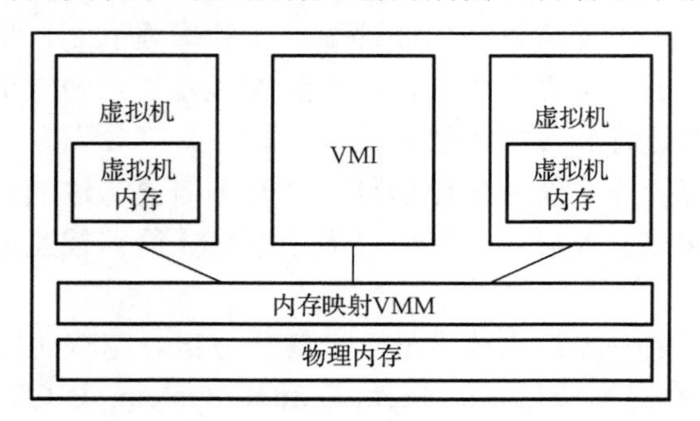

图 6-27　VMI 结构示意图

KVM(Kernel Virtual Machine)，即内核虚拟机，是基于虚拟化扩展(Intel VT 或 AMD-V)的 x86 硬件，是 Linux 完全原生的全虚拟化的解决方案。KVM 目前设计为通过可加载的内核模块，支持广泛的客户机操作系统，如 Linux、BSD、Solaris、Windows、Haiku、ReactOS 和 AROS Research Operating System。

在 KVM 虚拟化环境中，每一台虚拟客户端和每一个虚拟 CPU 相当于一个普通的 Linux 进程，受 Linux 系统调度。这样 KVM 就可以利用 Linux 内核的一切功能。KVM 本身并不执行任何模拟，用户空间程序通过/dev/kvm 接口设置一个客户机虚拟服务器的地址空间，向它提供模拟的 I/O，并将它的视频显示映射回宿主的显示屏。目前这个应用程序就是 QEMU。图 6-28 显示了 KVM 的基本架构。

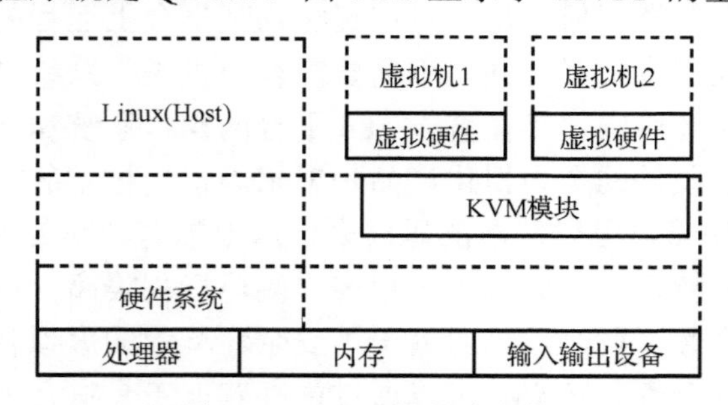

图 6-28　KVM 的基本架构

Kornblum 为了处理网络应急响应相关的问题，发表的报告“Preservation of fragile digital evidence by first responders”中最早出现了内存取证的概念。这篇报告中提出了为了准确获得网络攻击犯罪证据，需要对内存信息进行分析取证的概念。

内存取证无疑是最有成效的、有趣的和可信的数据取证。由操作系统或应用程序进行的各功能级的持续动作会修改计算机内存(RAM)，并保留内存的变化。存储器的取证提供了前所未有的可视性系统的运行状态，如哪些进程正在运行、打开的网络连接和最近执行的命令[20]。我们可以在一个完全独立的内存信息文件系统中进行调查，杜绝恶意软件如 Rootkit 干预分析数据。关键数据经常驻存在存储器中，如内存驻留注入的代码片段、聊天信息记录、加密电子邮件和不可缓存的上网历史记录等。虽然硬盘和网络数据包捕获检测也能产生令人信服的证据，但是动态和日常的 RAM 的内容变化，可以重构整个入侵事件，提供恶意软件入侵之前、之间和感染后发生的事情。内存取证在此方面可以提供一个入侵检测的新角度和思路。

内存取证是指从计算机的物理内存，即 RAM 中查找和提取数据。当系统处于活跃状态时，RAM 中包含了关于系统运行时状态的关键信息。通过捕获 RAM 的一份完美副本并在另一台计算机上分析，就有可能重构出原先的系统状态，包括有哪些应用程序正在运行、应用程序访问了哪些文件、哪个网络连接是活动的等许多证据。鉴于这些原因，内存取证技术对事件的响应尤为重要。

Rootkit 是一种特殊的恶意软件，它能把自身或其他对象(如文件、进程和注册表等)隐藏起来。Rootkit 很难被检测到，它在获取系统的最高权限后，修改系统内核，隐藏自身及指定的文件、进程和网络连接等信息。这样就可以躲过标准诊断、管理和安全软件查杀。Rootkit 一般持久并毫无察觉地驻留在目标计算机中，对系统进行操纵，并通过隐秘渠道收集数据。Rootkit 的三要素就是隐藏、操纵、收集数据。要了解 Linux Rootkit 的一般实现原理，首先需要了解 Linux 系统中命令执行的一般流程，如图 6-29 所示。

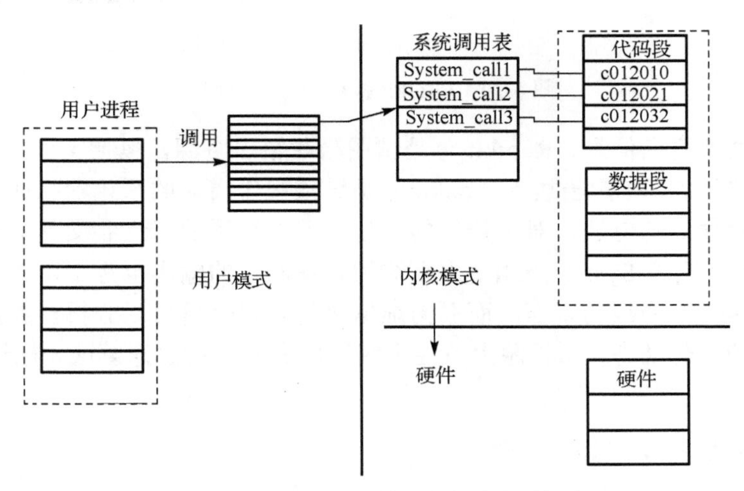

图 6-29　Linux 系统中命令执行的一般流程

在 Ring 3 层(用户空间)工作的系统命令/应用程序实现某些基础功能时会调用系统.so文件。而这些.so文件实现的基本功能,如文件读写则是通过读取Ring 0层(内核空间)的系统调用表(Syscall Table)中相应系统调用(Syscall)作用到硬件,最终完成文件读写的。

如果系统感染了 Rootkit,这个流程会发生如图 6-30 所示的变化。Rootkit 篡改了系统调用表中系统调用的内存地址,导致程序读取修改过的 System_call 地址而执行了恶意的函数从而实现其特殊功能和目的。

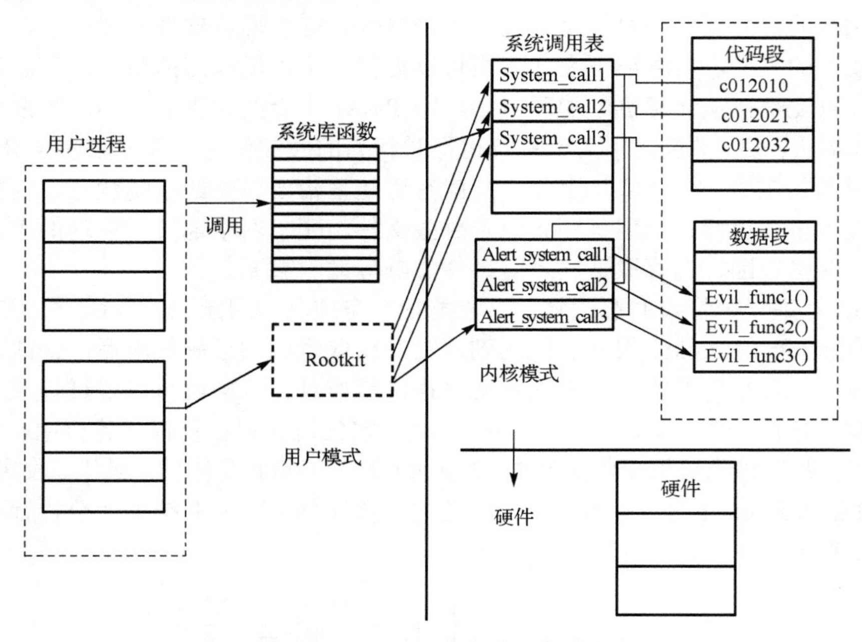

图 6-30 Rootkit 执行的一般流程

为了持续地窃取信息,Rootkit 总是试图隐藏很多资源,包括文件、进程、注册表项以及端口等。API 钩子技术(hooking)是导致报告错误的系统状态或不准确结果的一种古老而简洁的方法。对于传统的、使用静态编译的二进制文件的检测方式,如果 Rootkit 修改了 System_call,那么这种方法产生的输出也是不可靠的,无法看到任何被 Rootkit 隐藏的东西。而面向虚拟化的内存分析可以分析出虚拟客户端的系统调用表的变化动态,从根源上监控系统调用表是否被恶意篡改,杜绝了 Rootkit 攻击。

6.3.2 需求分析

本系统旨在设计实现一种在传统入侵检测的基础上,通过虚拟化技术以及内存取证和虚拟机自省技术等,创建一个功能全面、隔离安全的物联网安全保障子系统。

该系统布置在虚拟化平台下，可对虚拟客户端进行内存分析、入侵检测，在发现恶意软件入侵行为的同时进行告警，并进行进程和系统级别的恢复，有效地保障物联网服务的正常运行。本节就系统的基本需求进行说明。

本节论述面向虚拟化的物联网系统内存分析与安全保障子系统的需求。该系统在虚拟化隔离的基础上具有本地入侵检测和界面显示功能。图 6-31 描述了该子系统的用例图，下面将对各个模块进行详尽的需求分析。

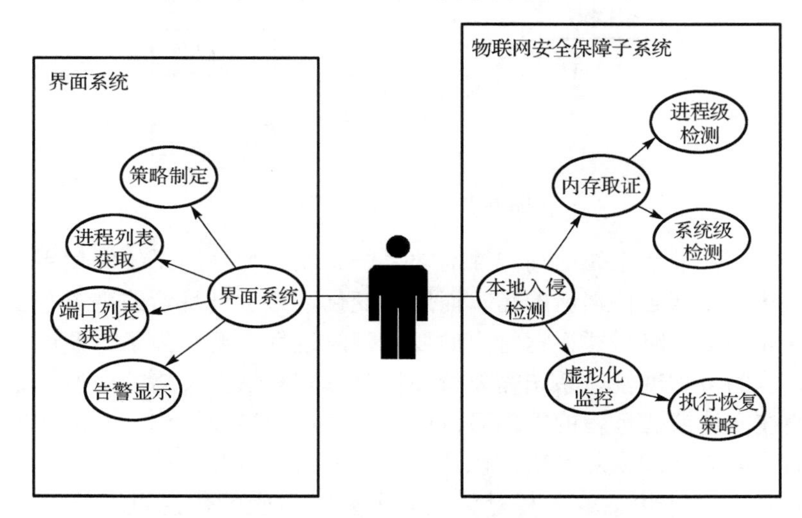

图 6-31　系统用例图

本地入侵检测是面向虚拟化的物联网系统内存分析与安全保障子系统的第一步，首先通过本地入侵检测判断系统是否安全，然后进行相应的系统策略操作。它包括对虚拟客户端的内存取证和虚拟化监控两部分。内存取证是本地入侵检测的第一步。

在面向虚拟化的物联网安全保障子系统中，需要通过内存取证对虚拟客户端进行进程级别和系统级别的检测。进程级别的检测用来确保物联网服务正常运行，检测应该包括服务是否正在运行、是否被恶意篡改等，并将得到的信息传递给虚拟化监控模块，由它进行相应的处理操作。同时因为 Rootkit 一些篡改操作系统内核的恶意软件的存在，也需要对虚拟客户端进行系统级的检测，检测包括判断系统的系统调用表是否被篡改、有无 Rootkit 入侵痕迹等，并将得到的信息传递给虚拟化监控模块，由它恢复纯净的系统备份。

面向虚拟化的物联网系统内存分析与安全保障子系统的主要功能和设计是保障虚拟化环境下物联网服务的安全。通过构建 KVM 虚拟化环境，利用虚拟机自省技术使得保障系统和被检测虚拟客户端实现隔离，以保障检测系统的安全性和检测数据的可信性，实现根据本地检测信息实时恢复物联网服务的功能。同时，在检测到本地入侵行为后，通过虚拟监控器的高特权进行虚拟客户端中的进程重启、系统重启或恢复虚拟客户端操作系统备份等操作，保障物联网服务的稳定。

系统修复流程如图 6-32 所示。

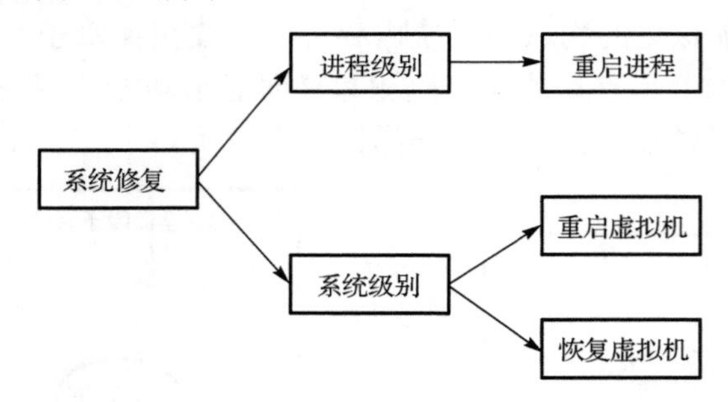

图 6-32 系统修复流程

个性化定制是管理系统的功能性需求之一。随着物联网系统的使用，其运行环境或者应用条件可能会根据新的需求而发生变化，为了满足新的需求和变化，系统的检测条件和恢复策略需要根据特定的要求随时进行变更。为了方便用户的操作，同时提高系统的可扩展性，系统需要增加检测规则和恢复策略的个性化定制功能。用户只需要在本地或者远程的管理系统中进行简单的界面操作，即可在保障系统中增加特定的检测规则或恢复策略，以适应新环境的特定需求。

检测到系统运行状态或入侵行为后，需要将相应的信息发送给管理系统，并在相应的展示模块予以实时呈现，方便用户即时知晓系统当前的情况，提高用户体验。

除了上述功能性需求外，实时性恢复和稳定性也是面向虚拟化的物联网安全保障子系统的重要需求。由于物联网服务大多运用于工业控制领域，这些领域对服务的实时性要求很高，所以需要对系统的恢复策略进行优化和改进，提高整体性能。在投入生产环境中时，能不能长期稳定地运行，将直接影响系统甚至工业生产效率。由于本系统采用了虚拟化技术和全新的架构设计，所以在系统部署之后，需要对系统进行反复测试和调优，增强系统长时间稳定运行的能力。

6.3.3 整体方案设计

系统的架构如图 6-33 所示。物联网服务部署在虚拟化平台上层的虚拟客户端中，而安全保障子系统则部署于 VMM 中，对虚拟客户端具有高级权限。保障系统与物联网应用系统共同使用虚拟平台的内存资源，通过开源的虚拟机自省工具 LibVMI 和内存取证分析工具 Volatility 提供的 API，实现对虚拟机内存信息的获取。

保障系统在获取到虚拟客户端内存后，通过语义重构还原出系统内存的重要信息，通过用户自定义的检测规则对虚拟客户端中物联网服务的关键进程进行检测，最后进行系统级别的 Rootkit 等恶意软件的检测，将一切信息汇总给故障恢复模块，由此模块来判断当前状态所需采取的操作。

本系统同时提供了管理系统以便用户和系统进行交互。保障系统所检测到的入侵信息和恢复策略的执行结果都会以告警的方式展示在管理系统上。同时，管理系统还具有配置检测规则、配置恢复规则和直接查看虚拟客户端进程信息的功能，由此来更好地从外部了解虚拟客户端的运行状况，增加用户友好度。

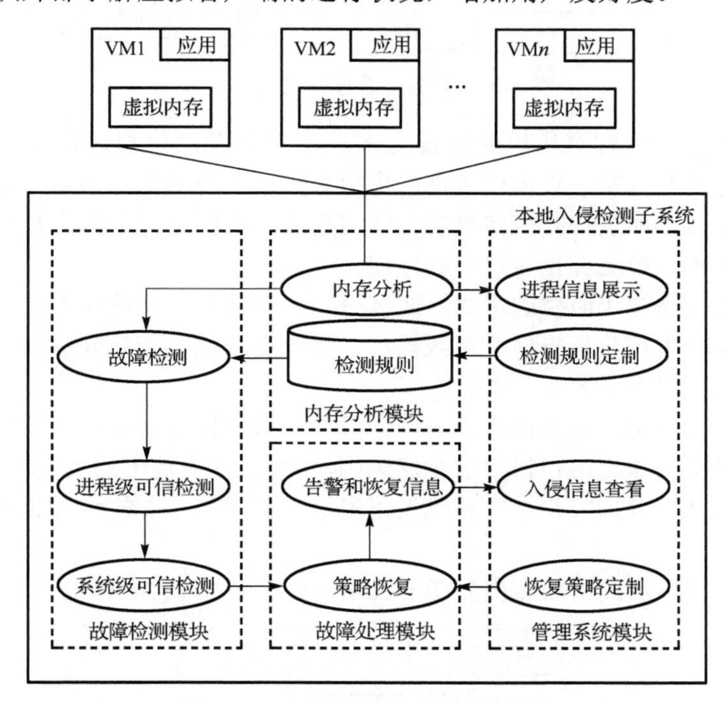

图 6-33　安全保障子系统系统架构

本书把安全保障子系统整体划分为四个模块：内存分析模块、故障检测模块、故障处理模块和管理系统模块。

内存分析模块主要通过第三方开源的内存获取和内存分析软件框架的使用，达到安全保障子系统在虚拟客户端上对虚拟客户端进行内存信息获取的目的，为后面的故障检测提供可信信息来源。

内存分析模块的简要构造如图 6-34 所示。

开源软件 Volatility 是一个针对 Linux、Mac OS X 和 Windows 平台进行内存分析的内存取证框架。Volatility 提供了大量功能强大的插件，通过这些插件，使用者不仅可以从静态内存转储文件提取关键数据，同时也可以和内存获取工具 LibVMI 一起协调工作，实现对正在运行的虚拟客户端内存进行实时分析的功能。

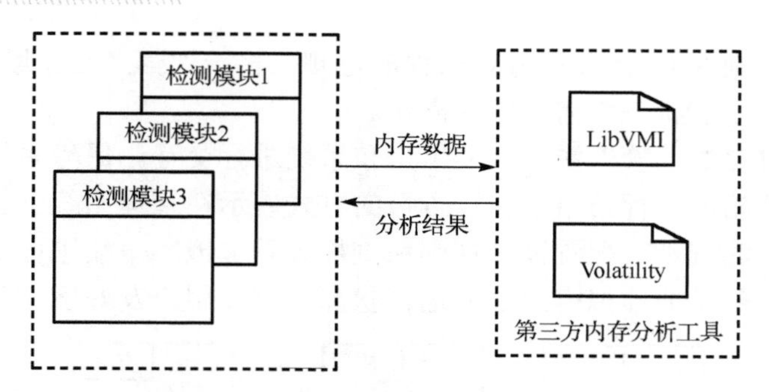

图 6-34 内存分析模块的简要构造

在本系统中，内存分析模块通过 LibVMI 软件获取虚拟客户端内存，并通过 Volatility 进行内存分析，重构出可信的虚拟客户端系统的内部信息。内存分析模块对一些关键信息，如进程列表信息和系统调用表信息等进行了翻译和重现，并以此作为故障检测模块检测虚拟客户端的依据。

故障检测是虚拟化监控的重要组成部分，安全保障子系统在内存分析中得到虚拟客户端内存并进行分析得出可用数据后，系统在故障检测部分对这些数据进行分析，检测物联网服务是否工作正常。

安全保障子系统的故障检测分为两个模块，即进程级别检测和系统级别检测。进程级别检测主要通过用户指定的检测规则，对虚拟客户端中的关键进程进行监控。系统级别检测是对虚拟客户端的系统调用表进行实时监控，杜绝 Rootkit 等恶意软件的篡改。

故障检测子模块的简要流程如图 6-35 所示。

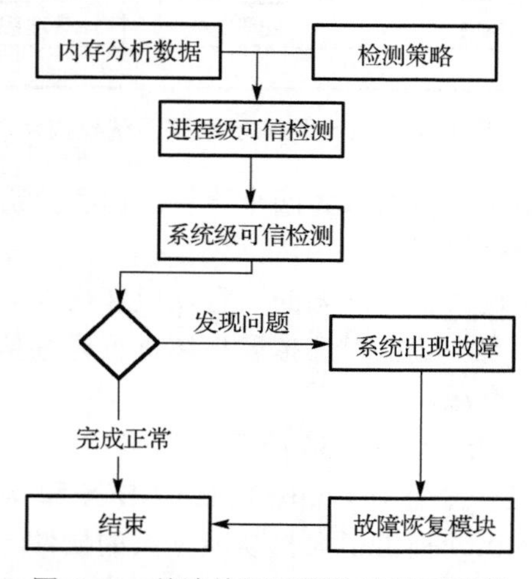

图 6-35 故障检测子模块的简要流程

故障检测子模块利用从内存分析模块中获得的虚拟机操作系统级别的信息（如

进程信息、内核数据结构等）进行相关的故障检测工作，进而发现系统中的恶意软件和恶意攻击。故障检测子模块可以利用虚拟客户端的信息进行进程级别的可信检测和系统级别的可信检测，进程级别检测又分为关键进程检测和隐藏进程检测。

(1) 关键进程检测。关键进程检测模块首先通过读取本地配置文件，获取需要监控的关键进程名和关键进程的代码段哈希值。同时通过虚拟化平台第三方软件获得虚拟客户端 RAM 的一份完美副本并在虚拟化平台上进行分析，重构出虚拟客户端系统的运行状态。内存分析模块从虚拟机监控器得到的虚拟客户端的内存信息中整合得到进程列表的数据结构。通过进程名对比确定系统中有无全部的关键进程，若关键进程缺失则通知恢复模块采取相应措施。

(2) 关键进程识别。通过进程列表的数据结构找到内存中和关键进程名相同的进程的代码段，与配置文件中关键进程的代码段哈希值对比，若哈希值不同，则表明关键进程遭到恶意篡改，通知恢复模块采取相应措施。

(3) 隐藏进程检测。内存分析模块从虚拟机监控器得到的虚拟客户端的内存信息中整合得到进程列表的数据结构。同时通过 SSH 命令连入虚拟客户端内部，在命令窗口得到系统调用显示的进程列表信息，传回进程级别检测模块。通过视图的方式比较这样两种方式得到的进程列表。若从内存信息中整合得到进程列表的数据结构中存在没有显示在虚拟客户端命令窗口的进程列表信息，说明存在隐藏进程，通知恢复模块采取相应措施。

系统级别可信检测主要包括活动网络端口检测和 Rootkit 检测。

(1) 活动网络端口检测。内存分析模块从虚拟机监控器得到的虚拟客户端的内存信息中整合得到端口号列表的数据结构。可以在管理系统中查看每个端口号的使用情况，随时监控可疑的 TCP/UDP 连接，保障系统的安全。

(2) Rootkit 检测。首先读取本地配置文件，获取需要监控的虚拟客户端的系统调用表中所有地址的哈希值。同时通过虚拟化平台第三方软件获得虚拟客户端 RAM 的一份完美副本并在虚拟化平台上进行分析，重构出虚拟客户端系统的运行状态。内存分析模块从虚拟机监控器得到的虚拟客户端的内存信息中整合得到虚拟客户端系统调用表的数据结构。将从配置文件中得到的虚拟客户端的系统调用表中所有地址的哈希值和实时的虚拟机内存信息进行对比，如果有哈希值发生了改变，则说明此虚拟客户端的系统调用表被人为改动，系统可能遭到了 Rootkit 攻击。

故障处理是故障检测模块得到虚拟客户端的故障信息后，对故障信息进行故障告警和系统恢复的处理。故障处理模块分为故障告警模块和恢复策略执行模块。

故障告警一方面通过日志存储安全保障子系统运行的状态信息，一方面将系统运行中产生的告警信息和恢复情况信息通过 Socket 通信传递给管理系统。

故障告警子模块的简要流程如图 6-36 所示。

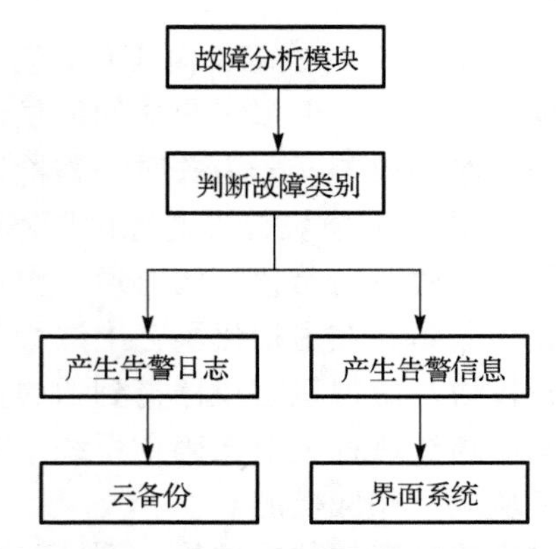

图 6-36 故障告警子模块的简要流程

恢复策略执行模块会根据用户的自定义配置和程序设定的策略对虚拟客户端进行系统级别和进程级别的恢复，以保障物联网服务的正常运行。

恢复措施一般包括：重启进程、重启虚拟客户端、恢复虚拟客户端镜像。客户端系统发生异常一般包括：关键进程缺失、关键进程被篡改、发现隐藏进程和发现Rootkit 攻击。下面针对每种情况简述恢复策略执行过程。

(1) 关键进程缺失。当入侵检测告警模块传来关键进程缺失的异常时，策略恢复模块会根据系统本地的策略恢复配置文件进行处理。若配置文件指定为重启进程，则策略恢复模块通过使用 SSH 技术来远程登录虚拟客户端，并通过执行进程管理指令来启动进程，如果重启失败，则在达到规定失败次数后尝试重启虚拟客户端和恢复虚拟客户端镜像。

(2) 关键进程被篡改。入侵检测告警模块传来关键进程被篡改的异常时，因为系统文件已经被污染，无法判断入侵细节，所以策略恢复模块会直接恢复虚拟客户端镜像。通过虚拟机监控器上的 virsh 命令来恢复之前做好的正常运行的虚拟客户端纯净的 snapshot 镜像。

(3) 发现隐藏进程。入侵检测告警模块传来发现隐藏进程的异常时，首先通过配置文件判断该隐藏进程是否在本虚拟客户端的白名单中。通过深入的检测技术判断该隐藏进程是否为恶意进程。如果判断为恶意进程，则采取直接恢复虚拟客户端镜像的策略。

(4) 发现 Rootkit 攻击。入侵检测告警模块传来发现 Rootkit 攻击的异常时，该虚拟客户端的系统调用表已经被篡改，此时虚拟客户端系统被污染，采取直接恢复虚拟客户端镜像的策略。

一次完整的恢复策略执行的数据流程如图 6-37 所示。

安全保障子系统的管理系统模块具备界面操作。界面操作方便用户熟悉和使用系统，增加系统的友好性。用户的界面操作主要包括策略定制、告警信息获取、进程列表获取和端口号列表获取四个方面。

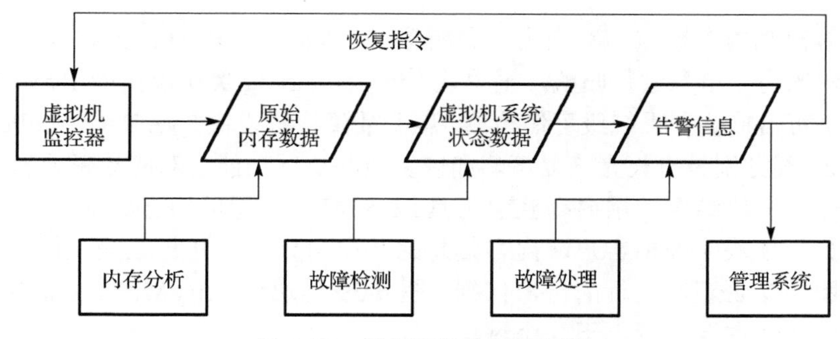

图 6-37　恢复策略执行流程图

管理系统保证了用户能够实时地获取告警信息，它开启一个独立的线程作为服务器，负责随时监听和接收来自安全保障子系统的告警信息，在接到告警信息后进行信息整合并在管理系统进行显示，方便用户实时检测虚拟客户端运行状况，并对突发告警及时处理。

6.3.4　系统实现

安全保障子系统功能类图如图 6-38 所示。

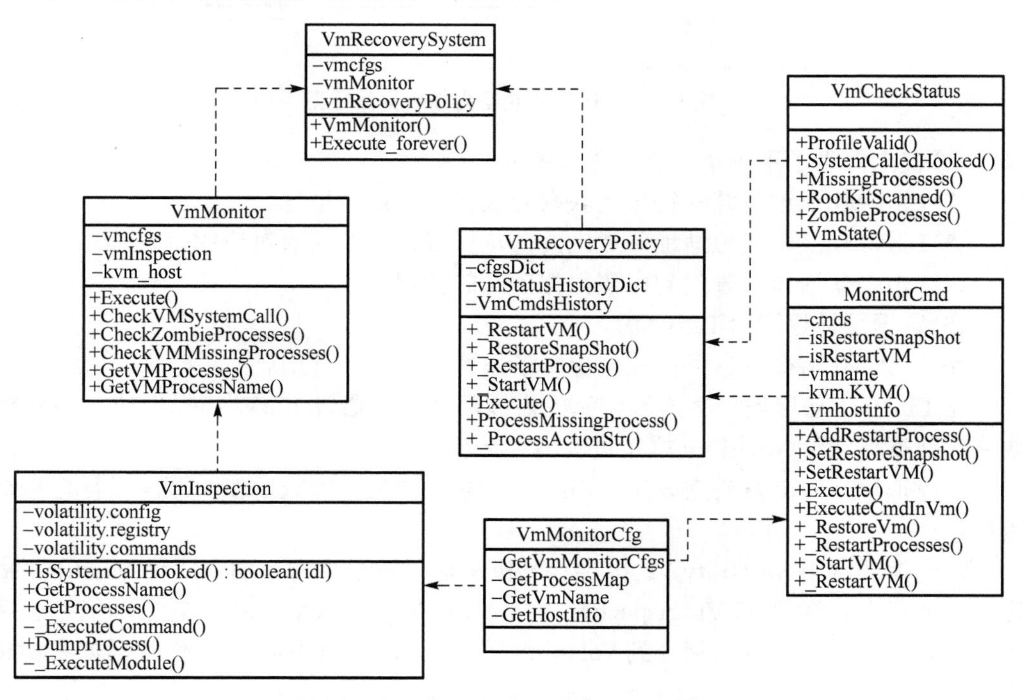

图 6-38　安全保障子系统功能类图

其中，VmInspection 类调用第三方内存获取软件和内存分析软件，负责获取和分析虚拟客户端内存数据，对应内存分析模块。VmCheckStatus 类和 VmMonitor 类负责对获取的内存信息进行归整，根据从 VmMonitorCfg 类中取出的用户配置信息，进行进程级可信检测和系统级可信检测，属于故障检测模块。VmRecoveryPolicy 类和 MonitorCmd 类分别具有设置恢复策略和恢复策略执行功能，对应故障处理模块。

内存分析模块结合使用内存获取工具 LibVMI 和开源的内存取证框架 Volatility，实现内存分析模块对虚拟客户端内存信息的获取与分析，并将这些可信信息作为检测物联网服务是否正常运行的可信依据。图 6-39 是通过 LibVMI 获取虚拟客户端内核数据的流程，主要包括以下几个过程。

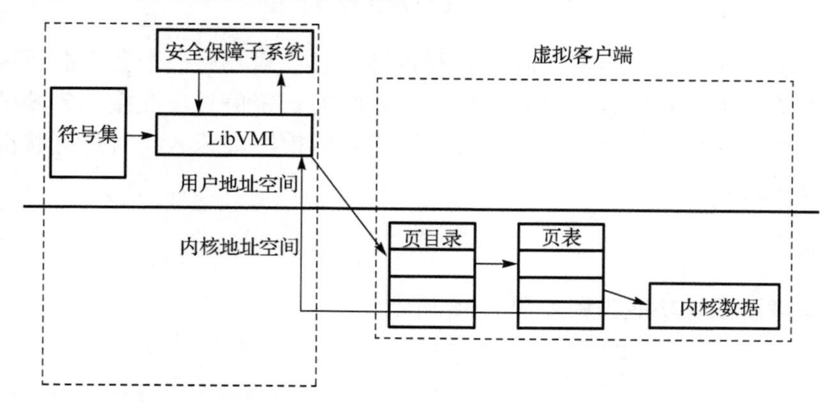

图 6-39 LibVMI 获得内核数据流程图

(1)安全保障子系统请求查看内核符号。

(2)LibVMI 通过系统的符号集获取内核符号的虚拟地址。

(3)LibVMI 找到虚拟地址所对应的内核页目录，并获取对应的页表。

(4)LibVMI 通过页表找到内核数据正确的数据页。

(5)数据页被返回给 LibVMI。

(6)LibVMI 将数据返回给安全保障子系统。

在 LibVMI 获取虚拟客户端初始的内核数据后，通过 LibVMI 提供的 pyvmi 模块将该数据传送给 Volatility 框架进行内存分析。

在虚拟化平台上安装完成 Volatility 后，需要修改一些 Volatility 源码以符合系统需要。

首先为了调用 Volatility，让内存检测模块能以发送字符串的方式使 Volatility 执行相应的指令，需要在 VmInspection 中加入函数_ExcuteModule。它的功能是以字符串形式传递需要执行的指令到 Volatility 框架。函数_ExcuteModule 伪代码如图 6-40 所示。

该函数调用了在 Volatility 源码/volatility/conf.py 中加入的 parse_options_from_ string 方法，它将内存分析模块传入 Volatility 的字符串转换为其执行命令的格式，实现了将字符串转换为命令的功能，该部分伪代码如图 6-41 所示。之后就可以通过 Volatility 的各种功能插件分析从 LibVMI 传来的原始内核数据，得到进程列表信息(利用 psaux 插件)、系统调用表信息(利用 sys_call 插件)和端口号信息(利用 netstat 插件)等详细的虚拟客户端内部信息，这些信息是完全透明可信的，为故障检测模块检测故障提供依据。

```
def _ExecuteModule(self,module,argv):
        if not module:
          debug.error("You must specify something to do (try -h)")
        try:
          if module in self.cmds.keys():
              command=self.cmds[module](self.config)
              ## Register the help cb from the command itself
              #self.config.set_helf_book(obj.Curry(command_help,command)
              #config.parse_options()
              self.config.parse_options_from_string(argv)
              #pdb.set_trace()

              if not self.config.LOCATION:
                debug.error("Please specify a location (-l) or filename

              data=command.execute_call()
              return data
              #for task in data:
          #     print str(task.comm)+"\t"+str(task.pid)
        except exceptions.AddrSpaceError, e:
          print e
```

图 6-40　_ExcuteModule 伪代码

```
#hua
    def parse_options_from_string(self,argv,final=True):
       #pdb.set_trace()
       self.optparser.final=final
       try:
      (opts,args)=self.optparser.parse_args(shlex.split(argv.encode('utf8')))
        self.opts.clear()
            ##Update out cmdline dict:
        for k in dir(opts):
                v=getattr(opts,k)
                if k in self.options and not v == None:|
                    self.opts[k]=v
```

图 6-41　函数 parse_options_from_string 代码

故障检测模块首先读取用户的本地配置，获得需要检测的虚拟客户端信息和虚拟客户端中需要监控的关键进程列表。因为从内存分析模块中得到的进程列表信息是完全可信的，与内部系统调用获得的进程列表进行对比，从而判定系统中是否存在进程异常。关键进程存在性检测过程的流程图如图 6-42 所示。

关键进程可信性检测过程的流程图如图 6-43 所示。若关键进程内部代码被篡改，被重新编译运行，就可以使用进程代码段哈希值比较的方式发现这一入侵行为。

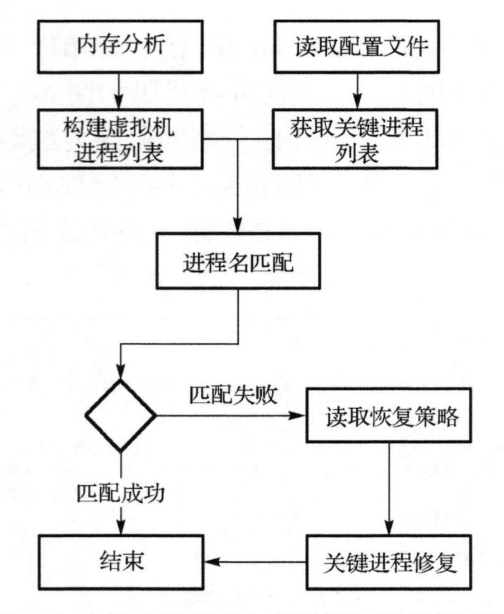

图 6-42　关键进程存在性检测过程的流程图

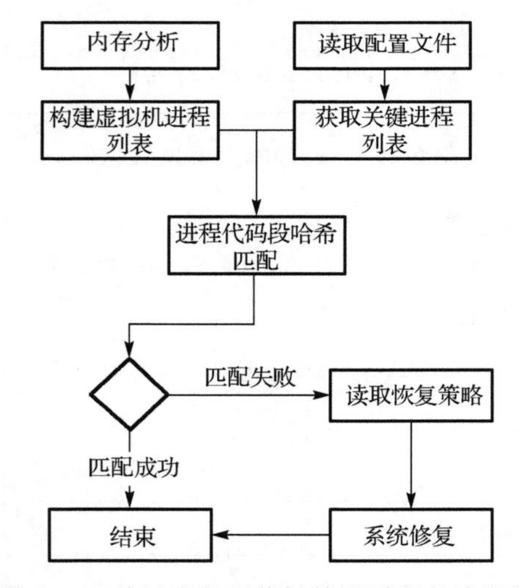

图 6-43　关键进程可信性检测过程的流程图

获取关键进程代码段哈希值的伪代码如图 6-44 所示。其中 datas 是进程列表数据结构的一个迭代，每一个 task 代表一个进程的数据结构。其中进程代码段在内存中的起始位置和结束位置分别为 task.mm.start_code 和 task.mm.end_code。故障检测系统通过内存块读取函数 pro_as.read 进行代码段起始和结束位置内存块的读取，读出内存中原始二进制数据，进行哈希操作，将得到的哈希值存入字典数据结构 monitPlistcode[]中。将每个关键进程在虚拟客户端实时检测的代码段哈希值与原配置文件中的该关键进程的哈希值进行对比，若不匹配，则说明该关键进程被恶意篡改了。将被篡改的关键进程存储入被修改进程数据结构 ModifiedProcessList 中，并传入故障恢复模块作为故障恢复的依据，实现关键进程可信性检测。

```
for task,name in datas:
    vmpList.append(name)
    for p in monitorPlistcopy:
        if name.find(p)>=0:
            monitorPlishtcopy.remove(p)
            #print monitorPlistcopy
            proc_as=task.get_process_address_space()
            if task.mm:
                start=task.mm.start_code.v()
                argv=proc_as.read(start,task.mm.end_code-task.mm.start)code)
                if argv:
                    code=""join(argv.split("\x00"))
                    #print code
                    code=hashlib.md5(code).hexdigest().upper()
                    #print code
                else:
                    code="NULL"
            else:
                # kernel thread
                code="NULL"
            monitPlistcode[p]=code
            break
```

图 6-44　关键代码段哈希值获取伪码图

隐藏进程检测过程的流程图如图 6-45 所示。系统首先通过内存分析模块重构出可信的虚拟客户端内部的进程列表，存储在数据结构 data 中。然后在虚拟化平台上通过 SSH 命令远程登录被监控的虚拟客户端，在其内部运行 ps 命令，得到该虚拟客户端内部系统调用显示的进程列表信息。将两个以不同方式得到的进程列表进行比对，若发现有进程存在于内存分析模块重构出的进程列表，但没有出现在 ps 命令得到的进程列表中，则判定该系统中存在隐藏进程，并传入故障恢复模块作为故障恢复的依据。

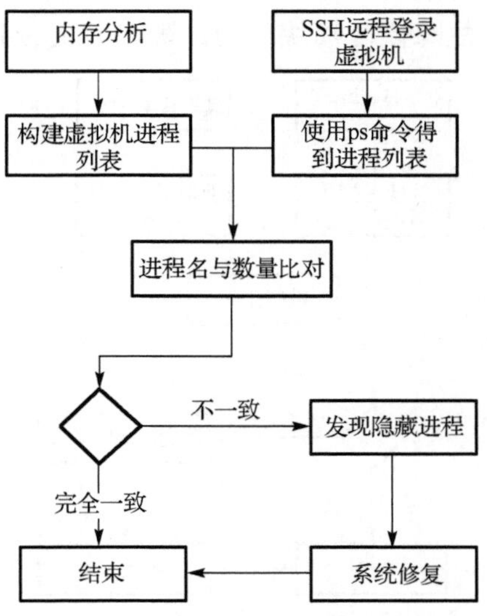

图 6-45　隐藏进程检测过程的流程图

系统端口可信检测过程的流程图如图 6-46 所示。系统首先通过内存分析模块重构出可信的虚拟客户端内部的端口列表；然后从本地配置文件中读取关键端口列表和其对应的服务，将此信息和可信的端口列表意义对照，得出真实的端口使用情况。若关键端口号被其他进程占用，或系统中出现异常 TCP 连接等异常情况，将该系统端口号状态设为异常，并传入故障恢复模块作为故障恢复的依据。

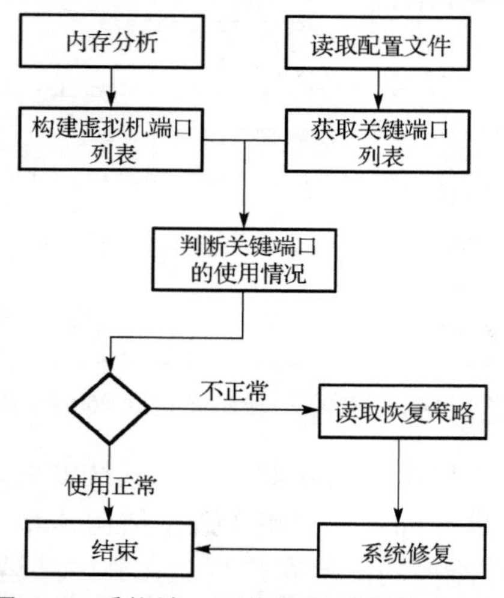

图 6-46 系统端口可信检测过程的流程图

Rootkit 检测流程图如图 6-47 所示。本书通过内存分析模块重构出被监控虚拟客户端的系统调用表信息，同时读取配置文件，进行对比。如果发现不一致，则说明该系统的系统调用表被篡改过，即存在 Rootkit 入侵可能。将该系统的系统调用表状态设为异常，并传入故障恢复模块作为故障恢复的依据。

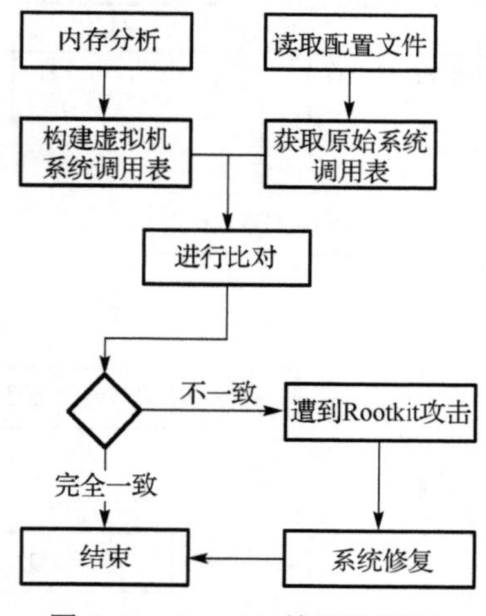

图 6-47 Rootkit 检测流程图

故障恢复模块接收故障检测模块发送的故障检测结果，对其进行整理后，根据本地的配置文件中配置的恢复策略对每种不同的故障进行告警，并执行恢复策略，保障物联网服务的正常运行。故障恢复模块又细分为故障告警子模块和恢复策略执行子模块。

故障告警模块连接了故障检测模块和恢复策略执行模块。该模块把系统的异常信息传递给恢复策略执行模块。同时把相应的告警信息一方面通过日志存储，另一方面将系统运行中产生的告警信息和恢复情况通过 Socket 通信传递给管理系统模块。

告警模块在接收到故障检测模块给出的故障信息后，将安全保障子系统中相应的故障全局变量进行相应的改变，这样恢复策略执行模块就能通过全局变量的更改获取虚拟客户端的故障信息，进行相应的恢复策略恢复。

恢复模块接到故障检测模块送达的故障结果后，通过已有的策略，生成相应的恢复指令，进行进程级别和系统级别的恢复。恢复策略执行流程图如图 6-48 所示。

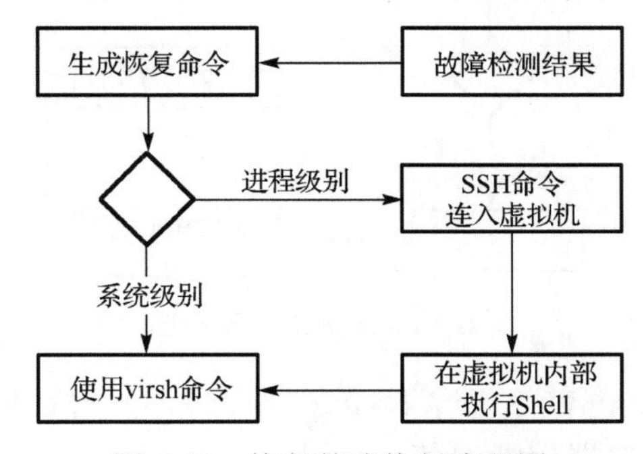

图 6-48　恢复策略执行流程图

当故障检测模块检测出虚拟客户端中关键进程缺失时，这种问题往往是由于进程级别的错误或人为的误操作引起的。此时可以通过 SSH 技术实现进程级别的恢复。当故障检测模块检测出虚拟客户端中存在系统级别的入侵或损坏时，恢复策略生成并执行系统级别的恢复命令，从而对整个系统进行恢复。本恢复策略对虚拟客户端具有开机、重启和恢复备份镜像的功能。

安全保障子系统采用了 KVM 虚拟化技术，可使用 KVM 虚拟化提供的 virsh 命令工具实现对虚拟客户端的系统级恢复。在 Python 脚本中，Kvm_host 模块调用了 virsh 命令实现了对虚拟客户端的控制。实现伪代码如图 6-49 所示。

管理系统模块是安全保障子系统的入口，具有界面操作。主要包括两部分：系统配置和信息查看。系统配置供用户进行检测规则配置和恢复策略配置，以适应新环境、新需求；信息查看方便用户随时了解系统的运行情况，查看故障检测和故障处理结果信息，保证系统的安全。其中配置检测规则的流程如图 6-50 所示。

```
def start(self,vm):
       return self.virsh('start',vm)

def reboot(self,vm):
     return self.virsh('reboot',vm)

def snapshot_revert(self,vm,dst):
     return self.virsh('snapshot-revert',join("%s %s" %(vm,dst)))
```

图 6-49 系统级别恢复伪代码

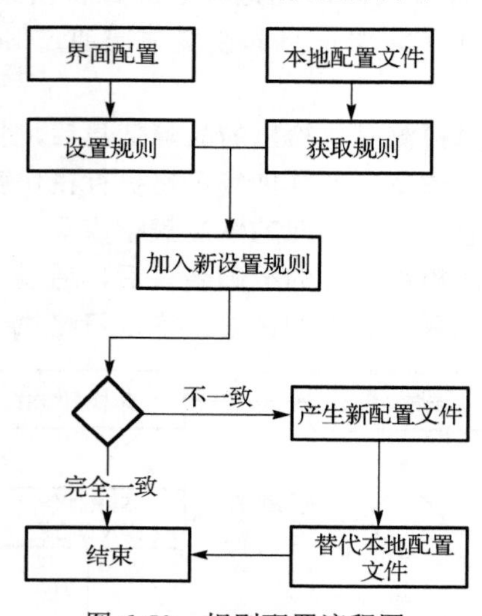

图 6-50 规则配置流程图

该管理系统由 Java 语言并通过 Swing 库实现，同时远程管理系统通过 Socket 实现与安全保障子系统的端到端通信。

6.4 物联网服务 I/O 安全控制方案

6.4.1 相关技术介绍

虚拟化实现方式有多种，本书中采用的是 KVM 虚拟机，而 KVM 虚拟机网络配置的实现又包括网络地址转换(Network Address Translation，NAT)和网络桥接(Bridge)两种方法。

NAT 模式是 KVM 虚拟机安装完毕之后默认的网络配置方式，它能够实现主机与虚拟机之间的通信，也可以实现虚拟客户机对外部网络的访问，但是不允许外界通过 IP 地址访问虚拟客户机。

Bridge 模式，即虚拟网桥的网络连接方式，可以实现主机与虚拟客户机以及虚拟客户机与外部网络的相互访问。桥接方式主要是在主机和虚拟客户机之间建立一个虚拟的网桥设备 br0，来进行物理网卡 eth0 与虚拟网络接口 vnet 之间的数据交互。Bridge 桥接方式原理如图 6-51 所示。

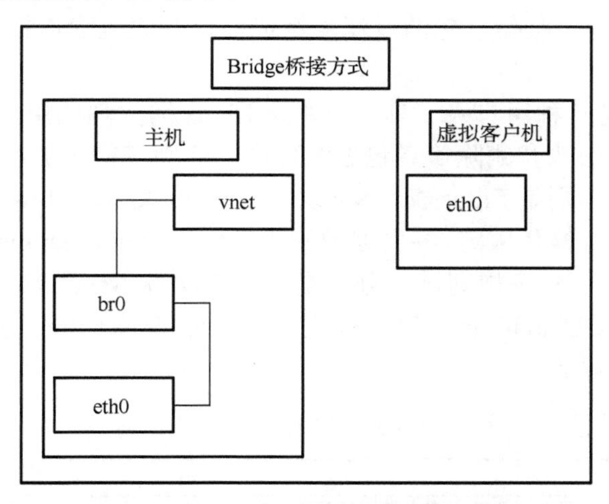

图 6-51　Bridge 桥接方式原理图

另外，NAT 方式适用于桌面主机的虚拟化，而 Bridge 方式更适用于服务器主机的虚拟化。为了将物联网服务系统布置在虚拟客户机中运行，以方便主机上的安全监控系统对其监控，KVM 虚拟机采用 Bridge 方式进行网络配置。

入侵检测(intrusion detection)就是对入侵行为的发掘，它通过对计算机系统和网络中重要的关键点进行信息采集并对其进行分析，从而发现被检测对象中是否存在被攻击的迹象或者被攻击的可能。传统的入侵检测系统主要可以分为三类，分别是基于主机、基于网络以及分布式的入侵检测系统。

基于主机的入侵检测系统出现时，网络规模还比较小，而且网络之间也没有完全互连，这使得当时对入侵行为的检测比较容易；而且，通过对已有攻击行为的分析就可以很大程度地防止随后可能出现的攻击。

随着互联网时代的到来，网络上流通的信息越来越多，网络安全存在的隐患也越发明显。基于网络的入侵检测系统主要使用原始网络包作为分析源，一旦检测到攻击行为，系统的响应模块就会发出相应的通知或者告警信息。

分布式入侵检测系统是基于部件的入侵检测系统，系统主要由具有特定功能的独立的功能模块(称为部件)组成。该类入侵检测系统的各个部件能够独立完成某一特定的功能，部件之间通过统一的网络接口进行信息交互。

防火墙是一种由计算机软件或者硬件组成的、位于内部网络与外部网络之间的网络安全防护系统，它按照一定的规则允许或者限制数据的通过。所以，防火墙又称为防护墙。Netfilter/Iptables IP 信息包过滤系统，即 Linux 防火墙，是一种功能强大的开源工具，可用于添加、删除以及编辑防火墙进行信息包过滤时所必须遵循的规则。

在信息包过滤表中，规则被分组放在所谓的链中，表和链实际上是 Netfilter 架构的两个维度。Netfilter 机制内建在 Linux 内核当中，也称为防火墙的内核空间(kernelspace)，它由一些信息包的过滤表组成，这些表包含内核用来控制信息包过滤处理的规则集。

Iptables 组件是一种用户级工具，也称为 Linux 防火墙的用户空间(userspace)，它使得用户插入、修改和删除信息包过滤表中的规则变得更加容易。Linux 防火墙中集成了 4 张表，分别是 Filter 表、Nat 表、Mangle 表以及 Raw 表。根据内核中的定义可对数据包进行操作限定，各表处理的优先级是 Raw>Mangle>Nat>Filter。同时，Iptables 中还包含了 5 条规则链，分别是 PREROUTING、INPUT、FORWARD、OUTPUT、POSTROUTING 链；这 5 条规则链对应了 Netfilter 的 5 个 Hook 点。它们的作用如表 6-3 所示。

表 6-3　规则链及其作用

规则链	作用
PREROUTING	在数据包进入路由表之前进行处理，若目的 IP 地址是本机，则数据包进入 INPUT 链；否则进入 FORWARD 链
INPUT	目的 IP 地址是本机，则本机接收并处理
FORWARD	目的 IP 地址不是本机，则需要本机进行转发
OUTPUT	由本机产生的、需要向外转发的数据包进入此链
POSTROUTING	转发来自 FORWARD 链以及 OUTPUT 链的数据包

Iptables 中每一张内建表都可能对应多条规则链，其对应关系以及表的作用如表 6-4 所示。

表 6-4　Iptables 内建表与规则链

表名	包含规则链	作用
Filter	INPUT、FORWARD、OUTPUT	与进入本机的数据包过滤有关，是 Iptables 中执行操作的默认表
Nat	PREROUTING、OUTPUT、POSTROUTING	对数据包进行路由地址转换，与本机数据包无关，主要与 Linux 主机外的其他局域网计算机有关
Mangle	PREROUTING、INPUT、OUTPUT、FORWARD、POSTROUTING	主要对特定数据包的包头(如服务类型)进行一定的修改，如修改 TTL 来限定数据包的传输节点
Raw	PREROUTING、OUTPUT	优先级最高，决定是否对收到的数据包在连接跟踪前进行处理

在实际应用中，将 Linux 防火墙看成单个实体进行工作，Iptables 与 Netfilter 协同工作原理如图 6-52 所示。

本书中主要修改 Netfilter 内核机制，即在内核层面上对数据包进行捕获、解析并处理，这也使得安全监控系统更加高效。

Linux 内核提供了模块机制，允许用户动态地加载内核模块。本书采用内核模块机制对服务语义事件监控系统进行设计与开发，主要原因在于：系统开发实现过程中不能保证系统一次性开发成功，更改代码的操作会比较频繁，如果直接更改内核代码，然后编译内核，则操作烦琐并且可能会引发未知的问题(如内核崩溃等)；即使在直接更改源代码并编译内核之后，监控系统能够正常实现功能需求，系统的后续维护也不容易进行。使用内核模块机制进行系统开发，在需要修改内核功能时，不必重新编译整个内核，只要动态编译加载需要的内核模块即可。这样，可以方便地实现对内核功能的开发以及对内核模块的动态加载与卸载，对代码进行维护更新也容易得多。

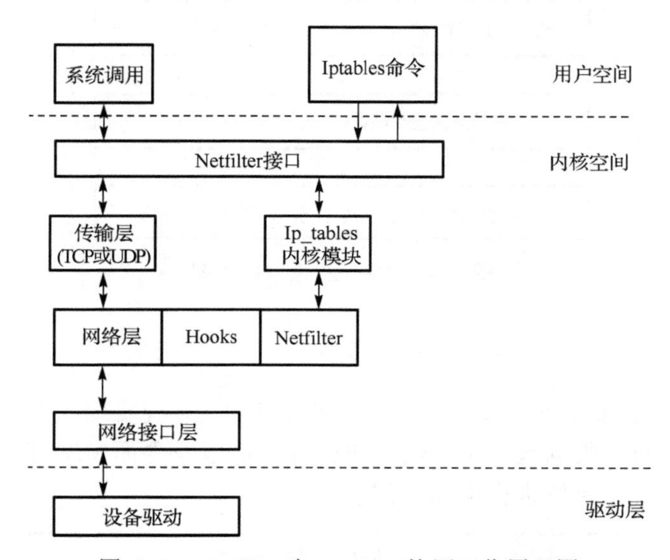

图 6-52　Netfilter 与 Iptables 协同工作原理图

XML 是标准通用标记语言的子集，是一种用于标记文件使其具有结构性的标记语言，标记是其关键部分。在安全监控系统中，XML 主要用来标记、定义数据，生成一种特定的消息格式。

在安全监控系统对捕获数据包的处理过程中，需要根据给定的 Schema 格式对提取到的消息进行格式匹配：在 Schema 格式匹配正确的情况下，再将消息结构中携带的主题(即其代表的抽象事件)提取出来，进而对服务语义事件进行轨迹匹配；而对于没有通过 Schema 格式匹配的数据包，则可以直接丢弃。

在进行流程匹配时，需要对用户数据进行主题提取。主题代表了该数据包所完成的特定事件；多个相互关联的特定事件，则构成了一套完整的流程。在这里，主题所代表的特定事件，也就是服务语义。设计并实现服务语义事件监控系统，可以保障物联网服务运行的正确性，并对网络上存在的威胁进行过滤。

Netlink 是 Linux 系统下一种特殊的 Socket，用于内核级进程与用户级进程相互之间的消息通信。其实，Netfilter 和 Iptables 之间的协同工作就是通过 Netlink 通信机制来完成的。在数据包流程匹配过程中，安全监控系统将会对捕获到的数据包进行分析、处理，并针对不同的处理结果分别进行计数。通过使用 Netlink 机制，可以将内核中安全监控系统处理过的结果传输到用户空间当中，实时地显示给终端用户。Netlink 通信机制的工作原理如图 6-53 所示。

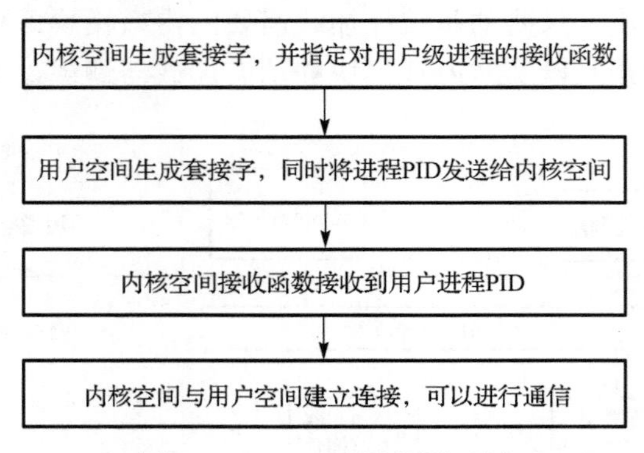

图 6-53 Netlink 通信原理图

6.4.2 需求分析

图 6-54 给出了服务语义事件监控系统的用例图。系统实现的主要功能包括轨迹建模、数据包捕获、数据包分析、数据包处理控制以及界面模块等。下面将以安全监控系统的功能块为单位进行详细的需求分析。

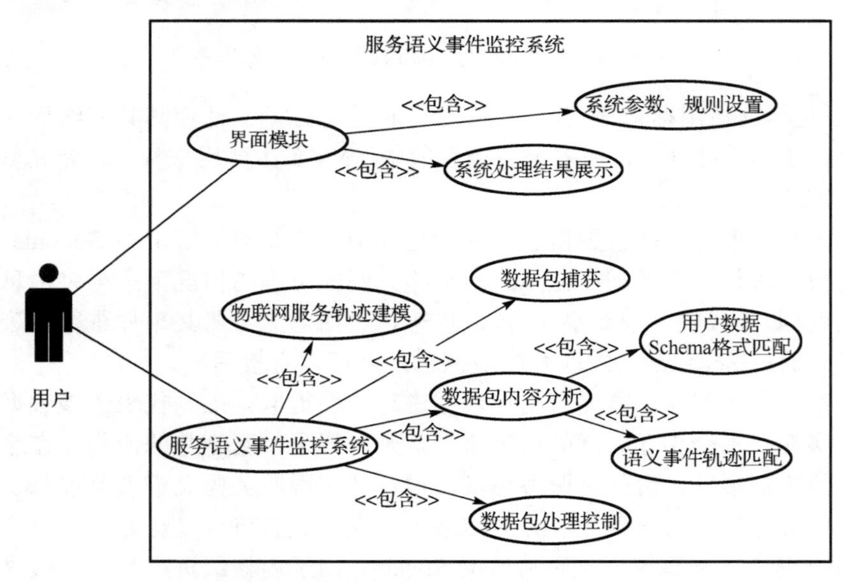

图 6-54 服务语义事件监控系统用例图

在服务语义事件监控系统启动之后，系统首先将会对流经物理网卡上的数据包进行捕获，继而对数据包进行分析，采取控制操作。在对数据包捕获处理的功能模块中，需要对数据包进行多层的匹配判断，其中一步即是物联网服务的轨迹匹配，需要进行匹配的对象是网卡上捕获的数据包所携带的用户数据，而匹配的模板则是正常情况下物联网服务的运行轨迹，图 6-55 给出了轨迹建模模块的功能用例。这就要求在服务语义事件监控系统的数据包捕获处理模块启动之前，先准备好抽象的物联网服务运行轨迹，这也正是服务语义事件监控系统中的轨迹建模模块实现的主要功能。只有获得了基于物联网服务运行轨迹的正确的模型之后，对数据包所携带的用户数据进行轨迹匹配的需求才得以进行。轨迹建模功能是整个服务语义事件监控系统正常运行的必要基础。

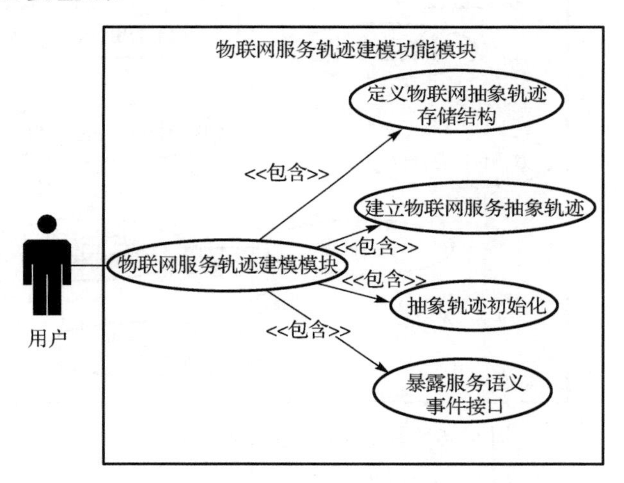

图 6-55　轨迹建模模块用例图

在安全监控系统中，对物联网服务数据包的捕获是能够对其进行分析和处理操作的基本条件。虽然监控主机和虚拟客户机在逻辑上是隔离互不干扰的，但是由桥接网络的特点可以知道，所有流入流出虚拟客户机的数据包都会经过主机的物理网卡，这为进行数据包捕获提供了便利。然而，因为物理网卡工作在数据链路层，捕获到的数据包也是链路层数据，所以需要对数据包内容进行初步的计算以获取应用层用户数据；同时，由于现今的网络构成逐渐复杂，网络上流通的数据流量越来越大，如何对与物联网服务不相关的数据包进行过滤以提高数据包捕获的效率，是安全监控系统中数据包捕获模块需要解决的重要问题。

图 6-56 给出了安全监控系统数据包捕获分析模块的用例图。在服务语义事件监控系统捕获到数据包之后，需要先对数据包进行预处理来获得安全监控系统进行判断所需要的初始数据(有效数据)，即数据包基本筛选。在实际的物联网服务中，可能会应用到 TCP 或者 UDP 进行通信；由于不同协议封装的数据包头部结构不同，

对数据包中有效数据的提取也不尽相同(具体的提取有效数据的过程在系统详细设计与实现中描述)。所以,如何正确地提取出数据包中所携带的应用层用户数据是进行数据包分析的先决条件。在对数据包进行分析的过程中,安全监控系统主要应该完成的工作是用户数据的合法性判断,判断工作又分为两步:用户数据的 XML Schema 格式判定以及轨迹匹配。

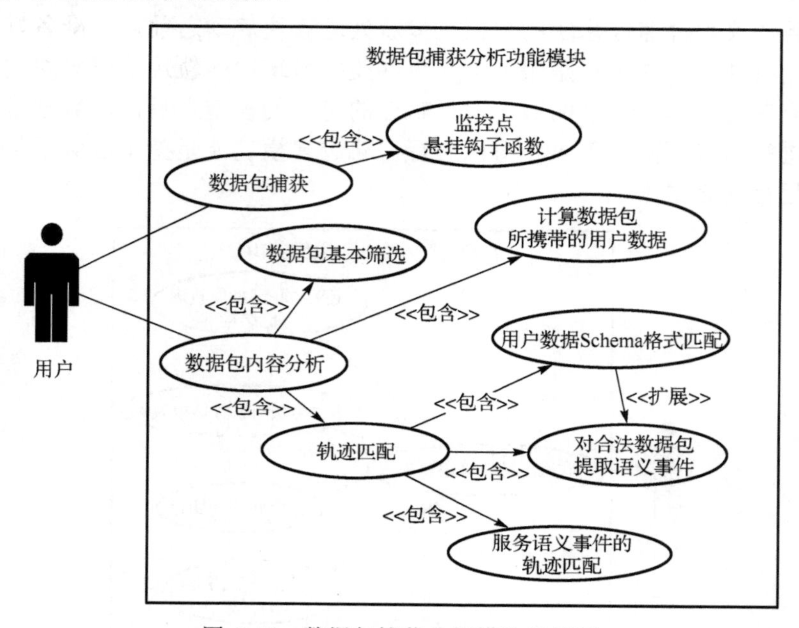

图 6-56　数据包捕获分析模块用例图

在物联网服务中,消息的传输主要是基于发布/订阅系统进行的,而发布/订阅系统的消息传输机制则严格遵守其制定的 XML 文件格式。这使得对有效数据进行分析的第一步,就是判断其是否满足发布/订阅系统所定义 XML 文件的 Schema 格式的要求。XML 是一种可扩展标记性语言,通过各级标签使文件具有结构性。XML 文件的结构一般比较复杂,可能会涉及二级、三级甚至更高级别的标签内容。所以对数据包中有效数据的 Schema 格式判定过程中,在保证判定准确性的同时,还要尽可能提高判定的效率。

数据包分析的第二项工作是判断捕获的数据包在满足 Schema 格式匹配的同时,是否满足物联网服务的运行轨迹。在物联网服务中,主要存在三条功能轨迹:数据采集、数据报警和数据控制;而且在每一条轨迹当中,都包含了多个不同类型的数据包交互。因此在完成数据包的 Schema 格式判定、提取出抽象的服务语义事件之后,需要将服务语义事件代入特定的上下文执行环境中,判断其是否符合执行要求——符合则允许其通过安全监控系统,反之则丢弃。对数据包进行分析是安全监控系统的核心功能，也是实现的最大难点。

在对数据包所包含的有效数据完成分析操作之后，安全监控系统会根据分析的结果对数据包主动采取相应的处理操作。具体处理操作如表 6-5 所示。

表 6-5　针对数据包分析结果的相应处理操作

数据包状态	控制操作
来自非物联网服务外其他的 IP 地址	丢掉
不满足 Schema 格式判定	丢掉
满足格式判定，但提取到的语义事件不在给定事件集合中	丢掉
满足格式判定，但提取到的语义事件不满足轨迹要求	丢掉
满足格式判定，并且提取到的语义事件满足轨迹要求	通过

为了提高数据包处理操作的效率，可以对不在给定事件集合中的恶意威胁事件进行记录。这样，在下次出现不满足合法性判断的威胁事件时，就可以先将该事件与记录的威胁事件集合进行比对：如果该事件在其中，则直接丢弃即可；否则，在将数据包丢弃的同时，更新记录威胁事件的集合。

在服务语义事件监控系统实现之初，系统的功能还比较单一。随着系统功能的进一步完善，并不是所有的系统功能都是我们需要的，这就需要实现安全监控系统的配置界面来达到对系统运行功能进行选择的目标。图 6-57 给出了用户界面功能模块用例图。

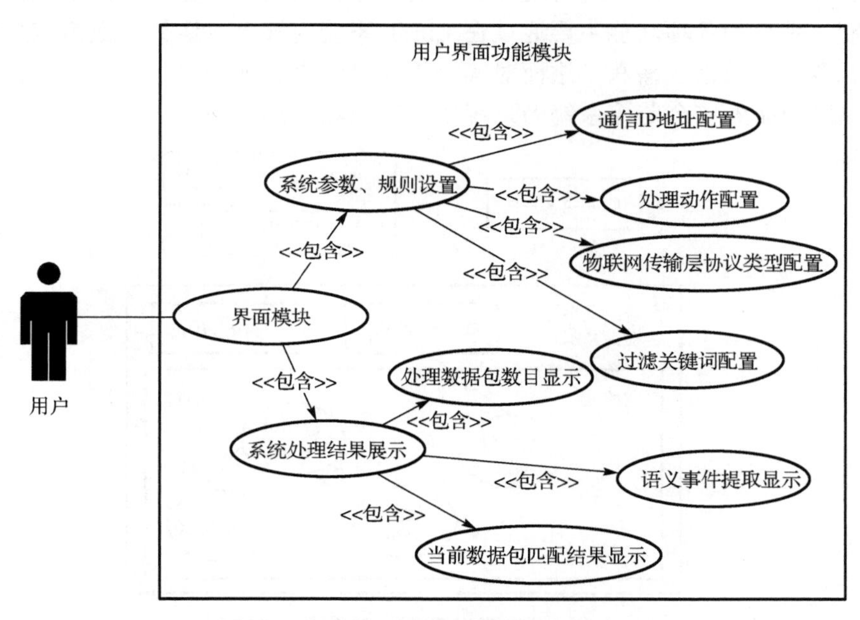

图 6-57　用户界面功能模块用例图

服务语义事件监控系统运行过程中，其运行信息记录在内核日志文件中。在实际应用中，如果每次需要查看当前时间安全监控系统的处理情况时，都去打印日志文件，则用户体验很差；而且，即使递归地打印日志文件的变化(使用-f 参数)，还是会获得一些内核中不必要的干扰信息。所以，从用户使用的角度考虑，需要对服务语义事件监控系统的处理结果进行实时显示,方便对安全监控系统的使用与维护。

安全监控系统的需求除了以上所涉及的功能性需求，还应该包括性能和可靠性等非功能性需求，如图 6-58 所示。

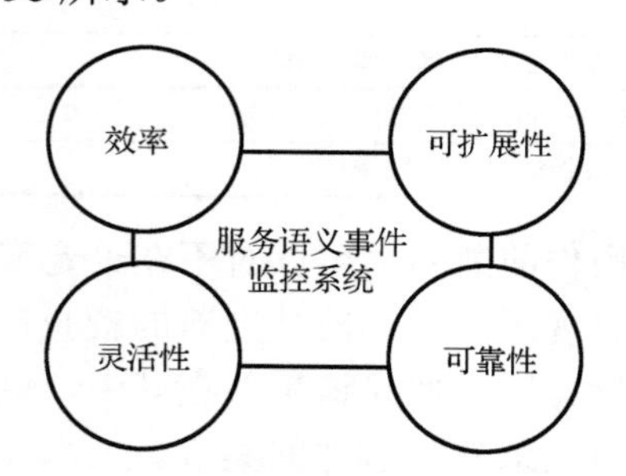

图 6-58 服务语义事件监控系统的非功能性需求

6.4.3 系统设计与实现

服务语义事件监控系统实现的主要功能是对物联网服务的通信进行监测、分析和控制。系统的各项功能主要通过在 Linux 系统内核上对运行于虚拟客户机上的物联网服务进行数据包捕获，进而对其分析和控制来实现。

物联网服务安全监控系统的系统架构图如图 6-59 所示。

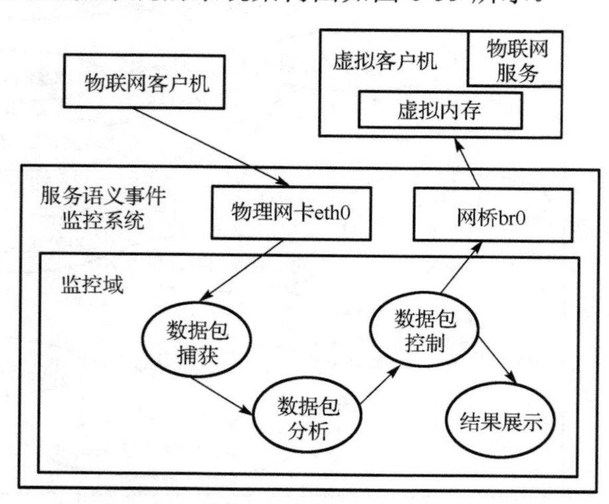

图 6-59 物联网服务安全监控系统架构图

经过虚拟化技术的改造，物理主机上可以成功构建一个 KVM 虚拟客户机；而通过桥接模式，可以在物理主机上虚拟出一个用于沟通监控主机和虚拟客户机之间网络连接的网桥设备 br0 作为虚拟客户机与外部网络进行通信的中介。根据桥接方式的特点，虚拟客户机具有一个独立的 IP 地址用于网络通信和外部寻址。这样，运行在虚拟客户机上的物联网服务就可以独立地与物联网服务客户机进行信息交互。在物联网服务交互的过程中，所有流向虚拟客户机的数据包都需要经过物理网卡，再经过网桥设备 br0，才能到达虚拟客户机上的物联网服务；物联网服务流出的数据包也需要经过 br0，才能经物理网卡转发到达物联网服务客户机。物联网服务安全监控系统则运行在实体主机之上，其监控域的功能链包括数据包捕获、数据包分析、数据包控制以及结果展示四个功能模块，其中，数据包分析模块是整个系统的核心。

依据虚拟化技术，虽然虚拟客户机和物理主机逻辑上是隔离的，但是它们却共享一个物理网卡 eth0，所有流入或者流出虚拟客户机的数据包要先到达 eth0。因此将监控系统的监控点设立在物理网卡 eth0，就可以捕获到流经物理网卡的任何数据包。内核中的 Netfilter 框架可以在底层对数据包进行捕获，这为模块功能的设计提供了建设性的思路；同时，Netfilter 框架也提供了钩子函数对数据包进行收集和处理，可以很好地满足系统的功能需求。在将钩子函数挂载到相应的监控点之后，就可以对任意通过物理网卡 eth0 的数据包进行收集。

服务语义事件监控系统的功能执行流程图如图 6-60 所示。当系统各个功能模块编译安装之后，首先执行一系列初始化操作来构建物联网功能完整的执行轨迹，并将其存储在邻接表数据结构中，方便后续进行轨迹匹配。对于网卡上捕获到的数据包，首先对其进行基本筛选并处理，得到应用层数据；接下来的工作即是对应用层数据校验 Schema 格式的合法性，并对合法的用户数据提取主题(抽象服务语义事件)，以及对抽象语义事件进行轨迹匹配。最后，对不同的处理结果给予相应的处理控制操作，完成对物联网服务的监控。

服务语义事件监控系统启动之后，会将物理网卡作为监测点进行监听，当有数据包通过物理网卡时，则将数据包送入安全监控系统进行一系列的判定操作。图 6-61 给出了数据包监测功能的执行流程图，该流程主要完成以下工作。

(1) 启动系统，根据给定的物联网功能轨迹构建轨迹模型。

(2) 加载 Schema 格式匹配模块，暴露模块内接口。

(3) 数据包捕获处理模块进行钩子函数挂载，成功后记录日志。

(4) 捕获数据包，并对数据包进行初步筛选。

对数据包进行初步筛选的依据主要是 IP 地址：对数据包中的 IP 地址进行匹配，流入物理网卡的目的 IP 地址不是虚拟客户机，或者从物理网卡流出的源 IP 地址不是虚拟客户机的数据包，可以直接放行；对其他 IP 地址数据包，则进入数据包控制流程。在数据包控制流程当中，还配合着对数据包进行流程匹配的过程，即数据包分析功能。

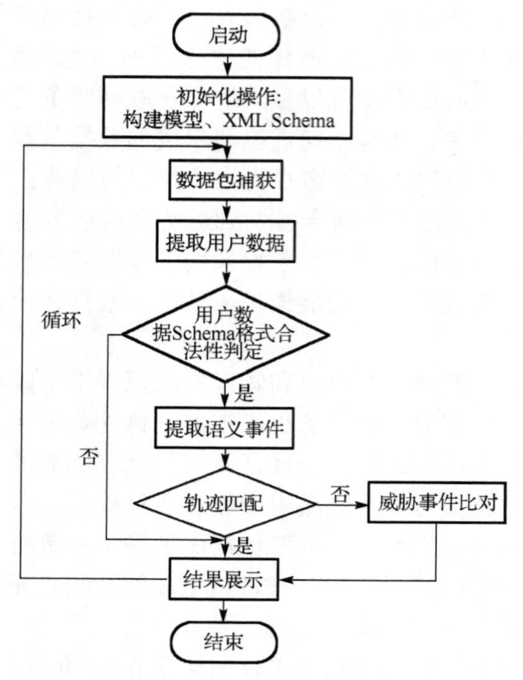

图 6-60　系统功能执行流程图

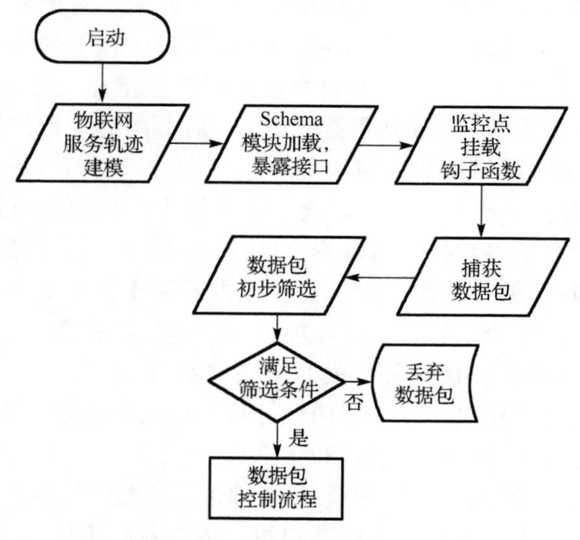

图 6-61　数据包监测流程

数据包分析模块是整个服务语义事件监控系统的功能核心，负责检测捕获到的相关数据包是否存在可疑或者恶意行为，从而判定是否允许数据包流入或者流出虚拟客户机。数据包分析模块实现的主要功能如下。

(1) 基于给定的数据包结构，进行初步的过滤筛选。对于流入物理网卡的数据包，分析其目的 IP 地址是否是虚拟客户机的 IP 地址，如果不是，则直接通过；否则进行下一步判断。对于流出物理网卡的数据包，分析其源 IP 地址是否是虚拟客户机的 IP 地址，如果不是，则直接通过；否则进行下一步判断。

(2) 对筛选获得的数据包的 IP 头部结构进行解析，以获得数据包的传输层协议类型。由于在物联网系统中的传输层协议类型只可能是 TCP 或者 UDP，所以对 IP 头部解析数据类型时，只对 TCP 或者 UDP 类型数据包进行分析，其他类型可以直接通过。在对 TCP、UDP 类型数据包分析的过程当中，通过计算可以获得数据包中包含的应用层用户数据，进而提供给后续操作进行匹配。

(3) XML Schema 格式判定。判定的过程中，应用发布/订阅系统中定义的 Schema 格式对用户数据进行合法性判定，然后依据判定结果对数据包进行相应的操作：如果用户数据满足合法性判定，则提取数据包的服务语义事件进行轨迹匹配；否则将数据包丢弃。

(4) 对语义事件进行轨迹匹配。轨迹匹配的要求，即是要求将提取出的服务语义事件放入当前物联网服务执行环境的上下文当中，判断该事件是否满足当前执行环境，如果满足，则放其通过，继续进行物联网服务的通信；否则丢弃数据包，并进行相应处理。

在实际的网络环境中，网络拓扑异常复杂，网络上的数据流量也异常巨大，因此，对收集到的每个数据包都进行分析处理是不现实的。在对数据包进行捕获的过程中，可以先对数据包的源 IP 地址和目的 IP 地址进行校验，筛选获得流入或者流出虚拟客户机的特定数据包，然后依据数据包分析功能模块，对数据包内容进行流程匹配判断。对数据包进行筛选的过程，可以极大地降低监控系统的能耗，提高系统运作效率。

一般情况下，当主机遭遇到网络上的攻击时，在接下来的时间内存在很大的可能性会遭遇相同的攻击。所以，在对数据包进行控制的同时，还应该维护一个威胁事件的集合来存储接收到的可疑或者恶意事件。这样，当首次发生可疑或者恶意攻击时，可以将其作为威胁事件存储到威胁事件集合中；在下次发生可疑或者威胁事件时，先将其与威胁事件集合中各元素进行比对，比对相同时，直接丢弃数据包，否则再将其与定义的抽象事件集合进行比对，比对不成功时将其加入威胁事件集合当中。威胁事件集合机制在一定程度上提高了系统运行的效率。

数据包控制流程的主要功能是，针对每一步对数据包分析匹配的结果，对数据包采取相应的处理控制操作，达到对物联网服务安全监控的目的。整个过程如图 6-62 所示。

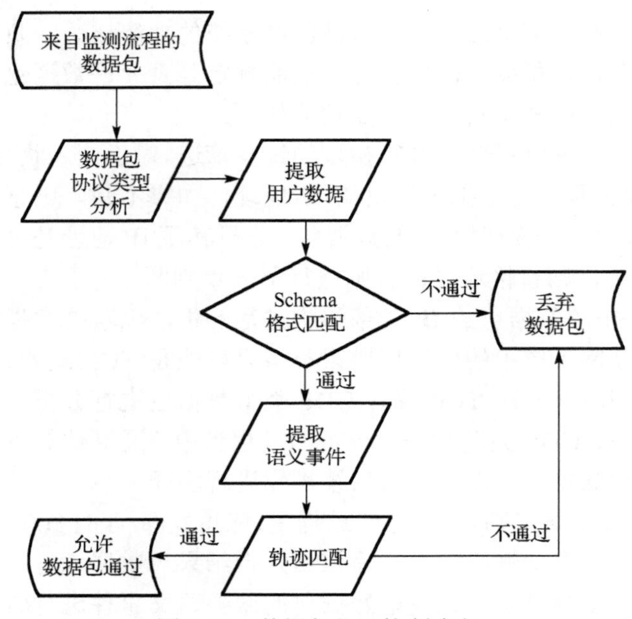

图 6-62 数据包处理控制流程

本功能流程主要完成以下工作。

(1)对从数据包监测流程获得的数据包进行数据包协议类型分析，针对不同的协议类型，计算数据包中包含的应用层用户数据。由于物联网服务中，仅可能使用 UDP 和 TCP，其他类型数据包可以直接放行。

(2)对用户数据进行 Schema 格式匹配，匹配不通过，直接丢掉数据包；否则进入下一步流程。

(3)对数据包提取抽象服务语义事件，进行轨迹匹配，匹配通过则放行；否则丢弃数据包。

(4)对于存在威胁的恶意事件，将其加入威胁事件集合当中；当下次遇到不匹配的抽象事件时，则将该事件与威胁事件集合中的事件进行比对，同时更新威胁事件集合。

在服务语义事件监控系统中，用户界面模块的配置功能实现了对系统中参数和规则的自定义配置，使用户可以按照配置好的规则定义安全监控系统对物联网服务的监控。同时，在系统运行过程中会对进出虚拟客户机的数据包进行处理，产生相应的处理结果，如处理的数据包数目和当前监控结果等。

6.5 物联网服务安全方案中安全管理服务

本节以信息卡标识元系统为基本框架，同时分析目前信息卡标识元系统框架存在的问题——信息卡管理混乱，并就该问题给出相应的解决方案，即对原框架进行改进，增加可信任服务器对信息卡进行统一管理。信息卡管理服务器通过信息卡的上传、下载对信息卡进行统一管理，上传、下载过程的安全性由 SSL 加密方式保证。

标识元系统作为抽象层被引入互联网环境中，信息卡标识元系统就是标识元系统的具体化体现。信息卡标识元系统继承了标识元系统的优势：用户可以控制自己的信息达到保护用户隐私的目的；统一直观的操作界面；忽略底层实现使系统间的互操作更灵活。然而信息卡标识元系统规范还处于发展阶段，存在不完善的地方。假设如下场景。

场景 1：用户 A 是信息卡的拥有者，他拥有很多张信息卡，存储在其私人计算机上，颁发者分别是邮箱、公司、购物网站等。有一天公司派他紧急出差，由于情况紧急，他忘记了随身携带其信息卡。因此当他到了出差的地方，无法登录邮箱，无法访问公司，无法在网上购物等。

场景 2：用户 B 是信息卡的拥有者，她所有的信息卡都存储在私人计算机上，有一天，她的计算机被小偷盗窃了，由于信息卡有用户凭证的保护，她可能不担心账号的安全，但是她必须再次向所有的标识提供者请求新的信息卡。

对于上述场景，主要问题在于，系统对用户的信息卡没有进行统一的管理，只是将信息卡分发给用户，并没有提供给用户统一的平台来进行信息卡的管理。标识选择器对信息卡进行管理，但是其管理也只是本地的管理，包括导入、导出操作。

信息卡标识元系统的架构图如图 6-63 所示。其中，加粗部分是本节所做的扩展，未加粗部分为信息卡标识元系统。本系统增加了可信任终端信息卡管理服务器对信息卡进行统一管理。用户可以把信息卡上传至信息卡管理服务器端，并在需要的时候从信息卡管理服务器下载使用。除此之外，对于标识提供者增加了分发信息卡、证书管理等功能，增加用户使用的灵活性。

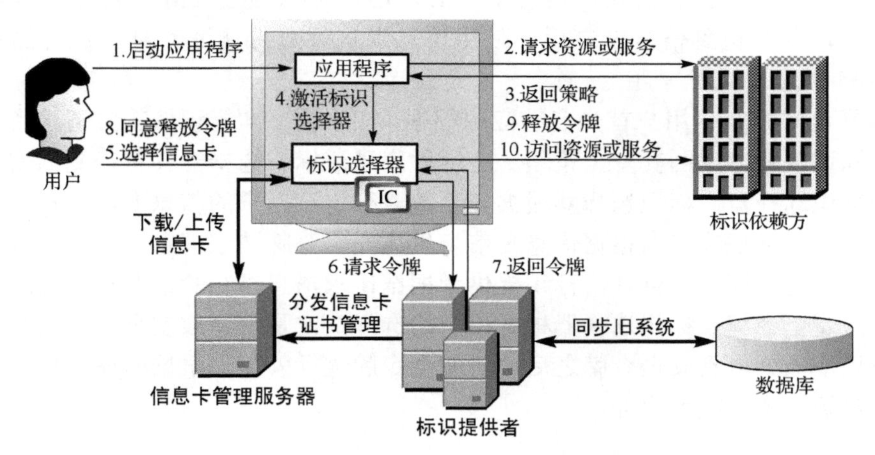

图 6-63　信息卡标识元系统架构图

基于信息卡标识元系统的身份认证系统主要包含两个过程：数字标识的颁发，即信息卡的颁发和使用信息卡进行身份认证。图 6-64 给出了信息卡颁发的顺序图。

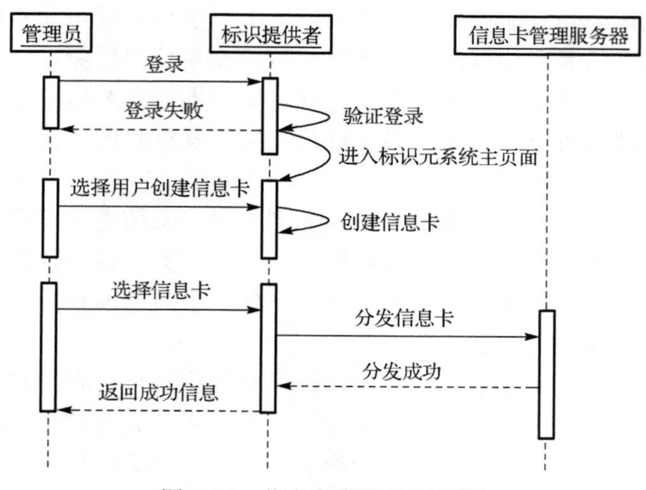

图 6-64　信息卡颁发的顺序图

如图 6-64 所示，首先管理员登录标识提供者，登录失败则返回失败信息，否则系统进入标识提供者的主页面。管理员从主页面中选择一个用户创建信息卡，标识提供者对信息卡进行创建。创建完成之后，用户选择已经创建的信息卡，并选择分发信息卡，分发信息卡将与信息卡管理服务器交互，将信息卡发送到信息卡管理服务器端。信息卡管理服务器在接收信息卡成功之后返回分发成功消息，标识提供者将以页面的形式显示该消息并返回给管理员。

当信息卡管理服务器获得信息卡之后，用户可以通过信息卡管理服务器获得其信息卡，并在得到信息卡之后，使用信息卡进行身份认证。身份认证的顺序图如图 6-65 所示。

如图 6-65 所示，用户首先启动应用程序，应用程序向标识依赖方请求资源或者服务，标识依赖方返回其安全策略。应用程序激活标识选择器并将得到的安全策略发送给标识选择器，标识选择器根据安全策略列出该用户的信息卡，用户从中选择一张信息卡，标识选择器根据信息卡信息生成安全令牌请求消息，并将请求安全令牌的消息发送给标识提供者。标识提供者根据请求消息进行验证并在验证通过的情况下返回安全令牌。标识选择器根据用户的选择决定是否释放安全令牌给标识依赖方。标识依赖方得到安全令牌之后，对安全令牌进行验证。根据验证结果决定是否允许用户访问资源或者服务。

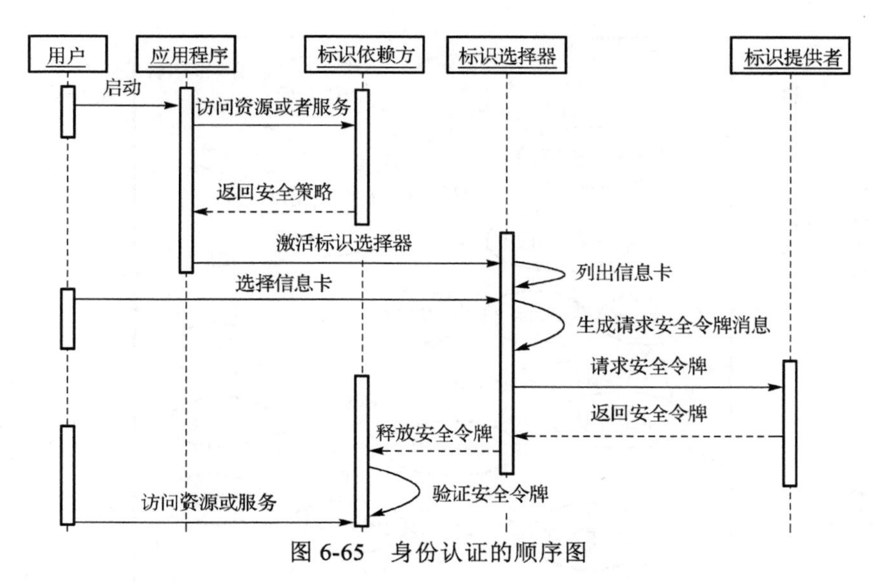

图 6-65　身份认证的顺序图

6.5.1　需求分析

为了实现基于信息卡标识元系统的身份认证系统，本系统应完成以下几个部分：标识提供者、信息卡管理服务器和标识选择器。其中标识依赖方代表不同的服务，由系统的其他服务组成。下面分别对标识提供者、标识选择器和信息卡管理服务器模块进行需求分析。

标识提供者作为标识的提供者，首要任务是为用户提供数字标识，因此其必须提供创建标识，即信息卡的功能。在提供了数字标识之后，标识提供者还应对其提供的数字标识进行认证，认证通过后发放合适的安全令牌。对于安全令牌，系统应提供相关服务以创建和识别不同的安全令牌。

标识提供者作为标识的管理者，它持有用户标识，因此应将旧系统的数字标识过渡到标识提供者中。综上所述，标识提供者的主要功能为信息卡管理、用户信息管理、证书管理、安全令牌服务、同步旧系统等。

标识提供者的用例图如图 6-66 所示。

从图 6-66 中可以看出，用户可以通过传统方式注册、登录标识提供者请求信息卡，并且可以查看和修改标识提供者中的用户信息。当需要安全令牌时，用户向安全令牌服务请求安全令牌，安全令牌服务根据用户提供的关于信息卡的凭证决定是否产生安全令牌。

管理员可以通过同步旧系统方便地将旧系统同步到身份认证系统中，并且管理员可以对信息卡进行创建和分发给用户。对于 X.509 认证方式的用户，管理员可以为该用户创建 X.509 证书，并在证书无用时进行删除操作。管理员还可以对所有的用户进行管理，包括用户的添加、用户的更新、用户的删除等。

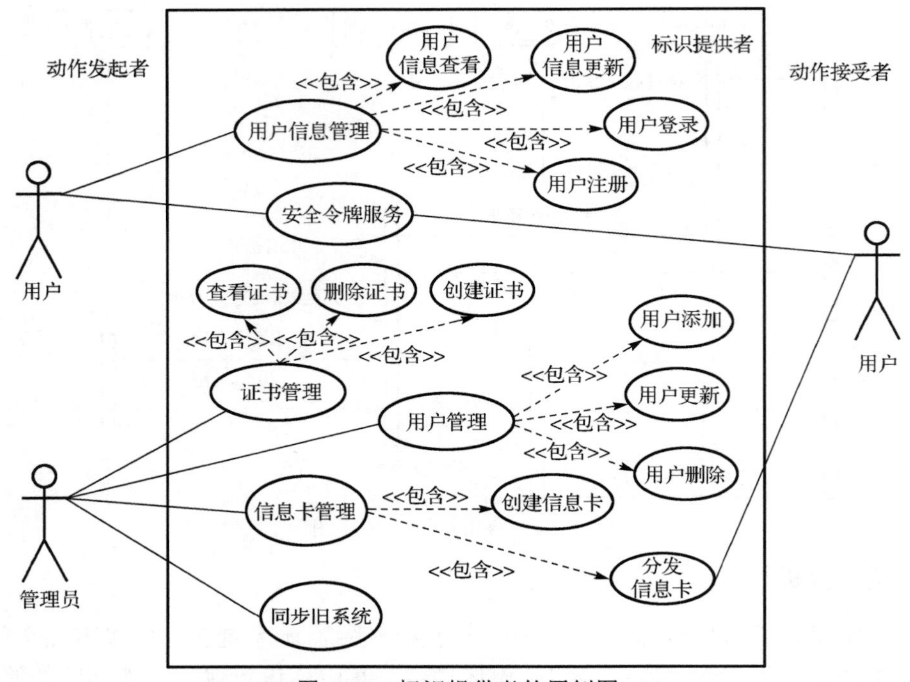

图 6-66　标识提供者的用例图

标识选择器作为用户端的人机界面，其主要功能是，将信息卡以图形化直观的方式呈现给用户，用户可以通过该人机界面操作信息卡，使用相应的安全令牌。当得到安全令牌后，标识选择器通过用户的操作决定是否传递安全令牌。

由于系统增加了信息卡管理服务器，所以标识选择器在进行信息卡上传和下载时，需向信息卡管理服务器证明其是合法用户，且合法拥有该用户存放在信息卡服务器的所有信息卡。因此在标识选择器端，应提供用户证明界面，常见的表现为用户注册和用户登录。注意：这里的用户与信息卡认证用户无关，只是证明其是信息卡所有者的一种方式。

标识选择器的主要功能是信息卡管理、用户管理、安全令牌请求、安全令牌传递。

标识选择器用例图如图 6-67 所示。用户可以导入信息卡到标识选择器中，并将其详细信息直观地展示给用户。用户也可以删除无用的信息卡，将信息卡上传到信息卡管理服务器，从信息卡管理服务器下载信息卡，向信息卡管理服务器注册和登录用户从而统一管理信息卡。当需要身份认证时，向标识提供者请求安全令牌，并在得到安全令牌后传递安全令牌给标识依赖方。

作为信息卡标识元系统的改进，信息卡管理服务器的目的主要是对信息卡进行统一的管理，进而解决用户在公共计算机上的操作和用户信息卡丢失的情况。因此信息卡管理服务器的主要功能是信息卡管理和用户管理。

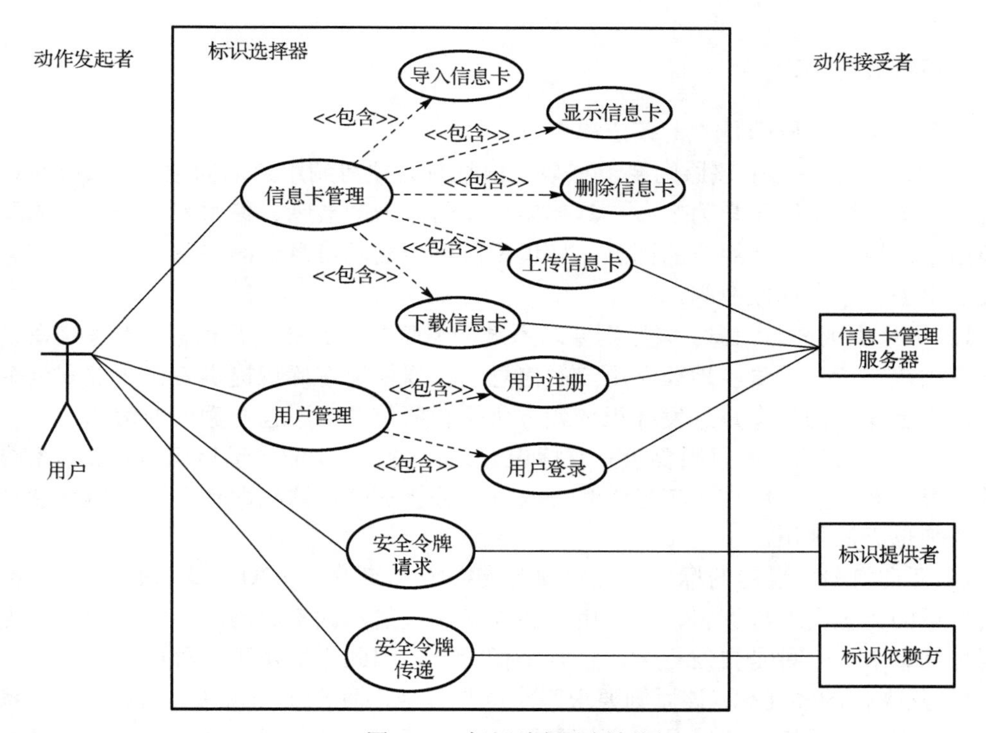

图 6-67　标识选择器用例图

信息卡管理主要是对用户的信息卡进行存储和管理，方便用户的使用和管理。

用户管理主要是确认用户是信息卡管理服务器上的信息卡的所有者，并根据用户信息进而管理信息卡信息。

信息卡管理服务器用例图如图 6-68 所示。从图 6-68 中可以看到，信息卡管理服务器的操作者为管理员，管理员对信息卡管理服务器的用户进行查看、增加、删除等操作，并对已经无用的信息卡进行删除。

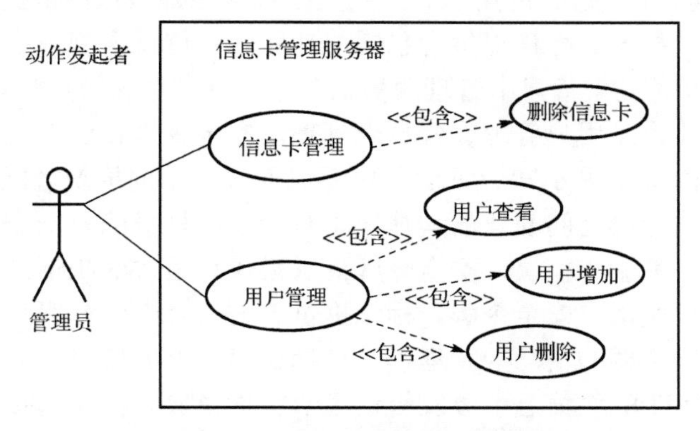

图 6-68　信息卡管理服务器用例图

6.5.2 系统设计实现

本系统设计的原则是“七条定律”。

(1) 以用户为中心：该原则要求在显示信息时必须得到用户的同意。本系统在设计时遵循该定律。以用户为中心，具体体现在信息卡的显示、使用和安全令牌的释放都由用户控制，没有用户的同意，标识系统不会显示信息卡的信息、不会将信息卡发送出去、不会释放令牌。

(2) 尽量少地公布信息：该原则要求系统应尽量少地公布用户信息。本系统在设计时遵循该定律，尽量少地公布用户的信息，主要体现在标识提供者在颁发安全令牌时，安全令牌的信息只颁发标识依赖方所需要的信息，不包含额外的信息。

(3) 正当标识方：该原则要求只有标识方是合法的，才能显示标识信息。本系统在设计时将对安全令牌使用正当消息接收方的公钥加密，这样即使非合法用户拿到安全令牌也无法使用。

(4) 双向身份：通用的标识系统必须既支持个人使用的“单向”标识符，又支持众人使用的“全向”标识符，这样用户的隐私关系信息就不会泄露。标识元系统支持两种信息卡，一种是自发行卡，一种是托管卡，因此它提供了两种用户身份。

(5) 互操作的多元化：该原则要求系统能与其他多种标识技术进行互操作。本系统基于的标识元系统本身就是一个抽象层，其屏蔽了底层实现，因此它可以与多种标识技术进行互操作。

(6) 用户整合：用户必须是标识系统中的一部分，通过用户的参与，在某种程度上能识别一定的攻击。标识元系统通过用户对信息卡的操作和安全令牌的操作实现用户的参与。

(7) 用户一致性体验：该原则要求系统应提供用户一致性。本系统在设计时使用标识选择器提供给用户统一的操作界面，满足了用户一致性体验的要求。

系统总体功能图如图 6-69 所示。系统主要包含三部分：标识提供者、信息卡管理服务器、标识选择器。标识提供者包括的功能为：信息卡管理、证书管理、用户管理以及安全令牌服务。信息卡管理服务器包括的功能为：用户管理、信息卡管理。标识选择器的功能为：用户管理、信息卡管理、安全令牌传递、安全令牌请求。

系统详细结构图如图 6-70 所示。其中粗线部分是不同模块之间交互的部分。标识提供者与标识选择器之间交互的具体模块是标识选择器的安全令牌请求模块和标识提供者的安全令牌服务模块，安全令牌请求模块利用 WS-Trust、HTTP/SOAP 等向安全令牌服务模块请求安全令牌。标识提供者与信息卡管理服务器之间的交互模块是信息卡管理服务器的信息卡管理模块和标识提供者的信息卡分发模块，信息卡分发模块通过 HTTPS 将信息卡分发给信息卡管理模块。标识选择器的用户操作模块借助 HTTPS 通过用户注册、登录等操作与信息卡管理服务器的用户管理模块交互。标识选择器的信息卡管理通过 HTTPS 借助信息卡的上传/下载与信息卡管理服务器的信息卡管理模块交互。

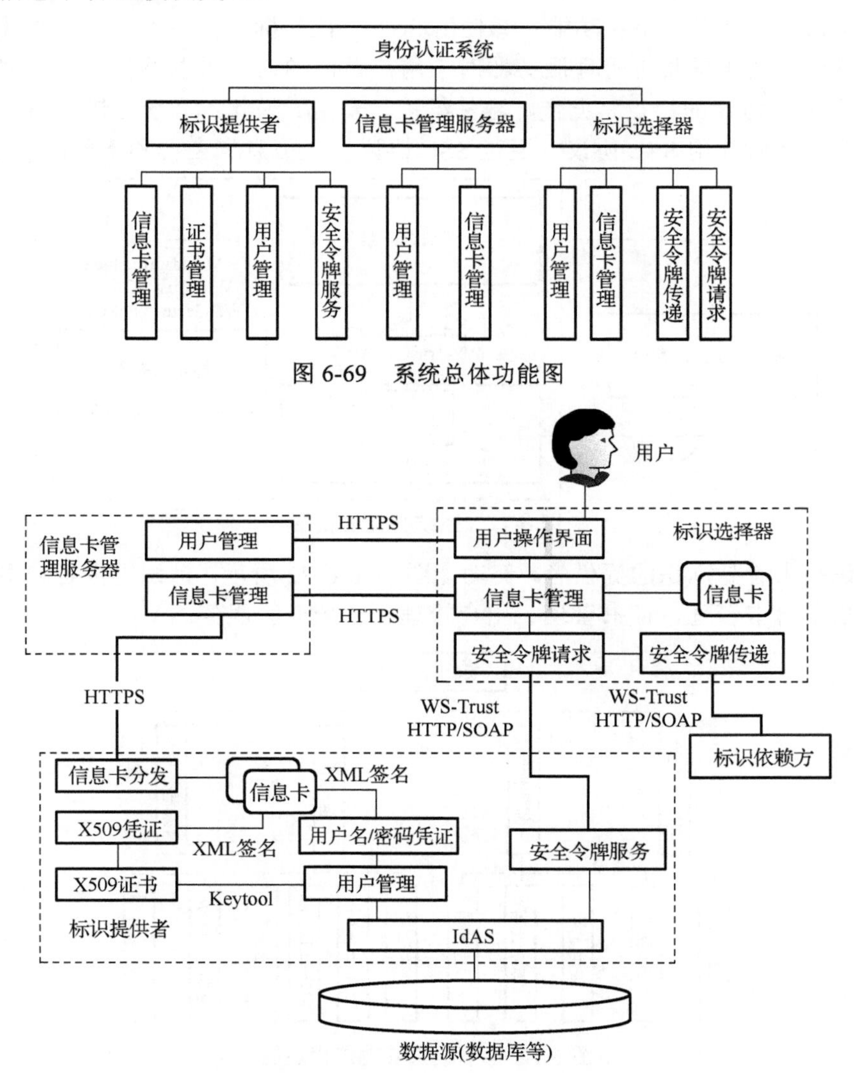

图 6-69　系统总体功能图

图 6-70　系统详细结构图

根据身份认证系统的需求分析，本书基于信息卡标识元系统框架并进行改进实现身份认证系统。通过需求分析和功能设计可知，身份认证系统主要包括标识提供者、标识选择器、信息卡管理服务器。本节将对各模块之间的交互进行设计以保证系统的安全性。

系统交互协议图如图 6-71 所示。其中虚线框内的协议属于标识元系统，本书利用标识元系统的协议 WS-MetadataExchange、WS-Trust、WS-SecurityPolicy，进行相关的扩展即虚线框外的协议部分。该扩展主要为：①使用 SSL 协议与标识选择器交互实现信息卡的上传、下载功能；②使用 SSL 协议与标识提供者交互，实现信息卡的分发功能。由于信息卡管理服务器对于用户是已知的，所以不存在钓鱼网站的攻击，并且 SSL 协议的特点是方便、容易维护、安全。因此本系统在进行信息卡管理服务器的交互时使用 SSL 协议，通过 SSL 协议保证信息卡上传和下载的安全。

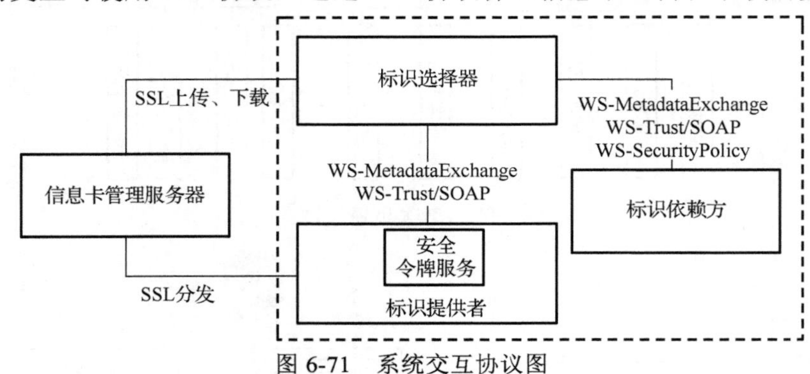

图 6-71　系统交互协议图

标识提供者是标识的提供者，其功能图如图 6-72 所示。标识提供者的主要功能模块包括信息卡管理、证书管理、用户管理、安全令牌服务。

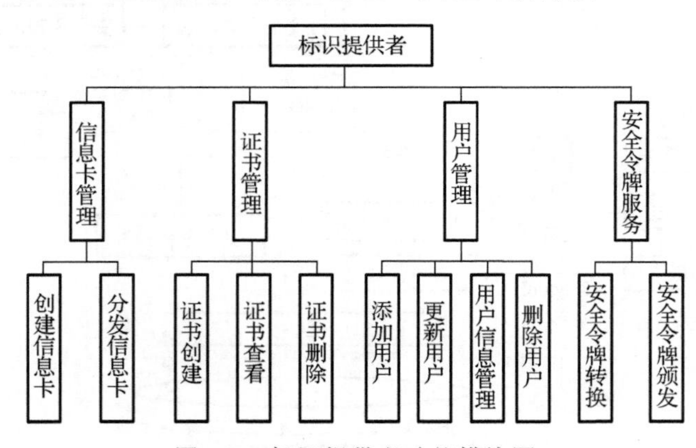

图 6-72 标识提供者功能模块图

Bandit IdP 工程在满足上述功能的同时，也通过身份属性服务（Identing Attribute Service，IdAS）提供了多种标识存储方式。因此本系统中的标识提供者模块基于开源工程 Bandit IdP，将其部署实现并进行了相应的改进。标识提供者结构图如图 6-73 所示。

在图 6-73 中，灰色粗框部分是本书所做的扩展，主要为 X.509 证书管理、信息卡分发、同步旧系统。扩展的目的是为用户提供更方便和安全的身份认证系统。

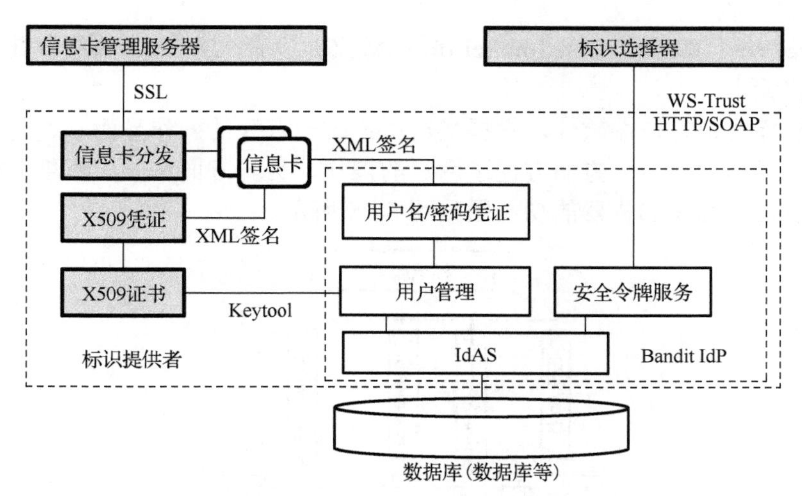

图 6-73　标识提供者结构图

图 6-74 为扩展部分的主要类图。

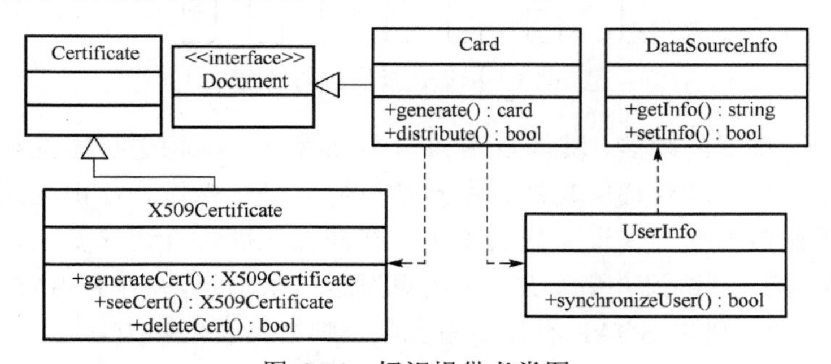

图 6-74　标识提供者类图

经过对 Bandit IdP 工程进行分析，该工程已经存在信息卡类、Document IdP 接口和 UserInfo IdP 类，本系统在这些类中增加相应的方法完成需要的功能，并创建新的类 X509Certificate 继承 Certificate 类完成 X.509 证书管理功能。

X509Certificate 类应包含方法 generateCert()、seeCert()、deleteCert()来完成创建证书、查看证书、删除证书功能。

Card 类实现了 Document 接口且已经在 Bandit IdP 工程中存在，但是目前不存在分发信息卡的功能，为了实现方便地分发信息卡给用户，本系统在 Card 类中添加了方法 distribute()实现信息卡的分发。Card 类在生成信息卡时需要调用 UserInfo 类获取用户信息，如果生成的信息卡是 X.509 证书认证形式，该类还会调用 X509Certificate 类获取用户的 X.509 证书。

同步旧系统应包含两部分：一部分是确定数据源；一部分是将数据添加到身份认证系统。因此类 DataSourceInfo 是关于数据源信息，UserInfo 中的同步用户方法

synchronizeUser()即读取 DataSourceInfo 的数据并设置 UserInfo 的值将其存储到标识存储的位置。

标识选择器是客户端软件，它提供给用户统一直观的操作界面。通过标识选择器提供统一操作界面，一方面方便了用户的操作，另一方面在一定程度上抵御了钓鱼网站的攻击。标识选择器的功能图如图 6-75 所示。

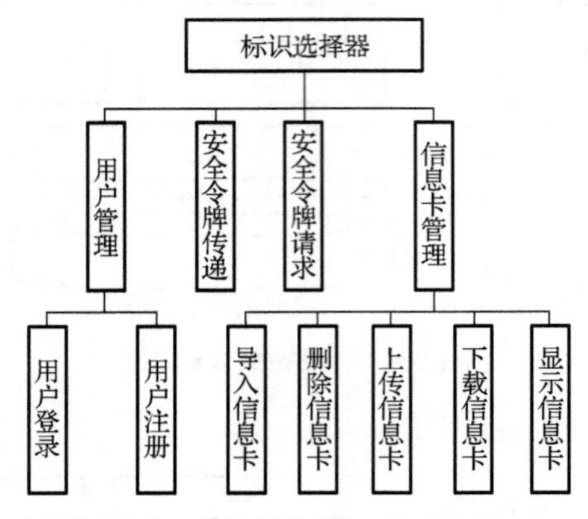

图 6-75　标识选择器的功能图

根据标识选择器的功能，其模块图如图 6-76 所示。标识选择器主要包括信息卡管理、安全令牌请求和传递等功能，用户通过界面进行操作。标识选择器通过 SSL 与信息卡管理服务器交互保证系统的安全。在向标识提供者请求安全令牌时，标识选择器利用 WS-Trust 协议并借助 SOAP 消息发送请求消息，并在获得安全令牌之后，利用 WS-Trust 协议借助 SOAP 消息传递安全令牌给标识依赖方。

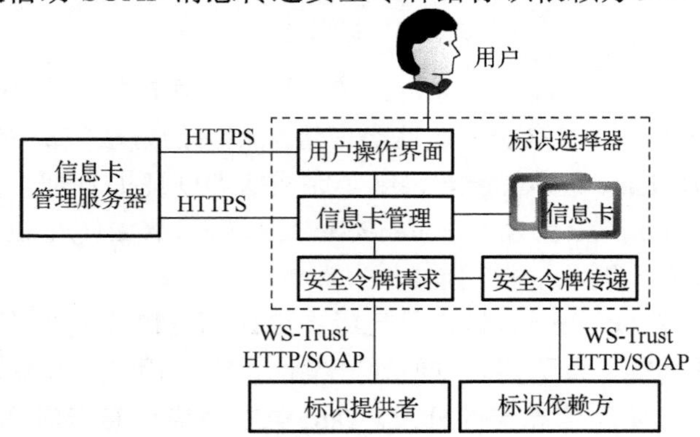

图 6-76　标识选择器模块图

由于信息卡管理和用户管理主要与用户操作界面相关，所以本书将标识选择器分成两部分进行设计：用户统一操作界面和安全令牌管理的设计。

根据用户操作，用户界面的主要功能包括用户登录、用户注册、信息卡显示等。用户操作界面主要有登录、注册、信息显示、信息卡显示、配置系统。本系统将其设计为五个页面：登录界面、注册界面、信息显示界面、信息卡显示界面、用户配置界面。

用户界面操作的类图如图 6-77 所示。其中，LoginFrame 为用户登录类，RegisterFrame 为用户注册类，InformationFrame 为信息显示界面类，用 CardPanel 为信息卡显示界面类，ConfigurationPanel 为用户配置界面类。

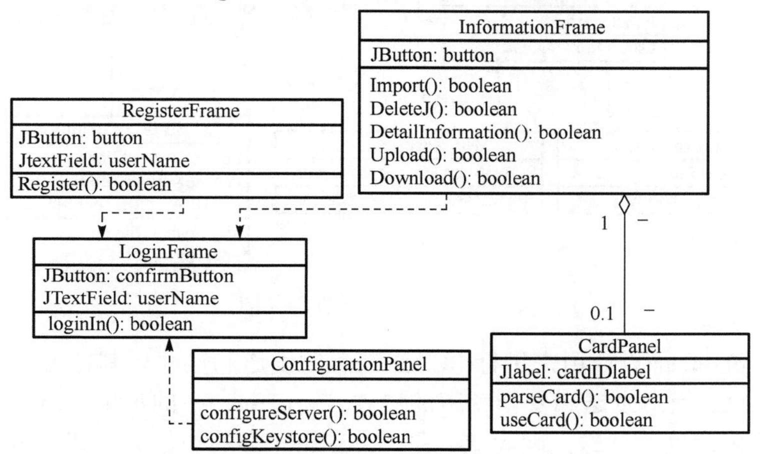

图 6-77　用户操作界面的类图

信息显示界面是用户主要的操作界面，因此是本系统界面的重点，InformationFrame 的界面如图 6-78 所示。

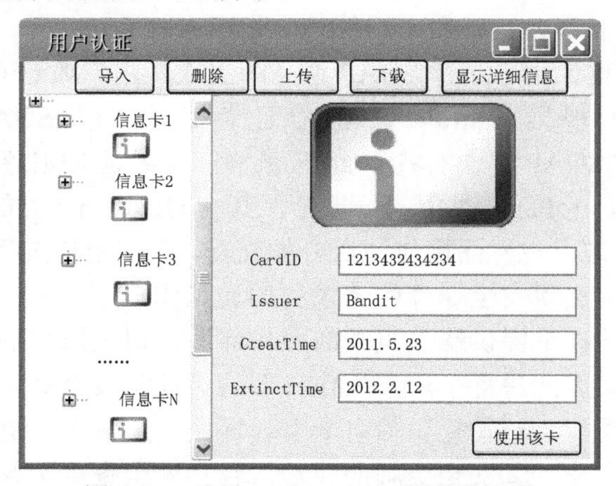

图 6-78　InformationFrame 界面设计图

用户操作界面主要是为了方便安全令牌的使用，因此安全令牌的请求和传递工作是标识选择器的工作重点。由于系统需获取信息卡的相应信息请求安全令牌，所以系统需对信息卡的详细信息进行解析。在解析完信息卡之后系统再进行安全令牌的请求，并进行安全令牌的返回。因此安全令牌管理主要类包括信息卡解析类、安全令牌消息类、安全令牌安全处理类、消息处理类。如图 6-79 所示为安全令牌管理类图。主要包括的类为 SOAPMessage、CardAnalysis、HttpSoapHelper、SecurityContainer、CardPanel。

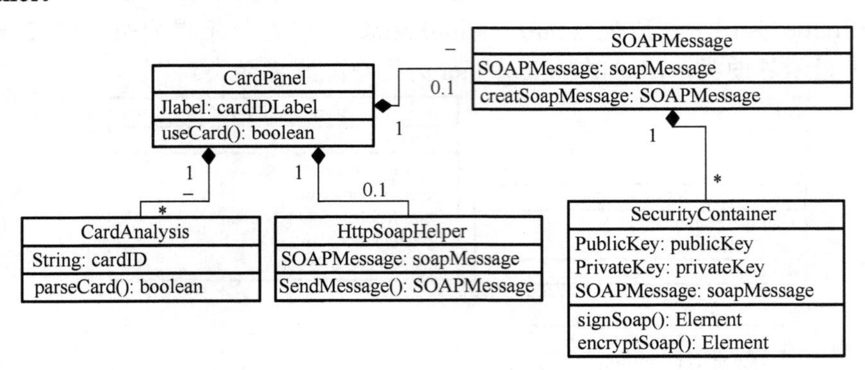

图 6-79 安全令牌管理类图

HttpSoapHelper 设计用来进行 SOAP 消息的发送和接收。其在 SOAP 消息产生之后负责 SOAP 消息发送和安全令牌的接收。CardPanel 中的使用信息卡方法调用该类进行 SOAP 消息的发送，因此该类是 CardPanel 类的一部分，即二者之间的关系是组成关系。

SecurityContainer 主要是对 SOAP 消息签名和加密，保证消息传输的安全性和可靠性，因此其在产生 SOAP 消息时调用，即由类 SOAPMessage 调用。作为 SOAPMessage 类的一部分，它们之间的关系是组成关系。

SOAPMessage 设计用来进行 SOAP 消息的生成。用户通过 CardPanel 选择使用信息卡时被调用，根据 CardPanel 的信息卡信息生成 SOAP 消息。并调用 SecurityContainer 对 SOAP 消息签名和加密，最终产生经过 XML 签名和加密的 SOAP 消息。由于该类是 CardPanel 类中的一部分，其与 CardPanel 类的关系是组成关系。

CardPanel 主要是用户界面操作与后台的交互，即在用户选择使用信息卡时，调用相关的类和函数，实现安全令牌的请求和传递工作。

标识选择器的功能是提供统一直观的操作界面，通过用户的操作进行安全令牌的请求和传递工作。因此进行了用户操作界面的设计和安全令牌管理设计。根据设计，标识选择器的功能为：①提供信息卡管理界面，用户可以进行导入、删除、显示、上传、下载等操作；②安全令牌的管理，包括安全令牌请求、传递等。

信息卡管理服务器设计的目的是实现随时随地使用信息卡，而不只是本地使用，因此其包括的主要功能是信息卡管理和用户管理，功能图如图 6-80 所示。其中，信息卡管理主要包括信息的上传、信息卡的下载以及信息卡在服务器端的存储。用户管理主要包括用户注册、登录等。

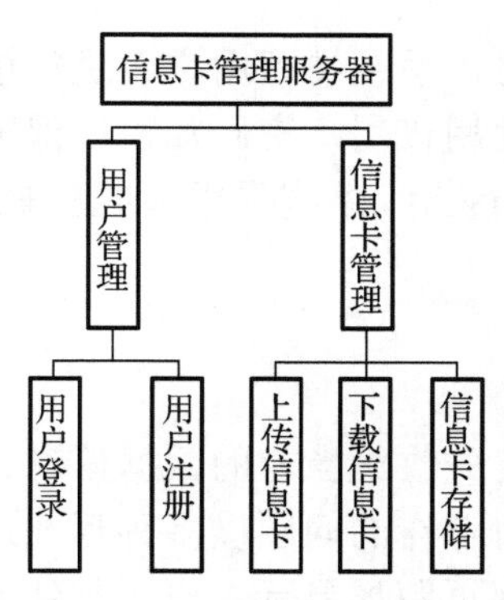

图 6-80　信息卡管理服务器功能图

考虑到信息卡机密性的特点，在进行上传、下载和存储设计时，本系统设计使用了安全方便且容易维护的 SSL 加密方式加密上传、下载通道，并在服务器端存储时使用用户密码对用户信息卡进行加密。通过双层保护来确保信息卡的安全。由于信息卡有上传、下载操作，用户有注册、登录操作，为了避免不同操作之间的干扰，本系统设计监听四个端口分别进行上传、下载、用户注册、用户登录操作。同时为了提高系统性能达到并行处理的目的，将服务器设计成多线程服务器。

具体的类图如图 6-81 所示。其中，CardSSLSocket 类实现了 SSLSocket 端口的监听，并在监听到端口时，进行相关的处理。同时，通过 Runnable 接口实现了多线程。CardUploadSocket、CardDownloadSocket、UserLoginSocket、UserRegisterSocket 四个类分别用来表示信息卡的上传、下载、用户登录、用户注册。每个类根据需要监听的不同端口继承 CardSSLSocket 类。因此信息卡服务器对于每个操作都是多线程的，很好地提高了系统的性能和灵活性。

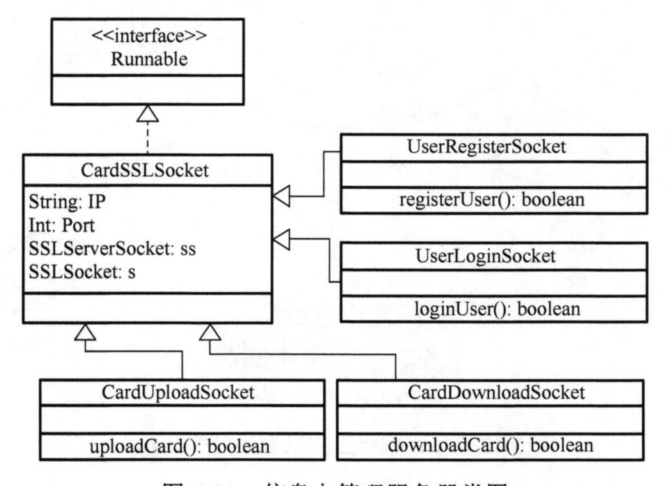

图 6-81　信息卡管理服务器类图

信息卡在服务器端存储时，系统按照用户名进行信息卡的存储，同一用户的信息卡存储在同一目录下，并使用该用户密码加密以保证信息卡的安全。

对于信息卡管理服务器的设计，系统采用多线程来提高系统的性能，并采用 SSL 加密方式保证系统的安全。

6.5.3 系统部署应用

煤矿综合监测报警系统首先收集当前的数据信息并存储，然后进行相关的分析，根据分析结果查找问题，并对存在的问题以多种形式进行报警以通知工作人员。当前的报警方式主要有手机、网页图形显示、电子邮件等。对于历史数据，通过报表的方式进行审批以发现存在的隐患。同时根据组织人员架构，进行身份认证和权限控制，严格控制本系统的使用权限，以保证系统的安全。它以数据处理中心为中心，根据不同的模块分别进行数据的存储和获取。

煤矿综合监测报警系统的架构图如图 6-82 所示。

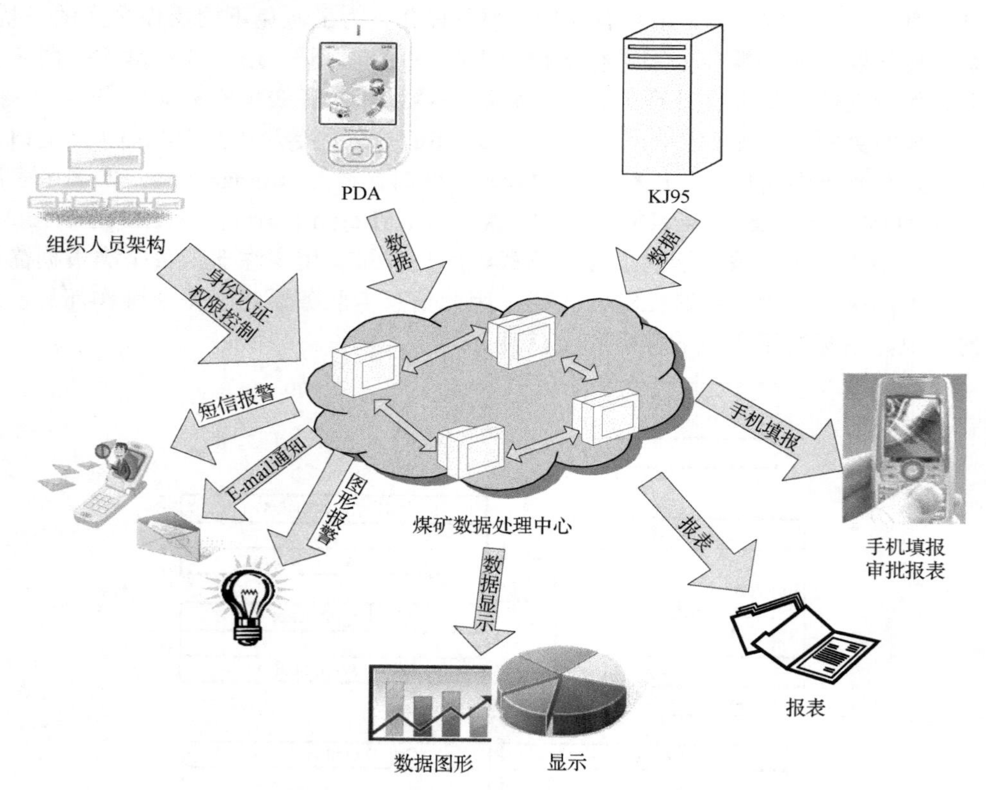

图 6-82 煤矿综合监测报警系统的架构图

在没有应用基于信息卡标识元系统的身份认证系统之前，用户需要访问不同服务时，需要反复进行身份认证和权限控制，如图 6-83 所示，这对于同一用户来说是很烦琐的事情。

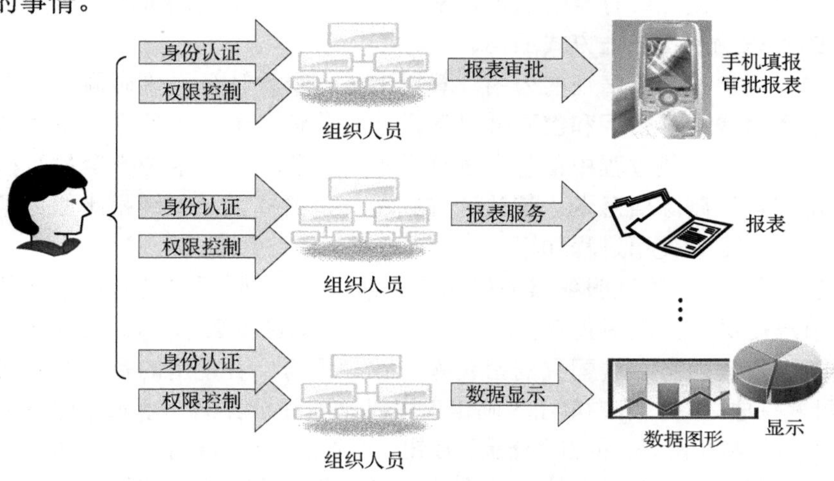

图 6-83　原始煤矿综合监测报警系统

将基于信息卡标识元系统的身份认证系统应用到煤矿综合监测报警系统之后，用户只需要进行一次身份认证，权限控制即得到其权利范围内的所有服务。应用基于信息卡标识元系统的身份认证系统后的系统图如图 6-84 所示。从图中可以看出，通过基于信息卡标识元系统的身份认证系统，用户只需要进行一次身份认证和权限控制得到安全令牌，即可通过安全令牌得到其权利范围内的所有服务。安全令牌在传输的过程中经过签名和加密，保证了系统的安全性。

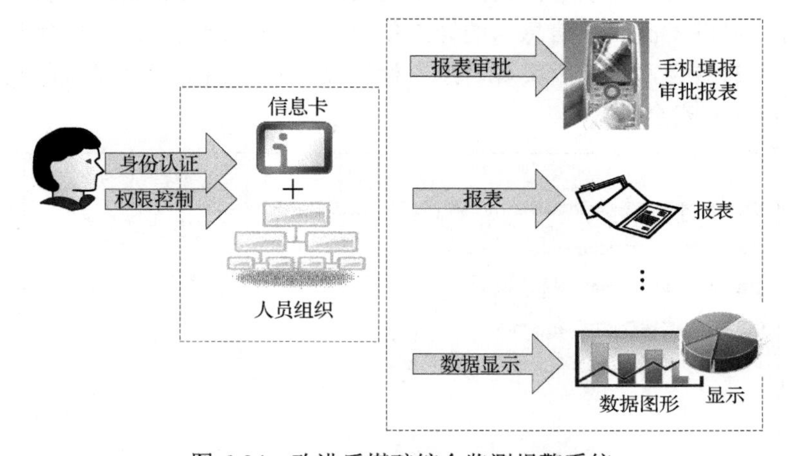

图 6-84　改进后煤矿综合监测报警系统

经过扩展，本节实现的基于标识元系统的身份认证系统可以方便地应用在各种场景下。

场景 1：用户在自己的私有计算机上进行身份认证，这时候用户可以使用存储在本地的信息卡方便地进行身份认证，从而安全地访问不同的资源和服务。这种方式和传统的标识元系统认证方式相同。

场景 2：用户在半可信任的公用计算机上进行身份认证，这时候用户可以向信息卡管理服务器提供其密钥和密码并且请求下载其信息卡，将信息卡下载到本地进行身份认证。由于下载过程中信息卡进行了加密，所以信息卡是安全的。在使用完毕之后，用户可以删除信息卡。该认证方式和传统的标识元系统相比增加了信息卡下载的过程。其配置使用过程如下。

(1) 在使用信息卡管理服务器的信息卡之前，首先证明用户具有使用该信息卡的权利，即用户提供密钥证明其有权利，密钥的配置如图 6-85 所示。注意这里的密钥库应与信息卡管理服务器端配置的密钥库一致，因为二者使用的是对称加密。

(2) 配置完成之后，用户单击“确定”按钮返回登录界面，输入在信息卡管理服务器注册的用户名和密码，单击“登录”按钮，进入信息卡信息的显示页面，如图 6-86 所示。从“下载卡”标签中，选中一个信息卡并单击“下载”按钮，得到要使用的信息卡。

本系统不仅可以独立使用，而且可以与 OpenID 相结合。OpenID 也是当前流行的以用户为中心的身份认证方式之一，它的特点主要包括自由、分散、开放，在需要进行身份认证的地方都可以使用 OpenID 系统，因此 OpenID 被广泛应用。然而 OpenID 无法抵御钓鱼网站的攻击。通过与信息卡标识元系统相结合，身份认证系统不仅可以广泛地应用到网络上，还可以抵御钓鱼网站的攻击。二者结合的优点为：首先，抵御了钓鱼网站的攻击；其次，不需要输入长长的 OpenID 字符串；最后，标识选择器可提供 OpenID 信息卡的详细信息，即提供给用户统一的操作界面。因此，通过二者的结合，既可以实现信息卡标识元系统与当前流行系统的结合，又可以增强 OpenID 的安全性。

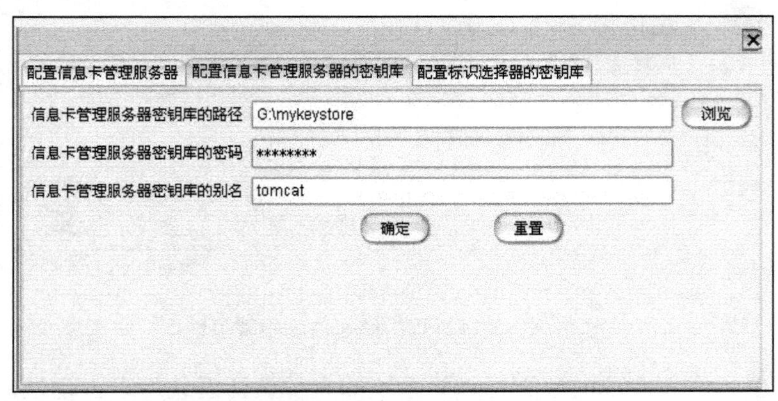

图 6-85 信息卡管理服务器密钥库的配置

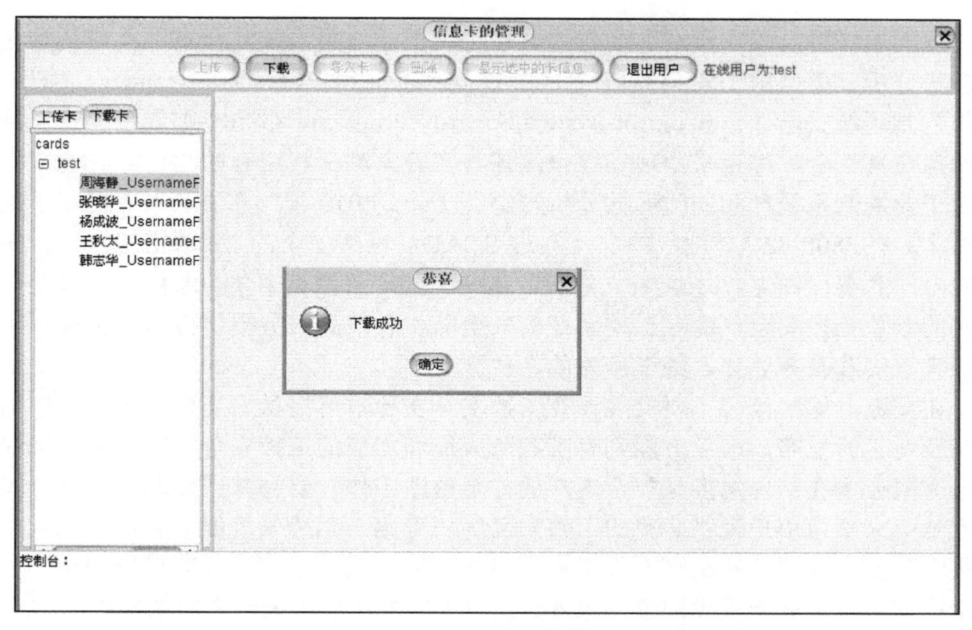

图 6-86　信息卡下载界面

二者结合后的使用步骤如下：首先，OpenID 的依赖方要求身份认证并将其安全策略返回给标识选择器；其次，用户通过标识选择器选择 OpenID 信息卡，并根据 OpenID 信息卡的信息请求安全令牌；然后 OpenID 提供者对信息卡信息认证并决定是否返回安全令牌给标识选择器，如果返回，则标识选择器将安全令牌返回给 OpenID 的依赖方；最后 OpenID 依赖方对安全令牌验证并根据验证结果决定是否允许访问。

6.6　物联网服务(工控系统)主动综合安全方案

早期工业控制系统安全研究的热点是功能安全。国际标准化组织专门制定了工控系统功能安全标准 IEC61508。随着工业化和信息化的深度融合，工业控制系统从相对封闭和独立的状态逐渐向开放化状态转化，其安全问题也随着发展演变而不断延伸。工控安全相关系统的安全功能也可能会由威胁主体通过网络攻击实现，信息安全(information security)威胁正日益升级。尤其震网病毒、乌克兰电力事件，引起国际社会的高度重视。

美国早在 2009 年颁布《保护工业控制系统战略》，在 CERT 组织下面成立工业控制系统网络应急相应小组(ICS-CERT)，专注于工业控制系统相关的安全事故监控、分析执行漏洞和恶意代码、为事故响应和取证分析提供现场支持；通过信息产品、安全通告以及漏洞及威胁信息的共享提供工业控制系统安全事件监控及行业安全态势分析。美国国土安全部(The U.S. Department of Homeland Security，DHS)启动的控制系统安全计划(Control System Security Program，CSSP)则依托工业控制系统模拟仿真平台，综合采用现场检查测评与实验室测评相结合的测评方法，来实施针对工业控制系统产品的脆弱性分析与验证工作。2013 年发布了《工业控制系统安全指南》(SP800-82 修订版本)、《改进 SCADA 网络安全的 21 项措施》。传统信息安全厂商赛门铁克、McAfee、思科，传统工控厂商罗克韦尔、通用电气以及一些新兴的专业工控安全厂商在工控系统的安全防护及产品服务提供方面也都展开了深入研究、实践及产业化，处于领先的地位。

在欧洲，德国西门子研究院设有工控安全实验室可提供安全咨询服务、培训、漏洞及补丁的发布，产品方面则有工控防火墙和相应的工控安全解决方案。施耐德电气有限公司在国内也多是配合客户的安全整改工作，修补其产品漏洞并结合其工控安全防火墙为用户提供必要的工控安全解决方案。工控系统的信息化、智能化以及所带来安全问题的解决离不开工控厂商的支持，西门子等企业的市场和技术优势在工控安全领域处于领先地位。表 6-6 列举了国外从事相关研究的主要机构。

在我国，自从中华人民共和国工业和信息化部(简称工信部)451 号文件发布之后，各行各业都对工控系统安全的认识达到了一个新的高度，电力、石化、制造、烟草等多个行业，陆续制定了相应的指导性文件，来指导相应行业的安全检查与整改活动。目前，国际标准化组织已制定了工控系统信息安全标准 IEC62443。国家标准相关的组织 TC260、TC124 等标准组也已经启动了相应标准的研究制定工作，处于起步阶段。

据工信部相关部门统计，我国 22 个行业多套工业控制系统产品和服务，主要由国外厂商提供，工控系统中“带病上岗”存在漏洞的产品非常普遍，国产工控系统产品对于功能安全的研究还不够深入，功能安全保护措施还很不足。对于工控系统信息安全防护技术的研究刚刚起步，传统信息安全厂商开发的工控信息安全防护产品还不够成熟，与工控系统生产商的合作还不够全面，所以，许多国产工控信息安全防护产品能否直接应用到实际生产过程控制中，还存在着一些关键技术问题没有得到解决。表 6-7 列举了国内从事相关研究的主要机构。

工控系统不仅会由安全关键系统(safety-critical systems)自身功能造成的失效，也可能会由威胁主体通过网络攻击造成的失效，引发其功能安全(functional safety)方面的安全性事件发生。尤其会利用其信息安全系统自身的脆弱性对系统信息的可用性、完整性和机密性造成破坏，进而造成其信息安全方面的安全事件发生。如果没有自主可控的主动防御系统的保护，则一旦与互联网连接后将无任何安全可言。因此，工控系统功能安全和信息安全不是独立存在的，既要分别研究功能安全和信息安全的核心关键技术，又要研究二者之间的关联并进行深度的融合，这是当今工控系统安全技术领域面临的巨大挑战。国际标准化组织 IEC/TC65 专门成立了一个功能安全和信息安全协调的工作组(AHG1)。

建立功能安全和信息安全相融合的技术体系，研制具有主动防御功能的国产自主可控工控系统，是技术发展趋势。因此，需研究解决控制系统与互联网技术深度融合产生的工控系统安全关键科学问题："工控组件开放互连时的组合功能安全(safety)问题"和"基于物理系统模型攻击透明的工控系统运行时安全(security)问题"。前者指工控系统在接入互联网环境下各功能组件需保障既定功能的协同执行；后者指在面临多变未知安全攻击时，工控系统需及时发现并修复运行异常。而功能安全研究在进行风险评估时不应忽略由于信息安全事件导致健康、安全与环境(Health Safety and Environment，HSE)相关事故的因素；信息安全研究在对系统实施保护方案时应考虑是否对既有的安全相关系统在实时性、可靠性和安全性等方面造成了影响，因此如何将二者有机融合是一个巨大的挑战，是物联网服务安全需解决的关键科学问题。

表 6-6　国外从事相关研究的主要机构

序号	机构名称	相关研究内容	相关研究成果	成果应用情况
1	国际电工委员会	研究并促使全球范围内各行业优先并最大限度地使用其相关标准和合格评定计划；评定并提高其标准所涉及的产品质量和服务质量；提高工业化进程的有效性	制定相关专业标准 8 大类：基础标准、原材料标准、一般安全/安装和操作标准、测量控制和一般测试标准、电力的生产和利用标准、电力的传输和分配标准、电信和电子元件及组件标准、电信电子系统和设备及信息技术标准	电子、电力、微电子及其应用、通信、视听、机器人、信息技术、新型医疗器械和核仪表等各个方面
2	国际自动化协会	研究并制定工业自动化和工业安全的相关系列标准	与 IEC/TC 65(工业过程测量、控制和自动化)下的网络和系统信息安全 WG10 联合制定了 IEC62443《工业过程测量、控制和自动化网络与系统信息安全》系列标准	系统集成商、产品供应商和服务提供商
3	美国国家标准技术研究院	从事工程方面的基础和应用研究，以及测量技术和测试方法方面的研究，提供标准、标准参考数据及有关服务	制定《工业控制系统安全指南》(NIST SP800-82)、《联邦信息系统和组织的安全控制建议》(NIST SP800-53)、《系统保护轮廓-工业控制系统》(NISTTIR7176)、《中等健壮环境下的 SCADA 系统现场设备保护概况》、《改善关键基础设施网络安全框架》、《智能电网安全智能》(NISTIR7628)等相关标准文件	保护国家关键基础设施
4	法国图卢兹大学	基于模型驱动的 PLC 程序形式化验证	梯形图程序到 Fiacre 形式化模型的转换工具、基于 TINA 模型检测的验证工具链	空客 Topcased 项目
5	西班牙马德里康普顿斯大学	基于模型驱动的航空燃油 DCS 系统建模与分析	基于 AADL 的系统体系结构建模、非功能性质分析	欧盟 SmartFuel 项目、直升机燃油 DCS 系统

表 6-7 国内从事相关研究的主要机构

序号	机构名称	相关研究内容	相关研究成果
1	工业控制系统安全技术国家工程实验室	工业控制网络安全风险评估、工控设备和系统的漏洞挖掘及脆弱性分析、工业控制网络病毒行为研究、工业安全协议设计和系统仿真，以及工业控制网络安全防护技术	工业控制系统反恶意软件、工业安全访问控制网关、工业防病毒、工业安全审计
2	安天实验室	研究分析工业控制系统的APT攻击、网络病毒等	对 Stuxnet 蠕虫攻击工业控制系统事件的综合分析报告；乌克兰电力系统遭受攻击事件综合分析报告
3	中国信息安全测评中心	研究工业控制系统中的各类产品，并进行功能性及安全性测试	工业控制系统产品标准测试、选型测试和定制测试方法
4	镇江灵芯实验室有限公司	PLC 程序测试技术及 PLC 编程软件	新型 PLC 编程语言，梯形图生成器，PLC 仿真测试工具，PLC 编译器及反编译器，PLC 程序转换器
5	南京航空航天大学	AADL 形式语义及安全关键，实时系统验证与分析研究	基于时间变迁系统的 AADL 子集的形式化语义、基于时间抽象状态机的 AADL 模型验证与分析方法，AADL2TASM、TASM2UPPAAL 等验证工具

针对功能安全与信息安全有效融合、工业控制系统共性关键技术等问题，采用功能安全工控组件验证生成，工控系统运行环境净化，上位机、控制中心异常综合监测与修复等方法，架构动态重构、异构冗余、随机多样化特征的动态防护技术体系，研制功能安全与信息安全融合的主动防御工控系统。通过工控安全组件、工具及设备的安全集成，形成在线、离线实验验证平台。拟采用的方法、原理、机理、算法及模型如图 6-87 所示，具体如下。

(1) 功能安全工控组件验证生成方法。

① 基于功能安全描述与测试代码的工控组件自动代码生成方法。

基于体系结构分析与设计语言(Architecture Analysis and Design Language, AADL)系统、进程、数据构件等软件构件，以及处理器、存储、总线等硬件构件对软件系统架构进行层次化建模；基于 AADL 故障模型扩展对工控系统的可靠性和安全性需求与设计进行建模；基于 AADL 信息安全扩展对工控系统的信息安全需求与设计进行建模。三者构成工控关键业务软件系统的统一 AADL 模型。

② 基于 AADL 的功能行为、可靠性、信息安全策略等关键性质的验证与分析方法。

基于 UPPAAL 对 AADL 线程构件、子程序构件、行为自动机等表达的逻辑功能部分进行功能行为验证；基于可靠性分析工具对 AADL 体系结构模型进行可靠性与安全性分析；基于信息安全策略分析工具对 AADL 体系结构模型进行信息安全分析，生成基于 ADDL 的工控关键系统配置文件。

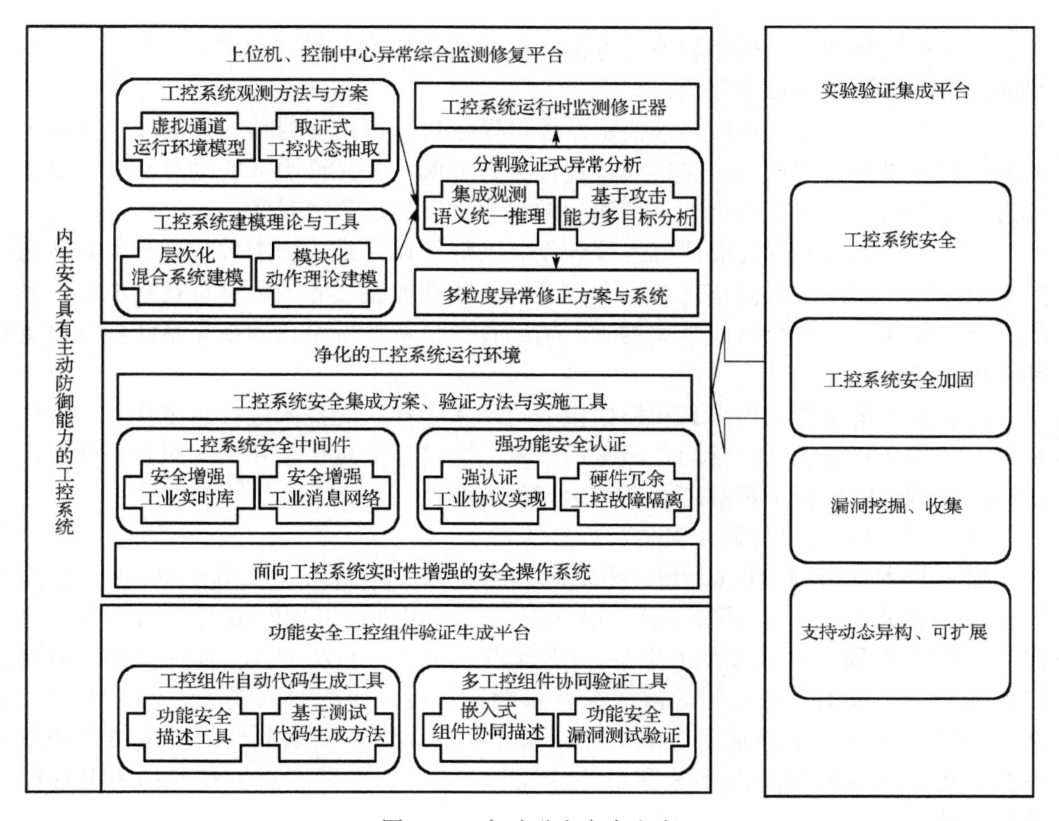

图 6-87　主动融合安全方案

(2) 工控系统运行环境净化方法。

通过工控通信加密、操作系统安全加固、通信健壮性强化、安全认证强化等配置，满足功能安全和实时数据安全交换的内部安全组件和外部保障安全技术要求。

研究工业控制系统中边界安全数据交换技术，开发工控通信网关产品，至少支持 Modbus/RTU、Modbus/TCP、IEC60870-5 系列(IEC 101、IEC 103、IEC 104)、IEC61850 等主站和子站通信功能，实现多种不同工业协议间的实时数据交换。

研究面向工控系统实时性增强的安全操作系统，只有经过认证的“白名单”软件才可以运行。可认证特定 U 盘，根据策略执行是否允许所有或特定移动存储设备操作，禁止主机私自通过无线通信等方式与其他网络连接。

(3) 上位机、控制中心异常综合监测修复方法。

采用隔离的方式，防止安全防护系统本身被污染。从物理设备建立离散事件行为模型与连续行为模型和控制过程建立理论模型两方面进行研究。

采用虚拟通道运行环境模型，对工控系统与攻击环境的对抗过程，以及安全防护系统进行隔离观测。采用取证式方法对可能被污染的状态进行比对分析，并对获得的运行证据进行可信度分级。

采用三种方法来解决实时性要求：边推理边进行可信度剪枝，可信度小于阈值的分枝被该过程自动舍弃；将推理过程按设备分解，并允许少量的推理交互；基于信息过程与物理过程交互模型，预测异常状态出现的趋势和时间。

从功能和系统两个方面研究系统恢复。功能级恢复是找到失效或处于失效状态的功能区域，删除或隔离该区域，在线安装新的功能块或者使用可替代功能块。系统级恢复是在发现系统级安全灾难时，辅助管理员从备份中自动恢复系统到历史上某个良好状态。

采取基于策略的替代隔离和根据模型自动重构代码的技术进行系统恢复。提供多粒度重构恢复方法，包括动作级重构恢复、功能级隔离恢复和系统级备份恢复，重构恢复所付的代价不影响工业系统运行的连续性。

(4) 安全技术试验验证与安全防护方法。

建立基于攻击树(attack tree)和系统状态集合的网络组合攻击模型，根据典型装置类型建立多个分阶段攻击树，根据工控系统组件、工控网络及外围设备系统建立多个攻击场景，攻击路径包括扫描踩点、植入“跳板机”、横向渗透、漏洞扫描与利用、攻陷上位主机、破坏组件系统等过程。研究对入侵工控网络系统的操作和过程进行完整的捕获、监测和记录方法，通过对记录的分析，总结工控设备及系统中存在的漏洞及其被利用的途径和方法，识别和应对工控网络中存在的潜在威胁。

基于协议合规性检查的入侵检测，对工控协议的深度解码以及对合规性的分析，实时发现工业控制网络内的危险指令、高风险指令、数据夹带以及工控协议端口重用等异常业务数据，对操作系统关键位置变更、数据库重要操作、组态变更、操控指令变更、PLC 程序下装等关键事件告警。集多种数控审计、保护智能引擎，通过多种安全策略，对数据泄密、未知设备、APT 攻击、异常控制和非法数据包进行深度分析、过滤、告警、阻断、追踪，并对各类安全威胁实施监测审计。

研究对称加密算法 SM4 和非对称加密算法 SM2/SM3 进行混合加密的方法，实现对明文加密采用 SM4，对非对称密钥传输采用 SM2/SM3 的两次传送方法。同时，根据加解密的数据大小，动态增大每次数据包的大小，减少加解密次数，提高数据传输速度。

基于自定义安全规则的软件逆向和源代码分析方法，根据安全规则对工控设备软件进行模式匹配，实现工控设备的漏洞挖掘和安全检测，并将这些规则采用自然语言进行描述定义，形成工控设备安全编程基本原则。

(5) 安全技术测评方法与标准。

针对测评方法和标准，参考 IEC62443(工业自动化控制系统信息安全)标准、

NIST SP800-82《工业控制系统安全指南》得出多方面信息安全的管理指南和相应标准。

未来物联网服务运行时安全比较有发展潜力的研究方向如下。

(1) 工控系统功能安全状态与信息安全状态运行时获取方法研究。

工控系统功能安全状态主要从其所监视与控制的物理系统获取，通过不同的传感器感知物理系统运行状况，抽取其功能异常事件。工控系统信息安全状态主要从工控系统本身及其运行环境获取。我们采用隔离的方式，防止安全防护系统本身被污染。虚拟化技术中的虚拟机监控器拥有高特权级并实现了虚拟机间隔离，提供了 Out-of-Box 的系统安全检测的思路，可解决 In-Host 难题。但是该技术还不能直接重建工控系统的行为语义。为此，我们进行两方面研究：一是为物理设备建立离散事件行为模型与连续行为模型；二是为控制过程建立理论模型。

(2) 融合功能安全与信息安全的工控系统运行时验证理论研究。

获取工控系统运行时状态后，以功能安全为目标和基础，在攻击特征未知时，验证工控系统是否处在异常状态中。具体来说，在线验证工控系统中每个控制动作或其执行是否符合功能安全规范，是否导致物理系统处于危险状态，基本思路是采用形式化的方法穷举验证系统当前状态和将来的后果。该项研究需要解决两个关键问题：一是建立合适的形式化模型，充分反映工控系统的特点，包括环境攸关性、连续系统特征、物理系统中人的安全规则、物理系统安全描述等；二是运行时验证的实时性保证，由于工控系统是实时、安全攸关的系统，其实时性是一个硬约束，需要解决当系统规模扩展后的状态爆炸问题，应该采取分而治之的方法。

(3) 以功能安全为导向的工控系统动态恢复技术研究。

对于检测到的异常行为，追踪其影响范围，采取两种方法恢复工控系统功能：一是基于策略的替代隔离技术；二是根据模型自动重构代码的技术。不论是追踪方法，还是实时重构都是比较大的技术挑战，也是本书重点研究的内容。本书提供多粒度重构恢复方法，不但提供动作级重构恢复，也提供功能级隔离恢复和系统级备份恢复的功能，重构恢复所付的代价需不影响工业系统生产的连续性，满足高可用与高实时的基本要求。

(4) 上位机、控制中心异常综合监测修复平台。

将上述四个方面的研究成果落实为一个上位机、控制中心异常综合监测修复平台，对工控系统和其管理的物理系统进行运行时状态收集、异常分析、问题诊断，以及快速恢复，保障工业生产过程连续稳定。其研制的重点，是确保异常综合监测修复平台不影响工控系统性能，不干扰其运行，需采取“非介入式”方式进行安全保障；其次异常综合监测修复需要满足工控系统的实时性要求。

参 考 文 献

[1] Li G, Muthusamy V, Jacobsen H A. A distributed service-oriented architecture for business process execution. ACM Transactions on The Web, 2010, 4(1): 1-33.

[2] Muhl G, Fiege L, Pietzuch P. Distributed Event-Based Systems. Berlin: Springer-Verlag, 2006.

[3] Eugster P, Felber P, Guerraoui R, et al. The many faces of publish/subscribe. ACM Computing Surveys (CSUR), 2003, 35(2): 114-131.

[4] Phillip M, Hallam-Baker, Shivaram H. XML Key Management Specification (XKMS), Version 2.0. https://www.w3.org/TR/xkms2/ [2015-9-1].

[5] Eastlake R D, Reagle J, Solo D. XML-Signature Syntax and Processing. https://www.w3.org/TR/xmldsig-core1/ [2015-9-1].

[6] Anderson A. Web Services Profile of XACML (WS-XACML), Version 1.0. OASIS Standard Specification, 2007.

[7] Federal Energy Regulatory Commission. Smart Grid Policy. http://cryptome.org/0001/ ferc072709.htm [2010-6-1].

[8] Congress, US. Energy Independence and Security Act of 2007 (EISA) Title XIII-Smart Grid. Sec. 1301, Statement of Policy on Modernization of Electricity Grid. https://www.gpo.gov/fdsys/pkg/USCODE-2011-title42/pdf/USCODE-2011-title42-chap152-subchapIX-sec17383.pdf [2016-6-1].

[9] Brakerski Z, Gentry C, Vaikuntanathan V. Fully homomorphic encryption without bootstrapping. Acm Transactions on Computation Theory, 2011, 18(18):169-178.

[10] Naehrig M, Lauter K, Vaikuntanathan V. Can homomorphic encryption be practical? ACM Cloud Computing Security Workshop, CCSW 2011, Chicago, 2011:113-124.

[11] Cameron K. Laws of identity. http://www.identityblog.com[2005-12-5].

[12] PRIME CONSORTIUM. Privacy and Identity Management for Europe (PRIME). http://www.prime-project.eu[2015-8-17].

[13] Financial Servcies Technology Consortium (FSTC). Liberty Alliance Project. http://www.projectliberty.org [2015-8-1].

[14] Bhargav-Spantzel A, Camenisch J. User centricity: A taxonomy and open issues. The Second ACM Workshop on Digital Identity Management - DIM 2006, 2007: 493-527.

[15] Goodner M, Nadalin A. Web services federation language (WS-Federation) version 1.2, OASIS Standard. http://docs.oasis-open.org/wsfed/federation/v1.2/os/ws-federation-1.2-spec-os.pdf [2015-6-1].

[16] Fiat A, Shamir A. How to prove yourself: Practical solutions to identification and signature problems. Proceedings of Crypto 1986, 1986: 186-194.

[17] Garfinkel T, Rosenblum M, et al. A virtual machine introspection based architecture for intrusion detection. NDSS, 2003, 3: 191-206.

[18] Jiang X, Wang X, Xu D. Stealthy malware detection through VMM-based "Out-of-The-Box" semantic view reconstruction. Proceedings of the 14th ACM Conference on Computer and Communications Security, 2007: 128-138.

[19] Pfoh J, Schneider C, Eckert C. A formal model for virtual machine introspection. Proceedings of the 1st ACM Workshop on Virtual Machine Security, 2009: 1-10.

[20] Ligh M H, Case A, Levy J, et al. The Art of Memory Forensics. Indianapolis: John Wiley & Sons, Inc., 2014.

[17] [illegible] decomposition based [illegible] [illegible], 2003 [illegible]

[18] [illegible] detection through [illegible] Proceedings of the 14th ACM [illegible] Symposium [illegible] Science, 20[illegible]-18

[19] [illegible]

[20] [illegible]